国家级精品课配套教材

高层建筑结构设计

（第三版）

主编　史庆轩　梁兴文

主审　童岳生

科 学 出 版 社

北 京

内 容 简 介

本书是国家级精品课配套教材。本书内容包括绪论，高层建筑的结构体系和结构布置，高层建筑结构的荷载和地震作用，高层建筑结构的计算分析和设计要求，框架结构设计，剪力墙结构设计，框架-剪力墙结构设计，筒体结构设计，复杂高层建筑结构设计，高层建筑钢结构和混合结构设计，高层建筑结构计算机分析方法和设计软件，以及高层建筑地下室和基础设计等。

本书着重阐述高层建筑结构设计的基本概念、基本理论和基本方法，重视理论联系实际，紧密结合我国设计规范和工程实际，按照高层建筑结构体系划分章节，各章相对独立，对结构方案、计算简图、分析方法、截面设计等内容有比较充分的论述，有利于深化学生对基本概念的理解，强化对学生分析和解决问题能力的培养。每章都有小结、思考与练习题，部分内容还有设计例题，有利于初学者掌握本课程的内容。本书文字通俗易懂，结构严谨，逻辑性强，论述由浅入深，循序渐进。

本书可作为高等院校土木工程专业的教材，也可供相关专业的设计、施工和科研人员参考。

图书在版编目（CIP）数据

高层建筑结构设计/史庆轩，梁兴文主编 . —3 版 . —北京：科学出版社，2021.12

（国家级精品课配套教材）

ISBN 978-7-03-067554-5

Ⅰ.①高… Ⅱ.①史… ②梁… Ⅲ.①高层建筑-结构设计-高等学校-教材 Ⅳ.①TU973

中国版本图书馆 CIP 数据核字（2020）第 260274 号

责任编辑：任加林 / 责任校对：赵丽杰
责任印制：吕春珉 / 封面设计：耕者设计工作室

科 学 出 版 社 出版
北京东黄城根北街 16 号
邮政编码：100717
http://www.sciencep.com

三河市骏杰印刷有限公司印刷
科学出版社发行 各地新华书店经销

*

2006 年 9 月第 一 版 2021 年 12 月第二十三次印刷
2012 年 8 月第 二 版 开本：787×1092 1/16
2021 年 12 月第 三 版 印张：21 1/2
字数：494 000
定价：59.00 元

（如有印装质量问题，我社负责调换〈骏杰〉）
销售部电话 010-62136230 编辑部电话 010-62139281

第三版前言

与本书内容相关的国家标准《建筑结构可靠性设计统一标准》（GB 50068—2018）已于 2019 年 4 月 1 日起实施，国家行业标准《组合结构设计规范》（JGJ 138—2016）也已颁布实施，《建筑与市政工程抗震通用规范》（GB 55002—2021）和《钢结构通用规范》（GB 55006—2021）都将于 2022 年 1 月 1 日起实施，《混凝土结构设计规范》（GB 50010—2010）（2015 年版）第二次局部修订正在进行。为使读者及时了解新修订的国家标准的内容和高层建筑的最新发展，需对本书进行必要的修订。

《高层建筑结构设计》（第三版）除了对第二版的不妥之处进行修改、补充和完善外，主要做了以下修订。

（1）对国内外高层建筑最新发展概况等内容进行了修订和补充（第 1 章）。

（2）根据《建筑结构可靠性设计统一标准》（GB 50068—2018）的相关规定，将永久作用分项系数改为 1.3（当作用效应对承载力不利时）或 1.0（当作用效应对承载力有利时），可变作用分项系数改为 1.5（第 4、5 章）。

（3）根据《组合结构设计规范》（JGJ 138—2016）的相关规定，对型钢混凝土构件设计的相关内容进行了修改（第 10 章）。

（4）增加了"巨型结构体系"（第 2 章）、"弯矩二次分配法"（第 5.3.2 节）的例题，补充更新了"高层建筑结构计算机分析方法和设计软件"（第 11 章）等内容。

参加本书第三版修订工作的有西安建筑科技大学史庆轩、梁兴文和王秋维。全书最后由史庆轩、梁兴文修改定稿。

资深教授童岳生先生主审了本书，并提出了许多宝贵的修改意见。

本书第三版可能会存在不足，欢迎读者批评指正。

编　者
2021 年 3 月

第一版前言

近年来，随着我国国民经济的快速发展，许多城市兴建了大量的高层建筑。我国高层建筑的功能和结构类型日趋多样化，体型更加复杂，高度已突破400m，这使高层建筑结构分析和设计越来越复杂。与此同时，我国建筑结构的各种设计规范和规程已基本完成了新一轮修订工作，内容更新较多。为适应新形势下的教学和工程设计需要，我们按照《高层建筑混凝土结构技术规程》（JGJ 3—2002）及有关设计规范和规程编写了本书。

本书是在我们原来编著的《钢筋混凝土结构设计》（科学技术文献出版社，1999年）一书基础上，将其中的高层建筑结构设计内容进行修订而成的。由于高层建筑结构的简化分析方法不仅概念清楚，其结果便于工程分析和判断，而且其解决问题的思路对培养学生分析问题和解决问题以及创新能力颇有好处，所以本书保留了原书中关于简化分析方法的有关内容。同时，鉴于目前我国高层建筑结构已大部分或全部采用计算机程序进行设计，因此本书增加了高层建筑结构计算机分析方法和设计程序等内容。此外，为适应现代高层建筑功能多样化和结构复杂化的需要，书中增加或加强了下列部分内容：①以论述高层建筑混凝土结构设计方法为主，增加了高层建筑钢结构和混合结构的设计方法；②增加了简体结构的设计方法；③增加了复杂高层建筑结构的设计方法，主要强调其概念设计和构造措施；④加强了结构体系和结构布置的有关内容，包括高层建筑混凝土结构、钢结构和混合结构的结构体系和结构布置。

本书着重阐明各种高层建筑结构整体设计的基本概念和方法，对结构方案设计、结构分析方法和确定结构计算简图等内容有比较充分的论述，有利于进行合理设计及培养读者的创新能力；书中有明确的计算方法和实用设计步骤，力求做到能具体应用；每章后有工程设计实例、小结、思考题和习题等内容，有利于初学者掌握基本概念和设计方法。

本书由西安建筑科技大学史庆轩（第1、3、4、6、8、11、12章）和梁兴文（第2、5、7、9、10章）编写。童岳生教授主审本书，并提出了许多宝贵意见。研究生谢俊强、李波、邓明科、王秋维、董磊等为本书绘制了部分插图。西安建筑科技大学教务处将本书列为校级重点教材，并予以资助。特在此对他们表示感谢。

本书在编写过程中参考了大量的国内外文献，引用了一些学者的资料，这在书末的参考文献中已列出，特在此向其作者表示感谢。

希望本书能为读者的学习和工作提供帮助。鉴于编者水平有限，书中难免有错误及不妥之处，敬请批评指正。

编　者
2006年7月

目　　录

第1章 绪 论

1.1 概 述

高层建筑是相对于多层建筑而言的，评判一栋建筑是否为高层建筑，通常以建筑的高度和层数作为主要指标。多少层数以上或多少高度以上的建筑为高层建筑，全世界至今没有一个统一的划分标准。在不同的国家和地区、不同的年代，其规定也不同，这与一个国家当时的经济条件、建筑技术、电梯设备、消防装置等许多因素有关。

世界高层建筑与都市人居学会（Council on Tall Buildings and Urban Habitat, CT-BUH）对高层建筑的描述为：高层建筑并没有绝对的定义，通常是指在以下的一个或多个方面包含"高"这个特定元素的建筑：一是相对于建筑所处的周围环境来说，如一个14层的建筑在芝加哥或香港等高楼林立的城市可能不能称为高层建筑，而在一个欧洲的城市或郊区因周围建筑高度比较低就可以称为高层建筑，如图1.1.1（a）所示；二是针对建筑的体型比例来说，同样的建筑高度，细高的建筑就比建筑平面尺寸很大的建筑容易被认为是高层建筑，如图1.1.1（b）所示；三是对建筑技术来说，由于高度的增加对竖向交通、风荷载和地震作用等需要专门考虑的建筑也可以称为高层建筑。尽管建筑的层数不是一个定义高层建筑很全面的指标，因不同的建筑和功能使得建筑的层高变化较大，但国内外大都采用层数和高度来定义高层建筑。

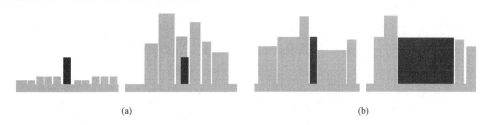

(a)   (b)

图 1.1.1 高层建筑示意

我国《高层建筑混凝土结构技术规程》（JGJ 3—2010）（以下简称《高层规程》）和《高层民用建筑钢结构技术规程》（JGJ 99—2015）（以下简称《高钢规》）均规定，10层及10层以上或房屋高度大于28m的住宅建筑以及房屋高度大于24m的其他高层民用建筑称为高层建筑。该规定主要是从结构设计的角度考虑，并与我国现行有关标准基本协调。现行国家标准《民用建筑设计统一标准》（GB 50352—2019）规定，建筑高度大于27.0m的住宅建筑和建筑高度大于24.0m的非单层公共建筑，且高度不大于100.0m的，为高层民用建筑；《建筑设计防火规范》（GB 50016—2014）（2018年版）规定，建筑高度大于27m的住宅建筑和建筑高度大于24m的非单层厂房、仓库和其他民用建筑为高层建筑。国际上，诸多国家和地区对高层建筑的界定也多在10层左右，如美国规定高度为24.6m或7层以上的建筑为高层建筑；英国规定高度大于或等于24.3m的建筑为高层建筑；日本规定 8 层以上或高度超过 31m 的建筑为高层建筑；法国规定住宅建筑高度 50m 以上，其他建筑高度 28m 以上为高层建筑。我国《高层规程》和《高钢规》等规定的高层建筑房屋高度，是指自室外设计地面至房屋主要屋面的高度，不包括突出屋面的电梯机房、水箱、构架等高度。

随着高层建筑高度的大幅度增加，出现了超高层建筑。"超高层建筑"一词来源于日本，英语中原来并无超高层建筑相应的词条，欧美一般采用 tall building 或 highrise building 来代表高层建筑，直到 1995 年才出现超高层建筑对应的词条 super-tall building。目前，超高层建筑一词流行广泛，但又无统一和确切的定义，高层与超高层的界定含糊，一般泛指某个国家或地区内超过一定层数和高度的高层建筑。我国《民用建筑设计统一标准》（GB 50352—2019）规定：建筑高度大于 100.0m 为超高层建筑。日本、法国定义超过 60m 就属于超高层建筑；在美国，超高层建筑普遍被认为是高度在 152m 以上的建筑。在日本，超高层建筑在 20 世纪 70 年代指 70m 以上的建筑，到 80 年代提高到 100m 以上，之后又提高到 120m 以上；日本还将 30 层以上的旅馆、办公楼和 20 层以上的住宅规定为超高层建筑。1972 年 8 月在美国宾夕法尼亚州的伯利恒（Bethlehem）召开了国际高层建筑会议，将超高层建筑定义为 40 层以上或者总高度超过 100m 的高层建筑。2010 年，CTBUH 从建筑的角度定义了房屋高度超过 300m 的建筑为超高层建筑。2012 年，CTBUH 又创造了单词 mega-tall，补充定义了建筑高度超过 600m 的高层建筑为 mega-tall building，可称为特别超高层建筑。

1.2　高层建筑结构的设计特点

高层建筑结构可以设想成为固定在地面上的竖向悬臂构件，同时承受着竖向荷载和水平荷载的作用，与多层建筑结构相比，高层建筑结构的设计具有以下特点。

1. 水平荷载成为设计的决定性因素

对于多层建筑，一般是竖向荷载控制着结构的设计。随着房屋层数的增加，虽然竖向荷载对结构设计仍有着重要的影响，但水平荷载已成为结构设计的控制因素。在竖向荷载和水平荷载作用下 ［图 1.2.1 (a)、(b)］，结构底部所产生的轴力 N 和倾覆力矩 M 分别为

$$N = wH \tag{1.2.1}$$

$$M = \begin{cases} \dfrac{1}{2}qH^2 & \text{（均布水平荷载）} \\[2mm] \dfrac{1}{3}q_{\max}H^2 & \text{（倒三角形分布水平荷载）} \end{cases} \tag{1.2.2}$$

式中：w、q、$q_{\max}$ 分别为沿建筑单位高度的竖向荷载、均布水平荷载和倒三角形分布水平荷载的最大值（kN/m）；H 为结构高度（m）。

因为竖向荷载在结构的竖向构件中所产生的轴向压力，其数值与结构高度的一次方成正比；而水平荷载对结构产生的倾覆力矩，以及由此在竖向构件中所引起的轴力，其数值与结构高度的二次方成正比。结构底部内力 N、M 与高度 H 的关系如图 1.2.1 (c) 所示。

随着高度的增加，高层建筑结构在水平荷载作用下的内力在总内力中所占的比例越来

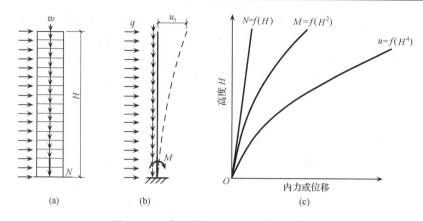

图 1.2.1　高层结构的受力和变形示意图

越大，以致水平荷载成为设计中的决定因素。同时，与多层建筑结构相比，高层建筑结构
侧向刚度小，作为水平荷载的风荷载和地震作用，其值与结构的动力特性等有关，具有较
大的变异性。

2. 侧移成为设计的控制指标

随着建筑高度的增加，水平荷载作用下结构的侧移急剧增大。由图 1.2.1 可知，结构
侧移 u 与结构高度 H 的四次方成正比，即

$$u = \begin{cases} \dfrac{1}{8EI}qH^4 & （均布水平荷载） \\[3mm] \dfrac{11}{120EI}q_{max}H^4 & （倒三角形分布水平荷载） \end{cases} \qquad (1.2.3)$$

式中：EI 为建筑物的总体抗弯刚度。

由图 1.2.1（c）可知，水平荷载作用下，随着建筑物高度的增大，水平位移增加的速
率最快，内力次之。因此，高层建筑结构设计时，为了有效地抵抗水平荷载产生的内力和
变形，必须选择可靠的抗侧力结构体系，使所设计的结构不仅具有较大的承载力，还需具
有较大的侧向刚度，能将水平位移限制在一定的范围内。

限制结构的侧移是为了保证结构的正常使用和安全性。过大的水平位移会使人不舒服
或产生不安全感，会使填充墙、建筑装饰和主体结构出现裂缝或损坏，造成电梯轨道变
形，影响正常使用；过大的侧移还会使结构因 P-Δ 效应而产生较大的附加内力等；同时，
水平荷载作用下结构侧移的控制实际上是对结构构件截面尺寸和侧向刚度的控制。

3. 轴向变形和剪切变形的影响在设计中不容忽视

竖向荷载是从上到下一层一层传递累积的，使高层建筑的竖向结构构件产生较大的轴
向变形。如在框架结构中，中柱承受的轴压力一般大于边柱的轴压力，相应地中柱的轴向
压缩变形大于边柱的轴向压缩变形。当房屋很高时，中柱和边柱就会产生较大的差异轴向
变形，使框架梁产生不均匀沉降，引起框架梁的弯矩分布发生较大的变化。图 1.2.2（a）
为未考虑各柱轴向变形时框架梁的弯矩分布，图 1.2.2（b）为考虑各柱差异轴向变形时
框架梁的弯矩分布。同时，在高层建筑特别是超高层建筑中，竖向构件（特别是柱）的轴
向压缩变形对预制构件的下料长度和楼面标高会产生较大的影响。如美国休斯敦特拉维斯

大街 600 号（又名 JP 摩根大通大厦，75 层，高 305m），采用型钢混凝土墙和钢柱组成的混合结构体系，中心钢柱由于负荷面积大，截面尺寸小，重力荷载下底层的轴向压缩变形比型钢混凝土墙多 260mm，为此该钢柱制作下料时需加长 260mm，并需逐层调整。

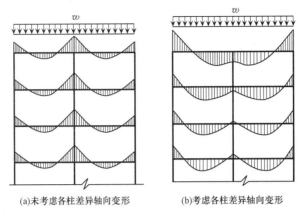

(a)未考虑各柱差异轴向变形   (b)考虑各柱差异轴向变形

图 1.2.2　柱轴向变形对高层框架梁弯矩分布的影响

随着建筑高度的增大，建筑结构的高宽比增大，水平荷载作用整体弯曲影响越来越大。一方面，整体弯曲使竖向结构体系产生轴向压力和拉力，其数值与建筑高度的二次方成正比；另一方面，竖向结构体系中的轴向压力和拉力，使一侧的竖向构件产生轴向压缩，另一侧的竖向构件产生轴向拉伸，从而引起结构水平侧移（图 1.2.3）。计算表明，水平荷载作用下，竖向结构体系的轴向变形对结构的内力和水平侧移有重要的影响。

某三跨 12 层框架，层高均为 4m，全高 48m，高宽比为 2.59，在均布水平荷载作用下柱轴向变形所产生的侧移可达梁、柱弯曲变形所产生侧移的 38.2%。某 17 层钢筋混凝土框架-剪力墙结构，其结构平面如图 1.2.4 所示。在水平荷载作用下，采用矩阵位移法分别进行了考虑和不考虑轴向变形的内力和位移计算。结果表明，与考虑竖向构件轴向变形的剪力相比较，不考虑竖向轴向变形时，各构件水平剪力的平均误差达 30% 以上，如图 1.2.4 所示。图 1.2.4 中百分数为不考虑轴向变形时楼层剪力的平均误差，"+"表示考虑轴向变形后楼层剪力增大。计算结果还表明，不考虑轴向变形时顶点侧移为考虑轴向变形时的 1/3～1/2；不考虑轴向变形时结构的自振周期为考虑轴向变形时的 1/1.7～1/1.4。

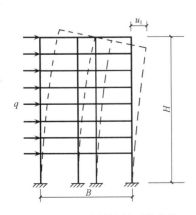

图 1.2.3　竖向结构体系的整体
弯曲变形

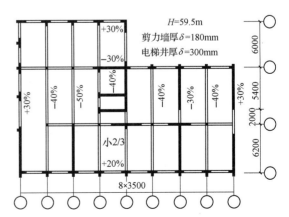

图 1.2.4　某框架-剪力墙结构平面（尺寸单位：mm）及
构件水平剪力计算误差

高层建筑中的结构构件截面尺寸一般较大,如剪力墙构件,当在其平面内受力时,由于横截面较大,剪切变形会占主导地位,应考虑弯曲变形和剪切变形的影响。传统的框架,理论上大多仅考虑框架梁柱构件弯曲变形的影响,而高层建筑中的柱截面尺寸通常较大,导致其剪跨比较小,剪切变形的影响通常不容忽略,特别是目前高层建筑大量采用的巨型框架结构和巨型构件,其剪切变形通常占较大的比例,对结构的性能有较大影响。

4. 延性成为结构设计的重要指标

高层建筑除了承载力和刚度的要求外,地震区的高层建筑还应具有良好的抗震性能。为了达到这方面的要求,必须使结构在强震作用下有良好的塑性变形能力——结构或构件在维持一定承载力的前提下,具有经受较大塑性变形的能力,以便通过结构或构件的塑性变形吸收地震所输入的能量,避免结构倒塌。结构的这种塑性变形能力被称为结构的延性。结构的延性通常用延性系数来表示,是指结构极限变形与屈服变形的比值。延性系数大表示塑性变形能力好,可以吸收耗散较大的地震能量。

对于地震区的高层建筑,其结构的抗震性能主要取决于结构或构件的延性。因此,提高结构的延性是改善结构抗震性能、增强结构抗地震倒塌能力,并使结构抗震设计做到经济合理的重要途径之一。为使高层建筑结构满足抗震设防要求,除选择合理的结构体系外,可有选择地重点提高结构中的重要构件及某些构件中关键部位的延性,采取恰当的抗震构造措施,确保在地震作用下高层建筑具有较好的抗震性能。

5. 结构材料用量显著增加

高层建筑的特点决定了建造高层建筑比多层建筑需要更多的材料。图 1.2.5 为高层建筑钢结构材料用钢量与高度的关系。随着层数的增加,水平荷载作用下的材料用量占较大比例。对钢筋混凝土高层建筑,材料用量也随层数的增加而增大,但不同之处在于,承受重力荷载而增加的材料用量比钢结构大得多,而为抵抗风荷载所增加的材料用量却并不是很多。

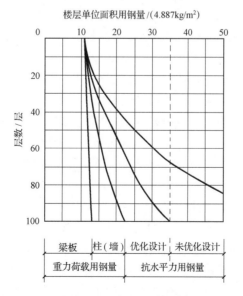

图 1.2.5 高层建筑钢结构材料用钢量与高度的关系

1.3　高层建筑结构的类型

按照使用的材料区分，高层建筑可分为木结构、砌体结构、混凝土结构、钢结构和钢-混凝土混合结构等类型。

高层建筑木结构已经存在了几个世纪，我国的应县木塔建于公元 1056 年左右，高 67m，被认为是世界上现存最高的木构塔式建筑。现代高层建筑发展之初主要采用混凝土和钢材建造，近十多年来，在日益严格的减少建筑碳足迹的要求下，建筑师们在建筑功能、成本和环境影响之间寻找平衡，木材作为结构材料重获青睐。由于工程木产品和系统不断发展和进步，以及相关的建筑规范的制定，建成了一些 8～14 层的高层居住及公共建筑木结构。此外，消防安全、建筑学和结构工程的进步也促进多高层木建筑结构的发展。随着新型工程木产品、设计与建造技术和性能化设计应用的不断发展，高层建筑木结构建筑有着巨大的发展潜力。

砌体结构虽然具有取材容易、施工简便、造价低廉等优点，但由于砌体是一种脆性材料，其抗拉、抗弯、抗剪强度均较低，抗震性能较差，现代高层建筑不适宜采用无筋砌体结构建造。在砌体内配置钢筋后，可以改善砌体的受力性能，使之用于建造地震区和非地震区的中高层建筑成为可能。但现代高层建筑已很少采用砌体结构。

混凝土结构具有承载力和刚度大、耐久性和耐火性好、节约钢材、降低造价、可模性好等优点，现浇混凝土结构整体性好，布置灵活，可组成各种结构受力体系，经过合理设计，可获得较好的抗震性能，在高层建筑中得到了广泛应用，特别是在我国和其他一些发展中国家，高层建筑主要以混凝土结构为主。世界上第一幢混凝土结构高层建筑为 1903 年建成的美国辛辛那提的英格尔斯（Ingalls）大楼。我国香港的中央广场大厦（Central Plaza，78 层，高 373m）、美国芝加哥的特朗普国际酒店大厦（Trump International Hotel & Tower，98 层，高 423m）和阿联酋迪拜的港湾 101 大楼（Marina 101，101 层，425m）等均为混凝土结构。2020 年建成的美国纽约曼哈顿中央公园壹号（Central Park Tower，98 层，高 472m）是目前最高的高层建筑混凝土结构。但由于混凝土结构自重大，导致构件截面较大，占据较大的面积，如广东国际大厦（65 层，高 200m），底层柱截面尺寸已达 $1.8m \times 2.2m$。此外，混凝土结构具有施工工序复杂、建造周期较长且受季节影响等缺点，对高层建筑也较为不利。由于高性能混凝土材料的发展和施工技术的不断进步，混凝土结构仍将是今后高层建筑的主要结构类型。目前，美国、日本等从钢结构起步建造高层建筑的国家已转向发展混凝土结构。我国从 20 世纪 60 年代至今，大多数高层建筑都是采用混凝土结构。今后，混凝土结构仍将是我国高层建筑发展的主流。

钢结构具有材料强度高、截面尺寸小、自重轻、塑性和韧性好、建筑中结构所占面积较小、基础工程造价较低、抗震性能好等优点，在高层建筑中有着较广泛的应用。但由于高层建筑钢结构用钢量大，造价高，再加之因钢结构防火性能差，需要采取防火保护措施，增加了工程造价。另外，钢结构的应用还受钢铁产量和造价的限制。在发达国家，高层建筑的结构类型主要以钢结构为主。随着我国经济建设的快速发展，自 20 世纪 80 年代中期采用钢结构建造高层建筑以来，在北京、上海、深圳和大连等城市相继建成一批钢结构高层建筑，为我国高层钢结构的发展提供了良好的技术条件。近年来，随着我国国民经济增长和钢产量的大幅度提高以及高层建筑建造高度的增加，采用钢结构的高层建筑也不断增多。特别是对地基条件差或抗震要求高而高度又较高的高层建筑，更适合采用钢结构，如美国纽约的帝国大厦（Empire State，102 层，高 381m）、已遭恐怖袭击倒塌的世界贸易中心（110 层，高 412m）、美国芝加哥的威利斯大厦（Willis Tower，110 层，高 442.1m）、美国纽约的哈德逊广场 30 号（30 Hudson Yards，73 层，高 387.1m）、我国香港中环中心（The Center，73 层，高 346m）、武汉的民生银行大厦（68 层，高 331m）、上海的浦东国际信息港（41 层，高 211m）、北京的银泰中心（63 层，高 249m）和北京电视中心（42 层，高 239m）等，均采用钢结构建造。

钢 - 混凝土组合结构或混合结构能充分发挥两种结构材料各自的优势，具有钢结构自重轻、截面尺寸小、施工进度快、抗震性能好等特点，同时还兼有混凝土结构刚度大、防火性能好、造价低等优点，被认为是一种高效的高层建筑结构类型，近年来在国内外发展迅速。钢 - 混凝土组合结构是由组合结构构件组成的结构，组合结构构件是由型钢、钢管、钢板与钢筋混凝土组合能整体受力的结构构件，如型钢混凝土构件、钢管混凝土构件、钢 - 混凝土组合梁和组合板等。钢 - 混凝土混合结构是由组合结构构件、钢构件、钢筋混凝土构件组成的结构。根据 2021 年 7 月 CTBUH 发布的数据，全世界已建成 300m 及以上的超高层建筑共计 192 幢，其中钢 - 混凝土混合结构和组合结构共计 113 幢，占总数的近 59%。我国已建成 300m 及以上的超高层建筑共计 96 幢，其中钢 - 混凝土混合结构和组合结构共计 87 幢，占总数的近 91%。深圳的赛格广场大厦（72 层，高 292m）是我国首例钢管混凝土高层建筑结构，天津环球金融中心（75 层，336m）、北京国贸大厦（33 层，高 156m）、广州合银广场（59 层，高 213m）、台北 101 大厦（101 层，高 508m）等均采用钢管混凝土柱。

综上所述，由于混凝土结构具有较好的经济指标，目前我国高层建筑仍以混凝土结构为主，在高层建筑混凝土结构抗震设计方面已处于世界先进行列。近年来，钢结构虽得到了较大的发展，但高层钢结构建筑在我国应用仍较少。高层建筑混合结构和组合结构已有相当的数量，特别是在超高层建筑中应用较多，由于混合结构可有效地将钢、混凝土及钢 - 混凝土组合构件进行组合，既具有钢结构的技术优势又有混凝土结构造价相对低廉的特点。因此，混合结构是符合我国国情的超高层建筑的结构类型，可以预期高层建筑钢 - 混凝土混合结构仍会得到较大的发展。

1.4 高层建筑的发展概况

现代高层建筑作为城市现代化的象征，已有 130 余年的历史。高层建筑的发展速度很快，传播范围很广。特别是 20 多年来，世界各地兴建的高层建筑，其规模之大，数量之多，技术之先进，形式之多样，外观之新颖，无一不让人惊叹称奇。

1.4.1 高层建筑发展简史

19 世纪中期至 20 世纪初期为高层建筑的形成期。19 世纪随着工业的发展和经济的繁荣，人口向城市集中，造成城市用地紧张，迫使建筑物向高层发展。1853 年，电梯的发明解决了高层建筑的垂直交通问题，为建造更高的建筑创造了条件。这一时期，建于

1883～1885 年的美国芝加哥家庭保险公司大楼（Home Insurance Building，10 层，高 42m，毁于 1931 年），采用由生铁柱和熟铁梁构成的框架结构，是世界上第一幢按现代钢框架结构原理建造的高层建筑，被公认为现代高层建筑的代表。世界第一幢采用全钢框架承重的高层建筑为 1889 年美国建造的 9 层 Second Rand Menally 大楼。19 世纪末，高层建筑已突破了 100m 大关，1898 年纽约建造了 30 层、高 118m 的公园大道（Park Row），其为 19 世纪世界最高的建筑。

20 世纪初至 20 世纪 30 年代末为高层建筑的发展期。由于钢铁工业的发展和钢结构设计技术的进步，高层建筑逐步向上发展。建筑物高度增大后，考虑水平风荷载的作用，在结构理论方面突破了纯框架抗侧力体系，在框架结构中设置竖向支撑或剪力墙增加高层建筑的侧向刚度。1905 年纽约建造了 50 层的 Metroplitan 大楼；1907 年纽约的辛尔大楼（47 层，高 187m）为第一幢超过金字塔高度的高层建筑；1913 年在纽约建造了 58 层、高 241m 的 Woolworth 大楼；1930 年在纽约建造了 77 层、高 319m 的克莱斯勒（Chrysler）大厦；至 1931 年，纽约曼哈顿建造了著名的帝国大厦，102 层、高 381m，它保持世界最高建筑达 41 年之久。在这一时期，混凝土作为一种结构材料开始应用于高层建筑，1902 年在美国的辛辛那提建造了 16 层、高 64m 的英格尔斯（Ingalls）大楼，是世界上第一幢钢筋混凝土高层建筑。尽管高层建筑在这一时期有了较大的发展，但由于采用平面结构设计理论，加之建筑材料的强度较低，导致高层建筑材料用量较多，结构自重较大，且仅限于框架结构，建造于非地震区。30 年代开始的世界经济大萧条和第二次世界大战的爆发，使高层建筑的发展一度趋于停顿。

20 世纪 50 年代初至 70 年代中期为高层建筑的高速发展时期。随着第二次世界大战后世界经济的复苏和繁荣，再一次兴起对高层建筑的研究和建设的热潮。首先，钢筋混凝土高层建筑得到了空前的发展，至 1962 年，采用钢筋混凝土结构建造的纽约喜来登酒店（Sheraton New York，又名美洲旅馆）51 层、高 152m 和芝加哥马里纳双塔（Marina City）上升至 61 层、高 179m。20 世纪 60 年代中期，美国著名的结构专家 Fazlur Khan（1929—1982）博士，创造性地提出筒体结构的概念，开创了结构体系的新纪元，使结构体系发展到了一个新的设计水平，为高层建筑提供了理想的结构形式。从这种体系中又衍生出筒中筒、多束筒和斜撑筒等结构体系，对以后高层建筑的发展产生了巨大的推动作用。加之焊接和高强螺栓在钢结构制造中的推广和进一步应用，20 世纪 60 年代末至 70 年代初，美国的高层建筑发展到了顶峰时期，建成了一大批这一时期的代表性建筑物。1966 年，Khan 将框筒结构应用于芝加哥的德威斯·切斯纳特公寓（Dewitt-Chestnut Apartments，43 层，高 120m），作为框筒结构的第一个工程实例，采用钢筋混凝土框筒结构承受全部水平荷载，它奠定了筒体为超高层建筑主要结构体系的基础。建成于 1968 年的芝加哥约翰·汉考克中心（John Hancock Center，100 层，高 344m），采用巨型 X 形钢斜撑桁架筒体结构体系；建成于 1973 年的纽约世界贸易中心（World Trade Center）双塔楼，北楼高 417m，南楼高 415m，均 110 层，采用钢框筒结构，该工程当时在规模和技术进行了多项创新，如首次进行了模型风洞试验，首次采用了压型钢板-混凝土组合楼板，首次在楼梯井道采用了轻质防火隔板，首次采用黏弹性阻尼器进行风振效应控制等，对以后高层建筑结构的设计和建造具有重要的参考价值。然而不幸的是，2001 年 9 月 11 日世界贸易中心突遭恐怖分子毁灭性袭击，因高温钢结构失效，造成两座大楼先后竖向逐层倒塌，对全世界高层建筑的发展产生了很大的影响。建成于 1974 年的芝加哥威利斯大厦（Willis Tower，110层，高 443m）采用钢结构成束框筒结构，曾保持世界最高建筑达 20 多年。筒体结构除了使建筑的高度有很大增加外，另一个突出的标志是使结构用钢量大幅度减小，进一步降低建筑造价，如高 381m 的帝国大厦，采用平面结构的框架体系，用钢量为 $206kg/m^2$，而采用筒体结构后，高 344m 的 John Hancock Center 用钢量仅为 $146kg/m^2$，高 443m 的威利斯大厦用钢量仅为 $161kg/m^2$。在这一时期，由于在轻质高强材料、抗震抗风结构体系、新的设计理论、计算机在设计中的应用、施工技术和施工机械等方面都取得了较大的进步，高层建筑在欧洲、亚洲等世界上其他国家也得到了迅速发展，陆续建造了许多高层建筑。1952 年在德国杜塞尔多夫建成的塞森・阿德姆大楼（Thyssen Adm Building，30 层，高 160m），是欧洲第一座高度超过 100m 的现代高层建筑。1973 年法国建成的梅因・蒙帕尔纳斯（Maine Montparnasse，64 层，高 229m）大楼是欧洲第一幢高度突破 200m 的建筑。加拿大的高层建筑数量较多，当时仅次于美国，如 1974 年在多伦多市建成的贸易理事会大楼（Commerce Court Building，57 层，高 239m）；1975 年在多伦多建造的第一银行大楼（First Bank Tower，72 层，高 298m），至今仍为加拿大最高的建筑。1964 年日本废除了建筑高度不得超过 31m 的限制，1968 年首次建成了 36 层、高 156m 的霞关大厦（Kasumigaseki Building），1978 年在东京建造了 60 层、高 240m 的阳光大厦（Sunshine 60 Tower），以后又建造了多幢高度超过 100m 的高层建筑。1977 年悉尼建造了 MLC 中心大厦（MLC Centre，60 层，高 228m）。1973 年在南非的约翰内斯堡建造了卡尔顿中心（Calton Center，49 层，高 201m），该楼成为当时非洲大陆最高的建筑。

　　20 世纪 70 年代末期至今为高层建筑的全面发展时期。这一时期最明显的特征就是多元化。20 世纪 70 年代由于出现能源危机，欧美经济再度萧条，建设的侧重点也从数量和高度的增加转化为提高质量、建筑节能，使用和维护成本开始得到重视。20 世纪 80 年代末，美国的地产衰退使一批投资性的高层建筑化为乌有，超高建筑不再追求第一高度，混合结构增多，高层建筑综合体增多。20 世纪 90 年代初，高度在 100m 以上的高层建筑已遍布世界近 40 个国家，其中全世界 195m 以上的高层建筑有 200 余幢。特别是亚太地区经济腾飞，日本、韩国、中国、新加坡、马来西亚、阿联酋等开始了大规模的高层建筑建设，其高层建筑总量已超过北美，高度超过 300m、400m、500m、600m 和 800m 的高层不断被刷新，成为继美国之后新的高层建筑中心，世界高层建筑的格局发生了明显的变化。据统计，2007 年中国共有高层建筑 9.8 万余幢，其中 100m 以上的高层建筑 1154 幢。在短短的二三十年间，上海、广州、深圳以及迪拜等城市，也和纽约、芝加哥、香港一样已成为高层建筑的密集之地，不少城市的高层建筑面积占了整个城市建筑面积的 30%～40%。欧洲发展高层建筑仍然十分谨慎，限于伦敦、法兰克福、鹿特丹和巴黎等城市的顶尖商业或金融中心。当代高层建筑的象征性比以往任何时候更加突出，竞争更加激烈，即使"9・11"事件也没能真正遏制高层建筑发展的势头，只是美国保持了 100 多年的高度纪录转由亚洲国家所取代。如 1992 年我国香港建成的中环大厦（Central Plaza，78 层，高 374m），曾是亚洲最高的建筑；1997 年我国高雄建成的东帝士 85 国际广场（Tuntex Sky Tower，85 层，高 348m）；2004 年建成的我国台北 101 大厦（101 层，高 508m）采用八根钢管混凝土巨型柱混合结构，大楼内设置了全球最大的"调谐质量阻尼器"，即在 88 至 92 层处挂置一个重达 660t 的巨大钢球，以减小强风及台风造成的大楼摇晃幅度。

2008 年建成的上海环球金融中心（101 层，高 492m）采用钢 - 混凝土混合结构，上部结构由巨型柱 - 巨型斜撑和周边带状桁架组成的三重抗侧力体系，共同承担风荷载和水平地震作用，大楼在 90 层（约 395m）设置了两台风阻尼器，各重 150t，以减小大楼因强风而引起的摇晃。2010 年建成的阿联酋迪拜的哈利法塔（Burj Dubai，163 层，高 828m）是目前世界第一高楼，该大楼由美国 SOM 公司所设计，韩国三星公司负责实施，景观部分则由美国 SWA 进行设计；考虑到自然灾难、人为破坏和其他情况，该大楼采用钢 - 混凝土混合结构，建筑平面为"Y"字形，并由三个建筑部分逐渐连贯成一个核心体，中央核心逐渐转化成尖塔；该大楼使用世界最快电梯，速度达 17.5m/s，37 层以下为酒店，45～108 层为公寓，第 123 层是观景台。2016 年建成的上海中心大厦（Shanghai Tower，128 层，高 632m）作为上海市的一座巨型地标式摩天大楼，是目前世界第二高楼，该大厦采用美国 Gensler 建筑设计事务所的方案，由同济大学建筑设计研究院完成施工图设计，其螺旋式上升的造型延缓了风流，使建筑能够经得起台风的考验，为上海增添了新的天际线。

　　截至 2021 年 7 月，根据 CTBUH 公布的结果，表 1.4.1 给出了世界最高建筑的前 20 幢，我国已有 6 幢建筑进入世界最高建筑的前 10 名。通过对世界前 100 幢高层建筑统计（见表 1.4.2）也可以看出，中国超高层建筑数量已跃居世界第一位。根据 2021 年 7 月 CTBUH 公布的结果，高度 150m 以上的高层建筑共有 4925 幢，表 1.4.3 给出了高度 150m 以上、200m 以上、300m 以上世界高层建筑分布前 10 名的国家和城市统计结果。由表 1.4.3 可知，目前世界高层建筑的中心已转向亚洲，而亚洲高层建筑的中心为中国。

　　超高层建筑高度的不断攀升，其意义不仅在于高度的突破，而且带动了整个建筑业的发展，包括材料技术、设备制造技术等行业的进一步发展。超高层建筑的发展是经济发展的大势所趋。目前，世界各地还有一些高层建筑正在建造或酝酿中，相信不久还会出现更多和更高的高层建筑。表 1.4.4 为 2020 年 CTBUH 给出的正在建设的世界最高建筑的前 10 幢。

表 1.4.1　世界上最高高层建筑的前 20 幢
[世界高层建筑与都市人居学会（CTBUH）2021 年 7 月发布]

序号	名称	国家	城市	建成年份	层数	高度/m	结构类型	用途
1	哈利法塔（Burj Khalifa）	阿联酋	迪拜	2010	163	828	混合	办公/住宅/酒店
2	上海中心大厦（Shanghai Tower）	中国	上海	2015	128	632	混合	酒店/办公
3	麦加皇家钟塔饭店（Makkah Royal Clock Tower）	沙特阿拉伯	麦加	2012	120	601	混合	其他/酒店
4	平安金融中心（Ping An Finance Center）	中国	深圳	2017	115	599.1	混合	办公
5	乐天世界大厦（Lotte World Tower）	韩国	首尔	2017	123	554.5	混合	酒店/住宅/办公
6	世界贸易中心一号大楼（One World Trade Center）	美国	纽约	2014	94	541.3	混合	办公
7	广州周大福金融中心（Guangzhou CTF Finance Centre）	中国	广州	2016	111	530	混合	酒店/住宅/办公

续表

序号	名称	国家	城市	建成年份	层数	高度/m	结构类型	用途
8	天津周大福金融中心 (Tianjin CTF Finance Centre)	中国	天津	2019	97	530	混合	酒店/公寓/办公
9	中信大厦 (CITIC Tower)	中国	北京	2018	109	527.7	混合	办公
10	台北 101 大厦 (TAIPEI 101)	中国	台北	2004	101	508	混合	办公
11	上海环球金融中心 (Shanghai World Financial Center)	中国	上海	2008	101	492	混合	酒店/办公
12	环球贸易广场 (International Commerce Centre)	中国	香港	2010	108	484	混合	酒店/办公
13	中央公园壹号 (Central Park Tower)	美国	纽约	2020	98	472.4	混凝土	住宅
14	圣彼得堡拉赫塔 (Lakhta Center)	俄罗斯	圣彼得堡	2019	87	462	混合	办公
15	地标塔 81 (Vincom Landmark 81)	越南	胡志明	2018	81	461.2	混合	酒店/住宅
16	长沙 IFS 大厦 T1 (Changsha IFS Tower T1)	中国	长沙	2018	94	452.1	混合	酒店/办公
17	吉隆坡石油双塔 1 (Petronas Twin Tower 1)	马来西亚	吉隆坡	1998	88	451.9	混合	办公
18	吉隆坡石油双塔 2 (Petronas Twin Tower 2)	马来西亚	吉隆坡	1998	88	451.9	混合	办公
19	苏州 IFS (Suzhou IFS)	中国	苏州	2019	95	450	混合	酒店/办公/公寓
20	紫峰大厦 (Zifeng Tower)	中国	南京	2010	66	450	混合	酒店/办公

注：高度是指到建筑的顶部，即从主入口的人行道表面到建筑的顶部，包括建筑的尖顶，但不包括天线、标志、旗杆和桅杆的高度。

表 1.4.2　世界前 100 幢高层建筑统计
［世界高层建筑与都市人居学会（CTBUH）2021 年 7 月发布］

按分布的国家	数量/幢	按分布的城市	数量/幢	按建造年份	数量/幢	按所用材料	数量/幢	按建筑功能	数量/幢
中国	52	迪拜	16	2019	16	钢	8	办公楼	34
阿联酋	18	深圳	7	2020	13	混凝土	29	酒店	4
美国	14	纽约	7	2018	11	混合	63	住宅	11
俄罗斯	5	香港、芝加哥	5	2017、2015、2012	6			多功能	51
韩国	4	上海、广州、莫斯科、吉隆坡	4	2010	5				
马来西亚	4	天津、重庆、武汉、釜山、贵阳	3	2016、2011	4				
其他 3 个国家	3	其他 23 个城市	29	1931 年以来其他年份	29				

表 1.4.3　高度 150m 以上、200m 以上、300m 以上世界高层建筑分布前 10 名的国家和城市统计
［世界高层建筑与都市人居学会（CTBUH）2021 年 7 月发布］

高度	国家									
	中国	美国	阿联酋	日本	韩国	澳大利亚	加拿大	泰国	印度尼西亚	马来西亚
150m 以上	2359	825	268	261	233	122	112	108	105	97
200m 以上	823	220	129	44	74	39	32	26	42	44
300m 以上	95	28	31	1	7	2	0	3	0	5

高度	城市									
	香港	深圳	纽约	迪拜	上海	东京	芝加哥	重庆	广州	武汉
150m 以上	482	297	290	215	166	160	130	127	121	101
200m 以上	84	104	86	101	58	30	34	47	38	37
300m 以上	6	14	14	27	5	0	7	4	10	4

表 1.4.4　目前正在建设的世界最高高层建筑的前 10 幢
［世界高层建筑与都市人居学会（CTBUH）2021 年 7 月发布］

序号	名称	国家	城市	预计建成年份	层数	高度/m	结构类型	用途
1	吉达塔（Jeddah Tower）	沙特阿拉伯	吉达	—	167	1000	混凝土	住宅/公寓
2	吉隆坡 118 大厦（Merdeka PNB118）	马来西亚	吉隆坡	2022	118	644	混合	酒店/公寓/办公
3	河西鱼嘴大厦（Hexi Yuzui Tower A）	中国	南京	2025	84	500	—	办公
4	绿地金茂国际金融中心（Greenland Jinmao International Financial Center）	中国	南京	2025	102	499.8	—	酒店/办公
5	苏州中南中心（Suzhou Zhongnan Center）	中国	苏州	2026	103	499.2	—	酒店/住宅/办公
6	中山 108 国际金融中心（Fuyuan Zhongshan 108 IFC）	中国	中山	2029	—	498	混合	酒店/办公
7	丝路国际中心（Greenland Centre）	中国	西安	2024	101	498	混合	酒店/办公
8	武汉绿地中心（Wuhan Greenland Center）	中国	武汉	2022	97	475.6	混合	酒店/公寓/办公
9	楚商大厦（Chushang Building）	中国	武汉	2025	111	475	—	办公
10	复星外滩中心（Fosun Bund Center T1）	中国	武汉	—	—	470	—	酒店/办公

注：高度是指到建筑的顶部，即从主入口的人行道表面到建筑的顶部，包括建筑的尖顶，但不包括天线、标志、旗杆和桅杆的高度。

1.4.2　我国高层建筑发展概况

我国高层建筑可追溯到古代的塔楼，如河南登封市的嵩岳寺塔、西安的大雁塔、山西的应县木塔等。这些早期的高层塔楼建筑，由于受到当时经济技术条件的限制，都是用砖、石或木料等建造，墙壁非常厚，支撑木柱都很粗大，因而使用面积相当狭窄。我国自行设计建造的现代高层建筑开始于 20 世纪 50 年代。1958～1959 年，北京的十大建筑工程推动了我国高层建筑的发展，如 1959 年建成的北京民族饭店，12 层，高 47.4m。到 20 世纪 60 年代,我国高层建筑有了新的发展,1964 年建成了北京民航大楼,15 层,高 60.8m;1966 年建成了广州人民大厦,18 层,高 63m;1968 年建成了广州宾馆,27 层,高 88m,为 60 年代我国最高的建筑。20 世纪 70 年代,我国高层建筑有了较大的发展,1973 年在北京建成了 16 层的外交公寓;1974 年建成的北京饭店东楼,19 层,高 87.15m,为当时北京最高的建筑;1976 年广州建成白云宾馆,33 层,高 114.05m,它保持我国最高的建筑长达 9 年,同时还标志着我国的高层建筑已突破 100m 大关。在此时期,北京、上海建成了一批 12～16 层的钢筋混凝土剪力墙结构住宅(如北京前三门住宅一条街、上海漕溪路等高层住宅)。

20 世纪 80 年代开始我国高层建筑进入发展时期,建筑层数和高度不断地突破,功能和造型越来越复杂,分布地区越来越广泛,结构体系日趋多样化。80 年代在深圳等经济特区及沿海城市建成了一批标准较高的高层建筑,其中代表性的有深圳国贸大厦、广州白天鹅宾馆、上海华亭宾馆、联谊大厦等。据统计,仅 1980～1983 年所建的高层建筑就相当于 1949 年以来 30 多年中所建造高层建筑的总和。这一时期,北京、广州、深圳、上海等 30 多个大中城市建造了一大批高层建筑,如 1987 年建造的北京彩色电视中心(27 层,高 112.7m),采用钢筋混凝土结构,为当时我国 8 度地震区中最高的建筑;1988 年建成的上海锦江饭店分馆(43 层,高 153.52m),采用框架-芯墙全钢结构体系,同年建造的上海静安希尔顿饭店(43 层,高 143.62m),采用钢-混凝土混合结构;1988 年建造的深圳发展中心大厦(43 层,高 165.3m)为我国第一幢大型高层钢结构建筑。

20 世纪 90 年代我国高层建筑的发展进一步加快。随着我国经济实力的增强,我国高层建筑在数量、质量和高度上都得到快速发展。建筑高度越来越高,结构体型日趋复杂,许多建筑突破了我国现行相关技术标准与规范的要求,这给工程技术人员带来巨大挑战。90 年代高层建筑相继突破 200m、300m 和 400m 的新高度,我国超高层建筑得以较快的发展,继 1990 年建成的北京京广中心和广东国际大厦首次突破 200m 高度之后,建设了一批高度超过 200m 的高层建筑。特别是 1990 年实施的上海浦东开发开放战略,使浦东陆家嘴成为高层建筑建设的热土;东方明珠广播电视塔是浦东新区第一个标志性项目,其建筑形态、结构体系和先进的施工方法成为世界塔桅建筑中的一颗明珠。1999 年建成的上海金茂大厦(88 层,高 420.5m)的高度跃居当时的世界第三和中国第一,超过纽约世界贸易中心(高 417m)和帝国大厦(高 381m)的高度。在这一时期,全国各主要城市建成大量的金融、酒店、办公、住宅高层建筑,这些建筑体量大、设计标准高、空间变化复杂、结构体系多样,体现当时国际水平的先进结构体系和技术。代表性建筑有上海金茂大厦、深圳地王商业大厦、上海交银金融大厦、上海环球金融中心、大连森茂大厦、深圳信息枢纽大厦、深圳贤成大厦等。

21 世纪初,我国高层建筑进入一个新的发展阶段。地域分布进一步拓展,除一线城市及环渤海、长三角、珠三角地区之外,在很多二、三线城市开始大量建造高层与超高层建筑,数量比较集中的有武汉、合肥、重庆、成都、西安、沈阳等城市。建筑高度进一步增加,建成一批结构体系多样化的超高层建筑,相继突破 500m 和 600m 的新高度。当今世界上所有的超高层建筑结构形式,在我国均有建造。混合结构因其比较符合我国国情,成为应用最广泛的结构形式。钢结构也得到大力推广,出现了一些具有中国特色的钢结构体系。先进的设计也在很多重要工程中得到应用。近几年,我国连续有一些项目(中央电视台总部大楼、深圳平安金融大厦、上海中心大厦等)被 CTBUH 评为世界最佳高层建筑。在 2019 年 CTBUH

评选出的过去 50 年最具影响力的全球 50 座高层建筑中，我国有 11 座。

我国高层建筑取得了令世人瞩目的成绩，总体上已达到国际先进水平，已成为世界高层建筑发展的中心之一。回顾我国近些年来高层建筑的发展，主要有以下几个特点。一是数量多、建筑高度不断被突破，建造了一批具有代表性的超高层建筑，如上海中心大厦（121 层，高 632m）、深圳平安金融中心（115 层，高 599.1m）、天津周大福金融中心（97层，高 530m）、北京中信大厦（高 527.7m）、武汉中心（88 层，高 443.1m）、上海环球金融中心（101 层，高 492m）、南京紫峰大厦（66 层，高 450m）、广州国际金融中心（103 层，高 438.6m）、上海金茂大厦（88 层，高 420.5m）、北京国贸三期（88 层，高330m）等。根据 CTBUH 的统计数据，高度 150m 以上的高层建筑，中国共有 2395 幢。二是建筑的功能呈现出多样化和综合化发展，通常以办公、住宅、公寓及酒店为主要使用功能。三是我国高层建筑主要为混凝土结构、钢 - 混凝土组合结构或混合结构，钢结构所占比例小；随着建筑高度的增加，混合结构所占比例迅速增大。据不完全统计，我国已建成的 150m 以上的高层建筑中，混合结构约占 23%，200m 以上的高层建筑中，混合结构约占 51%，300m 以上的高层建筑中，混合结构约占 91%。四是结构体系呈现出多样性，高性能结构材料、高效的结构体系、先进技术和方法逐渐增多。目前 C60 以上高强混凝土已广泛应用于高层结构，自密实混凝土解决了超高层建筑结构构件截面钢筋布置密集、混凝土振捣困难的施工难题，轻质混凝土楼板的采用，进一步减轻了高层结构的自重。五是结构体型日趋复杂，设计建造了众多复杂体型和内部空间多变的高层建筑，以实现业主和建筑师在建筑功能及建筑艺术等方面的创新。由于我国大部分地区为抗震设防地区，且高层建筑主要集中在东南沿海地区，加之建筑体型复杂，使得高层建筑结构的抗震、抗风设计面临更大的挑战。

根据 CTBUH 的统计数据，表 1.4.5 为我国最高的前 20 幢高层建筑。我国 150m 以上的高层建筑主要集中在经济发达的深圳、上海、广州、重庆、北京、南京等城市，而其他大中城市和地区等也有数量可观的一般意义上的高层建筑。

表 1.4.5　我国已建最高的 20 幢高层建筑
[世界高层建筑与都市人居学会（CTBUH）2021 年 7 月发布]

序号	名称	城市	建成年份	层数	高度/m	结构类型	用途
1	上海中心大厦（Shanghai Tower）	上海	2015	128	632	混合	酒店/办公
2	平安金融中心（Ping An Finance Center）	深圳	2017	115	599	混合	办公
3	广州周大福金融中心（Guangzhou CTF Finance Centre）	广州	2016	111	530	混合	酒店/住宅/办公
4	天津周大福金融中心（Tianjin CTF Finance Centre）	天津	2019	97	530	混合	酒店/公寓/办公
5	中信大厦（CITIC Tower）	北京	2018	109	527	混合	办公
6	台北 101 大厦（TAIPEI 101）	台北	2004	101	492	混合	办公
7	上海环球金融中心（Shanghai World Financial Center）	上海	2008	101	492	混合	酒店/办公
8	环球贸易广场（International Commerce Centre）	香港	2010	108	484	混合	酒店/办公

续表

序号	名称	城市	建成年份	层数	高度/m	结构类型	用途
9	长沙 IFS 大厦 T1 (Changsha IFS Tower T1)	长沙	2018	94	452.1	混合	酒店/办公
10	苏州 IFS（Suzhou IFS）	苏州	2019	95	450	混合	酒店/办公/公寓
11	紫峰大厦（Zifeng Tower）	南京	2010	66	450	混合	酒店/办公
12	武汉中心大厦 (Wuhan Center Tower)	武汉	2019	88	443.1	混合	酒店/住宅/办公
13	京基 100 大厦（KK100）	深圳	2011	98	441.8	混合	酒店/办公
14	广州国际金融中心 (Guangzhou International Finance Center)	广州	2010	103	438.6	混合	酒店/办公
15	上海金茂大厦（Jin Mao Tower）	上海	1999	88	420.5	混合	酒店/办公
16	国际金融中心二期 (Two International Finance Centre)	香港	2003	88	412	混合	办公
17	广西华润大厦 (Guangxi China Resources Tower)	南宁	2020	86	402.7	混合	酒店/办公
18	贵阳国际金融中心 (Guiyang International Financial Center T1)	贵阳	2020	79	401	混合	酒店/办公
19	中国华润大厦 (China Resources Tower)	深圳	2018	68	392.5	混合	办公
20	中信广场（CITIC Plaza）	广州	1996	80	390.2	混合	办公

为规范我国高层建筑的发展，住房和城乡建设部、国家发展改革委出台了"关于进一步加强城市与建筑风貌管理的通知"。严格限制各地盲目规划建设超高层"摩天楼"，一般不得新建 500m 以上建筑，因特殊情况确需建设的，应进行消防、抗震、节能等专项论证和严格审查，上报住房和城乡建设部、国家发展改革委复核。要按照《建筑设计防火规范》（GB 50016—2014）（2018 年版），严格限制新建 250m 以上建筑，确需建设的，由省级住房和城乡建设部门会同有关部门结合消防等专题论证进行建筑方案审查，并报住房和城乡建设部备案。各地新建 100m 以上建筑，应充分论证、集中布局，严格执行超限高层建筑工程抗震设防审批制度，与城市规模、空间尺度相适宜，与消防救援能力相匹配。中小城市要严格控制新建超高层建筑，县城住宅要以多层为主。

1.5　本课程的教学内容和要求

高层建筑结构作为空间受力骨架，承受竖向和水平荷载的作用，其在高层建筑的发展中起着非常重要的作用。高层建筑结构为土木工程专业修读建筑工程专业方向的主干课程，与力学、钢结构、混凝土结构、钢-混凝土组合结构、结构抗风抗震、地基基础等课程密切相关。考虑到目前我国绝大多数一般的高层建筑大都采用混凝土结构，钢结构所占比例很小，钢-混凝土组合结构和混合结构主要用于高度 150m 以上的超高层建筑，所以，本书主要介绍一般高层建筑混凝土结构的设计方法，而对高层建筑钢结构、钢-混凝土组合结构和混合结构仅简要介绍，为学生毕业后从事相关的工作打下一个初步的基础。

小　结

（1）高层建筑是相对于多层建筑而言的，通常以建筑的高度和层数作为两个主要指标，全世界至今没有一个统一的划分标准。对高层建筑混凝土结构，我国规定，10 层及 10 层以上或房屋高度大于 28m 的住宅建筑和房屋高度大于 24m 的其他高层民用建筑称为高层建筑。超高层建筑也没有统一和确切的定义，一般泛指某个国家或地区内较高的一些高层建筑，目前我国将高度超过 100m 的建筑称为超高层建筑，CTBUH 将高度超过 300m 的建筑称为超高层建筑。

（2）与多层建筑结构相比，高层建筑结构设计的主要特点是水平荷载成为设计的决定性因素，侧移限值成为设计的控制指标，结构构件除考虑弯曲变形外，尚须考虑轴向变形和剪切变形的影响，地震区的高层结构还需将延性作为设计的重要指标，结构材料用量会显著增加。

（3）混凝土结构、钢结构、钢与混凝土组合结构和混合结构，是目前高层建筑的主要结构类型。钢与混凝土组合结构和混合结构融合了钢结构和混凝土结构的优点，近年来在超高层建筑中发展较快、具有广阔应用前景。

思考与练习题

（1）高层建筑和超高层建筑如何界定？我国对高层建筑是如何定义的？
（2）简述高层建筑结构的设计特点。
（3）从结构材料方面来分，高层建筑结构主要有哪些类型？各有何特点？
（4）简述高层建筑的发展历史和我国高层建筑的几个主要发展阶段。

第 2 章 高层建筑的结构体系和结构布置

高层建筑最突出的外部作用是水平荷载，其结构体系常称为抗侧力结构体系。基本的钢筋混凝土抗侧力结构单元有框架、剪力墙、筒体等，由它们可以组成各种结构体系。在高层建筑结构设计中，正确地选用结构体系和合理地进行结构布置是非常重要的。本章仅介绍高层建筑混凝土结构体系和结构布置方面的内容，关于高层钢结构和混合结构的有关内容将在第 10 章中介绍。

2.1 结 构 体 系

2.1.1 框架结构体系

框架结构（frame structure）由梁、柱构件通过节点连接构成，如整幢房屋均采用这种结构形式，则称为框架结构体系或框架结构房屋，图 2.1.1 是框架结构典型平面布置和剖面示意图。

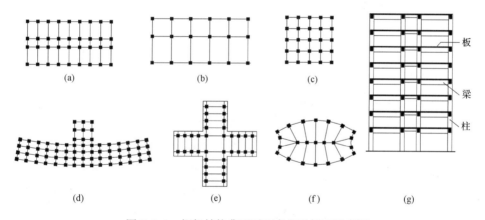

图 2.1.1 框架结构典型平面布置及剖面示意图

由于普通框架的柱截面一般大于墙厚，室内出现棱角，影响房间的使用功能及观瞻，所以近二十多年来，由 L 形、T 形、Z 形或十字形截面柱构成的异形柱框架结构不断被采用，这种结构的柱截面宽度与填充墙厚度相同，使用功能良好。图 2.1.2 为异形柱框架结构平面示例。

按施工方法不同，框架结构可分为现浇式、装配式和装配整体式三种。在地震区，多采用梁、柱、板全现浇或梁柱现浇、板预制的方案；在非地震区，有时可采用梁、柱、板均预制的方案。

在竖向荷载和水平荷载作用下，框架结构各构件将产生内力和变形。框架结构的侧移一般由两个部分组成（图 2.1.3）：由水平力引起的楼层剪力，使梁、柱构件产生弯曲变形，形成框架结构的整体剪切变形 u_s［图 2.1.3（b）］；由水平力引起的倾覆力矩，

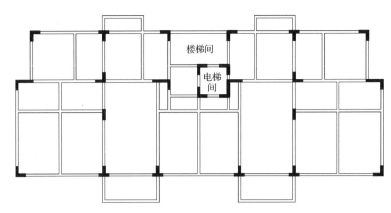

图 2.1.2　异形柱框架结构平面示例

使框架柱产生轴向变形（一侧柱拉伸，另一侧柱压缩），形成框架结构的整体弯曲变形 u_b [图 2.1.3（c）]。当框架结构房屋的层数不多时，其侧移主要表现为整体剪切变形，整体弯曲变形的影响很小。

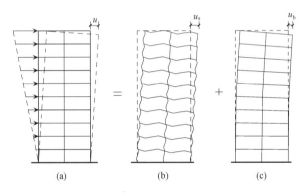

图 2.1.3　框架结构的侧移

　　框架结构体系的优点：建筑平面布置灵活，能获得较大空间（特别适用于商场、餐厅等），也可按需要隔成小房间；建筑立面容易处理；结构自重较轻；计算理论比较成熟；在一定高度范围内造价较低。但框架结构的侧向刚度较小，水平荷载作用下侧移较大，有时会影响正常使用；如果框架结构房屋的高宽比较大，则水平荷载作用下侧移也较大，而且引起的倾覆作用也较大。因此，设计时应控制房屋的高度和高宽比。

2.1.2　剪力墙结构体系

　　建筑物高度较大时，如仍用框架结构，会造成柱截面尺寸过大，影响房屋的使用功能。用钢筋混凝土墙代替框架，能有效地控制房屋的侧移。由于这种钢筋混凝土墙主要用于承受水平荷载，使墙体受剪和受弯，称为剪力墙（shear wall）。如整幢房屋的竖向承重结构全部由剪力墙组成，称为剪力墙结构（shear wall structure）。图 2.1.4 是剪力墙结构房屋平面布置示意图。

　　剪力墙的高度与整个房屋高度相同，高达几十米甚至一百多米；宽度可达几米、十几米或更大；厚度很薄，一般为 140～400mm。在竖向荷载作用下，剪力墙是受压的薄壁柱；在水平荷载作用下，剪力墙则是下端固定、上端自由的悬臂柱；在两种荷载共同作用

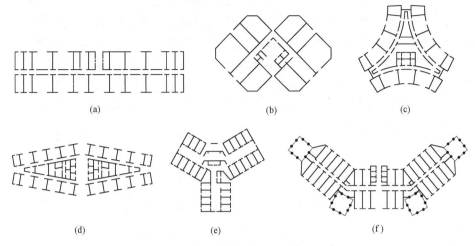

图 2.1.4　剪力墙结构房屋平面布置示意图

下，剪力墙各截面产生轴力、弯矩和剪力，并引起变形，如图 2.1.5 所示。对于高宽比较大的剪力墙，其侧向变形呈弯曲形。

剪力墙结构房屋的楼板直接支承在墙上，房间墙面及天花板平整，层高较小，特别适用于住宅、宾馆等建筑；剪力墙的水平承载力和侧向刚度均很大，侧向变形较小。

剪力墙结构的缺点是结构自重较大，建筑平面布置局限性大，较难获得大的建筑空间。为了扩大剪力墙结构的应用范围，在城市临街建筑中可将剪力墙结构房屋的底层或底部几层做成框架，形成框支剪力墙（frame supported shear wall），如图 2.1.6 所示。框支层空间大，可用作商店、餐厅等，上部剪力墙层可作为住宅、宾馆等。由于框支层与上部

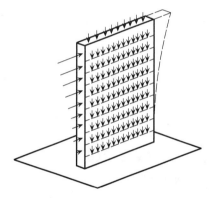

图 2.1.5　剪力墙的受力状态

剪力墙层的结构形式以及结构构件布置不同，在两者连接处需设置转换层（transfer story），故这种结构称为带转换层高层建筑结构（关于带转换层高层建筑结构的基本概念将在 9.1 节中介绍）。转换层的水平转换构件，可采用转换梁、转换桁架、空腹桁架、箱形结构、斜撑、厚板等。

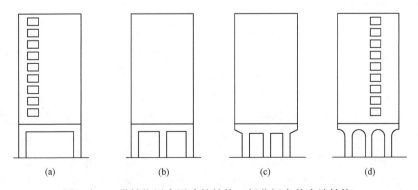

图 2.1.6　带转换层高层建筑结构（部分框支剪力墙结构）

　　带转换层高层建筑结构在其转换层上、下层间侧向刚度发生突变，形成柔性底层或底部，在地震作用下易遭破坏甚至倒塌。为了改善这种结构的抗震性能，底层或底部几层须采用部分框支剪力墙、部分落地剪力墙，形成底部大空间剪力墙结构，如图 2.1.7 所示。在底部大空间剪力墙结构中，一般应把落地剪力墙布置在两端或中部，并将纵、横向墙围成筒体 [图 2.1.7（a）]；另外，应采取增大墙体厚度、提高混凝土强度等措施加大落地墙体的侧向刚度，使整个结构的上、下部侧向刚度差别减小，上部则宜采用开间较大的剪力墙布置方案 [图 2.1.7（b）]。

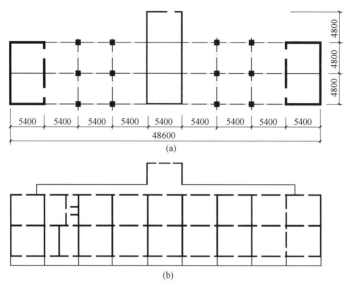

图 2.1.7　底部大空间剪力墙结构（尺寸单位：mm）

　　当房屋高度不高但仍需采用剪力墙结构，或带转换层结构需控制转换层上、下结构的侧向刚度（一般是增大下部结构的侧向刚度，减小上部结构的侧向刚度）时，可采用短肢剪力墙结构。这种结构体系一般是在电梯、楼梯部位布置剪力墙形成筒体，其他部位则根据需要，在纵横墙交接处设置截面高度为 2m 左右的 T 形、十字形、L 形截面短肢剪力墙，墙肢之间在楼面处用梁连接，并用轻质材料填充，形成使用功能及受力均较合理的短肢剪力墙结构体系。图 2.1.8 为某高层商住楼结构平面示意图，转换层以下采用底部大空间剪力墙结构 [图 2.1.8（a）]，转换层以上采用短肢剪力墙结构 [图 2.1.8（b）]。

2.1.3　框架-剪力墙结构体系

　　为了充分发挥框架结构平面布置灵活和剪力墙结构侧向刚度大的特点，当建筑物需要有较大空间且高度超过了框架结构的合理高度时，可采用框架和剪力墙共同工作的结构体系，称为框架-剪力墙结构（frame-shear wall structure）体系。框架-剪力墙结构体系以框架为主，并布置一定数量的剪力墙，通过水平刚度很大的楼盖将两者联系在一起共同抵抗水平荷载。在这种结构中，框架和剪力墙是协同工作的，其中剪力墙承担大部分水平荷载，框架主要承受竖向荷载，仅承担一小部分水平荷载。当楼盖为无梁楼盖，由无梁楼板与柱组成的框架称为板柱框架，板柱框架没有楼层梁，可以显著增加建筑使用空间，施工方便，经济效益显著，但缺点是结构整体侧移刚度小，抗震性能较差，因此经常与剪力墙

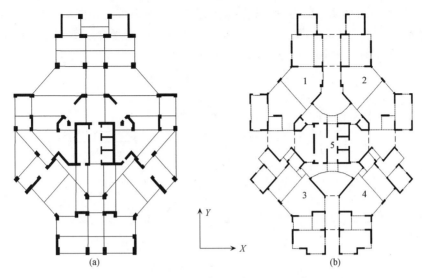

图 2.1.8　某高层商住楼结构平面示意图

结合使用，形成板柱-剪力墙结构（slab-column shear wall structure）。板柱-剪力墙结构中的楼板直接搁置在柱或剪力墙上，竖向荷载由柱和剪力墙共同承受，水平力主要由剪力墙承受，其受力和变形特点与框架-剪力墙结构相同。图 2.1.9 是框架-剪力墙结构房屋平面布置的一些实例。

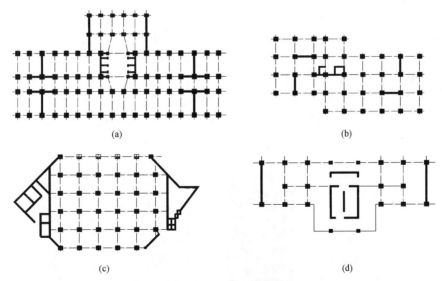

图 2.1.9　框架-剪力墙结构房屋平面布置

　　框架-剪力墙结构一般可采用以下几种形式：①框架和剪力墙（包括单片墙、联肢墙、剪力墙筒体）分开布置，各自形成比较独立的抗侧力结构，从抗侧力结构横向布置而言，图 2.1.9（c）和（d）所示的结构属于此种形式；②在框架结构的若干跨内嵌入剪力墙（框架相应跨的柱和梁成为该片墙的边框，称为带边框剪力墙）；③在单片抗侧力结构内连续分别布置框架和剪力墙；④上述两种或三种形式的混合，如图 2.1.9（a）和（b）所示。

　　在水平荷载作用下，框架的侧向变形属于剪切型，层间侧移自上而下逐层增大 [图 2.1.10（a）]；剪力墙的侧向变形一般是弯曲型，其层间侧移自上而下逐层减小

［图 2.1.10 (b)］。当框架与剪力墙通过楼盖形成框架-剪力墙结构时，各层楼盖因其巨大的水平刚度使框架与剪力墙的变形协调一致，因而其侧向变形介于剪切型与弯曲型之间，一般属于弯剪型［图 2.1.10 (c)］。

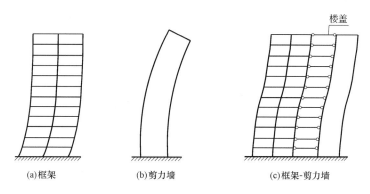

图 2.1.10　框架与剪力墙的协同作用

由于框架与剪力墙的协同工作，使框架各层层间剪力趋于均匀，各层梁、柱截面尺寸和配筋也趋于均匀，改变了纯框架结构的受力及变形特点。框架-剪力墙结构比框架结构的水平承载力和侧向刚度都有很大提高，可应用于 10～20 层的办公楼、教学楼、医院和宾馆等建筑中。

2.1.4　筒体结构体系

筒体的基本形式有实腹筒、框筒、桁架筒和斜交网格筒。由钢筋混凝土剪力墙围成的筒体称为实腹筒［图 2.1.11 (a)］；布置在房屋四周、由密排柱和高跨比很大的窗裙梁形成的密柱深梁框架围成的筒体称为框筒［图 2.1.11 (b)］；将筒体的四壁做成桁架，就形成桁架筒［图 2.1.11 (c)］；由相互交叉成一定角度的交叉斜柱编织而成的网筒称为斜交网格筒［图 2.1.11 (d)］。筒体结构（tube structure）体系是指由一个或几个筒体作为水平抗侧力结构的高层建筑结构体系。

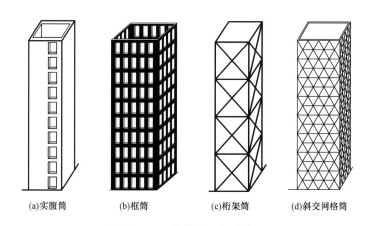

图 2.1.11　筒体的基本形式

筒体最主要的受力特点是它的空间性能，在水平荷载作用下，筒体可视为下端固定、顶端自由的悬臂构件。实腹筒实际上就是箱形截面悬臂柱，这种截面因有翼缘参与工作，其截面抗弯刚度比矩形截面大很多,故实腹筒具有很大的侧向刚度及水平承载力,并具有很好的抗扭刚度。框筒也可视为箱形截面悬臂柱,其中与水平荷载方向平行的框架称为腹板框架,与其正交方向的框架称为翼缘框架。在水平荷载作用下,翼缘框架柱主要承受轴力(拉力或压力),腹板框架一侧柱受拉,另侧柱受压,其截面应力分布如图 2.1.12(a)所示。应当指出,虽然框筒与实腹筒均可视为箱形截面构件,但二者截面应力分布并不完全相同。在实腹筒中,腹板应力基本为直线分布[图 2.1.12(a)],而框筒的腹板应力为曲线分布。框筒与实腹筒的翼缘应力均为抛物线分布,但框筒的应力分布更不均匀。这是因为框筒中各柱之间的窗裙梁存在剪力,剪力使联系柱子的窗裙梁产生剪切变形,从而使柱之间的轴力传递减弱。因此,在框筒的翼缘框架中,远离腹板框架的各柱轴力越来越小;在框筒的腹板框架中,远离翼缘框架各柱轴力的递减速度比按直线规律递减的要快。上述现象称为剪力滞后。框筒中剪力滞后现象越严重,参与受力的翼缘框架柱越少,空间受力性能越弱。设计中应设法减少剪力滞后现象,使各柱尽量受力均匀,这样可大大增加框筒的侧向刚度及水平承载力。

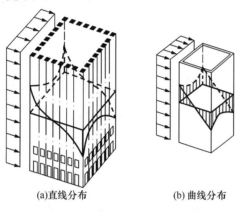

(a)直线分布　　　　　　(b)曲线分布

图 2.1.12　筒体的受力特性

1. 框筒结构

框筒(frame-tube)也可作为抗侧力结构单独使用。为了减小楼板和梁的跨度,在框筒中部可设置一些柱子,如图 2.1.13 所示。这些柱子仅用来承受竖向荷载,不考虑其承受水平荷载。

2. 筒中筒结构

筒中筒结构(tube in tube structure)一般是指实腹筒做内筒、框筒做外筒形成的刚度很大的空间结构体系,如图 2.1.14 所示。以桁架筒或斜交网格筒做外筒、实腹筒做内筒也可形成筒中筒结构。内筒可集中布置电梯、楼梯、竖向管道等,楼板起承受竖向荷载、作为筒体的水平刚性隔板和协同内、外筒工作等作用。在这种结构中,框筒的侧向变形以剪切型为主,内筒(实腹筒)一般以弯曲变形为主,二者通过楼板联系,共同抵抗水平荷载,其协同工作原理与框架-剪力墙结构类似。在下部,核心筒承担大部分剪力;在上部,水平剪力逐步转移到外框筒上。由于内、外筒的协同工作,结构侧向刚度增大、侧移减小,因此筒中筒结构成为 50 层以上超高层建筑的主要结构体系。

图 2.1.13　框筒结构　　　　图 2.1.14　筒中筒结构

3. 多筒结构-成束筒

成束筒是由若干单筒集成一体成束状，形成空间刚度极大的抗侧力结构。成束筒中相邻筒体之间具有共同的筒壁，每个单元筒又能单独形成一个筒体结构。因此，沿屋高度方向，可以中断某些单元筒，使房屋的侧向刚度及水平承载力沿高度逐渐变化，如美国的

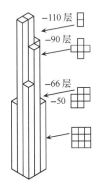

图 2.1.15　多筒结构

Wilis 大厦，由 9 个正方形单筒组合而成（图 2.1.15），每个筒体的平面尺寸为 22.9m×22.9m，沿房屋高度方向，在三个不同标高处中断了一些单元筒。这种自下而上逐渐减少筒体数量的处理手法，使高层建筑结构更加经济合理。但是应当注意，这些逐渐减少的筒体结构，应对称于建筑物的平面中心。

2.1.5　框架-核心筒结构体系

由核心筒与外围的稀柱框架组成的高层建筑结构称为框架-核心筒结构（frame-corewall structure），如图 2.1.16 所示。其中筒体主要承担水平荷载，框架主要承担竖向荷载。这种结构兼有框架结构与筒体结构两者的优点，建筑平面布置灵活便于设置大房间，又具有较大的侧向刚度和水平承载力，其总体布局形式有利于整体结构的受力，从而可显著提高高层建筑的抗震性能。目前，框架-核心筒结构在超高层建筑中得到广泛应用，上海联谊大厦（29 层，高 106.5m）就采用此种结构体系。

在水平荷载作用下，框架-核心筒结构中的外围框架能够与内筒保持良好的协同工作，以保证整体结构的受力性能，此种结构具有多道抗震防线，其受力和变形特点以及协同工作原理与框架-剪力墙结构类似。

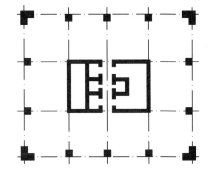

图 2.1.16　框架-核心筒结构

2.1.6　巨型结构体系

巨型结构体系是由大型构件（巨型梁、巨型柱、巨型支撑等）组成的主结构与常规结构构件组成的次结构共同工作的一种结构体系。巨型结构为超高层建筑的一种新型结构体系，主结构通常为主要抗侧力体系，次结构只承担竖向荷载，并负责将力传给主结构，其中主结构本身就可以是独立的结构。作为一种超级结构体系，巨型结构体系具有传力明确、抗侧刚度大、整体性能好、空间布置灵活等优点，同时还可以较好地实现结构抗震多道设防的思

想。巨型结构按其主要受力体系可分为以下四种基本类型。

1. 巨型框架结构

巨型框架结构（mega frame structure）是由巨型梁和巨型柱组成的刚度极大的空间结构，其中巨型柱的尺寸常超过一个普通框架的柱距，形式上可以是巨大的实腹钢骨混凝土柱、空间格构式桁架或者筒体；巨型梁通常由格构式桁架或几层楼构成，它是具有很大抗弯刚度的水平构件，巨型梁上也可以设置小框架以支承各楼层，小框架仅承受竖向荷载并将其传给巨型梁。按照巨型柱的类型，巨型框架主要包括筒体型和桁架型两类，如图 2.1.17（a）和（b）所示。

2. 巨型桁架结构

巨型桁架结构（mega truss structure）一般将巨型斜支撑应用于高层建筑的内部或表面，该体系的主结构主要以桁架的形式传递荷载，是桁架力学概念在高层建筑整体的应用。构成桁架的构件既可能是较大的钢构件、钢筋混凝土构件和钢骨混凝土构件，也可能是空间组合构件。巨型桁架结构的类型包括巨型支撑框筒型、巨型空间桁架型和斜格桁架型等，其中最为常用的是巨型支撑框筒体系，如图 2.1.17（b）所示。芝加哥的汉考克大厦（100 层，高 332m）和香港中国银行大厦（70 层，高 310m）为巨型支撑结构体系的代表。

3. 巨型悬挂结构

巨型悬挂结构（mega suspension structure）是指将次结构以悬挂方式布置在主体结构中，并通过悬挂体系将重力和外荷载传递给主体结构的一种结构形式。在这种结构中，主结构与巨型框架相类似，承受全部水平和竖向荷载，并将荷载直接传至基础，该体系使得次结构的设计十分简便，也可将次结构作为改善主结构受力性能的主要措施之一。但同时，巨型悬挂结构的设计和施工均比较复杂，一般是为了适应建筑规划的要求才采用的，1985 年建成的香港汇丰银行大楼为典型的悬挂结构体系［图 2.1.17（d）］，之所以采用此形式，是由于建筑规划要求大楼底层为全开敞大空间，与前面的皇后广场自然地连成一片。

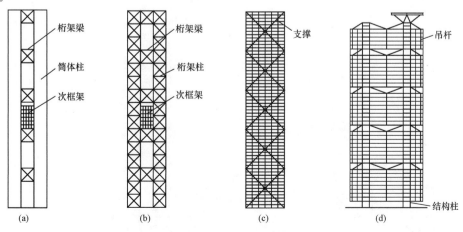

图 2.1.17　巨型结构体系

4. 巨型分离式结构

巨型分离式结构（mega separated structure）是由若干相对独立的结构（一般为筒体结构）构成巨型构件连接而成的一种巨型结构，此种结构是一种联体式结构，应用这种结构概念可以设计出特高建筑，可以缓解城市人口密集、用房紧张、交通拥挤等矛盾。日本鹿岛建设公司提出的动力智能大厦（200 层，高 800m）设计方案就采用了巨型分离式结构，该大楼由 12 个相对独立的单元体组合而成，每个单元为一个直径 50m、高 50 层的筒形建筑。

除此之外，有的高层建筑在局部采用巨型构件，如常见的转换层结构、巨型伸臂桁架等，也有的在局部楼层处采用巨型构件将两栋常规高层结构相连，如马来西亚吉隆坡石油双塔（Petronas Twin Towers，88 层，高 451.9m），在 41 层至 42 层处采用带有巨大人字形支撑的巨型桁架将双塔相连。当高层建筑高度较大、结构抗侧力要求较高时，还可以将上述几种巨型结构体系融合应用，从而形成多重组合巨型结构体系。上海环球金融中心就是典型实例，其采用三重巨型结构体系共同承担重力、风荷载和地震的侧向作用。

2.1.7 带加强层的高层建筑结构体系

筒中筒结构（图 2.1.14）与框架-核心筒结构（图 2.1.16）相比，前者由于外框筒是由密柱和深梁组成，有时不符合建筑立面处理和景观视线的要求，后者因外围框架由稀柱和浅梁组成，能给予建筑创作较多的选择和自由，并便于用户使用。因此，从使用功能来看，框架-核心筒结构比筒中筒结构更受用户欢迎，其应用范围更为广泛。然而，与筒中筒结构相比，框架-核心筒结构的侧向刚度比较小。为了提高其侧向刚度，减小水平荷载作用下核心筒的弯矩和侧移，可沿框架-核心筒结构房屋的高度方向每隔 20 层左右，于设备层或结构转换层处由核心筒伸出纵、横向伸臂与结构的外围框架柱相连，并沿外围框架设置一层楼高的带状水平梁或桁架。这种结构称为带加强层的高层建筑结构，也称伸臂-核心筒结构。与框架-核心筒结构相比，伸臂-核心筒结构具有更大的侧向刚度和水平承载力，从而适用于更多层数的高层建筑。图 2.1.18 表示伸臂在平面上的布置方法。图 2.1.19 是深圳商业中心大厦的结构剖面示意图，沿房屋高度方向设置了两个加强层（或伸臂）。

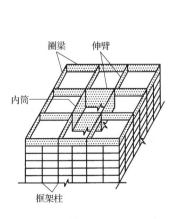

图 2.1.18　伸臂在平面上的布置

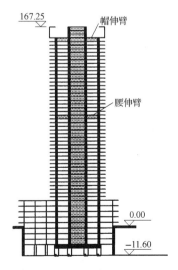

图 2.1.19　深圳商业中心大厦的结构剖面示意图

在框架-核心筒结构中，框架与筒体通过楼板使它们在水平荷载作用下保持侧移一致，楼板相当于铰接连杆。这时框架只承担很小一部分水平荷载，筒体承担大部分水平荷载，故筒体所承受的倾覆力矩很大。但筒体抗力偶矩的力臂较小 [图 2.1.20 (a)]，因此结构抵抗倾覆力矩的能力不大。在带加强层的高层建筑结构中，通过设置伸臂将所有外围框架柱与筒体连为一体，形成一个整体结构来抵抗倾覆力矩。因为有外柱参与承担倾覆力矩引起的拉力和压力，整个结构抗力偶矩的等效力臂 L'，将大于筒体的宽度 [图 2.1.20 (b)]，从而提高了结构的侧向刚度和水平承载能力。

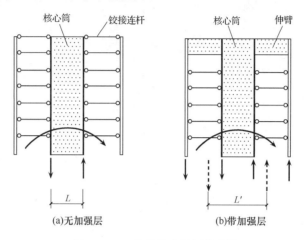

图 2.1.20　结构抗力偶矩的力臂

水平荷载作用下框架-核心筒结构中无加强层 [图 2.1.21 (a)]、顶部设置一个加强层 [图 2.1.21 (b)] 和设置两个加强层 [图 2.1.21 (c)] 时筒体所承担的力矩。可见，设置一个（二个）加强层相当于在结构上施加了一个（二个）反力矩，它部分地抵消了水平荷载在筒体各截面所产生的力矩。设计中可根据需要设置多个加强层。

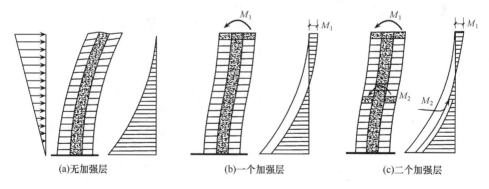

图 2.1.21　结构中筒体承担的力矩

2.1.8　各种结构体系的最大适用高度和适用的最大高宽比

1. 最大适用高度

由于不同结构体系的侧向刚度和水平承载力不同，上述各结构体系的适用高度应不同；即使是同一结构体系，由于抗震设防以及设防烈度不同，其所对应的适用高度也不同。因此，高层建筑结构设计时，应根据房屋建筑的高度、是否需要抗震设防、抗震设防烈度等因素，选择一个与其匹配的、经济的结构体系，使结构效能得到充分发挥，建筑材料性能得到充分利用。每一种结构体系，也有其最大适用高度。

《高层规程》对各种高层建筑混凝土结构体系的最大适用高度做了规定，见表 2.1.1 和表 2.1.2。其中 A 级高度的钢筋混凝土高层建筑是指符合表 2.1.1 高度限值的建筑，也是目前数量最多，应用最广泛的建筑；B 级高度的高层建筑是指较高的（其高度超过表 2.1.1 规定的高度）、设计上有严格要求的高层建筑，称超限高层建筑，其最大适用高度应符合表 2.1.2 的规定。

表 2.1.1　A 级高度钢筋混凝土高层建筑的最大适用高度（m）

结构体系		非抗震设计	抗震设防烈度				
			6 度	7 度	8 度		9 度
					0.20g	0.30g	
框架		70	60	50	40	35	—
框架-剪力墙		150	130	120	100	80	50
剪力墙	全部落地剪力墙	150	140	120	100	80	60
	部分框支剪力墙	130	120	100	80	50	不应采用
筒体	框架-核心筒	160	150	130	100	90	70
	筒中筒	200	180	150	120	100	80
板柱-剪力墙		110	80	70	55	40	不应采用

注：① 表中框架不含异形柱框架结构。
　② 部分框支剪力墙结构指地面以上有部分框支剪力墙的剪力墙结构。
　③ 甲类建筑，6、7、8 度时宜按本地区抗震设防烈度提高一度后符合本表的要求，9 度时应专门研究。
　④ 框架结构、板柱-剪力墙结构以及 9 度抗震设防的表列其他结构，当房屋高度超过本表数值时，结构设计应有可靠依据，并采取有效的加强措施。

表 2.1.2　B 级高度钢筋混凝土高层建筑的最大适用高度（m）

结构体系		非抗震设计	抗震设防烈度			
			6 度	7 度	8 度	
					0.20g	0.30g
框架-剪力墙		170	160	140	120	100
剪力墙	全部落地剪力墙	180	170	150	130	110
	部分框支剪力墙	150	140	120	100	80
筒体	框架-核心筒	220	210	180	140	120
	筒中筒	300	280	230	170	150

注：① 部分框支剪力墙结构指地面以上有部分框支剪力墙的剪力墙结构。
　② 甲类建筑，6、7 度时宜按本地区设防烈度提高一度后符合本表的要求，8 度时应专门研究。
　③ 当房屋高度超过表中数值时，结构设计应有可靠依据，并采取有效的加强措施。

应当注意，表中的房屋高度是指室外地面至主要屋面的高度，不包括局部突出屋面的电梯机房、水箱、构架等高度；部分框支剪力墙结构是指地面以上有部分框支剪力墙的剪力墙结构。

2. 适用的最大高宽比

房屋的高宽比越大，水平荷载作用下的侧移越大，抗倾覆作用的能力越小。因此，应控制房屋的高宽比，避免设计高宽比很大的建筑物。《高层规程》对混凝土高层建筑结构适用的最大高宽比做了规定，见表 2.1.3，这是对高层建筑结构的侧向刚度、整体稳定性、承载能力和经济合理性的宏观控制，有助于设计者在初步设计阶段根据结构高度和结构体系确定比较合理而经济的平面尺寸。

表 2.1.3　钢筋混凝土高层建筑结构适用的最大高宽比

结构体系	非抗震设计	抗震设防烈度		
		6 度、7 度	8 度	9 度
框架	5	4	3	—
板柱-剪力墙	6	5	4	—
框架-剪力墙、剪力墙	7	6	5	4
框架-核心筒	8	7	6	4
筒中筒	8	8	7	5

对复杂体型的高层建筑结构，其高宽比较难确定。作为一般原则，可按所考虑方向的最小投影宽度计算高宽比，但对突出建筑物平面很小的局部结构（如楼梯间、电梯间等），一般不应包含在计算宽度内；对于不宜采用最小投影宽度计算高宽比的情况，可根据实际情况采用合理的方法计算；对带有裙房的高层建筑，当裙房的面积和刚度相对于其上部塔楼的面积和刚度较大时，计算高宽比时房屋的高度和宽度可按裙房以上部分考虑。

2.2　结构总体布置

在高层建筑结构初步设计阶段，除了应根据房屋高度选择合理的结构体系外，尚应对结构平面和结构竖向进行合理的总体布置。结构总体布置时，应综合考虑房屋的使用要求、建筑美观、结构合理以及便于施工等因素。

2.2.1　结构平面布置

1. 基本要求

高层建筑的结构平面布置，应有利于抵抗水平荷载和竖向荷载，受力明确，传力直接，力求均匀对称，减少扭转的影响。在地震作用下，建筑平面力求简单、规则，但风荷载作用下可适当放宽。

高层建筑结构平面布置应符合下述规定。

（1）在高层建筑的一个独立结构单元内，宜使结构平面形状简单、规则，刚度和承载力分布均匀，不应采用严重不规则的平面布置。

震害经验表明，L 形、T 形平面和其他不规则的建筑物（图 2.2.1），很多因扭转而破坏，因此平面布置力求简单、规则、对称，避免应力集中的凹角和狭长的缩颈部位。对于严重不规则结构，必须对结构方案进行调整，以使其变为规则结构或比较规则的结构。

| (a)T形 | (b)L形 | (c)U形 | (d)十字形 | (e)复杂形 |

图 2.2.1　不规则平面示例

（2）高层建筑宜选用风作用效应较小的平面形状。在沿海地区，风力成为高层建筑的控制性荷载，采用风压较小的平面形状有利于抗风设计。对抗风有利的平面形状是简单、规则的凸平面，如圆形、正多边形、椭圆形、鼓形等平面。对抗风不利的平面是有较多凹、凸的复杂平面形状，如 V 形、Y 形、H 形、弧形等平面。

（3）抗震设计的 A 级高度钢筋混凝土高层建筑，其平面布置宜简单、规则、对称，减少偏心；平面长度 L 不宜过长，突出部分长度 l 不宜过大（图 2.2.2）；L、l 等宜满足表 2.2.1 的要求；不宜采用角部重叠或细腰形平面 [图 2.2.3（a）]。

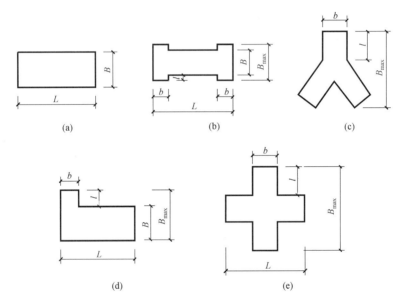

图 2.2.2　建筑平面

表 2.2.1　L 和 l 的长宽比限值

设防烈度	L/B	l/B_{max}	l/b
6 度、7 度	≤6.00	≤0.35	≤2.00
8 度、9 度	≤5.00	≤0.30	≤1.50

平面过于狭长的建筑物，在地震时因两端地震波输入有位相差而容易产生不规则振动，产生较大的震害，故应对 L/B 予以限制，见表 2.2.1。为了减轻因 L/B 过大而产生的震害，在实际工程中，L/B 最好不超过 4（设防烈度为 6 度、7 度时）或 3（设防烈度为 8 度、9 度时）。

建筑平面上突出部分长度 l 过大时，突出部分容易产生局部振动而引发凹角处破坏，故应对 l/b 予以限制，见表 2.2.1。但在实际工程中，l/b 最好不大于 1，以减轻由此而引发的建筑物震害。

角部重叠和细腰形的平面布置（图 2.2.3），因重叠长度太小 ［图 2.2.3 （a）］或采用狭窄的楼板连接 ［图 2.2.3 （b）］，在重叠部位和连接楼板处，应力集中十分显著，尤其在凹角部位，因应力集中易使楼板开裂、破坏，故不宜采用这种结构平面布置方案。如必须采用时，则这些部位应采用增大楼板厚度、增加板内配筋、设置集中配筋的边梁、配置 45°斜向钢筋等方法予以加强 ［图 2.2.3 （c）］。

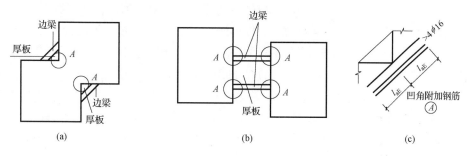

图 2.2.3　角部重叠和细腰形的结构平面及连接部位楼板的加强

（4）抗震设计的 B 级高度钢筋混凝土高层建筑、混合结构高层建筑及复杂高层建筑，其平面布置应简单、规则，减少偏心。

B 级高度钢筋混凝土高层建筑和混合结构高层建筑的最大适用高度较高，复杂高层建筑的竖向布置已不规则，这些结构的地震反应较大，故对其平面布置的规则性应要求更严一些。

（5）结构平面布置应减少扭转的影响。在考虑偶然偏心影响的地震作用下楼层竖向构件的最大水平位移和层间位移：A 级高度高层建筑不宜大于该楼层平均值的 1.2 倍，不应大于该楼层平均值的 1.5 倍；B 级高度高层建筑、混合结构高层建筑及复杂高层建筑不宜大于该楼层平均值的 1.2 倍，不应大于该楼层平均值的 1.4 倍。结构扭转为主的第一自振周期 T_t 与平动为主的第一自振周期 T_1 之比，A 级高度高层建筑不应大于 0.90，B 级高度高层建筑、混合结构高层建筑及复杂高层建筑不应大于 0.85。

国内外历次震害表明，平面不规则、质量中心与刚度中心偏心较大和抗扭刚度太弱的结构，其震害严重。国内一些复杂体型高层建筑振动台模型试验结果也表明，扭转效应会导致结构的严重破坏，因此，结构平面布置应减少扭转的影响。

对结构的扭转效应从以下两个方面加以限制。

（1）限制结构平面布置的不规则性，避免质心与刚心存在过大的偏心而导致结构产生较大的扭转效应。实际工程设计中，除应从抗侧力构件平面布置上予以控制外，还要按上述规定控制楼层竖向构件的扭转变形。计算扭转变形时，应考虑偶然偏心的影响。

结构楼层位移和层间位移控制值验算时，应采用完全二次型方根法（complete quadrtic combination method，CQC）的效应组合。但计算扭转位移比时，楼层的位移不再采用各振型位移的 CQC 组合计算，而按"规定水平地震作用"计算，由此得到的位移比与楼层扭转效应之间存在明确的相关性。该水平力一般可采用振型组合后的楼层地震剪力换算的水平作用力，并考虑偶然偏心。水平作用力的换算原则：每一楼面处的水平作用力取该楼面上、下两个楼层的地震剪力差的绝对值。

当计算的楼层最大层间位移角不大于相应的位移角限值的 0.4 倍 ［如对剪力墙结构，

$0.4 \times (1/1000) = 1/2500$] 时，表明该楼层的侧移很小，故该楼层的扭转位移比的上限可适当放松，但不应大于 1.6。扭转位移比为 1.6 时，该楼层的扭转变形已很大，相当于一端位移值为 1.0，另一端位移值为 4。

（2）限制结构的抗扭刚度不能太弱。理论分析结果表明，若周期比 T_t/T_1 小于 0.5，则相对扭转振动效应 $\theta r/u$ 一般较小（θ、r 分别表示扭转角和结构的回转半径，θr 表示由于扭转产生的离质心距离为回转半径处的位移，u 为质心处的位移），即使结构的刚度偏心很大，偏心距 e 达到 $0.7r$，其相对扭转变形 $\theta r/u$ 也仅为 0.20；当周期比 T_t/T_1 大于 0.85 时，相对扭转变形 $\theta r/u$ 急剧增大，即使刚度偏心很小，偏心距仅为 $0.1r$，当周期比 T_t/T_1 等于 0.85 时，相对扭转变形 $\theta r/u$ 可达 0.25；当周期比 T_t/T_1 接近于 1 时，相对扭转变形 $\theta r/u$ 可达 0.50。可见，抗震设计中应采取措施减小周期比 T_t/T_1，以使结构具有必要的抗扭刚度。如果周期比 T_t/T_1 不满足上述规定的限值，应调整抗侧力结构的布置，增大结构的抗扭刚度。扭转耦联振动的主方向可通过计算振型方向因子来判断。在两个平动和一个转动构成的三个方向因子中，当转动方向因子大于 0.50 时，可认为该振型是扭转为主的振型。

2. 对楼板开洞的限制

为改善房间的通风、采光等性能，高层建筑的楼板经常有较大的凹入或开有较大面积的洞口。楼板开洞后，楼盖的整体刚度减弱，结构各部分可能出现局部振动，降低了结构的抗震性能。为此，根据《高层规程》高层建筑的楼板应符合下列规定。

（1）当楼板平面比较狭长、有较大的凹入和开洞而使楼板有较大削弱时，应在设计中考虑其对结构产生的不利影响。有效楼板宽度不宜小于楼面宽度的 50%；楼板开洞总面积不宜超过楼面面积的 30%；在扣除凹入或开洞后，楼板在任一方向的最小净宽不宜小于 5m，且开洞后每一边的楼板净宽度不应小于 2m。

楼板有较大的凹入和开洞时，被凹口或洞口划分的各部分之间的连接较为薄弱，地震过程中由于各相对独立部分产生相对振动（或局部振动），会使连接部位的楼板产生应力集中，因此应对凹口或洞口的尺寸加以限制。设计中应同时满足上述规定的各项要求。以图 2.2.4 所示平面为例，其中 l_2 不宜小于 $0.5l_1$，a_1 与 a_2 之和不宜小于 $0.5l_2$，且不宜小于 5m，a_1 和 a_2 均不应小于 2m，开口总面积（包括凹口和洞口）不宜超过楼面面积的 30%。

（2）"+"字头形、井字形等外伸长度较大的建筑，当中央部分楼板有较大削弱时，应加强楼板以及连接部位墙体的构造措施，必要时还可在外伸段凹槽处设置连接梁或连接板。

（3）楼板开大洞削弱后，宜采取以下构造措施予以加强：①加厚洞口附近楼板，提高楼板的配筋率；采用双层双向配筋，或加配斜向钢筋；②洞口边缘设置边梁、暗梁；③在楼板洞口角部集中配置斜向钢筋。

如图 2.2.5 所示的井字形平面建筑，由于采光通风要求，平面凹入很深，中央设置楼、电梯间后，楼板削弱较大，结构整体刚度降低。在不影响建筑要求及使用功能的前提下，可采取以下两种措施之一予以加强：①设置拉梁 a，为美观也可以设置拉板（板厚可取 250～300mm），拉梁、拉板内配置受拉钢筋；②增设不上人的挑板 b 或可以使用的阳台，在板内双层双向配钢筋，每层、每方向配筋率可取 0.25%。

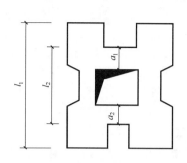

图 2.2.4　楼板净宽度要求示意图

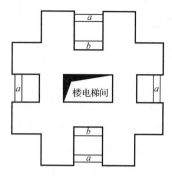

图 2.2.5　井字形平面建筑

3. 结构缝的设置

结构缝（structural joint）是根据所受影响而采取的分割混凝土结构间隔的总称，包括伸缩缝、沉降缝、防震缝、构造缝、防连续倒塌的分割缝等。结构设计时，通过设置结构缝将结构分割为若干相对独立的单元，以消除各种不利因素的影响。除永久性的结构缝以外，还应考虑设置施工接槎、后浇带、控制缝等临时性缝以消除某些暂时性的不利影响。

高层建筑设缝后，给建筑、结构和设备的设计与施工带来一定困难，基础防水也不容易处理。因此，目前的总趋势是避免设缝，并从总体布置或构造上采取相应措施来减少沉降、温度变化或体型复杂造成的影响。当必须设缝时，应将高层建筑划分为几个独立的结构单元。

1）沉降缝

高层建筑的主体结构周围常设置裙房，它们与主体结构的重量相差悬殊，会产生相当大的沉降差。这时可用沉降缝将两者分成独立的结构单元，使各部分自由沉降。

当采取以下措施后，主体结构与裙房之间可连为整体而不设沉降缝。①采用桩基，桩支承在基岩上；采取减少沉降的有效措施并经计算，沉降差在允许范围内。②主楼与裙房采用不同的基础形式。主楼采用整体刚度较大的箱形基础或筏形基础，降低土压力，并加大埋深，减少附加压力；裙房采用埋深较浅的十字交叉条形基础等，增加土压力，使主楼与裙房沉降接近。③地基承载力较高、沉降计算较为可靠时，主楼与裙房的标高预留沉降差，并先施工主楼，后施工裙房，使两者最终标高一致。对后两种情况，施工时应在主体结构与裙房之间预留后浇带，待沉降基本稳定后再连为整体。

2）伸缩缝

由温度变化引起的结构内力称为温度应力，它使房屋产生裂缝，影响正常使用。温度应力对高层建筑造成的危害，在它的底部数层和顶部数层较为明显。房屋基础埋在地下，温度变化的影响较小，因而底部数层由温度变化引起的结构变形受到基础的约束；在房屋顶部，日照直接作用在屋盖上，顶层板的温度变化比下部各层的剧烈，故房屋顶层由温度变化引起的变形受到下部楼层的约束；中间各楼层在使用期间温度条件接近，相互约束小，温度应力的影响较小。此外，新浇混凝土在结硬过程中会产生收缩应力并可能引起结构裂缝。为消除温度和收缩应力对结构造成的危害，根据《高层规程》的规定，高层建筑结构伸缩缝的最大间距，见表 2.2.2。当房屋长度超过表 2.2.2 中规定的限值时，宜用伸缩缝将上部结构从顶到基础顶面断开，分成独立的温度区段。

表 2.2.2　伸缩缝的最大间距

结构体系	施工方法	最大间距/m
框架结构	现浇	55
剪力墙结构	现浇	45

注：① 框架-剪力墙结构的伸缩缝间距可根据结构的具体布置情况取表中框架结构与剪力墙结构之间的数值。
　　② 当屋面无保温或隔热措施、混凝土的收缩较大或室内结构因施工外露时间较长时，伸缩缝间距应适当减小。
　　③ 位于气候干燥地区、夏季炎热且暴雨频繁地区的结构，伸缩缝的间距宜适当减小。

当采用下列构造措施和施工措施减少温度和混凝土收缩对结构的影响时，可适当放宽伸缩缝的间距。①在房屋的顶层、底层、山墙和纵墙端开间等温度应力较大的部位提高配筋率。②在屋顶加强保温隔热措施或设置架空通风双层屋面，减少温度变化对屋盖结构的影响；外墙设置外保温层，减少温度变化对主体结构的影响。③施工中每隔 30～40m 间距留后浇带，带宽 800～1000mm，钢筋采用搭接接头（图 2.2.6），后浇带混凝土宜在两个月后浇灌。④房屋的顶部楼层改用刚度较小的结构形式（如剪力墙结构顶部楼层局部改为框架-剪力墙结构）或顶部设局部温度缝，将结构划分为长度较短的区段。⑤采用收缩小的水泥、减少水泥用量、在混凝土中加入适宜的外加剂，减少混凝土收缩。⑥提高每层楼板的构造配筋率或采用部分预应力混凝土结构。

应当指出，施工后浇带的作用在于减小混凝土的收缩应力，提高建筑物对温度应力的耐受能力，并不直接减少温度应力。因此，后浇带应通过建筑物的整个横截面，将全部墙、梁和楼板分开，使两部分混凝土可以自由收缩。在后浇带处，板、墙钢筋应采用搭接接头（图 2.2.6），梁主筋可不断开。后浇带应从结构受力较小的部位曲折通过，不宜在同一平面内通过，以免全部钢筋均在同一平面内搭接。一般情况下，后浇带可设在框架梁和楼板的 1/3 跨处，设在剪力墙洞口上方连梁跨中或内外墙连接处，如图 2.2.7 所示。

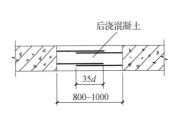

图 2.2.6　后浇带构造示意图（尺寸单位：mm）

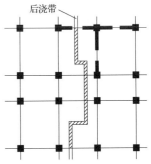

图 2.2.7　后浇带的位置

3）防震缝

在高层建筑中，当房屋的平面长度和突出部分长度超过表 2.2.1 的限制而没有采取加强措施、各部分结构刚度或荷载相差悬殊、各部分结构采取不同材料和不同结构体系、房屋各部分有较大错层时，在地震作用下会造成扭转及复杂的振动形式，并在房屋的连接薄弱部位造成损坏。因此，设计中如遇到上述情况，宜设防震缝。

在地震作用时，由于结构开裂、局部损坏和进入弹塑性状态，其水平位移比较大，因此防震缝两侧的房屋很容易发生碰撞而造成震害。为了防止防震缝两侧建筑物在地震中相碰撞，防震缝必须留有足够的宽度。防震缝净宽度原则上应大于两侧结构允许的水平位移之和。具体设计时，防震缝最小宽度应符合下列要求。

（1）框架结构房屋，高度不超过 15m 的部分可取 100mm；超过 15m 的部分，6、7、8 和 9 度相应每增加高度 5m、4m、3m 和 2m，宜加宽 20mm。

（2）框架-剪力墙结构房屋可按第（1）项规定数值的 70% 采用，剪力墙结构房屋可按第（1）项规定数值的 50% 采用，但两者均不宜小于 100mm。

防震缝两侧结构体系不同时，防震缝宽度应按不利的结构类型确定（如一侧为框架结构体系，另一侧为框架-剪力墙结构体系，则防震缝宽度应按框架结构体系确定）。防震缝两侧的房屋高度不同时，防震缝宽度应按较低的房屋高度确定。

防震缝宜沿房屋全高设置，当不兼作沉降缝时，地下室、基础可不设防震缝，但在与上部防震缝对应处应加强构造和连接。结构单元之间或主楼与裙房之间如无可靠措施，不应采用主楼框架柱设牛腿、低层或裙房屋面或楼面梁搁置在牛腿上的做法，也不应采用牛腿托梁的做法设置防震缝。因为地震时各单元之间尤其是高、低层之间的振动情况不同，牛腿支承处容易压碎、拉断，引发严重震害。

4）分割缝

对于重要的混凝土结构，为防止局部破坏引发结构连续倒塌，可采用防连续倒塌的分割缝，将结构分为几个区域，控制可能发生连续倒塌的范围。

2.2.2　结构竖向布置

从结构受力及对抗震性能要求而言，高层建筑结构的承载力和刚度宜自下而上逐渐减小，变化宜均匀、连续，不应突变。但是，在实际工程中，往往由于建筑需要或使用要求，出现一些竖向不规则建筑（图 2.2.8）。这些建筑由于抗侧力结构（框架、剪力墙和筒体等）沿竖向布置不当或侧向刚度突然改变，或采用悬挂结构、悬挑结构等，使结构的抗震性能降低。因此，设计中应尽量避免将高层建筑设计为竖向不规则建筑。高层建筑结构的竖向布置应符合下列要求。

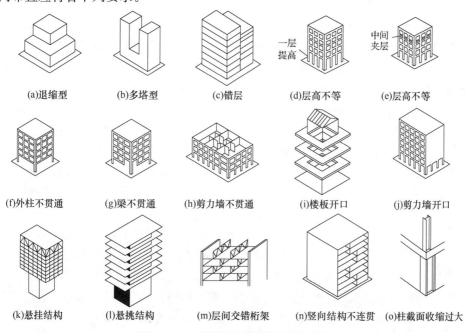

(a)退缩型　　(b)多塔型　　(c)错层　　(d)层高不等　　(e)层高不等

(f)外柱不贯通　　(g)梁不贯通　　(h)剪力墙不贯通　　(i)楼板开口　　(j)剪力墙开口

(k)悬挂结构　　(l)悬挑结构　　(m)层间交错桁架　　(n)竖向结构不连贯　　(o)柱截面收缩过大

图 2.2.8　对抗震不利的结构竖向布置

（1）震害经验表明，结构的侧向刚度沿竖向突变，结构沿竖向出现外挑或内收等，均会使某些楼层的变形过分集中，出现严重破坏甚至倒塌。因此，高层建筑的竖向体型宜规则、均匀，避免有过大的外挑和内收；结构的侧向刚度宜下大上小，逐渐均匀变化，不应采用竖向布置严重不规则的结构。

（2）抗震设计时，对框架结构，楼层与上部相邻楼层的侧向刚度比 γ_1 不宜小于 0.7，与上部相邻三层侧向刚度比 γ_1 的平均值不宜小于 0.8（图 2.2.9）；对框架-剪力墙和板柱-剪力墙结构、剪力墙结构、框架-核心筒结构、筒中筒结构，楼层与上部相邻楼层侧向刚度比 γ_2 不宜小于 0.9；楼层层高大于相邻上部楼层层高 1.5 倍时，不应小于 1.1；底部嵌固楼层不应小于 1.5。γ_1 和 γ_2 分别为

$$\gamma_1 = \frac{V_i/\Delta_i}{V_{i+1}/\Delta_{i+1}} \tag{2.2.1a}$$

$$\gamma_2 = \frac{V_i/(\Delta_i/h_i)}{V_{i+1}/(\Delta_{i+1}/h_{i+1})} \tag{2.2.1b}$$

式中：γ_1、γ_2 分别表示楼层侧向刚度比和考虑层高修正的楼层侧向刚度比；V_i、V_{i+1} 分别表示第 i 层和第 $i+1$ 层的地震剪力标准值；Δ_i、Δ_{i+1} 分别表示第 i 层和第 $i+1$ 层在地震作用标准值下的层间位移；h_i、h_{i+1} 分别表示第 i 层和第 $i+1$ 层的层高。

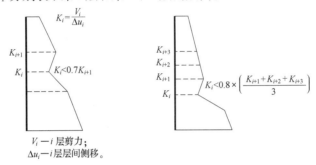

图 2.2.9　沿竖向侧向刚度不规则（有柔软层）

（3）抗侧力结构层间受剪承载力的突变将导致薄弱层出现严重破坏甚至倒塌。为防止结构出现薄弱层，A 级高度高层建筑的楼层层间抗侧力结构的受剪承载力不宜小于其上一层受剪承载力的 80%，不应小于其上一层受剪承载力的 65%；B 级高度高层建筑的楼层层间抗侧力结构的受剪承载力不宜小于其上一层受剪承载力的 75%。

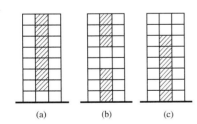

图 2.2.10　对抗震不利的结构
竖向布置

（4）底层或底部若干层取消一部分剪力墙或柱子［图 2.2.10（a）］、中部楼层剪力墙中断［图 2.2.10（b）］或顶部取消部分剪力墙或内柱［图 2.2.10（c）］等，造成结构竖向抗侧力构件上下不连续，形成局部柔软层或薄弱层。所以，抗震设计时，结构竖向抗侧力构件宜上下连续贯通。

（5）理论分析及试验研究结果表明，当结构上部楼层相对于下部楼层收进时，收进的部位越高，收进后的水平尺寸越小，其高振型地震反应越明显；当结构上部楼层相对于下部楼层外挑时，结构的扭转效应和竖向地震作用效应明显。因此，抗震设计时，当结构上部楼层收进部位到室外地面的高度 H_1 与房屋高度 H 之比大于 0.2 时，上部楼层收进后的水平尺寸 B_1 不宜小

于下部楼层水平尺寸 B 的 0.75 倍［图 2.2.11（a）和（b）］；当结构上部楼层相对于下部楼层外挑时，下部楼层的水平尺寸 B 不宜小于上部楼层水平尺寸 B_1 的 0.9 倍，且水平外挑尺寸 a 不宜大于 4m［图 2.2.11（c）和（d）］。

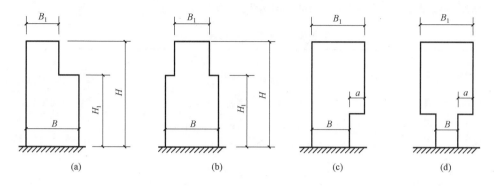

图 2.2.11　结构竖向收进和外挑示意图

（6）震害经验表明，沿房屋高度楼层质量分布不均匀时，在质量突变处易造成应力集中，震害相对较重。因此，楼层质量沿高度宜均匀分布，楼层质量不宜大于相邻下部楼层质量的 1.5 倍。

（7）由于同一楼层的侧向刚度和承载力均较小时，该楼层将非常不利。所以，抗震设计时不宜采用同一部位楼层刚度和承载力变化同时不满足上述第（2）、（3）条规定的高层建筑结构。

（8）结构顶层取消部分墙、柱形成空旷房间时，其楼层侧向刚度和承载力可能比其下部楼层相差较多，形成刚度和承载力突变，使结构顶层的地震反应增大很多，所以应进行详细的计算分析，并采取有效的构造措施。如用弹性或弹塑性动力时程分析进行补充计算、沿柱子全长加密箍筋、大跨度屋面构件要考虑竖向地震作用效应等。

（9）高层建筑设置地下室，可利用土体的侧压力防止水平力作用下结构的滑移、倾覆，减轻地震作用对上部结构的影响，还可降低地基的附加压力，提高地基的承载能力。震害经验也表明，有地下室的高层建筑，其震害明显减轻。因此高层建筑宜设地下室，而且同一结构单元应全部设置地下室，不宜采用部分地下室，地下室应有相同的埋深。

2.3　高层建筑的楼盖结构及基础

2.3.1　楼盖结构选型

与多层建筑相比，高层建筑对楼盖的水平刚度及整体性要求更高。因此，房屋高度超过 50m 时，框架-剪力墙结构、筒体结构及复杂高层建筑结构应采用现浇楼盖结构，剪力墙结构和框架结构宜采用现浇楼盖结构。

当房屋高度不超过 50m 时，剪力墙结构和框架结构可采用装配式楼盖，但应采取必要的构造措施。

框架-剪力墙结构由于各片抗侧力结构刚度相差很大，作为主要抗侧力结构的剪力墙间距较大时，水平荷载通过楼盖传递，楼盖变形更为显著，因而框架-剪力墙结构中的楼盖应有更好的水平刚度和整体性。房屋高度不超过 50m 时，8、9 度抗震设计的框架-剪力墙结构宜采用现浇楼盖结构；6、7 度抗震设计的框架-剪力墙结构可采用装配整体式楼盖，但应符合有关构造要求。

板柱-剪力墙结构应采用现浇楼盖。

高层建筑楼盖结构可根据结构体系和房屋高度按表 2.3.1 选型。

表 2.3.1　高层建筑楼盖结构选型

结构体系	结构选型	
	高度不大于 50m	高度大于 50m
框架和剪力墙	可采用装配式楼面（灌板缝）	宜采用现浇楼面
框架-剪力墙	宜采用现浇楼面（8、9 度抗震设计），可采用装配整体式楼面（灌板缝加现浇面层）（7、8 度抗震设计）	应采用现浇楼面
板柱-剪力墙	应采用现浇楼面	—
框架-核心筒和筒中筒	应采用现浇楼面	应采用现浇楼面

2.3.2　楼盖构造要求

（1）为了保证楼盖的平面内刚度，现浇楼盖的混凝土强度等级不宜低于 C20；同时由于楼盖结构中的梁和板为受弯构件，所以混凝土强度等级不宜高于 C40。

（2）房屋高度不超过 50m 的框架结构或剪力墙结构，当采用装配时楼盖时，应符合下列要求。①楼盖的预制板板缝宽度不宜小于 40mm，板缝大于 40mm 时应在板缝内配置钢筋，并宜贯通整个结构单元。预制板板缝、板缝梁的混凝土强度等级应高于预制板的混凝土强度等级，且不宜低于 C20。②预制板搁置在梁上或剪力墙上的长度分别不宜小于 35mm 或 25mm。③预制板板端宜预留胡子筋，其长度不宜小于 100mm。④预制板板孔堵头宜留出不小于 50mm 的空腔，并采用强度等级不低于 C20 的混凝土浇灌密实。

（3）房屋高度不超过 50m 且 6、7 度抗震设计的框架-剪力墙结构，当采用装配整体式楼盖时，除应符合上述第（2）条第①款的规定外，其楼盖每层宜设置钢筋混凝土现浇层。现浇层厚度不应小于 50mm，混凝土强度等级不应低于 C20，不宜高于 C40，并应双向配置直径 6~8mm、间距 150~200mm 的钢筋网，钢筋应锚固在剪力墙内。

（4）房屋的顶层楼盖对于加强其顶部约束、提高抗风和抗震能力以及抵抗温度应力的不利影响均有重要作用；转换层楼盖上部是剪力墙或较密的框架柱，下部转换为部分框架及部分落地剪力墙或较大跨度的框架，转换层上部抗侧力结构的剪力通过转换层楼盖传递到落地剪力墙和框支柱或数量较少的框架柱上，因而楼盖承受较大的内力；平面复杂或开洞过大的楼层以及作为上部结构嵌固部位的地下室楼层，其楼盖受力复杂，对其整体性要求更高。因此，上述楼层的楼盖应采用现浇楼盖。

一般楼层现浇楼板厚度不应小于 80mm，当板内预埋暗管时不宜小于 100mm；顶层楼板厚度不宜小于 120mm，宜双层双向配筋。

转换层楼板厚度不宜小于 180mm，应双层双向配筋，且每层每方向的配筋率不宜小于0.25%，楼板中钢筋应锚固在边梁或墙体内；落地剪力墙和筒体外周围的楼板不宜开洞。楼板边缘和较大洞口周边应设置边梁，其宽度不宜小于板厚的 2 倍，纵向钢筋配筋率不应小于1.0%，钢筋接头宜采用机械连接或焊接。与转换层相邻楼层的楼板也应适当加强。

普通地下室顶板厚度不宜小于 160mm；作为上部结构嵌固部位的地下室楼层的顶楼盖应采用梁板结构，楼板厚度不宜小于 180mm，混凝土强度等级不宜低于 C30，应采用双层双向配筋，且每层每方向的配筋率不宜小于 0.25%。

（5）采用预应力混凝土平板可以减小楼面结构的高度，压缩层高并减轻结构自重；大跨度平板可以增加楼层使用面积，容易改变楼层用途。因此，近年来预应力混凝土平板在高层建筑楼盖结构中应用比较广泛。为了确定板的厚度，必须考虑挠度、受冲切承载力、防火及钢筋防腐要求等。在初步设计阶段，现浇混凝土楼板厚度可按跨度的 $1/50 \sim 1/45$ 采用，且不应小于 150mm。

（6）现浇预应力混凝土楼板是与梁、柱、剪力墙等主要抗侧力构件连接在一起的，如果不采取措施，则对楼板施加预应力时，不仅压缩了楼板，而且对梁、柱、剪力墙也施加了附加侧向力，使其产生位移且不安全。为防止或减小主体结构刚度对施加楼盖预应力的不利影响，应采用合理的施加预应力的方案。如采用板边留缝以张拉和锚固预应力筋，或在板中部预留后浇带，待张拉并锚固预应力筋后再浇筑混凝土。

2.3.3　基础形式及埋置深度

高层建筑的基础必须具有足够的刚度和稳定性，能对上部结构构成可靠的嵌固作用，避免由于基础沉降和转动使上部结构受力复杂化，防止在巨大的水平力作用下建筑物发生倾覆和滑移。

因此，高层建筑应采用整体性好、能满足地基承载力和建筑物容许变形要求并能调节不均匀沉降的基础形式。一般宜采用整体性好和刚度大的筏形基础，必要时可采用箱形基础。当地质条件好、荷载较小，且能满足地基承载力和变形要求时，也可采用交叉梁或其他形式基础。当地基承载力或变形不能满足设计要求时，可采用桩基或复合地基。国内在高层建筑中采用复合地基已有比较成熟的经验，可根据需要将地基承载力提高到 $300 \sim 500\text{kPa}$，能满足一般高层建筑的需要。

高层建筑的基础应有一定的埋置深度，埋置深度可从室外地坪算至基础底面。在确定埋置深度时，应考虑建筑物的高度、体型、地基土质、抗震设防烈度等因素。当采用天然地基或复合地基时，埋置深度可取房屋高度的 $1/15$；当采用桩基础时，埋置深度可取房屋高度的 $1/18$（桩长不计在内）；当建筑物采用岩石地基或采取有效措施时，在满足地基承载力、稳定性及基础底面与地基之间零应力区面积不超过限值的前提下，基础埋置深度可不受上述条件的限制。当地基可能产生滑移时，应采取有效的抗滑移措施。

高层建筑基础的混凝土强度等级不宜低于 C30。

小　　结

（1）高层建筑的基本抗侧力单元有框架、剪力墙和简体等，由它们可以组成多种结构体系。结构设计时，应根据建筑物的使用功能、立面体型、高度、是否需要抗震设防以及施工条件等因素，选用合适的结构体系。

（2）一般情况下，高层建筑结构宜选用框架结构、剪力墙结构、框架-剪力墙结构及简体结构，这些结构具有竖向布置规则，传力途径简单，抗震性能好等优点。如果由于建筑功能需要，也可选用带转换层的结构、带加强层的结构、错层结构、连体结构和多塔楼结构等复杂结构，但应进行更详细的结构分析并采取必要的构造措施。

（3）高层建筑结构平面布置的基本原则是尽量避免结构扭转和局部应力集中，平面宜简单、规则、对称，刚心与质心或形心重合。

（4）高层建筑结构竖向布置的基本原则是要求结构的侧向刚度和承载力自下而上逐渐减小，变化均匀、连续，不突变，避免出现柔软层或薄弱层。

（5）高层建筑的楼盖结构应具有更好的平面内刚度和整体性，保证各抗侧力结构协同工作。一般情况下宜选用现浇楼盖结构或装配整体式楼盖结构。

（6）高层建筑一般宜采用整体性好和刚度大的筏形基础或箱形基础，基础应具有一定的埋置深度。

<h1 style="text-align:center">思考与练习题</h1>

（1）高层建筑混凝土结构有哪几种结构体系？每种结构体系的优缺点、受力特点和应用范围如何？

（2）框架-剪力墙结构与框架-核心筒结构有何异同？框架-核心筒结构与框筒结构有何区别？带加强层高层建筑结构与框架-核心筒结构有何不同？

（3）高层建筑结构平面布置的基本原则是什么？结构平面布置应符合哪些要求？变形缝如何设置？

（4）高层建筑结构竖向布置的基本原则是什么？应符合哪些要求？

（5）高层建筑楼盖结构如何选型？有哪些构造要求？

（6）如何选择高层建筑的基础形式？如何确定基础埋深？

第3章 高层建筑结构的荷载和地震作用

高层建筑结构主要承受竖向荷载、风荷载和地震作用等。竖向荷载包括结构构件自重、楼面活荷载、屋面雪荷载、施工荷载等。与多层建筑结构有所不同，高层建筑结构的竖向荷载效应远大于多层建筑结构，水平荷载的影响显著增加，成为其设计的主要因素；同时，对高层建筑结构尚应考虑竖向地震作用、温度变化、材料的收缩和徐变、地基不均匀沉降等间接作用在结构中产生的效应。

3.1 竖 向 荷 载

3.1.1 永久荷载

永久荷载应包括结构构件、围护构件、面层及装饰、固定设备、长期储物的自重，土压力、水压力，以及其他需要按永久荷载考虑的荷载。

结构自重的标准值可按结构构件的设计尺寸与材料单位体积的自重计算确定。一般材料和构件的单位自重可取其平均值，对于自重变异较大的材料和构件，自重的标准值应根据对结构的不利或有利状态，分别取上限值或下限值。常用材料和构件单位体积的自重可按《建筑结构荷载规范》（GB 50009—2012）（以下简称《荷载规范》）附录 A 采用。

3.1.2 可变荷载

1）楼面活荷载

高层建筑楼面均布活荷载的标准值及其组合值、频遇值和准永久值系数，可按《荷载规范》的规定取用。

作用在楼面上的活荷载，不可能以标准值同时布满在所有楼面上，因此在设计梁、墙、柱和基础时，还要考虑实际荷载沿楼面分布的变异情况，对活荷载标准值乘以规定的折减系数。折减系数的确定比较复杂，目前大多数国家均通过从属面积来考虑，具体可参考《荷载规范》的规定。

2）屋面活荷载

屋面均布活荷载的标准值及其组合值、频遇值和准永久值系数，可按《荷载规范》的规定取用。

屋面直升机停机坪荷载应按下列规定采用。

（1）屋面直升机停机坪荷载应按局部荷载考虑，或根据局部荷载换算为等效均布荷载考虑。局部荷载标准值应按直升机实际最大起飞重量确定，当没有机型技术资料时，局部荷载标准值及其作用面积可根据直升机类型按下列规定取用：①轻型，最大起飞重量 2t，局部荷载标准值取 20kN，作用面积 0.20m×0.20m；②中型，最大起飞重量 4t，局部荷载标准值取 40kN，作用面积 0.25m×0.25m；③重型，最大起飞重量 6t，局部荷载标准值取 60kN，作用面积 0.30m×0.30m。

（2）屋面直升机停机坪的等效均布荷载标准值不应低于 $5.0\mathrm{kN/m^2}$。

屋面直升机停机坪荷载的组合值系数应取 0.7，频遇值系数应取 0.6，准永久值系数应取 0。

3）屋面雪荷载

屋面水平投影面上的雪荷载标准值 s_k 应按下式计算，即

$$s_k = \mu_r s_0 \tag{3.1.1}$$

式中：s_0 为基本雪压，一般按当地空旷平坦地面上积雪自重的观测数据，经概率统计得出 50 年一遇最大值确定，应按《荷载规范》中全国基本雪压分布图及有关的数据取用；μ_r 为屋面积雪分布系数，可按《荷载规范》取用。

雪荷载的组合值系数可取 0.7；频遇值系数可取 0.6；准永久值系数按雪荷载分区Ⅰ、Ⅱ和Ⅲ的不同，分别取 0.5、0.2 和 0。

4）施工活荷载

施工活荷载一般取 $1.0\sim1.5\mathrm{kN/m^2}$。当施工中采用附墙塔、爬塔等对结构受力有影响的起重机械或其他施工设备时，应根据具体情况确定施工荷载对结构的影响。擦窗机等清洗设备应按实际情况确定其自重的大小和作用位置。

对高层建筑结构，在计算活荷载产生的内力时，可不考虑活荷载的最不利布置。这是因为目前我国钢筋混凝土高层建筑单位面积的竖向荷载一般为 $12\sim14\mathrm{kN/m^2}$（框架、框架-剪力墙结构体系）和 $14\sim16\mathrm{kN/m^2}$（剪力墙、筒体结构体系），而其中楼（屋）面活荷载平均为 $2.0\mathrm{kN/m^2}$ 左右，仅占全部竖向荷载的 15% 左右，所以楼面活荷载的最不利布置对内力产生的影响较小；另一方面，高层建筑的层数和跨数都很多，不利布置方式繁多，难以一一计算。为简化计算，可按活荷载满布进行计算，然后将这样求得的梁跨中截面和支座截面弯矩乘以 $1.1\sim1.3$ 的放大系数。

3.2 风 荷 载

空气从气压大的地方向气压小的地方流动就形成了风，与建筑物有关的是靠近地面的流动风，简称近地风。当风遇到建筑物时在其表面上所产生的压力或吸力即为建筑物的风荷载。风荷载的大小及其分布非常复杂，除与风速、风向有关外，还与建筑物的高度、形状、表面状况、周围环境等因素有关，一般可通过实测或风洞试验来确定。对于高层建筑，一方面风使建筑物受到一个基本上比较稳定的风压，另一方面风又使建筑物产生风力振动，因此，高层建筑不仅要考虑风的静力作用，还要考虑风的动力作用。

3.2.1 风荷载标准值

主体结构计算时，垂直于建筑物表面的单位面积风荷载标准值 w_k 应按下式计算（风荷载作用面积应取垂直于风向的最大投影面积），即

$$w_k = \beta_z \mu_s \mu_z w_0 \tag{3.2.1}$$

式中：w_k 为风荷载标准值（$\mathrm{kN/m^2}$）；w_0 为基本风压（$\mathrm{kN/m^2}$）；μ_s 为风荷载体型系数；μ_z 为风压高度变化系数；β_z 为高度 z 处的风振系数。

1. 基本风压

当气流以一定的速度向前运动，遇到建筑物的阻塞时，就形成高压气幕，从而对建筑物表面产生风压。根据风速可以求出风压，但是风速随高度、周围地貌的不同而不同，为了比较不同地区风速或风压值，必须对不同地区的地貌、测量风速的高度有所规定。按规定地貌和高度等条件确定的风压称为基本风压，我国《荷载规范》规定，基本风压是根据当地气象台站历年来的最大风速记录，按基本风速的标准要求，将不同风速仪高度和时次时距的年最大风速，统一换算为离地 10m 高，自记 10min 平均年最大风速数据，经统计分析确定重现期为 50 年的最大风速，作为当地的基本风速 v_0（m/s），再按照伯努利公式 $w_0 = \frac{1}{2}\rho v_0^2$ 计算得到，但不得小于 0.3kN/m^2。《荷载规范》附录 E 给出了基本风压的确定方法，附录 E.6.3 给出了全国基本风压分布图（kN/m^2），全国各城市的基本风压值应按附录 E 中表 E.5 重现期 R 为 50 年的值采用。对于高层建筑、高耸结构以及对风荷载比较敏感的其他结构，基本风压的取值应适当提高，并应符合有关结构设计规范的规定。

2. 风压高度变化系数

由于地表对风引起的摩擦作用，使接近地表的风速随着离地表距离的减小而降低。通常认为在离地面高度 300～500m 时，风速不再受地面粗糙度的影响，也即达到所谓"梯度风速"，将出现这种速度的高度称为梯度风高度。地表粗糙度不同，近地面风速变化也不相同。图 3.2.1 给出了不同地面粗糙度影响下的平均风速沿高度的变化规律。由图 3.2.1 可知，地面越粗糙，风速变化越慢，梯度风高度将越高；反之，地表越平坦，风速变化越快，梯度风高度将越小。如开阔乡村和海面的风速比高楼林立大城市的风速更快地达到梯度风速；或位于同一高度处的风速，城市中心处要比乡村和海面处小。风压沿高度的变化规律一般用指数函数表示，即

$$v_z = v_{10}\left(\frac{z}{10}\right)^\alpha \tag{3.2.2}$$

式中：z、v_z 分别为任意点高度及该处的平均风速；v_{10} 为标准高度 10m 处的平均风速；α 为地面粗糙度系数，地表粗糙度越大，α 值越大，通常海面取 0.100～0.125，开阔平原取 0.125～0.167，森林或街道取 0.250，城市中心取 0.333。

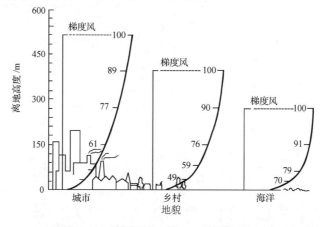

图 3.2.1　不同地面粗糙度影响下的平均风速沿高度的变化规律

由于《荷载规范》仅给出了高度为 10m 处的风压值，即基本风压 w_0，所以其他高度处的风压应根据基本风压乘以风压高度变化系数 μ_z 换算得来，即风压高度变化系数定义为某类地表上空 z 高度处的风压 w_z 与基本风压 w_0 的比值，该系数取决于地面粗糙度指数 α。现行《荷载规范》将地面粗糙程度分为 A、B、C、D 四类。

A 类——近海海面和海岛、海岸、湖岸及沙漠地区。

B 类——田野、乡村、丛林、丘陵以及房屋比较稀疏的乡镇。

C 类——有密集建筑群的城市市区。

D 类——有密集建筑群且房屋较高的城市市区。

相应的粗糙度指数 α 分别为：A 类取 0.12；B 类取 0.15；C 类取 0.22；D 类取 0.30。对应于不同地面粗糙程度时的梯度风高度分别为：A 类 300m；B 类 350m；C 类 450m；D 类 500m。

以 B 类地面粗糙程度作为标准地貌，其梯度风高度为 H_{t0}，地面粗糙度指数为 α_0；任意地貌（如地面粗糙程度为 A 类、B 类、C 类、D 类）的相应值为 $H_{t\alpha}$、α，根据梯度风高度的定义可得

$$w_0\left(\frac{H_{t0}}{10}\right)^{2\alpha_0} = w_{0\alpha}\left(\frac{H_{t\alpha}}{10}\right)^{2\alpha} \tag{3.2.3}$$

又因为风压与风速的二次方成正比，则

$$w_\alpha(z) = w_{0\alpha}\left(\frac{z}{10}\right)^{2\alpha} \tag{3.2.4}$$

由式（3.2.3）、式（3.2.4）可得

$$w_\alpha(z) = \left(\frac{H_{t0}}{10}\right)^{2\alpha_0}\left(\frac{10}{H_{t\alpha}}\right)^{2\alpha}\left(\frac{z}{10}\right)^{2\alpha} w_0 = \mu_{z\alpha}w_0 \tag{3.2.5}$$

将各种地貌情况下的梯度风高度和地面粗糙度指数代入式（3.2.5），可求得 A、B、C、D 四类风压高度变化系数为

$$\left.\begin{array}{l} \mu_z^A = 1.284(z/10)^{0.24} \\ \mu_z^B = 1.000(z/10)^{0.30} \\ \mu_z^C = 0.544(z/10)^{0.44} \\ \mu_z^D = 0.262(z/10)^{0.60} \end{array}\right\} \tag{3.2.6}$$

根据式（3.2.6）可求得各类地面粗糙程度下的风压高度变化系数如表 3.2.1 所示。

表 3.2.1　风压高度变化系数 μ_z

离地面或海平面高度/m	μ_z				离地面或海平面高度/m	μ_z			
	A	B	C	D		A	B	C	D
≥550	2.91	2.91	2.91	2.91	80	2.12	1.87	1.36	0.91
500	2.91	2.91	2.91	2.74	70	2.05	1.79	1.28	0.84
450	2.91	2.91	2.91	2.58	60	1.97	1.71	1.20	0.77
400	2.91	2.91	2.76	2.40	50	1.89	1.62	1.10	0.69
350	2.91	2.91	2.60	2.22	40	1.79	1.52	1.00	0.60
300	2.91	2.77	2.43	2.02	30	1.67	1.39	0.88	0.51
250	2.78	2.63	2.24	1.81	20	1.52	1.23	0.74	0.51
200	2.64	2.46	2.03	1.58	15	1.42	1.13	0.65	0.51
150	2.46	2.25	1.79	1.33	10	1.28	1.00	0.65	0.51
100	2.23	2.00	1.50	1.04	5	1.09	1.00	0.65	0.51
90	2.18	1.93	1.43	0.98					

3. 风荷载体型系数

当风流动经过建筑物时，由于房屋本身并非理想地使原来的自由气流停滞，而是让气流以不同的方式从房屋表面绕过，从而风对建筑物不同部位会产生不同的效果，有压力，也有吸力，空气流动还会产生旋涡，对建筑物局部会产生较大的压力或吸力。风压实测表明，即使在同样的风速条件下，建筑物表面上的风压分布是很不均匀的，一般与房屋的体型、尺寸等几何性质有关。图 3.2.2 为一矩形建筑物的实测结果，图中风压分布系数是指房屋表面风压分布系数，正值是压力，负值是吸力。图 3.2.2（a）为房屋平面风压分布系数，表明当风流经建筑物时，在迎风面上产生压力，在侧风面及背风面均产生吸力，而且各面风压分布并不均匀；图 3.2.2（b）为迎风面和背风面的风压分布系数，即风等压线。它表明在建筑物表面上的某个部分风压力（或吸力）较大，另一些部分较小，风压分布也并不均匀。通常，迎风面的风压力在建筑物的中间偏上为最大，两边及底部最小；侧风面一般近侧大，远侧小，分布也极不均匀；背风面一般两边略大，中间小。

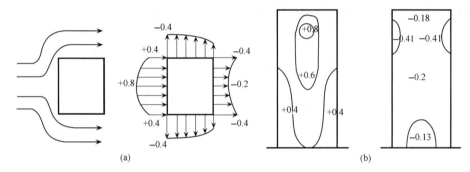

图 3.2.2　风压分布系数

风荷载体型系数是指风作用在建筑物表面一定面积范围内所引起的平均压力（或吸力）与来流风的速度压的比值。风荷载体型系数一般都是通过实测或风洞模拟试验的方法确定，它表示建筑物表面在稳定风压作用下的静态压力分布规律，主要与建筑物的体型和尺度有关，也与周围环境和地面粗糙度有关。在计算风荷载对建筑物的整体作用时，只需按各个表面的平均风压计算，即采用各个表面的平均风荷载体型系数计算。根据我国多年设计经验及风洞试验，高层建筑风荷载体型系数可按下列规定采用。

1）单体风荷载体型系数

（1）圆形平面建筑取 0.8。

（2）正多边形及截角三角形平面建筑，按下式计算，即

$$\mu_s = 0.8 + 1.2/\sqrt{n} \tag{3.2.7}$$

式中：n 为多边形的边数。

（3）高宽比 H/B 不大于 4 的矩形、方形、十字形平面建筑取 1.3。

（4）下列建筑取 1.4：①V 形、Y 形、弧形、双十字形、井字形平面建筑；②L 形、槽形和高宽比 H/B 大于 4 的十字形平面建筑；③高宽比 H/B 大于 4，长宽比 L/B 不大于 1.5 的矩形、鼓形平面建筑。

（5）在需要更细致进行风荷载计算的场合，风荷载体型系数可按附录 1 采用，或由风洞试验确定。

（6）当房屋高度大于200m时宜采用风洞试验来确定建筑物的风荷载。对于建筑平面形状或立面形状复杂、立面开洞或连体建筑、周围地形和环境较复杂的高层建筑，宜由风洞试验确定建筑物的风荷载。

在对复杂体型的高层建筑结构进行内力和位移计算时，正反两个方向风荷载的绝对值可按两个中的较大值采用。

2）群体风荷载体型系数

对建筑群，尤其是高层建筑群，当房屋相互间距较近时，由于旋涡的相互干扰，房屋某些部位的局部风压会显著增大。为此《高层规程》规定，当多栋或群集的高层建筑相互间距较近时，宜考虑风力相互干扰的群体效应。一般可将单栋建筑物的体型系数 μ_s 乘以相互干扰系数，相互干扰系数定义为受扰后的结构风荷载和单体结构风荷载的比值，在没有充分依据的情况下此值一般不小于1.0。

3）局部风荷载体型系数

通常情况下，作用于高层建筑表面的风荷载压力分布很不均匀，在角隅、檐口、边棱处和在附属结构的部位（如阳台、雨篷等外挑构件），局部风压会超过平均风压。因此，计算风荷载对建筑物某个局部表面的作用时，要采用局部风荷载体型系数。

根据风洞试验资料和一些实测结果，并参考国外的风荷载规范，《高层规程》规定：檐口、雨篷、遮阳板、阳台等水平构件，计算局部上浮风荷载时，风荷载体型系数 μ_s 不宜小于2.0。设计高层建筑的幕墙结构时，风荷载应按有关的标准规定采用。

4. 风振系数

风对建筑物的作用是不规则的，风压随风速、风向的紊乱变化而不停地改变。图3.2.3（a）为实测风速时程曲线，由图可以看出，风速的变化分为两个部分：一是长周期成分，其值一般在10min以上；二是短周期成分，一般只有几秒。因此，为便于分析，通常将实际风分解为稳定风（平均风）和脉动风两个部分，图3.2.3（a）中沿平均风上下波动的部分即为脉动风。稳定风的周期远大于高层建筑结构的自振周期，其虽对结构产生侧移，但动力影响很小可以忽略，因此常将稳定风等效为静力作用；脉动风是由风的不规则性引起的，其周期较短，与一些工程结构的自振周期较接近，这部分的作用性质是动力的，会对结构产生顺风向风振的影响，如图3.2.3（b）所示。对于高度较大、刚度较小的高层建筑，脉动风压的动力效应必须考虑，目前采用加大风荷载的方法来考虑这个动力效应，即对风压值乘以风振系数。

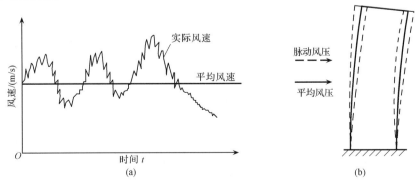

图3.2.3　平均风压和脉动风压

　　当建筑物受到风力作用时，不但顺风向可能发生风振，而且在一定条件下横风向也会发生风振。判断高层建筑是否需要考虑横风向风振影响这一问题比较复杂，一般要考虑建筑物的高度、高宽比、结构自振频率及阻尼比等多种因素，并要借鉴工程经验及有关资料来判断。一般而言，建筑物高度超过 150m 或高宽比大于 5 的高层建筑可出现明显的横风向风振效应，并且效应随着建筑物高度或建筑物高宽比的增加而增加。横风向风振效应计算比较复杂，具体可参考《荷载规范》的规定。

　　对于高度大于 30m 且高宽比大于 1.5 的房屋，以及基本自振周期 T_1 大于 0.25s 的各种高耸结构，应考虑风压脉动对结构发生顺风向风振的影响。当房屋高度大于 30m、高宽比大于 1.5 且可忽略扭转影响的高层建筑，均可仅考虑第一振型的影响。结构在 z 高度处的风振系数 β_z 可按下式计算，即

$$\beta_z = 1 + 2gI_{10}B_z \sqrt{1+R^2} \tag{3.2.8}$$

式中：g 为峰值因子，可取 2.5；I_{10} 为 10m 高度名义湍流强度，对应 A、B、C 和 D 类地面粗糙度，可分别取 0.12、0.14、0.23 和 0.39；R 为脉动风荷载的共振分量因子；B_z 为脉动风荷载的背景分量因子。

　　脉动风荷载的共振分量因子为

$$R = \sqrt{\frac{\pi}{6\zeta_1} \frac{x_1^2}{(1+x_1^2)^{4/3}}} \tag{3.2.9}$$

$$x_1 = \frac{30f_1}{\sqrt{k_w w_0}}, \quad x_1 > 5 \tag{3.2.10}$$

式中：f_1 为结构第 1 阶自振频率（Hz）；k_w 为地面粗糙度修正系数，对 A 类、B 类、C 类和 D 类地面粗糙度分别取 1.28、1.0、0.54 和 0.26；ζ_1 为结构阻尼比，对钢筋混凝土及砌体结构可取 0.05。

　　对体型和质量沿高度均匀分布的高层建筑，脉动风荷载的背景分量因子为

$$B_z = kH^{a_1}\rho_x\rho_z \frac{\phi_1(z)}{\mu_z(z)} \tag{3.2.11}$$

式中：$\phi_1(z)$ 为结构第 1 阶振型系数，可由结构动力计算确定，对迎风面宽度较大的高层建筑，当剪力墙和框架均起主要作用时，其振型系数按表 3.2.2 确定；H 为结构总高度（m），对 A、B、C 和 D 类地面粗糙度，其取值分别不应大于 300m、350m、450m 和550m；ρ_x 为脉动风荷载水平方向相关系数；ρ_z 为脉动风荷载竖直方向相关系数；k 和 α_1 为系数，按表 3.2.3 取值。

　　脉动风荷载水平和竖直方向相关系数分别为

$$\rho_z = \frac{10\sqrt{H+60e^{-H/60}-60}}{H} \tag{3.2.12}$$

$$\rho_x = \frac{10\sqrt{B+50e^{-B/50}-50}}{B} \tag{3.2.13}$$

式中：B 为结构迎风面宽度（m），$B \leqslant 2H$；H 意义同式（3.2.11）。

表 3.2.2　高层建筑的振型系数

相对高度	振型系数			
z/H	序号 1	序号 2	序号 3	序号 4
0.1	0.02	−0.09	0.22	−0.38

相对高度	振型系数			
z/H	序号 1	序号 2	序号 3	序号 4
0.2	0.08	−0.30	0.58	−0.73
0.3	0.17	−0.50	0.70	−0.40
0.4	0.27	−0.68	0.46	0.33
0.5	0.38	−0.63	−0.03	0.68
0.6	0.45	−0.48	−0.49	0.29
0.7	0.67	−0.18	−0.63	−0.47
0.8	0.74	0.17	−0.34	−0.62
0.9	0.86	0.58	0.27	−0.02
1.0	1.00	1.00	1.00	1.00

表 3.2.3　系数 k 和 α_1

粗糙度类别	k	α_1
A	0.944	0.155
B	0.670	0.187
C	0.295	0.261
D	0.112	0.346

一般情况下，高层建筑的基本自振周期 T_1 可由结构动力学计算确定。对比较规则的高层建筑结构，也可采用下列近似公式计算，即

钢结构　　　　　　　　　　　　　　　　$T_1 = (0.10 \sim 0.15)n$

钢筋混凝土框架结构　　　　　　　　　　$T_1 = (0.05 \sim 0.10)n$

钢筋混凝土框架‐剪力墙和框架‐核心筒结构　$T_1 = (0.06 \sim 0.08)n$

钢筋混凝土剪力墙结构和筒中筒结构　　　$T_1 = (0.05 \sim 0.06)n$

或

钢筋混凝土框架和框剪结构　$T_1 = 0.25 + 0.53 \times 10^{-3} \dfrac{H^2}{\sqrt[3]{B}}$

钢筋混凝土剪力墙结构　$T_1 = 0.03 + 0.03 \dfrac{H}{\sqrt[3]{B}}$

式中：n 为结构总层数；H 为房屋总高度（m）；B 为房屋宽度（m）。

3.2.2　总风荷载

在结构设计时，应计算在总风荷载作用下结构产生的内力和位移。总风荷载为建筑物各个表面上承受风力的合力，是沿建筑物高度变化的线荷载。通常按 x、y 两个互相垂直的方向分别计算总风荷载。z 高度处的总风荷载标准值为

$$W_z = \beta_z \mu_z w_0 (\mu_{s1} B_1 \cos\alpha_1 + \mu_{s2} B_2 \cos\alpha_2 + \cdots + \mu_{sn} B_n \cos\alpha_n) \qquad (3.2.14)$$

式中：n 为建筑物外围表面数（每一个平面作为一个表面）；B_1、B_2、$\cdots$、B_n 分别为 n 个表面的宽度；μ_{s1}、μ_{s2}、$\cdots$、μ_{sn} 分别为 n 个表面的平均风荷载体型系数；α_1、α_2、$\cdots$、α_n 分别为 n 个表面法线与风作用方向的夹角。

当建筑物某个表面与风力作用方向垂直时，即 $\alpha_i = 0°$，则这个表面的风压全部计入总

风荷载；当某个表面与风力作用方向平行时，即 $\alpha_i = 90°$，则这个表面的风压不计入总风荷载；其他与风作用方向成某一夹角的表面，都应计入该表面上压力在风作用方向的分力，在计算时要特别注意区别是风压力还是风吸力，以便作矢量相加。

各表面风荷载的合力作用点，即总风荷载作用点，其位置按静力平衡条件确定。

例 3.2.1　某高层建筑剪力墙结构，上部结构为 38 层，底部 1～3 层层高为 4m，其他各层层高为 3m，室外地面至檐口的高度为 120m，平面尺寸为 30m×40m，地下室采用筏形基础，埋置深度为 12m，如图 3.2.4（a）和（b）所示。已知基本风压为 $w_0 = 0.45$kN/m^2，建筑场地位于大城市郊区，已计算求得作用于突出屋面小塔楼上的风荷载标准值的总值为 800kN。为简化计算，将建筑物沿高度划分为六个区段，每个区段为 20m，近似取其中点位置的风荷载作为该区段的平均值，计算在风荷载作用下结构底部（一层）的剪力和筏形基础底面的弯矩。

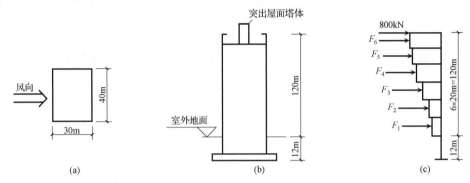

图 3.2.4　高层结构外形尺寸及计算简图

解：（1）基本自振周期。根据钢筋混凝土剪力墙结构基本自振周期的经验公式，可求得

$$T_1 = 0.05n = 0.05 \times 38 = 1.90 \text{(s)}$$

（2）风振系数。由于本结构计算高度 $H = 120$m> 30m，且 $H/B = 120/40 = 3.0 > 1.5$，因此应考虑风振系数。风振系数由式（3.2.8）计算，其中 $g = 2.5$，$I_{10} = 0.14$ 以及 $f_1 = 1/T_1 = 0.53$Hz。由式（3.2.10）和式（3.2.9）分别计算 x_1、R，其中 $k_w = 1.0$、$\zeta_1 = 0.05$，则

$$x_1 = \frac{30f_1}{\sqrt{k_w w_0}} = \frac{30 \times 0.53}{\sqrt{1.0 \times 0.45}} \approx 23.69 > 5$$

$$R = \sqrt{\frac{\pi}{6\zeta_1} \frac{x_1^2}{(1 + x_1^2)^{4/3}}} = \sqrt{\frac{3.14}{6 \times 0.05} \times \frac{23.69^2}{(1 + 23.69^2)^{4/3}}} \approx 1.13$$

竖直方向的相关系数 ρ_z 和水平方向的相关系数 ρ_x 分别按式（3.2.12）、式（3.2.13）计算如下：

$$\rho_z = \frac{10\sqrt{H + 60e^{-H/60} - 60}}{H} = \frac{10 \times \sqrt{120 + 60e^{-120/60} - 60}}{120} \approx 0.69$$

$$B = 40\text{m} < 2H = 2 \times 120 = 240\text{m}$$

$$\rho_x = \frac{10\sqrt{B + 50e^{-B/50} - 50}}{B} = \frac{10 \times \sqrt{40 + 50e^{-40/50} - 50}}{40} \approx 0.88$$

由表 3.2.2 得 $k = 0.670$，$a_1 = 0.187$，代入式（3.2.11）得脉动风荷载的背景分量因子 B_z 为

$$B_z = kH^{a_1} \rho_x \rho_z \frac{\phi_1(z)}{\mu_z(z)} = 0.67 \times 120^{0.187} \times 0.88 \times 0.69 \times \frac{\phi_1(z)}{\mu_z(z)} \approx 1.00 \frac{\phi_1(z)}{\mu_z(z)}$$

将上述数据代入式（3.2.8）得

$$\beta_z = 1 + 2gI_{10}B_z \sqrt{1+R^2} = 1 + 2 \times 2.5 \times 0.14 \times 1.00 \frac{\phi_1(z)}{\mu_z(z)} \sqrt{1+1.13^2}$$

$$= 1 + 1.06 \frac{\phi_1(z)}{\mu_z(z)}$$

其中 $\mu_z(z)$、$\phi_1(z)$ 可分别通过表 3.2.1 和 表 3.2.2 求得。

（3）风荷载计算。在风荷载作用下，按式（3.2.1）可得沿房屋高度分布风荷载标准值，即

$$q(z) = 0.35 \times (0.8 + 0.5) \times 40\mu_z\beta_z = 23.4\mu_z\beta_z$$

按上述公式可求得各区段中点处的风荷载标准值及各区段的合力见表 3.2.4，如图 3.2.4（c）所示。

表 3.2.4　风荷载作用下各区段合力的计算

区段	z/m	z/H	μ_z	$\phi_1(z)$	β_z	$q(z)$/(kN/m²)	区段合力 F_i/kN
突出屋面							800
6	110	0.917	2.05	0.884	1.457	69.89	1397.8
5	90	0.750	1.93	0.705	1.387	62.64	1252.8
4	70	0.583	1.79	0.438	1.259	52.75	1055.0
3	50	0.417	1.62	0.289	1.189	45.08	901.6
2	30	0.250	1.39	0.125	1.095	35.63	712.6
1	10	0.083	1.00	0.017	1.018	23.82	476.4

在风荷载作用下，结构底部的剪力为

$$V_1 = 800 + 1397.8 + 1252.8 + 1055.0 + 901.6 + 712.6 + 476.4 = 6596.2(\text{kN})$$

筏形基础底面的弯矩为

$$M = 800 \times 132 + 1397.8 \times 122 + 1252.8 \times 102 + 1055.0 \times 82$$
$$+ 901.6 \times 62 + 712.6 \times 42 + 476.4 \times 22 = 586736.4(\text{kN} \cdot \text{m})$$

3.3　地　震　作　用

3.3.1　一般计算原则

1. 抗震设防分类

高层建筑抗震设计时，应按其使用功能的重要性而有不同的要求。重要性分类是按其遭受地震破坏后可能造成的人员伤亡、经济损失、社会影响程度及其在抗震救灾中的作用等因素而综合考虑。建筑按其重要性可分为特殊设防类、重点设防类、标准设防类和适度设防类四类。

（1）特殊设防类，指特别重要的建筑，如遇地震破坏会导致严重后果和经济上重大损失的建筑物，简称甲类；此类建筑应根据具体情况，按国家规定的审批权限审批后确定。

（2）重点设防类，指重要的建筑，即在地震时使用功能不能中断或需尽快恢复的建筑

物，人员大量集中的公共建筑物或其他重要建筑物，如国家级、省级的广播电视中心、通信枢纽、大型医院等，简称乙类。

（3）标准设防类。除上述以外的一般高层民用建筑，简称丙类。

（4）适度设防类，指使用上人员稀少且震损不致产生次生灾害，允许在使用上适度降低设防要求的建筑，简称丁类。高层建筑不宜设计为适度设防类建筑。

特殊设防类建筑应专门研究，按批准的地震安全性评价结果且高于本地区抗震设防烈度的要求计算地震作用。重点设防类、标准设防类建筑应按本地区抗震设防烈度计算地震作用。鉴于高层建筑比较重要且结构计算机分析软件应用较为普遍，因此 6 度抗震设防时也应进行地震作用计算。

2. 地震作用的计算规定

地震发生时，对结构既可产生任意方向的水平作用，也能产生竖向作用。一般来说，水平地震作用是主要的，但在某些情况下也不能忽略竖向地震作用。高层建筑结构的地震作用计算应符合下列规定。

（1）一般情况下，应至少在结构两个主轴方向分别计算水平地震作用；有斜交抗侧力构件的结构，当相交角度大于 15°时，应分别计算各抗侧力构件方向的水平地震作用。

（2）质量与刚度分布明显不对称的结构，应计算双向水平地震作用下的扭转影响；其他情况，应计算单向水平地震作用下的扭转影响。

（3）对平面投影尺度很大的空间结构和长线型结构，地震作用计算时应考虑地震地面运动的空间和时间变化。

（4）高层建筑中的大跨度、长悬臂结构，7 度（0.15g）、8 度抗震设计时应计入竖向地震作用。

（5）9 度抗震设计时应计算竖向地震作用。

结构地震动力反应过程中存在着地面扭转运动，而目前这方面的强震实测记录很少，地震作用计算中还不能考虑输入地面运动扭转分量。为此，根据《高层规程》的规定，计算单向地震作用时应考虑偶然偏心的影响，每层质心沿垂直于地震作用方向的偏移值可按下式采用，即

$$e_i = \pm 0.05 L_i \qquad\qquad (3.3.1)$$

式中：e_i 为第 i 层质心偏移值（m），各楼层质心偏移方向相同；L_i 为第 i 层垂直于地震作用方向的建筑物总长度（m）。

3. 地震作用的计算方法

高层建筑结构应根据不同的情况，分别采用下列地震作用计算方法。

（1）高层建筑结构宜采用振型分解反应谱法；对质量和刚度不对称、不均匀的结构以及高度超过 100m 的高层建筑结构，应采用考虑扭转耦联振动影响的振型分解反应谱法。

（2）高度不超过 40m、以剪切变形为主且质量和刚度沿高度分布比较均匀的高层建筑结构，可采用底部剪力法。

（3）7~9 度抗震设防时，甲类高层建筑结构、表 3.3.1 所列的乙类和丙类高层建筑结构、竖向不规则的高层建筑结构、质量沿竖向分布特别不均匀的高层建筑结构、复杂高层

建筑结构，均应采用弹性时程分析法进行多遇地震作用下的补充计算。

表 3.3.1 采用时程分析法的高层建筑结构

设防烈度、场地类别	建筑高度范围
8度Ⅰ、Ⅱ类场地和7度	＞100m
8度Ⅲ、Ⅳ类场地	＞80m
9度	＞60m

注：场地类别应按现行国家标准《建筑抗震设计规范》（GB 50011—2010）（2016年版）的规定采用。

3.3.2 计算地震作用的反应谱法

地震作用是由于地面运动引起结构反应而产生的惯性力，是一种间接的结构动态作用，地震作用与地震强弱、震源远近、场地特性、建筑物的自身特点等多种因素密切相关。地震反应谱（earthquake response spectrum）是单自由度弹性系统对于某个实际地震加速度的最大反应（如加速度、速度和位移）和体系的自振特征（自振周期或频率和阻尼比）之间的函数关系，即对给定的地震加速度时程记录，一组具有相同阻尼、不同自振周期的弹性单自由度系统的最大位移反应、速度反应和加速度反应随其自振周期变化的曲线。以地震反应谱为依据进行结构的地震作用计算，称为反应谱法。该方法本质上是一种拟动力分析，它首先使用动力法计算质点地震响应，并使用统计的方法形成反应谱曲线，然后使用静力法进行结构分析。利用反应谱可很快求出各种地震作用下的反应最大值，而不需要计算每一时刻的反应值，因而该方法被广泛应用。

反应谱法有底部剪力法和振型分解反应谱法两种实用方法，其中底部剪力法是一种简化近似方法。采用反应谱法计算地震反应，应解决两个主要问题：一是计算建筑的重力荷载代表值；二是根据结构的自振周期确定相应的地震影响系数。

1. 重力荷载代表值

重力荷载代表值是表示地震发生时根据遇合概率确定的"有效重力"。计算地震作用时，建筑结构的重力荷载代表值应取永久荷载标准值和可变荷载组合值之和。各可变荷载的组合值系数应按表3.3.2的规定采用。

表 3.3.2 可变荷载的组合值系数

可变荷载种类		组合值系数
雪荷载		0.5
按实际情况考虑的楼面活荷载		1.0
按等效均布荷载考虑的楼面活荷载	藏书库、档案库、库房	0.8
	其他民用建筑	0.5

2. 地震影响系数

地震影响系数 α 是单质点弹性体系的绝对最大加速度与重力加速度的比值，应根据地震烈度、场地类别、设计地震分组和结构自振周期以及阻尼比确定。水平地震影响系数 α 按图3.3.1采用，现说明如下。

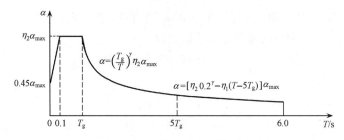

图 3.3.1 地震影响系数曲线

图 3.3.1 中直线上升段，为周期小于 0.1s 的区段，取

$$\alpha = [0.45 + 10(\eta_2 - 0.45)T]\alpha_{max} \quad (3.3.2)$$

水平段，自 0.1s 至特征周期区段，取

$$\alpha = \eta_2\alpha_{max} \quad (3.3.3)$$

曲线下降段，自特征周期至 5 倍特征周期区段，取

$$\alpha = (T_g/T)^\gamma \eta_2\alpha_{max} \quad (3.3.4)$$

直线下降段，自 5 倍特征周期至 6s 区段，取

$$\alpha = [\eta_2 0.2^\gamma - \eta_1(T - 5T_g)]\alpha_{max} \quad (3.3.5)$$

式中：γ 为曲线下降段的衰减指数，即

$$\gamma = 0.9 + \frac{0.05 - \zeta}{0.3 + 6\zeta} \quad (3.3.6)$$

其中，ζ 为阻尼比，一般建筑结构可取 0.05；η_1 为直线下降段的下降斜率调整系数，按下式确定（当 η_1 小于 0 时取 0），即

$$\eta_1 = 0.02 + \frac{0.05 - \zeta}{4 + 32\zeta} \quad (3.3.7a)$$

η_2 为阻尼调整系数，按式（3.3.7b）确定（当 η_2 小于 0.55 时应取 0.55），即

$$\eta_2 = 1 + \frac{0.05 - \zeta}{0.08 + 1.6\zeta} \quad (3.3.7b)$$

其中，T 为结构自振周期；T_g 为特征周期，根据场地类别和设计地震分组按表 3.3.3 采用，计算罕遇地震作用时，特征周期应增加 0.05s；α_{max} 为地震影响系数最大值，阻尼比为 0.05 的建筑结构应按表 3.3.4 采用，阻尼比不等于 0.05 时表中的数值应乘以阻尼调整系数 η_2。

表 3.3.3　特征周期值 T_g

设计地震分组	T_g/s				
	I_0	I_1	II	III	IV
第一组	0.20	0.25	0.35	0.45	0.65
第二组	0.25	0.30	0.40	0.55	0.75
第三组	0.30	0.35	0.45	0.65	0.90

表 3.3.4　水平地震影响系数最大值 α_{max}

地震水准	α_{max}			
	6 度	7 度	8 度	9 度
多遇地震	0.04	0.08 (0.12)	0.16 (0.24)	0.32
设防烈度地震	0.12	0.23 (0.34)	0.45 (0.68)	0.90
罕遇地震	0.28	0.50 (0.72)	0.90 (1.20)	1.40

注：7 度、8 度时括号中数值分别用于设计基本地震加速度为 0.15g 和 0.30g 的地区。

对于一般的建筑结构，阻尼比 ζ 可取 0.05，则由式（3.3.6）～式（3.3.7）分别得 $\gamma=$ 0.9，$\eta_1=0.02$，$\eta_2=1$，相应的地震影响系数 α 为

上升段 　　　　　　$\alpha=(0.45+5.5T)\alpha_{\max}$ 　　　　　　（3.3.8）

水平段 　　　　　　$\alpha=\alpha_{\max}$ 　　　　　　（3.3.9）

曲线下降段 　　　　$\alpha=(T_{\mathrm{g}}/T)^{0.9}\alpha_{\max}$ 　　　　（3.3.10）

直线下降段 　　　　$\alpha=[0.2^{0.9}-0.02(T-5T_{\mathrm{g}})]\alpha_{\max}$ 　　（3.3.11）

对于周期大于 6.0s 的高层建筑结构，所采用的地震影响系数应做专门研究；对已编制抗震设防区划的地区，应允许按批准的设计地震动参数采用相应的地震影响系数。

3.3.3 水平地震作用计算

1. 底部剪力法

底部剪力法是目前比较常用的一种计算水平地震作用的简化方法。采用此方法计算高层建筑结构的水平地震作用时，各楼层在计算方向上主要考虑基本振型的影响，计算简图

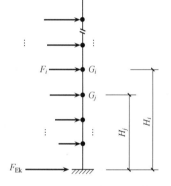

图 3.3.2　底部剪力法计算示意图

如图 3.3.2 所示，结构总水平地震作用标准值即底部剪力 F_{Ek} 为

$$F_{\mathrm{Ek}}=\alpha_1 G_{\mathrm{eq}} \qquad (3.3.12)$$

$$G_{\mathrm{eq}}=0.85G_{\mathrm{E}} \qquad (3.3.13)$$

式中：F_{Ek} 为结构总水平地震作用标准值；α_1 为相应于结构基本自振周期 T_1 的水平地震影响系数；G_{eq} 为计算地震作用时，结构等效总重力荷载代表值；G_{E} 为计算地震作用时，结构总重力荷载代表值，应取各质点重力荷载代表值之和。

地震作用沿高度分布具有一定的规律性。假定加速度沿高度的分布为底部为零的倒三角形，则可得质点 i 的水平地震作用 F_i 为

$$F_i=\frac{G_iH_i}{\sum_{j=1}^{n}G_jH_j}F_{\mathrm{Ek}}(1-\delta_n) \quad (i=1,2,\cdots,n) \qquad (3.3.14)$$

式中：F_i 为质点 i 的水平地震作用标准值；G_i、G_j 分别为集中于质点 i、j 的重力荷载代表值；H_i、H_j 分别为质点 i、j 的计算高度；δ_n 为顶部附加地震作用系数，该系数用于反映结构高振型的影响，可按表 3.3.5 采用。

表 3.3.5　顶部附加地震作用系数 δ_n

$T_{\mathrm{g}}/\mathrm{s}$	δ_n	
	$T_1>1.4T_{\mathrm{g}}$	$T_1\leqslant1.4T_{\mathrm{g}}$
不大于 0.35	$0.08T_1+0.07$	不考虑
大于 0.35 但不大于 0.55	$0.08T_1+0.01$	
大于 0.55	$0.08T_1-0.02$	

注：T_{g} 为场地特征周期；T_1 为结构基本自振周期。

主体结构顶层附加水平地震作用标准值为

$$\Delta F_n = \delta_n F_{Ek} \tag{3.3.15}$$

采用底部剪力法计算高层建筑结构水平地震作用时，突出屋面的房屋（楼梯间、电梯间、水箱间等）宜作为一个质点参加计算，计算求得的水平地震作用应考虑"鞭端效应"乘以增大系数，增大系数 β_n 可按表 3.3.6 采用。此增大部分不应往下传递，仅用于突出屋面房屋自身以及与其直接连接的主体结构构件的设计。

表 3.3.6　突出屋面房屋地震作用增大系数 β_n

结构基本自振周期 T_1/s	G_n/G	β_n			
		$K_n/K=0.001$	$K_n/K=0.010$	$K_n/K=0.050$	$K_n/K=0.100$
0.25	0.01	2.0	1.6	1.5	1.5
	0.05	1.9	1.8	1.6	1.6
	0.10	1.9	1.8	1.6	1.5
0.50	0.01	2.6	1.9	1.7	1.7
	0.05	2.1	2.4	1.8	1.8
	0.10	2.2	2.4	2.0	1.8
0.75	0.01	3.6	2.3	2.2	2.2
	0.05	2.7	3.4	2.5	2.3
	0.10	2.2	3.3	2.5	2.3
1.00	0.01	4.8	2.9	2.7	2.7
	0.05	3.6	4.3	2.9	2.7
	0.10	2.4	4.1	3.2	3.0
1.50	0.01	6.6	3.9	3.5	3.5
	0.05	3.7	5.8	3.8	3.6
	0.10	2.4	5.6	4.2	3.7

注：① K_n、G_n 分别为突出屋面房屋的侧向刚度和重力荷载代表值；K、G 分别为主体结构层侧向刚度和重力荷载代表值，可取各层的平均值。

　　② 楼层侧向刚度可由楼层剪力除以楼层层间位移计算。

需要注意，对于结构基本自振周期 $T_1 > 1.4 T_g$ 的房屋并有小塔楼的情况，按式（3.3.15）计算的顶层附加水平地震作用标准值应作用于主体结构的顶层，而不应置于小塔楼的屋顶处。

2. 不考虑扭转影响的振型分解反应谱法

当结构的平面形状和立面体型比较简单、规则时，沿结构两个主轴方向的地震作用可以分别计算，其与扭转耦联振动的影响可以不考虑。

采用振型分解反应谱法，沿结构的主轴方向，结构第 j 振型 i 层的水平地震作用的标准值为

$$F_{ji} = \alpha_j \gamma_j X_{ji} G_i \tag{3.3.16}$$

式中：F_{ji} 为第 j 振型 i 层水平地震作用的标准值；α_j 为相应于 j 振型自振周期的地震影响系数；X_{ji} 为第 j 振型 i 层的水平相对位移；γ_j 为第 j 振型的参与系数，即

$$\gamma_j = \frac{\sum\limits_{i=1}^{n} X_{ji} G_i}{\sum\limits_{i=1}^{n} X_{ji}^2 G_i} \quad (i=1,2,\cdots,n; \ j=1,2,\cdots,m) \tag{3.3.17}$$

式中：n 为结构计算总层数，小塔楼宜每层作为一个质点参与计算。

由各振型的水平地震作用 F_{ji} 可以分别计算各振型的水平地震作用效应（内力和位移）。当相邻振型的周期比小于 0.85 时，总水平地震作用效应 S 可采用平方和开平方法（square root of sum of squares method，SRSS）求得，即

$$S = \sqrt{\sum_{j=1}^{m} S_j^2} \qquad (3.3.18)$$

式中：S 为水平地震作用标准值的效应；S_j 为第 j 振型的水平地震作用标准值的效应（弯矩、剪力、轴力和位移等）；m 为结构计算振型数，规则结构可取 3，当建筑较高、结构沿竖向刚度不均匀时可取 $5\sim6$。

3. 考虑扭转耦联振动影响的振型分解反应谱法

结构在地震作用下，除了发生平移外，还会产生扭转振动。引起扭转的原因：一是地面运动存在转动分量，或地震时地面各点的运动存在着相位差，二是结构的质量中心与刚度中心不相重合。震害表明，扭转作用会加重结构的破坏，在某些情况下将成为导致结构破坏的主要因素。《高层规程》规定，对质量和刚度明显不均匀的结构，应考虑水平地震作用的扭转影响。

考虑扭转影响的平面、竖向不规则结构，各楼层可取两个正交的水平位移和一个转角位移共三个自由度，按扭转耦联振型分解法计算地震作用和作用效应时，结构第 j 振型 i 层的水平地震作用标准值应按下列公式确定，即

$$\left.\begin{array}{l} F_{xji} = \alpha_j \gamma_{tj} X_{ji} G_i \\ F_{yji} = \alpha_j \gamma_{tj} Y_{ji} G_i \\ F_{tji} = \alpha_j \gamma_{tj} r_i^2 \varphi_{ji} G_i \end{array}\right\} \quad (i = 1, 2, \cdots, n; \ j = 1, 2, \cdots, m) \qquad (3.3.19)$$

式中：F_{xji}、F_{yji}、F_{tji} 分别为第 j 振型 i 层的 x 方向、y 方向和转角方向的地震作用标准值；α_j 为相应于 j 振型自振周期的地震影响系数；X_{ji}、Y_{ji} 分别为第 j 振型 i 层质心在 x、y 方向的水平相对位移；φ_{ji} 为第 j 振型 i 层的相对扭转角；r_i 为 i 层的转动半径，可取 i 层绕质心的转动惯量除以该层质量的商的正二次方根；γ_{tj} 为考虑扭转的第 j 振型参与系数，可按下式计算。

仅考虑 x 方向地震作用时

$$\gamma_{xj} = \sum_{i=1}^{n} X_{ji} G_i \Big/ \sum_{i=1}^{n} (X_{yi}^2 + Y_{ji}^2 + \varphi_{ji}^2 r_i^2) G_i \qquad (3.3.20a)$$

仅考虑 y 方向地震作用时

$$\gamma_{yj} = \sum_{i=1}^{n} Y_{ji} G_i \Big/ \sum_{i=1}^{n} (X_{ji}^2 + Y_{ji}^2 + \varphi_{ji}^2 r_i^2) G_i \qquad (3.3.20b)$$

考虑与 x 方向夹角为 θ 的地震作用时

$$\gamma_{tj} = \gamma_{xj} \cos\theta + \gamma_{yj} \sin\theta \qquad (3.3.20c)$$

式中：γ_{xj}、γ_{yj} 分别为按式（3.3.20a）和（3.3.20b）求得的振型参与系数；n 为结构计算总质点数，小塔楼宜每层作为一个质点参加计算。

在单向水平地震作用下，考虑扭转耦联的地震作用效应采用完全二次型方根法（CQC）进行组合，应按下列公式计算，即

$$S = \sqrt{\sum_{j=1}^{m} \sum_{k=1}^{m} \rho_{jk} S_j S_k} \qquad (3.3.21)$$

$$\rho_{jk} = \frac{8\sqrt{\zeta_j\zeta_k}(\zeta_j + \lambda_T\zeta_k)\lambda_T^{1.5}}{(1-\lambda_T^2)^2 + 4\zeta_j\zeta_k(1+\lambda_T^2)\lambda_T + 4(\zeta_j^2 + \zeta_k^2)\lambda_T^2} \tag{3.3.22}$$

式中：S 为考虑扭转的地震作用标准值的效应；S_j、S_k 分别为第 j、k 振型地震作用标准值的效应；ρ_{jk} 为 j 振型与 k 振型的耦联系数；λ_T 为 k 振型与 j 振型的自振周期比；ζ_j、ζ_k 分别为 j、k 振型的阻尼比；m 为结构计算振型数，一般情况下可取 9~15，多塔楼建筑每个塔楼的振型数不宜小于 9。

考虑双向水平地震作用下的扭转地震作用效应，应按下列公式中的较大值确定，即

$$S = \sqrt{S_x^2 + (0.85S_y)^2} \tag{3.3.23a}$$

$$S = \sqrt{S_y^2 + (0.85S_x)^2} \tag{3.3.23b}$$

式中：S_x 为仅考虑 x 方向水平地震作用时的地震作用效应；S_y 为仅考虑 y 方向水平地震作用时的地震作用效应。

4. 动力时程分析法

时程分析法为一种直接动力法，它是将地震动产生的地面加速度直接输入结构的动力方程中，采用逐步积分方法进行结构的动力分析，从而得到各个时刻点结构的内力、位移、速度和加速度等反应，可以模拟地震作用下结构承受的实际动力作用。根据是否考虑结构的弹塑性行为，该法又分为弹性动力时程分析和弹塑性动力时程分析。动力方程是时程分析方法的基础，可将高层建筑结构简化为多质点体系，由结构动力学得到其地震反应方程，即

$$\boldsymbol{M}\ddot{\boldsymbol{X}} + \boldsymbol{C}\dot{\boldsymbol{X}} + \boldsymbol{K}\boldsymbol{X} = -\boldsymbol{M}\boldsymbol{I}X_g \tag{3.3.24}$$

式中：$\boldsymbol{M}$、$\boldsymbol{C}$ 和 $\boldsymbol{K}$ 分别为结构的质量矩阵、阻尼矩阵和刚度矩阵；$\ddot{\boldsymbol{X}}$、$\dot{\boldsymbol{X}}$ 和 $\boldsymbol{X}$ 分别为结构相对地面运动的水平加速度、速度和位移向量；$\boldsymbol{I}$ 为单位矩阵；X_g 为地震作用下地面运动加速度时程。

动力时程分析法是借助计算机和强震台网收集到的地震记录进行分析的方法，于 20 世纪 50 年代末由美国地震工程学家 Housner 提出。随着计算手段的不断发展和对结构地震反应认识的不断深入，该方法越来越受到重视，特别是对体系复杂结构的非线性地震反应，动力时程分析法还是理论上唯一可行的分析方法，目前很多国家都将此方法列为规范采用的分析方法之一。时程分析法完整地考虑了地震动的三要素（强度、频谱和持时），在理论意义上较反应谱法前进了一大步，但该方法计算过程复杂，尚存在一些技术上的困难，如地震动输入、构件单元模型、恢复力模型等，在实际工程抗震设计中的应用受到一定限制。目前，许多国家将时程分析法作为反应谱法的一种补充校核，以及对高层建筑结构进行第二阶段抗震设计验算。

采用时程分析法时，应按建筑场地类别和设计地震分组选用实际地震记录和人工模拟的加速度时程曲线，其中实际地震记录的数量不应少于总数的 2/3，多组时程曲线的平均地震影响系数曲线应与振型分解反应谱法所采用的地震影响系数曲线在统计意义上相符；地震波的持续时间不宜小于建筑结构基本自振周期的 5 倍和 15s，时间间隔可取 0.01s 或 0.02s；弹性时程分析时，每条时程曲线计算所得结构底部剪力不应小于振型分解反应谱法计算结果的 65%，多条时程曲线计算所得结构底部剪力的平均值不应小于振型分解反应谱法计算结果的 80%。

进行时程分析计算时，输入地震加速度的最大值可按表 3.3.7 采用。当取三组加速度

时程曲线进行计算时，结构地震作用效应宜取时程法计算结果的包络值和振型分解反应谱法计算结果的较大值；当取七组及七组以上时程曲线进行计算时，结构地震作用效应可取时程法计算结果的平均值与振型分解反应谱法计算结果的较大值。

表 3.3.7　时程分析所用地震加速度时程的最大值

设防烈度	地震加速度时程最大值/（cm/s²）		
	多遇地震	设防烈度地震	罕遇地震
6 度	18	50	125
7 度	35（55）	100（150）	220（310）
8 度	70（110）	200（300）	400（510）
9 度	140	400	620

注：7、8 度时括号内数值分别用于设计基本地震加速度为 0.15g 和 0.30g 的地区，此处 g 为重力加速度。

3.3.4　楼层水平地震剪力最小值

由于地震影响系数在长周期段下降较快，对于基本周期大于 3s 的结构，由此计算所得的水平地震作用下的结构效应可能过小。对于长周期结构，地震地面运动速度和位移可能对结构的破坏具有更大影响，但规范所采用的振型反应谱法尚无法对此作出合理估计。出于结构安全的考虑，《高层规程》规定了结构各楼层水平地震剪力最小值的要求，给出了不同设防烈度下的楼层最小地震剪力系数（即剪重比），当不满足时，结构水平地震总剪力和各楼层的水平地震剪力均需要进行相应的调整或改变结构刚度使之达到规定的要求。

多遇地震水平地震作用计算时，结构各楼层对应于地震作用标准值的剪力应符合下式要求，即

$$V_{Eki} \geq \lambda \sum_{j=i}^{n} G_j \tag{3.3.25}$$

式中：V_{Eki} 为第 i 层对应于水平地震作用标准值的剪力；λ 为水平地震剪力系数（剪重比），不应小于表 3.3.8 中规定的数值，对于竖向不规则结构的薄弱层，尚应乘以 1.15 的增大系数；G_j 为第 j 层的重力荷载代表值；n 为结构计算总层数。

表 3.3.8　楼层最小地震剪力系数值

类别	最小地震减力系数值			
	6 度	7 度	8 度	9 度
扭转效应明显或基本周期小于 3.5s 的结构	0.008	0.016（0.024）	0.032（0.048）	0.064
基本周期大于 5.0s 的结构	0.006	0.012（0.018）	0.024（0.036）	0.048

注：① 基本周期介于 3.5s 和 5.0s 之间的结构，应允许线性插入取值。

　　② 7、8 度时括号内数值分别用于设计基本地震加速度为 0.15g 和 0.30g 的地区。

3.3.5　结构自振周期计算

当采用振型分解反应谱法计算时，结构的自振周期一般通过计算程序确定；在采用底部剪力法计算时，只需要基本自振周期，常常可以采用近似计算方法。不论采用何种方法，由于在结构计算时只考虑了主要承重结构的刚度，而刚度很大的砌体填充墙的刚度在

计算中未予以反映，因此计算所得的周期较实际周期长，如果按计算周期直接计算地震作用，将偏于不安全。因此计算各振型地震影响系数所采用的结构自振周期应考虑非承重墙体的刚度影响予以折减，乘以周期折减系数 ψ_T。

周期折减系数取决于结构形式和砌体填充墙的多少。框架结构主体刚度较小，刚度影响较大，实测周期一般只有计算周期的 $50\%\sim60\%$；相反，剪力墙结构具有很大的刚度，少数甚至没有砌体填充墙，因此实测周期接近计算周期。当非承重墙体为砌体墙时，高层建筑结构各振型的计算自振周期折减系数 ψ_T 可按下列规定取值：

$$\begin{aligned}
&框架结构 &&\psi_T = 0.6\sim0.7 \\
&框架-剪力墙结构 &&\psi_T = 0.7\sim0.8 \\
&框架-核心筒结构 &&\psi_T = 0.8\sim0.9 \\
&剪力墙结构 &&\psi_T = 0.8\sim1.0
\end{aligned}$$

对于其他结构体系或采用其他非承重墙体时，可根据实际情况确定周期折减系数。对于质量与刚度沿高度分布比较均匀的框架结构、框架-剪力墙结构和剪力墙结构，其基本自振周期为

$$T_1 = 1.7\psi_T\sqrt{u_T} \tag{3.3.26}$$

式中：T_1 为结构基本自振周期（s）；u_T 为假想的结构顶点水平位移（m），即假想把集中在各楼层处的重力荷载代表值 G_i 作为该楼层水平荷载按照弹性方法计算的结构顶点水平位移；ψ_T 为考虑非承重墙刚度对结构自振周期影响的折减系数。

3.3.6　竖向地震作用计算

震害表明，竖向地震作用对高层建筑结构有很大影响，在高烈度地震区，影响更为强烈。《高层规程》规定，竖向地震作用一般只在 9 度设防区的建筑物中考虑；但对高层建筑中的长悬臂及大跨度构件，竖向地震的作用不容忽视，在 8 度及 9 度设防时都应计算。

（1）9 度抗震设防时，结构竖向地震作用计算示意图如图 3.3.3 所示。高层建筑结构的竖向地震作用可采用类似于水平地震作用时的底部剪力法进行计算，也就是先求出结构的总竖向地震作用，再在各质点上进行分配。总竖向地震作用标准值为

$$F_{Evk} = \alpha_{vmax}G_{eq} \tag{3.3.27}$$

$$G_{eq} = 0.75G_E \tag{3.3.28}$$

$$\alpha_{vmax} = 0.65\alpha_{max} \tag{3.3.29}$$

式中：F_{Evk} 为结构总竖向地震作用标准值；α_{vmax} 为结构竖向地震影响系数最大值；G_{eq} 为结构等效总重力荷载代表值；G_E 为结构总重力荷载代表值，应取各质点重力荷载代表值之和。

结构质点 i 的竖向地震作用标准值为

$$F_{vi} = \frac{G_iH_i}{\sum\limits_{j=1}^{n}G_jH_j}F_{Evk} \tag{3.3.30}$$

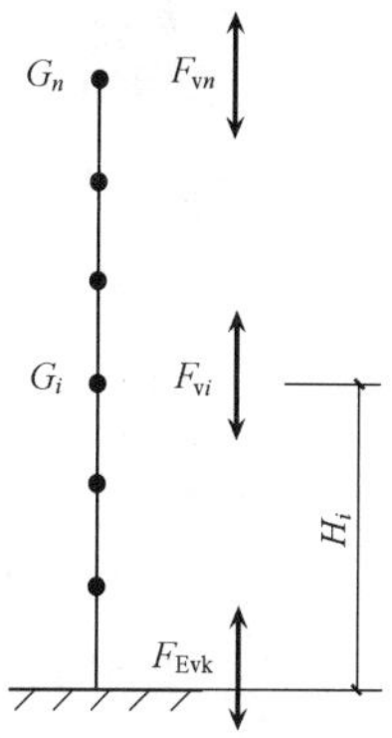

图 3.3.3　结构竖向地震作用计算示意图

式中：F_{vi} 为质点 i 的竖向地震作用标准值；G_i、G_j 分别为集中于质点 i、j 的重力荷载代表值；H_i、H_j 分别为质点 i、j 的计算高度。

楼层各构件的竖向地震作用效应可按各构件承受的重力荷载代表值比例分配，并宜乘以增大系数 1.5。

（2）跨度大于 24m 的楼盖结构、跨度大于 12m 的转换结构和连体结构、悬挑长度大于 5m 的悬挑结构，结构竖向地震作用效应标准值宜采用时程分析法或振型分解反应谱方法进行计算。时程分析计算时输入的地震加速度最大值可按规定的水平输入最大值的 65% 采用，反应谱分析时结构竖向地震影响系数最大值可按水平地震影响系数最大值的 65% 采用，但设计地震分组可按第一组采用。

（3）高层建筑中，大跨度结构、悬挑结构、转换结构、连体结构的连接体的竖向地震作用标准值，不宜小于结构或构件承受的重力荷载代表值与表 3.3.9 所规定的竖向地震作用系数的乘积。

表 3.3.9　竖向地震作用系数

设防烈度	设计基本地震加速度	竖向地震作用系数
7 度	$0.15g$	0.08
8 度	$0.20g$	0.10
	$0.30g$	0.15
9 度	$0.40g$	0.20

注：g 为重力加速度。

小　　结

（1）作用于高层建筑结构上的荷载可分为两类：竖向荷载和水平荷载。竖向荷载包括永久荷载、楼（屋）面活荷载以及竖向地震作用；水平荷载包括风荷载和水平地震作用。

（2）计算作用在高层建筑结构上的风荷载时，对主要承重结构和围护结构应分别计算。对高度大于 30m 且高宽比大于 1.5 的高层建筑结构，采用风振系数考虑风压脉动对主要承重结构的不利影响。

（3）计算高层建筑结构水平地震作用的基本方法是振型分解反应谱法，此法适用于任意体型、平面和高度的高层建筑结构。当建筑物高度不大且体型比较简单时，可采用底部剪力法计算。对于重要的或复杂的高层建筑结构，宜采用弹性时程分析法进行多遇地震作用下的补充计算。

思考与练习题

（1）高层建筑结构设计时应主要考虑哪些荷载或作用？

（2）高层建筑结构的竖向荷载如何取值？进行竖向荷载作用下的内力计算时是否要考虑活荷载的不利布置？为什么？

（3）结构承受的风荷载与哪些因素有关？

（4）高层建筑结构计算时基本风压、风载体型系数和风压高度变化系数分别如何取值？

（5）什么是风振系数？在什么情况下需要考虑风振系数？如何取值？

（6）高层建筑地震作用计算的原则有哪些？

（7）高层建筑结构自振周期的计算方法有哪些？

（8）计算地震作用的方法有哪些？如何选用？地震作用与哪些因素有关？

（9）底部剪力法和振型分解反应谱法在计算地震作用时有什么异同？

（10）在计算地震作用时，什么情况下应采用动力时程分析法？计算时有哪些要求？

（11）在什么情况下需要考虑竖向地震作用效应？

（12）突出屋面小塔楼的地震作用影响如何考虑？

（13）某高层建筑筒体结构，如思考与练习题（13）图，其质量和刚度沿高度分布比较均匀，建筑平面尺寸为 $40m \times 40m$ 的方形，地面以上高度为 150m，地下埋置深度为 13m。已知基本风压为 $0.40kN/m^2$，建筑场地位于大城市市区，已计算求得作用于突出屋面塔楼上的风荷载标准值为 1050kN，结构的基本自振周期为 $T_1 = 2.45s$。为简化计算，将建筑物沿高度划分为五个区段，每个区段为 30m，并近似取其中点位置的风荷载作为该区段的平均值，计算在风荷载作用下结构底部的剪力和基础底面的弯矩值。

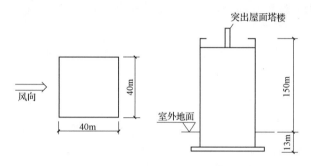

思考与练习题（13）图

（14）某 12 层剪力墙结构，如思考与习题（14）图，层高均为 3m，总高度为 36m，抗震设防烈度为 8 度，Ⅲ类场地，设计地震分组为第二组。各质点的重力荷载代表值、第 1 和第 2 振型如图所示，对应的自振周期分别为 $T_1 = 0.75s$、$T_2 = 0.20s$。试采用振型分解反应谱法，考虑前两个振型计算水平地震作用下结构的底部剪力和弯矩值。

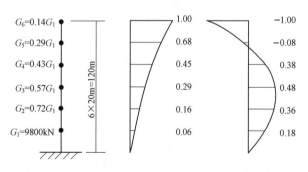

思考与练习题（14）图

（15）某框架-剪力墙结构，层数为 24 层，高度为 85m，抗震设防烈度为 8 度，Ⅱ类场地，设计地震分组为第二组，总重力荷载代表值为 $G_E = 286000kN$，基本自振周期为 $T_1 = 1.34s$，试采用底部剪力法计算结构底部剪力值。

（16）某高层建筑结构，抗震设防烈度为 8 度，Ⅱ类场地，设计地震分组为第一组，结构的基本自振周期为 1.36s。试用底部剪力法计算结构顶部附加水平地震作用系数 δ_n。

第 4 章   高层建筑结构的计算分析和设计要求

随着高层建筑的快速发展，结构层数越来越多，高度越来越高，平面布置、立面和体形越来越复杂，从而使结构计算分析的重要性越来越明显，用计算机进行计算分析已成为高层建筑结构设计不可或缺的手段。计算机技术和结构分析软件的普及，一方面使结构计算分析的精度提高，另一方面为比较准确地了解结构的工作性能提供了强有力的技术手段。因此，合理地选择计算分析方法，确定计算模型和相关参数，正确使用计算机分析软件，检验和判断计算结果的可靠性等对高层建筑结构至关重要。本章将阐述高层建筑结构计算分析的基本原则和设计要求，主要包括结构计算分析方法和结构计算模型、作用效应组合、结构设计要求、抗震性能设计、抗连续倒塌设计和抗震概念设计等内容。

4.1   高层建筑结构的计算分析

4.1.1   结构计算分析方法

结构计算分析方法与结构材料性能、结构受力状态、结构分析精度要求等有关。高层建筑结构应根据不同材料的结构、不同的受力形式和受力阶段，采用相应的计算方法。这些方法一般包括线弹性分析方法、考虑塑性内力重分布的分析方法、非线性分析方法等；对体形和结构布置复杂的高层建筑结构，模型试验分析也是一种重要的结构分析方法。

线弹性分析方法是最基本的结构分析方法，也是最成熟的方法，目前大多采用该方法进行结构的作用效应分析。因此，一般情况下高层建筑结构的内力和位移仍可采用线弹性分析方法。框架梁及连梁等构件可考虑局部塑性引起的内力重分布，对内力予以适当调整，如在竖向荷载作用下，对框架梁端负弯矩乘以调整系数，装配整体式框架取 0.7～0.8，现浇式框架取 0.8～0.9；抗震设计的框架-剪力墙或剪力墙结构中的连梁刚度可予以折减，折减系数不宜小于 0.5。

理论分析、试验研究和工程实践表明，对高层建筑结构的承载能力极限状态和正常使用极限状态，线弹性分析计算结果可以满足工程精度要求，确保结构安全可靠。

4.1.2   结构计算模型及计算要求

高层建筑结构是复杂的三维空间受力体系，计算分析时应根据结构实际情况，选取能较准确地反映结构中各构件的实际受力状况的力学模型。高层建筑结构分析，可选择平面结构空间协同、空间杆系、空间杆-薄壁杆系、空间杆-墙板元及其他组合有限元等计算模型。如对于平面和立面布置简单规则的框架结构、框架-剪力墙结构可采用平面结构空间协同计算模型；对剪力墙结构、筒体结构和布置复杂的框架结构、框架-剪力墙结构应采用空间分析模型。针对这些力学模型，目前我国均有相应的结构分析软件可供选用，具体详见第 11 章。

在进行高层建筑结构的内力和位移计算时，为简化计算，可视其楼（屋）面为水平放置的深梁，具有很大的平面内刚度，可近似认为楼（屋）面板在其平面内为无限刚性。这样可使结构分析的自由度数目大大减小，使计算过程和计算结果的分析大为简化。计算分析和工程实践证明，对很多高层建筑结构采用刚性楼（屋）面板假定进行分析可满足工程精度的要求。若采用了刚性楼（屋）面板假定进行结构分析，设计上应采取必要的措施保证楼（屋）面的整体刚度，如结构平面宜简单、规则、对称，平面长度不宜过长，突出部分长度不宜过大，宜采用现浇钢筋混凝土楼板和有现浇面层的装配整体式楼板，对局部削弱的楼面，可采取楼板局部加厚、设置边梁、加大楼板配筋等措施。

对下列情况，如楼板有效宽度较窄的环形楼面或有其他较大开洞楼面、有狭长外伸段楼面、局部变窄产生薄弱连接的楼面、连体结构的狭长连接体楼面等，楼板面内刚度有较大的削弱且不均匀，楼板会产生较明显的平面内变形，与刚性楼板假定的情况相比较，使楼层内抗侧刚度较小的构件的位移和内力加大，计算时应考虑楼板平面内变形的影响。根据楼面结构的实际情况，楼板平面内变形可全部考虑、仅部分楼层考虑或仅部分楼层的部分区域考虑。考虑楼板平面内的实际刚度可采用将楼板等效为剪弯水平梁的简化方法，也可采用有限单元法进行计算。当需要考虑楼板平面内变形而计算中采用了楼板平面内刚度无限刚性的假定时，应对所得的计算结果进行适当调整，一般可对楼板削弱部位的抗侧刚度相对较小的结构构件适当增大计算内力，加强配筋和构造措施。

高层建筑结构按空间整体工作计算时，应考虑下列变形：梁的弯曲、剪切、扭转变形，考虑楼板平面内变形时，还有轴向变形；柱和墙的弯曲、剪切、轴向和扭转变形。高层建筑层数多，重量大，柱、墙沿高度累积的轴向变形影响显著，计算时应予以考虑。

对层数较多的高层建筑，其重力荷载效应分析时，柱、墙、斜撑等构件的轴向变形宜考虑施工过程的影响，复杂高层及房屋高度大于 150m 的其他高层建筑结构，应考虑施工过程的影响。由于结构是逐层施工完成的，其竖向刚度和竖向荷载也是逐层形成的，这与结构刚度一次形成、竖向荷载一次施加的计算方法存在较大的差异。施工过程的模拟可根据需要采用适当的方法，如结构刚度和竖向荷载逐层形成、逐层计算的方法，或结构竖向刚度一次形成、竖向荷载逐层施加的计算方法。

对体型和结构布置复杂的高层建筑结构（如结构平面不规则、竖向不规则等）以及 B 级高度高层建筑，其受力情况较为复杂，应采用至少两个不同力学模型的结构分析软件进行整体计算分析，以相互比较和校核，确保力学分析的可靠性。

带加强层或转换层的高层建筑结构、错层结构、连体和立面开洞结构、多塔楼结构、立面较大收进结构等均属复杂高层建筑结构，其竖向刚度变化大、受力复杂、易形成薄弱部位；对混合结构以及 B 级高度的高层建筑结构工程经验不多，其整体计算分析应从严要求。体型复杂、结构布置复杂以及 B 级高度高层建筑结构，应采用至少两个不同力学模型的结构分析软件进行整体计算。抗震设计时，B 级高度的高层建筑结构、混合结构和复杂高层建筑结构的计算分析，应符合下列要求。

（1）宜考虑平扭耦联计算结构的扭转效应，振型数不应小于 15，对多塔楼结构的振型数不应小于塔楼数的 9 倍，且计算振型数应使各振型参与质量之和不小于总质量的 90%。

（2）应采用弹性时程分析法进行补充计算。

（3）宜采用弹塑性静力或弹塑性动力分析方法补充计算。

对多塔楼结构，宜按整体模型和各塔楼分开的模型分别计算，并采用较不利的结果进行结构设计。当塔楼周边的裙楼超过两跨时，分塔楼模型宜至少附带两跨的裙楼结构。

对受力复杂的结构构件，如竖向布置复杂的剪力墙、加强层构件、转换层构件、错层构件、连接体及其相关构件等，由于采用杆系模型整体分析不能较准确地获取其内力分布，对这些构件，除整体分析外，尚应按有限元等方法进行局部应力分析，并据此进行截面配筋设计。

计算机和结构分析软件应用已十分普及，结构设计时，除了选用可靠的结构分析软件外，还应对软件的计算结果从力学概念和工程经验等方面加以分析判断，确认其合理、有效后方可作为工程设计的依据。如对结构整体位移、楼层剪力、振型、自振周期、超筋情况等计算结果进行工程经验判断。

4.2 作用的基本组合和地震作用

结构或结构构件在使用期间可能遇到同时承受永久荷载和两种以上可变荷载的情况。但这些荷载同时都达到它们在设计基准期内的最大值的概率较小，且对某些控制截面来说，并非全部可变荷载同时作用时其内力最大。按照概率统计和可靠度理论把各种荷载效应按一定规律加以组合，就是荷载效应组合。

各种荷载标准值单独作用产生的内力及位移称为荷载效应标准值，结构计算时，应首先分别计算各种荷载单独作用下产生的荷载效应，然后将各项荷载效应乘以作用分项系数和组合值系数进行组合得到结构或构件的内力设计值。作用分项系数是考虑各种荷载可能出现超过标准值的情况而确定的荷载效应增大系数，而对组合值系数则是考虑到某些可变荷载同时作用的概率较小，故荷载组合时要乘以小于1的系数。

高层建筑结构作用的基本组合和地震组合应按下列要求确定。

（1）持久设计状况和短暂设计状况下，当荷载与荷载效应按线性关系考虑时，作用基本组合的效应设计值应按下式确定：

$$S_d = \gamma_G S_{Gk} + \gamma_L \psi_Q \gamma_Q S_{Qk} + \psi_w \gamma_w S_{wk} \tag{4.2.1}$$

式中：S_d 为荷载组合的效应设计值；γ_G、γ_Q、γ_w 分别为永久荷载、楼面活荷载和风荷载的作用分项系数，其取值见表 4.2.1；γ_L 为结构设计使用年限的荷载调整系数，设计使用年限为 50 年时取 1.0，设计使用年限为 100 年时取 1.1；S_{Gk} 为永久荷载效应标准值；S_{Qk} 为楼面活荷载效应标准值；S_{wk} 为风荷载效应标准值；ψ_Q、ψ_w 分别为楼面活荷载组合值系数和风荷载组合值系数，应分别取 1.0 或 0.7 和 1.0 或 0.6。

表 4.2.1　持久设计状况和短暂设计状况时荷载基本组合的作用分项系数

设计状况		作用分项系数
永久荷载的作用分项系数 γ_G	其作用效应对承载不利时	1.3
	其作用效应对承载有利时	1.0
楼面活荷载的作用分项系数 γ_Q	其作用效应对承载力不利时	1.5
	其作用效应对承载力有利时	0
风荷载的作用分项系数 γ_w		1.4

（2）地震设计状况下，当作用与作用效应按线性关系考虑时，地震组合的效应设计值

应按下式确定：

$$S_d = \gamma_G S_{GE} + \gamma_{Eh} S_{Ehk} + \gamma_{Ev} S_{Evk} + \psi_w \gamma_w S_{wk} \tag{4.2.2}$$

式中：S_d 为地震组合的效应设计值；S_{GE} 为重力荷载代表值的效应；S_{Ehk} 为水平地震作用标准值的效应，尚应乘以相应的增大系数和调整系数；S_{Evk} 为竖向地震作用标准值的效应，尚应乘以相应的增大系数和调整系数；γ_G、γ_w、γ_{Eh}、γ_{Ev} 分别为重力荷载、风荷载、水平地震作用、竖向地震作用的作用分项系数，其取值可按表 4.2.2 采用，当重力荷载效应对结构承载力有利时，表 4.2.2 中 γ_G 不应大于 1.0；ψ_w 为风荷载的组合系数，应取 0.2。

表 4.2.2　地震设计状况时载荷和地震作用的作用分项系数

参与组合的荷载和作用	γ_G	γ_{Eh}	γ_{Ev}	γ_w	说明
重力荷载及水平地震作用	1.3	1.4	不考虑	不考虑	抗震设计的高层建筑结构均应考虑
重力荷载及竖向地震作用	1.3	不考虑	1.4	不考虑	9 度抗震设防时考虑；水平长悬臂和大跨度结构 7 度（0.15g）、8 度、9 度抗震设计时考虑
重力荷载、水平地震及竖向地震作用	1.3	1.4	0.5	不考虑	9 度抗震设防时考虑；水平长悬臂和大跨度结构 7 度（0.15g）、8 度、9 度抗震设计时考虑
重力荷载、水平地震作用及风荷载	1.3	1.4	不考虑	1.5	60m 以上的高层建筑考虑
重力荷载、水平地震作用、竖向地震作用及风荷载	1.3	1.4	0.5	1.5	60m 以上的高层建筑考虑；9 度抗震设防时考虑；水平长悬臂和大跨度结构 7 度（0.15g）、8 度、9 度抗震设计时考虑
	1.3	0.5	1.4	1.5	水平长悬臂和大跨度结构 7 度（0.15g）、8 度、9 度抗震设计时考虑

（3）对非抗震设计的高层建筑结构，应按式（4.2.1）进行作用基本组合的效应设计值计算。对抗震设计的高层建筑结构，应同时按式（4.2.1）和式（4.2.2）进行作用基本组合和地震作用组合的效应设计值计算；按式（4.2.2）计算的组合内力设计值，尚应按强柱弱梁、强剪弱弯等有关规定对组合内力进行必要的调整。同一构件的不同截面或不同设计要求，可能对应不同的组合工况，应分别进行验算。

4.3　高层建筑结构的设计要求

4.3.1　承载力要求

持久设计状况和短暂设计状况，结构构件截面承载力设计表达式为

$$\gamma_0 S_d \leqslant R_d \tag{4.3.1}$$

式中：γ_0 为结构重要性系数，对安全等级为一级、二级的结构构件应分别不小于 1.1、1.0；R_d 为结构构件的承载力设计值。

地震设计状况，其设计表达式为

$$S_d \leqslant R_d / \gamma_{RE} \tag{4.3.2}$$

式中：γ_{RE} 为承载力抗震调整系数，对钢筋混凝土构件，应按表 4.3.1 的规定采用，当仅考虑竖向地震作用组合时，各类结构构件的承载力抗震调整系数均宜采用 1.0。

表 4.3.1　承载力抗震调整系数

构件类别	受力状态	γ_{RE}
梁	受弯	0.75
轴压比小于 0.15 的柱	偏压	0.75
轴压比不小于 0.15 的柱	偏压	0.80
剪力墙	偏压	0.85
	局部承压	1.0
各类构件	受剪、偏拉	0.85
节点	受剪	0.85

4.3.2　水平位移限值和舒适度要求

1. 弹性位移验算

高层建筑层数多、高度大，为保证高层建筑结构具有必要的刚度，应对其层间位移加以控制。这个控制实际上是对构件截面尺寸和刚度的控制。

为了保证高层建筑中的主体结构在多遇地震作用下基本处于弹性受力状态，以及填充墙、隔墙和幕墙等非结构构件基本完好，避免产生明显损伤，应限制结构的层间位移；考虑到层间位移控制是一个宏观的侧向刚度指标，为便于设计人员在工程设计中应用，可采用层间最大位移与层高之比 $\Delta u/h$，即层间位移角 θ 作为控制指标。在风荷载或多遇地震作用下，高层建筑按弹性方法计算的楼层层间最大位移应符合

$$\Delta u_e \leqslant [\theta_e]h \tag{4.3.3}$$

式中：Δu_e 为风荷载或多遇地震作用标准值产生的楼层内最大的层间弹性位移；h 为计算楼层层高；$[\theta_e]$ 为弹性层间位移角限值，宜按表 4.3.2 采用。

表 4.3.2　弹性层间位移角限值 $[\theta_e]$

结构类型	$[\theta_e]$
钢筋混凝土框架	1/550
钢筋混凝土框架-剪力墙、板柱-剪力墙、框架-核心筒	1/800
钢筋混凝土剪力墙、筒中筒	1/1000
除框架结构外的转换层	1/1000
高层钢结构	1/250

因变形计算属正常使用极限状态，在计算弹性位移时，各作用分项系数均取 1.0，钢筋混凝土构件的刚度可采用弹性刚度。楼层层间最大位移 Δu_e 以楼层最大的水平位移差计算，不扣除整体弯曲变形。抗震设计时，楼层位移计算不考虑偶然偏心的影响。当高度超过 150m 时，弯曲变形产生的侧移有较快增长，故高度等于或大于 250m 的高层混凝土结构，其楼层层间位移角不宜大于 1/500；高度在 150～250m 的高层建筑，其楼层层间位移角限值按线性插入取用。

2. 弹塑性位移限值和验算

震害表明，结构如果存在薄弱层，在强烈地震作用下，结构薄弱部位将产生较大的弹塑性变形，会导致结构构件严重破坏甚至引起房屋倒塌。为此，结构薄弱层（部位）层间弹塑性位移应符合下式要求，即

$$\Delta u_{\mathrm{p}} \leqslant [\theta_{\mathrm{p}}]h \qquad (4.3.4)$$

式中：Δu_{p} 为层间弹塑性位移；$[\theta_{\mathrm{p}}]$ 为层间弹塑性位移角限值，可按表 4.3.3 采用；对框架结构，当轴压比小于 0.40 时可提高 10%；当柱子全高的箍筋构造采用比规定的框架柱箍筋最小含箍特征值大 30% 时，可提高 20%，但累计不超过 25%。

表 4.3.3　层间弹塑性位移角限值 $[\theta_{\mathrm{p}}]$

结构类型	$[\theta_{\mathrm{p}}]$
钢筋混凝土框架	1/50
钢筋混凝土框架-剪力墙、板柱-剪力墙、框架-核心筒	1/100
钢筋混凝土剪力墙、筒中筒	1/120
除框架结构外的转换层	1/120
高层钢结构	1/50

7～9 度抗震设防时，楼层屈服强度系数小于 0.5 的框架结构，甲类建筑和 9 度抗震设防的乙类建筑结构，采用隔震和消能减震技术的建筑结构房屋，高度大于 150m 的结构均应进行弹塑性变形验算。竖向不规则高层建筑结构，7 度 Ⅲ、Ⅳ 类场地和 8 度抗震设防的乙类建筑结构，板柱-剪力墙结构等，宜进行弹塑性变形验算。

在预估的罕遇地震作用下，高层建筑结构薄弱层（部位）弹塑性变形计算可采用简化计算法或弹塑性静力或动力分析法。

1）弹塑性变形计算的简化方法

弹塑性变形计算的简化方法适用于不超过 12 层且层侧向刚度无突变的框架结构。结构的薄弱层或薄弱部位，对楼层屈服强度系数沿高度分布均匀的结构，可取底层；对楼层屈服强度系数沿高度分布不均匀的结构，可取该系数最小的楼层（部位）和相对较小的楼层，一般不超过 2～3 处。

此处，楼层屈服强度系数 ξ_{y} 为

$$\xi_{\mathrm{y}} = V_{\mathrm{y}}/V_{\mathrm{e}} \qquad (4.3.5)$$

式中：V_{y} 为按构件实际配筋和材料强度标准值计算的楼层受剪承载力；V_{e} 为按罕遇地震作用计算的楼层弹性地震剪力。

弹塑性层间位移为

$$\Delta u_{\mathrm{p}} = \eta_{\mathrm{p}} \Delta u_{\mathrm{e}} \qquad (4.3.6\mathrm{a})$$

或

$$\Delta u_{\mathrm{p}} = \mu \Delta u_{\mathrm{y}} = \frac{\eta_{\mathrm{p}}}{\xi_{\mathrm{y}}} \Delta u_{\mathrm{y}} \qquad (4.3.6\mathrm{b})$$

式中：Δu_{p} 为弹塑性层间位移；Δu_{y} 为层间屈服位移；μ 为楼层延性系数；Δu_{e} 为罕遇地震作用下按弹性分析的层间位移；η_{p} 为弹塑性位移增大系数，当薄弱层（部位）的屈服强度系数不小于相邻层（部位）此系数平均值的 0.8 时可按表 4.3.4 采用，当不大于该平均值的 0.5

时可按表内相应数值的 1.5 倍采用，其他情况可采用内插法取值；ξ_y 可按表 4.3.4 采用。

表 4.3.4　结构的弹塑性位移增大系数 η_p

ξ_y	η_p	ξ_y	η_p
0.5	1.8	0.3	2.2
0.4	2.0		

2）弹塑性变形计算的弹塑性分析法

高层建筑混凝土结构进行弹塑性计算分析时，可根据实际工程情况采用静力或动力时程分析方法。弹塑性分析法的基本原理是以结构构件、材料的实际力学性能为依据，得出相应的非线性本构关系，建立结构的计算模型，求解结构在各个阶段的变形和受力变化，必要时应考虑结构和构件几何非线性的影响。建立结构弹塑性计算模型时，可根据结构构件的性能和分析精度要求，采用恰当的分析模型。如梁、柱、斜撑可采用一维单元；墙、板可采用二维或三维单元。结构的几何尺寸、钢筋、型钢、钢构件等应按实际设计情况采用，不应简单采用弹性计算软件的分析结果。结构材料（钢筋、型钢、混凝土等）的性能指标（如弹性模量、强度取值等）及本构关系与预定的结构或构件的抗震性能目标有密切关系，应根据实际情况合理选用。如材料强度可分别取用设计值、标准值、抗拉极限值或实测值、实测平均值等，均与结构抗震性能目标有关。结构材料的本构关系直接影响弹塑性分析结果，其中，钢筋和混凝土的本构关系，可根据《混凝土结构设计规范》（GB 50010—2010）（2015 年版）的有关规定选用。

当采用结构抗震性能设计时，应根据工程的重要性、破坏后的危害性及修复的难易程度，设定结构的抗震性能目标。高层建筑结构抗震性能设计的内容详见本章 4.4 节。

进行动力弹塑性计算时，地面运动加速度时程的选取、预估罕遇地震作用时的峰值加速度取值以及计算结果的选用等内容，详见第 3.3.3 节的相关内容。

与弹性静力分析计算相比，结构的弹塑性分析具有更大的不确定性，不仅与上述因素有关，还与分析软件的计算模型以及结构阻尼选取、构件破损程度的衡量、有限元的划分等有关，存在较多的人为因素和经验因素。因此，弹塑性计算分析首先要了解分析软件的适用性，选用适合于所设计工程的软件，然后对计算结果的合理性进行分析判断。工程设计中有时会遇到计算结果不合理或怪异的现象，需要结构工程师对计算结果的合理性进行分析和判断。

3. 舒适度要求

高层建筑在风荷载作用下将产生振动，过大的振动加速度将使在高层建筑内居住的人们感觉不舒服，甚至不能忍受，表 4.3.5 所列为两者之间的关系。

表 4.3.5　舒适度与风振加速度关系

舒适度	风振加速度	舒适度	风振加速度
无感觉	$<0.005g$	十分扰人	$0.05\sim0.15g$
有感觉	$0.005\sim0.015g$	不能忍受	$>0.15g$
扰人	$0.015\sim0.05g$		

参照国外研究成果和有关标准,《高层规程》规定,房屋高度不小于 150m 的高层混凝土建筑结构应满足风振舒适度要求。在现行国家标准《荷载规范》规定的 10 年一遇的风荷载标准值作用下,结构顶点的顺风向与横风向振动最大加速度不应超过表 4.3.6 的限值。计算时结构阻尼比宜取 0.01～0.02。必要时,可通过专门风洞试验结果计算确定顺风向与横风向结构顶点最大加速度 $a_{\max}$。

表 4.3.6　结构顶点风振加速度限值 $a_{\lim}$

使用功能	$a_{\lim}/$ (m/s²)	使用功能	$a_{\lim}/$ (m/s²)
住宅、公寓	0.15	办公、旅馆	0.25

此外,楼盖结构也应具有适宜的舒适度。楼盖结构的竖向振动频率不宜小于 3Hz,竖向振动加速度峰值不应超过表 4.3.7 的限值,当楼盖结构竖向自振频率为 2～4Hz 时,峰值加速度限值可按线性插值选取。楼盖结构的竖向振动加速度宜采用时程分析方法计算,也可采用简化计算方法计算。

表 4.3.7　楼盖竖向振动加速度限值

人员活动环境	加速度限值/ (m/s²)	
	竖向自振频率不大于 2Hz	竖向自振频率不小于 4Hz
住宅、办公	0.07	0.05
商场及室内连廊	0.22	0.15

4.3.3　整体稳定和倾覆问题

1. 重力二阶效应及结构稳定

重力二阶效应一般包括两部分:一是由于构件自身挠曲引起的附加重力效应,即 P-δ 效应,二阶内力与构件挠曲形态有关,一般是构件的中间大,两端为零;二是在水平荷载作用下结构产生侧移后,由重力荷载因该侧移而引起的附加效应,即 P-Δ 效应。分析表明,对于一般高层建筑结构而言,挠曲二阶效应的影响相对较小,而重力荷载因结构侧移产生的 P-Δ 效应相对较大,可使结构的内力和位移增加,当位移较大、竖向构件出现显著的弹塑性变形时甚至导致结构失稳。因此,高层建筑结构构件的稳定设计,主要是控制和验算结构在风或地震作用下重力 P-Δ 效应对结构构件性能的降低以及由此可能引起的结构构件失稳。

1) 高层建筑结构的临界荷重

高层建筑结构的高宽比一般为 3～8,可视为具有中等长细比的悬臂杆。这种悬臂杆的整体失稳或整体楼层失稳形态有三种可能:剪切型、弯曲型和弯剪型。框架结构的失稳形态一般为剪切型;剪力墙结构的失稳形态为弯曲型或弯剪型,取决于结构体系中剪力墙的类型;框架-剪力墙、框架-筒体等含有剪力墙或筒体的结构,其失稳形态一般为弯剪型。

(1) 剪切型失稳的临界荷重。这种失稳通常表现为整体楼层的失稳,框架的梁、柱因双曲率弯曲产生层间侧移而使整个楼层屈曲。若不考虑柱子轴向变形的影响,则临界荷重可近似表达为

$$\left(\sum_{j=i}^{n} G_j\right)_{\mathrm{cr}} = D_i h_i \qquad (4.3.7)$$

式中：$\left(\sum_{j=i}^{n} G_j\right)_{\mathrm{cr}}$ 为第 i 层的临界荷载，等于第 i 层及其以上各楼层重力荷载的总和；D_i 为第 i 层的侧向刚度；h_i 为第 i 层的层高。

（2）弯曲型和弯剪型失稳的临界荷重。弯曲型悬臂杆的临界荷重可由欧拉公式确定，即

$$P_{\mathrm{cr}} = \pi^2 EI / (4H^2) \qquad (4.3.8)$$

式中：P_{cr} 为作用在悬臂杆顶部的竖向临界荷重；EI 为悬臂杆的弯曲刚度；H 为悬臂杆的高度。

如用沿楼层均匀分布的重力荷载之和表示作用在顶部的临界荷重，则可近似地取

$$P_{\mathrm{cr}} = \frac{1}{3}\left(\sum_{i=1}^{n} G_i\right)_{\mathrm{cr}} \qquad (4.3.9)$$

令式（4.3.8）等于式（4.3.9），则得

$$\left(\sum_{i=1}^{n} G_i\right)_{\mathrm{cr}} = \frac{3\pi^2 EI}{4H^2} = 7.4\frac{EI}{H^2} \qquad (4.3.10)$$

对于弯剪型悬臂杆，可近似用等效侧向刚度 EI_{d} 取代式（4.3.10）的弯曲刚度 EI。作为临界荷重的近似计算公式，对弯曲型和弯剪型悬臂杆可统一表示为

$$\left(\sum_{i=1}^{n} G_i\right)_{\mathrm{cr}} = 7.4\frac{EI_{\mathrm{d}}}{H^2} \qquad (4.3.11)$$

2）影响 $P\text{-}\Delta$ 效应及结构稳定的主要参数

考虑 $P\text{-}\Delta$ 效应后，结构的侧移可近似用下列公式表示。

对于弯剪型结构

$$u^* = \frac{1}{1 - \sum_{i=1}^{n} G_i \Big/ \left(\sum_{i=1}^{n} G_i\right)_{\mathrm{cr}}} u \qquad (4.3.12)$$

对于剪切型结构

$$\Delta u_i^* = \frac{1}{1 - \sum_{j=i}^{n} G_j \Big/ \left(\sum_{j=i}^{n} G_j\right)_{\mathrm{cr}}} \Delta u_i \qquad (4.3.13)$$

式中：u^*、u 分别为考虑 $P\text{-}\Delta$ 效应和不考虑 $P\text{-}\Delta$ 效应的结构侧向位移；Δu_i^*、Δu_i 分别为考虑 $P\text{-}\Delta$ 效应和不考虑 $P\text{-}\Delta$ 效应的结构第 i 层的层间位移。

将式（4.3.11）代入式（4.3.12）、式（4.3.7）代入式（4.3.13）可分别得到

弯剪型结构

$$u^* = \frac{1}{1 - \dfrac{0.135}{EI_{\mathrm{d}}\Big/\left(H^2\sum_{i=1}^{n} G_i\right)}} u \qquad (4.3.14)$$

剪切型结构

$$\Delta u_i^* = \frac{1}{1 - \dfrac{1}{D_i h_i \Big/ \sum_{j=i}^{n} G_j}} \Delta u_i \qquad (4.3.15)$$

作为近似计算，在水平荷载作用下，考虑 $P\text{-}\Delta$ 效应后结构构件的弯矩 M^* 与不考虑 $P\text{-}\Delta$ 效应的弯矩 M 之间的关系可表示为

弯剪型结构

$$M^* = \frac{1}{1 - \dfrac{0.135}{EI_\mathrm{d}\big/\left(H^2\sum\limits_{i=1}^{n}G_i\right)}}M \qquad (4.3.16)$$

剪切型结构

$$M_i^* = \frac{1}{1 - \dfrac{1}{D_i h_i\big/\sum\limits_{j=i}^{n}G_j}}M_i \qquad (4.3.17)$$

由式（4.3.14）、式（4.3.16）和式（4.3.15）、式（4.3.17）可知，结构的侧向刚度与重力荷载之比 $\left[EI_\mathrm{d}\big/\left(H^2\sum\limits_{i=1}^{n}G_i\right)\text{和}D_i h_i\big/\sum\limits_{j=i}^{n}G_j\right]$，即刚重比是影响 $P\text{-}\Delta$ 效应的主要因素。

为了分析 $P\text{-}\Delta$ 效应的影响，将式（4.3.14）和式（4.3.15）改为位移增量（$P\text{-}\Delta$ 效应）与刚重比的关系，并绘制成曲线，如图 4.3.1 所示。图 4.3.1 中左侧平行于竖轴的直线为双曲线的渐近线，其方程分别是式（4.3.11）和式（4.3.7），即结构临界荷重的近似表达式。由图 4.3.1 可见，$P\text{-}\Delta$ 效应（位移增量或附加位移）随结构刚重比的减小呈双曲线关系而增加。如控制结构刚重比，使位移（或内力）增幅小于 10% 或 15%，则在其限值内 $P\text{-}\Delta$ 效应随结构刚重比减小而引起的增加比较缓慢；如超过上述限值结构刚重比继续减小，则使 $P\text{-}\Delta$ 效应增幅加快，甚至引起结构失稳。因此，控制结构刚重比是结构稳定设计的关键。

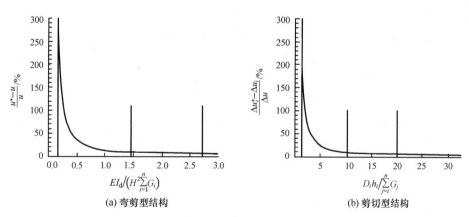

图 4.3.1　结构刚重比与侧向位移增幅的关系曲线

3）可不考虑 $P\text{-}\Delta$ 效应的结构刚重比要求

从图 4.3.1 可见，当弯剪型结构的刚重比大于 2.7、剪切型结构的刚重比大于 20 时，重力 $P\text{-}\Delta$ 效应引起的内力和位移增量在 5% 以内；如考虑结构实际刚度折减 50% 时，结构内力增量也可控制在 10% 以内。因此，根据《高层规程》的规定，在水平荷载作用下，当高层建筑结构满足下列规定时，可不考虑重力二阶效应的不利影响。

剪力墙结构、框架-剪力墙结构、板柱剪力墙结构、筒体结构

$$EI_d \geqslant 2.7H^2 \sum_{i=1}^{n} G_i \tag{4.3.18}$$

框架结构

$$D_i \geqslant 20 \sum_{j=i}^{n} G_j / h_i \quad (i=1,2,\cdots,n) \tag{4.3.19}$$

式中：EI_d 为结构一个主轴方向的弹性等效侧向刚度，可按倒三角形分布水平荷载作用下结构顶点位移相等的原则，将结构的侧向刚度折算为竖向悬臂受弯构件的等效侧向刚度；H 为房屋总高度；h_i 为第 i 楼层层高；G_i、G_j 分别为第 i、j 楼层重力荷载设计值，取 1.3 倍的永久荷载标准值与 1.5 倍楼面可变荷载标准值的组合值；D_i 为第 i 楼层的弹性等效侧向刚度，可取该层剪力与层间位移的比值；n 为结构计算总层数。

4）结构整体稳定要求

从图 4.3.1 可见，当弯剪型结构的刚重比小于 1.4、剪切型结构的刚重比小于 10 时，会导致 P-Δ 效应较快增加，对结构设计是不安全的，是刚重比的下限条件。因此，高层建筑结构的整体稳定性应符合下列要求：

剪力墙结构、框架-剪力墙结构、筒体结构

$$EI_d \geqslant 1.4H^2 \sum_{i=1}^{n} G_i \tag{4.3.20}$$

框架结构

$$D_i \geqslant 10 \sum_{j=i}^{n} G_j / h_i (i=1,2,\cdots,n) \tag{4.3.21}$$

如果结构满足式（4.3.20）或式（4.3.21）的要求，则 P-Δ 效应的影响一般可控制在 20% 以内，结构的稳定具有适宜的安全储备。若结构的刚重比进一步减小，则 P-Δ 效应将会呈非线性关系急剧增加，甚至引起结构的整体失稳。应当强调指出，上述规定只是对 P-Δ 效应影响程度的控制，满足上述要求的结构仍需计算 P-Δ 效应对结构内力和位移的影响。

对于高层建筑结构，可按《高层规程》中提出的增大系数法近似考虑 P-Δ 效应的影响。结构位移可采用未考虑重力二阶效应的计算结果乘以位移增大系数 F_1、F_{1i}；结构构件（梁、柱、剪力墙）端部的弯矩和剪力值，可采用未考虑重力二阶效应的计算结果乘以内力增大系数 F_2、F_{2i}。F_1、F_{1i} 和 F_2、F_{2i} 可分别按下列公式近似计算：

框架结构

$$F_{1i} = \frac{1}{1 - \sum_{j=i}^{n} G_j/(D_i h_i)} \quad (i=1,2,\cdots,n) \tag{4.3.22}$$

$$F_{2i} = \frac{1}{1 - 2\sum_{j=i}^{n} G_j/(D_i h_i)} \quad (i=1,2,\cdots,n) \tag{4.3.23}$$

剪力墙结构、框架-剪力墙结构和筒体结构

$$F_1 = \frac{1}{1 - 0.14H^2 \sum_{i=1}^{n} G_i/(EI_d)} \tag{4.3.24}$$

$$F_2 = \cfrac{1}{1 - 0.28 H^2 \sum\limits_{i=1}^{n} G_i / (EI_d)} \tag{4.3.25}$$

2. 高层建筑结构的整体倾覆问题

当高层建筑的高宽比较大、风荷载或水平地震作用较大、地基刚度较弱时，则可能出现倾覆问题。

在设计高层建筑结构时，一般都要控制高宽比。在设计基础时，对于高宽比大于 4 的高层建筑，在地震作用效应标准组合下，基础底面不宜出现零应力区；高宽比不大于 4 的高层建筑，基础底面与地基之间零应力区面积不应超过基础底面面积的 15%。当满足上述条件时，高层建筑结构的抗倾覆能力具有足够的安全储备，不需要进行专门的抗倾覆验算。

4.3.4　结构延性和抗震等级

在地震区，除了要求结构具有足够的承载力和合适的刚度外，还要求它具有良好的延性。延性比 μ 常用来衡量结构或构件塑性变形的能力，是结构抗震性能的一个重要指标；对于延性比大的结构，在地震作用下结构进入弹塑性状态时，能吸收、耗散大量的地震能量，这样结构虽然变形较大，但不会出现超出抗震要求的建筑物严重破坏或倒塌。相反，若结构延性较差，在地震作用下容易发生脆性破坏，甚至倒塌。同时，在不同的情况下，结构的地震反应会有很大的差别，对抗震的要求就不相同。为了对不同的情况能够区别对待，以方便设计，对一般建筑结构延性要求的严格程度可分为四级，即很严格（一级）、严格（二级）、较严格（三级）和一般（四级），这称之为结构的抗震等级。相对于一般建筑而言，高层建筑更柔一些，地震作用下的变形就更大一些，因而对延性的要求就更高一些。因此，《高层规程》对设防烈度为 9 度时的 A 级高度乙类建筑以及 B 级高度丙类建筑钢筋混凝土结构又增加了"特一级"抗震等级。抗震设计时，应根据不同的抗震等级对结构和构件采取相应的计算方法和构造措施。

抗震设计时，高层建筑钢筋混凝土结构构件应根据设防烈度、结构类型和房屋高度采用不同的抗震等级，并应符合相应的计算和构造措施要求。抗震等级的高低，体现了对结构抗震性能要求的严格程度。特殊要求时则提升至特一级，其计算和构造措施比一级更严格。A 级高度丙类建筑钢筋混凝土结构的抗震等级应按表 4.3.8 确定，B 级高度丙类建筑钢筋混凝土结构的抗震等级应按表 4.3.9 确定。当本地区抗震设防烈度为 9 度时，A 级高度乙类建筑的抗震等级应按表 4.3.9 规定的特一级采用，甲类建筑应采取更有效的抗震措施。

需要注意，表 4.3.8 和表 4.3.9 中的烈度不完全等于房屋所在地区的设防烈度，此时应根据建筑物的重要性确定。甲类、乙类建筑，当本地区的抗震设防烈度为 6~8 度时，应符合本地区抗震设防烈度提高一度的要求；当本地区的设防烈度为 9 度时，应符合比 9 度抗震设防更高的要求。当建筑场地为 I 类时，应允许仍按本地区抗震设防烈度的要求采取抗震构造措施。丙类建筑，应符合本地区抗震设防烈度的要求；当建筑场地为 I 类时，除 6 度外，应允许按本地区抗震设防烈度降低一度的要求采取抗震构造措施。

表 4.3.8　A 级高度的高层建筑结构抗震等级

结构类型			抗震等级						
			6 度		7 度		8 度		9 度
框架结构			三		二		一		一
框架-剪力墙结构	高度/m		≤60	>60	≤60	>60	≤60	>60	≤50
	框架		四	三	三	二	二	一	一
	剪力墙		三		二		一		一
剪力墙结构	高度/m		≤80	>80	≤80	>80	≤80	>80	≤60
	剪力墙		四	三	三	二	二	一	一
部分框支剪力墙结构	非底部加强部位剪力墙		四	三	三	二	二	一	
	底部加强部位剪力墙		三	二	二	一	一		
	框支框架		二		一		一		
筒体结构	框架-核心筒	框架	三		二		一		一
		核心筒	二		二		一		一
	筒中筒	内筒	三		二		一		一
		外筒							
板柱-剪力墙结构	高度/m		≤35	>35	≤35	>35	≤35	>35	
	框架、板柱及柱上板带		三	二	二	二	一	一	
	剪力墙		二	二	二	二	二	一	

注：① 接近或等于高度分界时，应结合房屋不规则程度及场地、地基条件适当确定抗震等级。
　　② 底部带转换层的筒体结构，其转换框架的抗震等级应按表中部分框支剪力墙结构的规定采用。
　　③ 当框架-核心筒结构的高度不超过 60m 时，其抗震等级应允许按框架-剪力墙结构采用。

表 4.3.9　B 级高度的高层建筑结构抗震等级

结构类型		抗震等级		
		6 度	7 度	8 度
框架-剪力墙结构	框架	二	一	一
	剪力墙	二	一	特一
剪力墙结构	剪力墙	二	一	一
部分框支剪力墙结构	非底部加强部位剪力墙	二	一	一
	底部加强部位剪力墙	一	一	特一
	框支框架	一	特一	特一
框架-核心筒结构	框架	二	一	一
	筒体	二	一	特一
筒中筒结构	外筒	二	一	特一
	内筒	二	一	特一

注：底部带转换层的筒体结构，其转换框架和底部加强部位筒体的抗震等级应按表中部分框支剪力墙结构的规定采用。

4.4　高层建筑结构抗震性能设计

传统的抗震设计理论是以保障生命安全为基本目标，采用的主要是基于承载力的设计方法。然而，大震震害表明，按照传统抗震设计理论所设计和建造的建筑物，仅仅强调结构在地震作用下不严重损伤或不倒塌，虽保障了生命安全，却未重视地震破坏所造成的经济损失和社会影响。20 世纪 90 年代，美国学者和工程师认为传统的抗震设计理论需要进行重大改进，提出对于不同设防目标的建筑物在不同抗震要求下的基于性能的抗震设计思想。经过二十多年的发展，基于性能的抗震设计理论形成了以结构抗震性能水平和性能目标、结构分析和设计方法以及投资与效益控制等为主要内容的抗震设计体系。本节结合我国现行《高层规程》的有关规定，简要介绍高层建筑结构抗震性能化设计的有关内容。

抗震性能化设计是根据选定的抗震性能目标，采用弹性、弹塑性分析方法，对不同抗震性能水准的结构、结构的局部部位或关键部位、结构的关键部件及非结构构件等进行设计计算，并采取必要的抗震构造措施。

结构抗震性能化设计仍然是以现有的抗震科学水平和经济条件为前提，一般需要综合考虑使用功能、设防烈度、结构的不规则程度和类型、结构发挥延性变形的能力、造价、震后的各种损失及修复难度等因素。不同的抗震设防类别，其性能设计要求也有所不同。针对具体工程的需要和可能，可以对整个结构，也可以对某些部位或关键构件，灵活运用各种措施达到预期的性能目标。

4.4.1　结构抗震性能目标

结构抗震性能目标的选择，应综合考虑抗震设防类别、设防烈度、场地条件、结构的特殊性、建造费用、震后损失和修复难易程度等因素。

结构抗震性能目标分为 A、B、C、D 四个等级，结构抗震性能水准分为 1、2、3、4、5 五个水准，每个性能目标均与一组在指定地震地面运动下的结构抗震性能水准相对应。结构的抗震性能目标按表 4.4.1 确定，结构抗震性能水准可按表 4.4.2 进行宏观判别。

表 4.4.1　结构抗震性能目标及水准

性能目标	地震水准	性能水准	性能目标	地震水准	性能水准
A	多遇地震	1	C	多遇地震	1
	设防烈度地震	1		设防烈度地震	3
	预估的罕遇地震	2		预估的罕遇地震	4
B	多遇地震	1	D	多遇地震	1
	设防烈度地震	2		设防烈度地震	4
	预估的罕遇地震	3		预估的罕遇地震	5

表 4.4.2　各性能水准结构预期的震后性能状况

结构抗震性能水准	宏观损坏程度	损坏部位			继续使用的可能性
		关键构件	普通竖向构件	耗能构件	
1	完好、无损坏	无损坏	无损坏	无损坏	不需修理即可继续使用
2	基本完好、轻微损坏	无损坏	无损坏	轻微损坏	稍加修理即可继续使用
3	轻度损坏	轻微损坏	轻微损坏	轻度损坏、部分中度损坏	一般修理后可继续使用
4	中度损坏	轻度损坏	部分构件中度损坏	中度损坏、部分比较严重损坏	修复和加固后可继续使用
5	比较严重损坏	中度损坏	部分构件比较严重损坏	比较严重损坏	需排险大修

注："关键构件"是指该构件的失效可能引起结构的连续破坏或危及生命安全的严重破坏；"普通竖向构件"是指"关键构件"之外的竖向构件；"耗能构件"包括框架梁、剪力墙连梁及耗能支撑等。

4.4.2　结构抗震性能设计

进行抗震性能化设计计算时，不同抗震性能水准的结构、结构的局部部位以及结构的关键部件等，应分别满足不同的承载力和变形要求。

（1）第 1 性能水准的结构，应满足弹性设计要求。在多遇地震作用下，其承载力和变形应符合《高层规程》的有关规定；在设防烈度地震作用下，结构构件的抗震承载力应符合下式规定：

$$\gamma_G S_{GE} + \gamma_{Eh} S^*_{Ehk} + \gamma_{Ev} S^*_{Evk} \leqslant R_d/\gamma_{RE} \qquad (4.4.1)$$

式中：R_d、γ_{RE} 分别为构件承载力设计值和承载力抗震调整系数；S^*_{Ehk}、S^*_{Evk} 分别为水平、竖向地震作用标准值的构件内力，不需要考虑与抗震等级有关的增大系数。

（2）第 2 性能水准的结构，在设防烈度地震或预估的罕遇地震作用下，关键构件及普通竖向构件的抗震承载力，以及耗能构件的受剪承载力宜符合式（4.4.1）的规定，耗能构件的正截面承载力应满足：

$$S_{GE} + S^*_{Ehk} + 0.4S^*_{Evk} \leqslant R_k \qquad (4.4.2)$$

式中：R_k 为截面承载力标准值，按材料强度标准值计算。

（3）第 3 性能水准的结构应进行弹塑性计算分析。在设防烈度地震或预估的罕遇地震作用下，部分耗能构件进入屈服阶段；水平长悬臂结构和大跨度结构中的关键构件的受剪承载力宜符合式（4.4.1）的规定；关键构件及普通竖向构件的正截面承载力、进入屈服阶段的耗能构件的受剪承载力应符合式（4.4.2）的规定，水平长悬臂结构和大跨度结构中的关键构件正截面承载力尚应满足：

$$S_{GE} + 0.4S^*_{Ehk} + S^*_{Evk} \leqslant R_k \qquad (4.4.3)$$

在预估的罕遇地震作用下，第 3 性能水准的结构薄弱部位的层间位移角应满足相应的层间弹塑性位移角限值的规定。

（4）第 4 性能水准的结构应进行弹塑性计算分析。在设防烈度或预估的罕遇地震作用下，关键构件的抗震承载力应符合式（4.4.2）的规定，水平长悬臂结构和大跨度结构中的关键构件正截面承载力尚应符合式（4.4.3）的规定；部分竖向构件以及大部分耗能构件进入屈服阶段，但钢筋混凝土竖向构件、钢-混凝土组合剪力墙的受剪截面应分别符合式（4.4.4）和式（4.4.5）的规定。

$$V_{GE} + V_{Ehk}^* \leqslant 0.15 f_{ck} b h_0 \tag{4.4.4}$$

$$(V_{GE} + V_{Evk}^*) - (0.25 f_{ak} A_a + 0.5 f_{spk} A_{sp}) \leqslant 0.15 f_{ck} b h_0 \tag{4.4.5}$$

式中：V_{GE} 为重力荷载代表值作用下的构件剪力；V_{Ehk}^*、V_{Evk}^* 分别为水平、竖向地震作用标准值的构件内力，不需要考虑与抗震等级有关的增大系数；f_{ck} 为混凝土轴心抗压强度标准值；f_{ak}、A_a 分别为剪力墙端部暗柱中型钢的强度标准值和截面面积；f_{spk}、A_{sp} 分别为剪力墙墙内钢板的强度标准值和横截面面积。

在预估的罕遇地震作用下，第 4 性能水准的结构薄弱部位的层间位移角应满足相应的弹塑性层间位移角限值的规定。

（5）第 5 性能水准的结构应进行弹塑性计算分析。在预估的罕遇地震作用下，关键构件的抗震承载力宜符合式（4.4.2）的规定；较多的竖向构件进入屈服阶段，但同一楼层的竖向构件不宜全部屈服；竖向构件的受剪截面应符合式（4.4.4）或式（4.4.5）的规定；允许部分耗能构件发生比较严重的破坏；结构薄弱部位的层间位移角应满足相应的层间弹塑性位移角限值的规定。

建筑结构的抗震性能化设计计算时，可采用弹性、弹塑性分析方法。弹性分析可采用线性方法，弹塑性分析可根据性能目标所预期的结构弹塑性状态，分别采用增加阻尼的等效线性化方法以及静力或动力非线性分析方法；弹塑性时程分析时，宜采用双向或三向地震输入。

4.5　高层建筑结构抗连续倒塌设计

高层建筑结构除可能承受永久荷载和可变荷载外，还可能遭受偶然作用，如爆炸、撞击、火灾和超设防烈度的特大地震等。偶然作用属于极小概率事件，具有量值很大且难以估计、作用时间极短的特点，一旦结构遭受偶然作用，则因其量值过大而导致直接遭受偶然作用部位的结构构件破坏。出于结构设计经济性的考虑，偶然作用下应容许结构局部发生严重破坏和失效，未破坏的剩余结构能有效地承受因局部破坏后产生的荷载和内力重分布，不至于短时间内造成结构的破坏范围迅速扩散而导致大范围，甚至整个结构的坍塌。如果结构因局部破坏引发连锁反应，导致破坏向其他部位扩散，最终使整个结构丧失承载力，造成结构大范围坍塌，这种破坏现象称为连续性倒塌。

结构连续倒塌事故在国内外并不罕见，英国 Ronan Point 公寓煤气爆炸倒塌，美国 Alfred P. Murrah 联邦大楼、WTC（World Trade Center）大楼倒塌，法国戴高乐机场候机厅倒塌，我国湖南衡阳大厦特大火灾后倒塌等，都是比较典型的结构连续倒塌事故。每一次事故都造成重大人员伤亡和财产损失，甚至给地区乃至整个国家都造成严重的负面影响。随着我国经济建设的发展，一些地位重要、具有更高安全等级要求或者比较容易受到恐怖袭击的建筑结构抗连续倒塌问题显得更为突出。因此，对高层建筑结构除应对强度、刚度、稳定等进行设计验算外，还应对其进行抗连续倒塌设计。

4.5.1　高层建筑结构抗连续倒塌设计方法

在爆炸、撞击、人为错误等偶然作用发生时，高层建筑结构应具有适宜的抗连续倒塌能力。但由于抗连续倒塌设计的难度和代价很大，一般结构不进行偶然作用的计算设计。《高层规程》规定，安全等级为一级且有特殊要求时，可采用拆除构件方法进行抗连续倒塌设计。

拆除构件法又称为"备用荷载路径分析"，是将初始的失效构件"删除"，分析结构在原有荷载作用下发生内力重分布，并向新的稳定平衡状态逐步趋近的方法。其中，构件单元的"删除"是指让相应的构件退出计算，但不影响相连构件之间的连接，如图 4.5.1 所示。

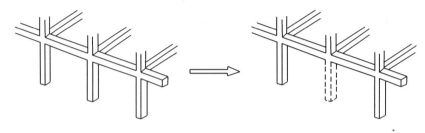

图 4.5.1　拆除构件示意图

拆除构件法的具体步骤如下：

（1）逐个分别拆除结构周边柱、底层内部柱以及转换桁架腹杆等重要构件。

（2）可采用弹性静力方法分析剩余结构的内力与变形。

（3）剩余结构构件承载力应符合式（4.5.1）要求。

$$R_d \geqslant \beta S_d \tag{4.5.1}$$

$$S_d = \eta_d \left(S_{Gk} + \sum \psi_{qi} S_{Qik} \right) + \psi_w S_{wk} \tag{4.5.2}$$

式中：S_d 为剩余结构构件效应设计值；R_d 为剩余结构构件承载力设计值，在计算 R_d 时，混凝土强度可取标准值；钢材强度，正截面承载力验算时可取标准值的 1.25 倍，受剪承载力验算时可取标准值；β 为效应折减系数，对中部水平构件取 0.67，对其他构件取 1.0；S_{Gk} 为永久荷载标准值产生的效应；S_{Qik} 为第 i 个竖向可变荷载标准值产生的效应；S_{wk} 为风荷载标准值产生的效应；ψ_{qi} 为可变荷载的准永久值系数；ψ_w 为风荷载组合值系数，取 0.2；η_d 为竖向荷载动力放大系数。当构件直接与被拆除竖向构件相连时取 2.0，其他构件取 1.0。

从结构初始局部破坏发生，到剩余结构达到一个新的平衡状态是一个动力过程。如果按静力法计算剩余结构的内力，需乘以动力放大系数以考虑拆除构件后的动力效应。如果采用弹塑性动力分析方法分析剩余结构的内力，则竖向荷载动力放大系数取 1.0。

由于连续倒塌属于结构破坏的极端情况，其可靠度可适当降低。防连续倒塌的目标是剩余结构的水平构件不发生断裂破坏而落下，因此跨越被拆除构件的水平构件容许最大限度地发挥其受弯承载能力和变形能力，故剩余结构构件承载力计算时，材料强度取用标准值。

当拆除某构件不能满足结构抗连续倒塌要求时，意味着该构件十分重要。设计时，对该构件应有更高的要求，在该构件表面附加 80kN/m^2 侧向偶然作用荷载设计值，此时其承载力应满足：

$$R_\mathrm{d} \geqslant S_\mathrm{d} \tag{4.5.3}$$
$$S_\mathrm{d} = S_\mathrm{Gk} + 0.6 S_\mathrm{Qk} + S_\mathrm{Ad} \tag{4.5.4}$$

式中：R_d 为构件承载力设计；S_d 为作用组合的效应设计值；S_Gk 为永久荷载标准值的效应；S_Qk 为活荷载标准值的效应；S_Ad 为侧向偶然作用设计值的效应。

除拆除构件法以外，结构的抗连续倒塌设计方法还有拉结构件法和局部加强法等。局部加强法是指对可能直接遭受意外荷载作用的结构构件，如易遭受车辆撞击和人为破坏的结构外围柱、危险源周边的结构构件等，应作为整体结构系统中的关键构件进行设计，使其具有足够的安全储备：一是提高可能遭受偶然作用而发生局部破坏的竖向重要构件（如柱、承重墙等）和关键传力部位的安全储备，即对这些构件取用较一般构件更高的可靠指标进行承载力设计；二是对这些构件直接采用偶然作用进行设计，即采用爆炸荷载、撞击荷载等计算结构构件的内力和变形，并与相应的重力荷载效应组合后进行构件承载力设计。

拉结构件法是对结构构件间的连接强度进行验算，使其满足一定的要求，以保证结构的整体性和备用荷载传递路径的承载能力。其基本原则：在某一根竖向构件失效后，跨越该竖向构件的框架梁应具有足够的极限承载能力，避免发生连续破坏（图 4.5.2）。竖向构件失效后梁的跨越极限承载力计算有两种模型：一是在小变形阶段，框架梁的极限承载力由梁端塑性铰的受弯承载力提供，称为"梁-拉结模型"；二是在大变形阶段，梁端塑性铰的受弯承载力丧失，框架梁的极限承载力由梁内连续纵筋轴向极限拉力的竖向分力提供，称为"悬索-拉结模型"。一般情况下，"梁-拉结模型"和"悬索-拉结模型"不同时出现，因此框架梁的跨越能力可取"梁-拉结模型"和"悬索-拉结模型"两者中的较大值。此外，对于每一根柱或墙，均需从基础到结构顶部进行连续的竖向拉结，拉结力必须大于该柱或墙从属面积上最大楼层荷载标准值。

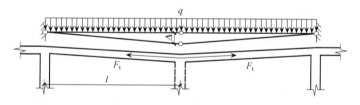

图 4.5.2　柱失效后梁的跨越能力

4.5.2　高层建筑结构抗连续倒塌概念设计

根据《高层规程》的规定，安全等级为一级的高层建筑结构应满足抗连续倒塌概念设计要求。抗连续倒塌概念设计主要从结构体系的备用传力路径、整体性、延性、连接构造和关键构件的判别等方面进行结构方案和结构布置设计，避免存在易导致结构连续倒塌的薄弱环节。抗连续倒塌概念设计应符合下列规定。

（1）采取必要的结构连接措施，增强结构的整体性。如对于框架结构，当某根柱发生破坏失去承载力，其直接支承的梁应能跨越两个开间而不致塌落，这就要求跨越柱上梁中的钢筋贯通并具有足够的抗拉强度，通过贯通钢筋的悬链线传递机制，将梁上的荷载传递到相邻的柱。

（2）主体结构宜采用多跨规则的超静定结构。采用合理的结构方案和结构布置，增加结构的冗余度，形成具有多个和多向荷载传递路径传力的结构体系，可避免存在引发连续性倒塌的薄弱部位。

（3）结构构件应具有适宜的延性，避免剪切破坏、压溃破坏、锚固破坏、节点先于构件破坏。应选择延性较好的材料，采用延性构造措施，提高结构的塑性变形能力，增强剩余结构的内力重分布能力，可避免发生连续倒塌。

（4）结构构件应具有一定的反向承载能力。

（5）周边及边跨框架的柱距不宜过大。

（6）转换结构应具有整体多重传递重力荷载途径。

（7）钢筋混凝土结构梁柱宜刚接，梁板顶、底钢筋在支座处宜按受拉要求连续贯通。

（8）钢结构框架梁柱宜刚接。

（9）独立基础之间宜采用拉梁连接。

（10）设置整体性加强构件或设结构缝，对整个结构进行分区，一旦发生局部构件破坏，可将破坏控制在一个分区内，防止连续倒塌的蔓延。

（11）对可能出现的意外荷载和作用有所估计，有针对性地对可能遭遇意外荷载直接作用的结构构件进行局部加强。

4.6 高层建筑结构的抗震概念设计

概念设计是运用人的思维和判断力，从宏观上决定结构设计中的基本问题，它涉及的面很广，要考虑的因素很多，从方案、结构布置到计算简图的选取，从构件设计到配筋构造措施等都存在概念设计的内容。概念设计可以通过力学规律、震害教训、试验研究、工程实践经验等多种渠道建立。高层建筑结构抗震概念设计时应注意以下几个方面的内容。

（1）选择有利的场地，避开不利的场地，采取措施保证地基的稳定性。基岩有活动性断层和破碎带、不稳定的滑坡地带等属于危险场地，不宜兴建高层建筑；冲积层过厚、砂土有液化的危险、湿陷性黄土等，属于不利场地，要采取相应的措施减轻震害的影响。

（2）结构体系和抗侧刚度的合理选择。对于钢筋混凝土结构，一般来说框架结构抗震能力较差；框架-剪力墙结构性能较好；剪力墙结构和筒体结构具有良好的空间整体性，刚度也较大，历次地震中震害都较小。但也不能说抗侧刚度越大越好，应该结合房屋高度、结构体系和场地条件等进行综合判断，重要的是将变形限制在规范许可的范围内，要使结构有足够的刚度，可通过设置部分剪力墙以减小结构变形和提高结构承载力；同时，还应考虑场地条件，硬土地基上的结构可柔一些，软土地基上的结构可刚一些。通过改变高层建筑结构的刚度调整结构的自振周期，使其偏离场地的卓越周期，避免发生类共振现象。

（3）结构平面布置力求简单、规则、对称，尽量减少易产生应力集中的凸出、凹进和狭长等复杂平面；更重要的是结构平面布置时要尽可能使平面刚度均匀，即使结构的刚度中心与质量中心靠近，减少地震作用下的扭转。平面刚度的均匀程度也是扭转破坏的重要原因，而影响刚度均匀程度的主要因素是剪力墙的布置，如剪力墙偏一端布置，一端设置楼电梯间等，会导致结构平面刚度很不均匀。高层建筑结构还不宜做成长宽比很大的长条形平面，因为它不符合楼板在平面内无限刚性的假定，楼板的高阶振型对这种长条形平面影响大。

（4）结构竖向宜做成上下等宽或由下向上逐渐减小的体型，更重要的是结构的抗侧刚度应沿高度均匀，或沿高度逐渐减小。竖向刚度的均匀程度也主要取决于剪力墙的布置，如框支剪力墙是典型的沿高度刚度突变的结构。此外，突出屋面的小房间或立面有较大的收进，以及为加大建筑空间而顶部减少剪力墙等，都会使结构的顶层刚度突然变小，加剧地震作用下的鞭梢效应。

（5）结构的承载力、变形能力和刚度应均匀连续分布。某一部分过强、过刚也会使其他楼层形成相对薄弱环节而导致破坏。顶层、中间楼层取消部分墙、柱形成大空间层后，应调整刚度并采取构造加强措施。底层部分剪力墙变为框支柱或取消部分柱后，比上层刚度削弱更为不利，应专门考虑抗震措施。不仅主体结构，而且非结构墙体（如砖砌体填充墙）的不规则、不连续布置也可能引起刚度的突变。

（6）抗震结构在设计上和构造上应具有多道设防。第一道设防结构中的某一部分屈服或破坏只会使结构减少一些超静定次数；如框架结构采用强柱弱梁设计，梁屈服后柱仍能保持稳定；再如剪力墙，在连梁作为第一道设防破坏以后，还会存在一个能够独立抵抗地震作用的结构；又如框架-剪力墙（筒体）、框架-核心筒、筒中筒结构，无论在剪力墙屈服以后或者在框架部分构件屈服以后，另一部分抗侧力结构仍然能够发挥较大的作用，发生内力重分布后，它们仍然能够共同抵抗地震作用。多道设防的抗震设计受到越来越多的重视。

（7）在房屋建筑的总体布置中，常常设置防震缝、伸缩缝和沉降缝，将房屋分成若干个独立的结构单元，这不仅会影响建筑立面、多用材料，使构造复杂、防水处理困难等，设缝的结构在强烈地震下相邻结构可能发生碰撞而导致局部损坏等，有时还会因为将房屋分成小块而降低每个结构单元的稳定性、刚度和承载力，反而削弱了结构。因此，一般情况下宜采取调整平面形状与尺寸，加强构造措施，设置后浇带等方法尽量不设缝、少设缝。必须设缝时则须保证有足够的宽度，避免地震时相邻部分发生互相碰撞而破坏。

（8）延性结构的塑性变形可以耗散地震能量，结构变形虽然会加大，但作用于结构的惯性力不会很快上升，内力也不会再加大，因此可降低对延性结构的承载力要求，也可以说延性结构是用它的变形能力（而不是承载力）抵抗强烈地震作用；反之，如果结构的延性不好，则必须用足够大的承载力抵抗地震。因此，延性结构和构件对抗震设计是一种经济、合理而安全的对策。要保证钢筋混凝土结构有一定的延性，除了必须保证梁、柱、墙等构件均具有足够的延性外，还要采取措施使框架及剪力墙结构都具有较大的延性。同时，节点的承载力和刚度要与构件的承载力与刚度相适应，节点的承载力应大于构件的承载力，要从构造上采取措施防止反复荷载作用下承载力和刚度过早退化。

（9）结构倒塌往往是由竖向构件破坏造成的，既承受竖向荷载又抵抗侧向力为主的竖向构件属于重要构件，其设计不仅应当考虑抵抗水平力时的安全，更要考虑在水平力作用下进入塑性后它是否仍然能够安全地承受竖向荷载。

（10）保证地基基础的承载力、刚度和足够的抗滑移、抗转动能力，使整个高层建筑结构成为一个稳定的体系，防止产生过大的差异沉降和倾覆。

4.7　超限高层建筑工程抗震设计

超限高层建筑工程是指超出国家现行规范、规程规定的适用高度和适用结构类型的高层建筑工程、体型特别不规则的高层建筑工程以及有关规范、规程规定应进行抗震专项审查的高层建筑工程。超限高层建筑工程抗震设计时，除遵守国家现有技术标准的要求外，主要还包括超限程度的控制和结构抗震概念设计、结构抗震性能设计、结构抗震计算分析、结构抗震体系和抗震构造措施、地基基础抗震设计以及必要时须进行结构抗震试验等内容。

4.7.1　超限高层建筑工程的认定和抗震概念设计

1. 超限高层建筑工程的认定

高度超限是指房屋高度超过现行《建筑抗震设计规范》（GB 50011—2010）（2016 年版）和《高层规程》所规定的适用高度的高层建筑工程；房屋高度不超过规定，但建筑结构布置属于《建筑抗震设计规范》（2016 年版）和《高层规程》规定的特别不规则的高层建筑工程。具体规定如下：

（1）同时具有三项或三项以上平面、竖向不规则以及某项不规则程度超过规定很多的高层建筑。

（2）结构布置明显不规则的复杂结构和混合结构的高层建筑，主要包括：同时具有三种或三种以上复杂类型（如带转换层、带加强层和具有错层、连体、多塔）的高层建筑；转换层位置超过《高层规程》规定的高位转换的高层建筑；各部分层数、结构布置或刚度等有较大不同的错层、连体高层建筑；单塔或大小不等的多塔位置偏置过多的大底盘（裙房）高层建筑；7 度、8 度抗震设防时厚板转换的高层建筑。

2. 超限的控制和抗震概念设计

结构高度超限时，应对其结构规则性的要求从严掌握，高度超过规定的适用高度越多，对其规则性指标的控制应越严；高度未超过最大适用高度但规则性超限的高层建筑，应对结构的不规则程度加以控制，避免采用严重不规则结构。对于严重不规则结构，必须调整建筑方案或结构类型和体系，防止大震下结构倒塌。

由于超限高层建筑结构的设计计算目前主要依据其弹性分析的计算结果，中震和大震下结构进入弹塑性状态后，内力分布和变形状态将发生很大改变。尽管现在已有多种弹塑性计算模型，但由于动力弹塑性问题的复杂性，其计算结果还难以反映结构的真实状态。因此，为实现三个水准的抗震设防目标，在结构布置、结构设计中应充分重视抗震概念设计。

超高时建筑结构规则性的要求应从严掌握，明确竖向不规则和水平向不规则的程度，避免过大的地震扭转效应。结构布置、防震缝设置、转换层和水平加强层的处理、薄弱层和薄弱部位、主楼与裙房共同工作等需妥善设计。结构的总体刚度应适当，变形特征应合理，楼层最大层间位移应符合规范、规程的要求。混合结构、钢支撑框架结构的钢框架，其重要连接构造应使整体结构能形成多道抗侧力体系。多塔、连体、错层、带转换层、带加强层等复杂体型的结构，应尽量减少不规则的类型和不规则的程度。当几部分结构的连接薄弱时，应考虑连接部位各构件的实际构造和连接的可靠程度，必要时取结构整体计算和分开计算的不利情况，或要求某部分结构在设防烈度下保持弹性工作状态。规则性要求的严格程度，可依据抗震设防烈度不同有所区别。当计算的最大水平位移、层间位移值很小时，扭转位移比的控制可略有放宽。

4.7.2　超限高层建筑工程的结构体系和抗震性能设计要求

超限高层建筑结构可采用框架、剪力墙、框架-剪力墙、筒体、板柱结构、钢管混凝土结构、巨型结构体系。结构体系应根据建筑的抗震设防类别、抗震设防烈度、抗震性能目标、建筑的平面形状和体型、建筑高度、场地条件、地基、结构材料和施工等因素，经技术、经济和使用条件综合比较后确定。

超限高层建筑的结构体系除需满足高层建筑的一般规定之外，还宜符合下列要求。

（1）宜具有多道抗震防线。

（2）结构的竖向和水平布置宜使结构具有合理的刚度和承载力分布，避免出现薄弱部位。

（3）结构在两个主轴方向的动力特性宜相近，两个主轴方向的第一自振周期的比值不宜小于 0.8。

（4）结构宜采用高性能部件和高性能结构材料，填充墙体宜采用轻质材料，在满足使用要求的前提下尽可能降低建筑自重。

由于超限高层建筑在房屋高度上超限或结构布置上的特别不规则，往往需进行抗震性能化设计。

4.7.3　超限高层建筑工程的抗震计算和抗震构造措施

超限高层建筑工程在计算分析方面的总体要求如下。

（1）应采用两个及两个以上符合结构实际情况的力学模型，且计算程序应经国务院建设行政主管部门鉴定认可。

（2）通过结构各部分受力分布的变化，以及最大层间位移的位置和分布特征，判断结构受力特征的不利情况。

（3）结构各层的地震剪力与其以上各层总重力荷载代表值的比值，应符合抗震规范的要求，Ⅲ、Ⅳ类场地条件时尚宜适当增加。

（4）当抗震设防烈度为 7 度、结构高度超过 100m；抗震设防烈度为 8 度、结构高度超过 80m 时或结构竖向刚度不连续时，还应采用弹性时程分析法进行多遇地震下的补充计算，所用的地震波应符合规范要求，持续时间一般不小于结构基本周期的 5 倍，弹性时程分析的结果一般取多条波的平均值，超高较多或体型复杂时宜取多条时程的包络。

（5）薄弱层地震剪力和不落地构件传给水平转换构件的地震内力的调整系数取值，超高时宜大于规范的规定值。

（6）上部墙体开设边门洞等的水平转换构件，应根据具体情况加强，必要时宜采用重力荷载下不考虑墙体共同工作的复核。

（7）必要时应采用静力弹塑性分析或动力弹塑性分析方法确定薄弱部位，弹塑性分析时整体模型应采用三维空间模型。

（8）钢结构和混合结构中，钢框架部分承担的地震剪力应依超限程度比规范的规定适当增加。

（9）必要时应有重力荷载下的结构施工模拟分析。

超限高层建筑工程应采用比规范、规程规定更严格的抗震措施，应符合下列要求。

（1）对抗震等级、内力调整、轴压比、剪压比、钢材的材质选取等方面，应根据烈度、超限程度和构件在结构中所处部位的不同，区别对待，综合考虑。

（2）根据结构的实际情况，采用增设芯柱、约束边缘构件、型钢混凝土构件、钢管混凝土构件、钢结构的减震耗能设计等提高延性的措施。

（3）抗震薄弱部位应在承载力和细部构造两方面有相应的综合措施。

此外，地基和基础的设计方案应符合下列要求。

（1）地基基础类型合理和地基持力层选择可靠。

（2）主楼和裙房设置沉降缝的利弊分析正确。

（3）建筑物总沉降量和差异沉降量控制在允许范围内。

对房屋高度超过规范最大适用高度较多、体型特别复杂或结构类型特殊的结构，应进行小比例的整体结构模型、大比例的局部结构模型的抗震性能试验研究和实际结构的动力特性测试。

小　　结

（1）高层建筑结构可采用线弹性分析方法、考虑塑性内力重分布的分析方法、非线性分析方法等进行分析，必要时也可采用模型试验分析方法。目前，一般采用线弹性分析方法计算高层建筑结构的内力和位移，作为构件截面承载力计算和弹性变形验算的依据。

（2）高层建筑结构可选取平面或空间协同工作、空间杆系、空间杆-薄壁杆系、空间杆-墙板元及其他组合有限元等计算模型，一般情况下可假定楼盖在平面内的刚度为无限大，对于楼板开洞较大或平面布置复杂的结构，可采用楼板分块平面内无限刚性或弹性楼板假定。

（3）高层建筑结构一般应考虑两种作用组合：作用的基本组合和地震组合。前者主要考虑恒荷载、楼面活荷载及风荷载的组合，后者考虑重力荷载代表值效应、水平地震作用效应、竖向地震作用效应及风荷载效应的组合。

（4）高层建筑结构应满足承载力、刚度和舒适度、稳定和抗倾覆以及延性等要求，其刚度通过使弹性层间位移小于规定的限值来保证；必要时，为了保证在强震下结构构件不产生严重破坏甚至房屋倒塌，应进行结构弹塑性位移的计算和验算。刚重比是影响高层建筑结构整体稳定的主要因素，因此结构整体稳定验算表现为结构刚重比的验算；延性是结构抗震性能的一个重要指标，为方便设计，对不同的情况根据结构延性要求的严格程度，引入了抗震等级的概念，抗震设计时，应根据不同的抗震等级对结构和构件采取相应的计算和构造措施。

（5）结构抗震性能设计主要有三项工作：一是分析结构方案在房屋高度、规则性、结构类型、场地条件或抗震设防标准等方面的特殊要求，确定结构设计是否需要采用抗震性能设计方法，并作为选用抗震性能目标的主要依据；二是根据三个地震水准、五个结构抗震性能水准选用结构抗震性能目标；三是对结构进行抗震性能分析。

（6）在爆炸、撞击、人为错误等偶然作用发生时，高层建筑结构应具有适宜的抗连续倒塌能力。安全等级为一级的高层建筑结构需满足抗连续倒塌概念设计的要求，有特殊要求时，可采用拆除构件方法进行抗连续倒塌的计算设计。

（7）概念设计是高层建筑结构抗震设计的重要内容，应从场地条件、结构体系和抗侧刚度的合理选择、结构的结构平面和竖向布置、延性和地震能量耗散、薄弱层、多道抗震设防、缝的处理等方面，重视并做好高层建筑结构的抗震概念设计。

（8）超限高层建筑工程抗震设计时，除遵守国家现有技术标准的要求外，主要还包括超限程度的控制和结构抗震概念设计、结构抗震计算分析和抗震构造措施、地基基础抗震设计以及必要时须进行结构抗震试验等内容。

思考与练习题

（1）结构分析方法主要有哪些？高层建筑结构一般采用哪种分析方法计算其内力和位移？

（2）高层建筑结构的计算模型有哪些？通常根据什么原则确定结构的计算模型？

（3）什么是作用效应组合？作用效应组合应考虑哪些工况？作用的基本组合和地震组合的区别是什么？

（4）为什么应限制结构在正常情况下的水平位移？

（5）哪些结构需进行罕遇地震下的薄弱层变形验算？什么是楼层屈服强度系数？弹塑性位移计算的方法有哪些？在什么条件下可采用简化方法计算薄弱层的弹塑性位移？

（6）为什么应对高度超过 150m 的高层建筑进行舒适度验算？如何进行验算？

（7）什么是结构的重力二阶效应？影响高层建筑结构整体稳定的主要因素是什么？为什么需进行高层建筑结构的整体稳定性验算？

（8）何谓刚重比？如何采用刚重比进行结构的整体稳定性验算？

（9）如何防止高层建筑出现倾覆问题？为什么不进行专门的抗倾覆验算？

（10）为什么抗震设计需要区分抗震等级？抗震等级与延性要求是什么关系？

（11）结构抗震性能目标的选择依据是什么？结构抗震性能设计需要满足哪些承载力和变形要求？

（12）什么是结构连续倒塌？简单阐述高层建筑结构抗连续倒塌的设计方法。结构抗连续倒塌概念设计主要包括哪些内容？

（13）什么是结构的抗震概念设计？高层建筑结构的概念设计主要包括哪些内容？

（14）什么是超限高层建筑工程？其抗震设计主要包括哪些内容？

第 5 章　框架结构设计

5.1　结 构 布 置

框架结构布置主要是确定柱在平面上的排列方式（柱网布置）和选择结构承重方案，这些均必须满足建筑平面及使用要求，同时也须使结构受力合理，施工简单。

5.1.1　柱网和层高

柱网和层高应根据建筑使用功能确定。目前，住宅、宾馆和办公楼柱网可划分为小柱网和大柱网两类。小柱网指一个开间为一个柱距 ［图 5.1.1（a）和（b）］，柱距一般为3.3m、3.6m、4.0m 等；大柱网指两个开间为一个柱距 ［图 5.1.1（c）］，柱距通常为6.0m、6.6m、7.2m、7.5m 等。常用的跨度（房屋进深）有 4.8m、5.4m、6.0m、6.6m、7.2m、7.5m 等。

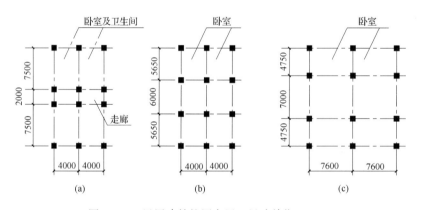

图 5.1.1　民用建筑柱网布置（尺寸单位：mm）

宾馆建筑多采用三跨框架。有两种跨度布置方式：一种是边跨大、中跨小，可将卧室和卫生间一并设在边跨，中间跨仅作走道用；另一种是边跨小、中跨大，将两边客房的卫生间与走道合并设于中跨内，边跨仅作卧室，如北京长城饭店 ［图 5.1.1（b）］和广州东方宾馆 ［图 5.1.1（c）］。

办公楼常采用三跨内廊式、两跨不等跨或多跨等跨框架，如图 2.1.1（a）、（b）和（c）所示。采用不等跨时，大跨内宜布置一道纵梁，以承托走道纵墙。

近年来，由于建筑体型的多样化，出现了一些非矩形的平面形状，如图 2.1.1（d）、（e）和（f）所示，这使柱网布置更复杂一些。

5.1.2　框架结构的承重方案

（1）横向框架承重。主梁沿房屋横向布置，板和连系梁沿房屋纵向布置 ［图 5.1.2（a）］。由于竖向荷载主要由横向框架承受，横梁截面高度较大，因而有利于增加房屋的横向刚度。这种承重方案在实际结构中应用较多。

（2）纵向框架承重。主梁沿房屋纵向布置，板和连系梁沿房屋横向布置［图 5.1.2（b）］。这种方案对于地基较差的狭长房屋较为有利，且因横向只设置截面高度较小的连系梁，有利于楼层净高的有效利用。但房屋横向刚度较差，实际结构中应用较少。

（3）纵、横向框架承重。房屋的纵、横向都布置承重框架［图 5.1.2（c）］，楼盖常采用现浇双向板或井字梁楼盖。当柱网平面为正方形或接近正方形或当楼盖上有较大活荷载时，多采用这种承重方案。

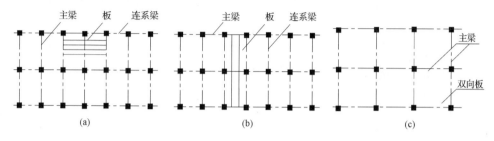

图 5.1.2　框架结构承重方案

当楼盖为现浇混凝土楼板时，则可根据单向板或双向板确定框架结构的承重方案。

5.1.3　框架结构布置的一般规定

除按竖向承重结构（vertical load-resisting structure）来讨论其承重方案外，框架结构同时也是抗侧力结构（lateral load-resisting structure），它应能承受纵、横两个方向的水平荷载（如风荷载和水平地震作用），这就要求纵、横两个方向的框架均应具有一定的侧向刚度和水平承载力。我国《高层规程》规定，混凝土框架结构应设计成双向梁柱抗侧力体系，主体结构除个别部位外，不应采用铰接。

单跨框架结构由于其冗余度较低，容易产生震害，尤其是层数较多的高层建筑，震害比较严重，因此，抗震设计的框架结构不应采用单跨框架。需要说明的是，单跨框架结构是指整栋建筑全部或绝大部分采用单跨框架的结构，不包括仅局部为单跨框架的结构。

框架结构常采用砌体填充墙，当其布置不当时，容易对结构的抗震性能产生不利影响，国内外由此而造成的震害例子较多。因此框架结构的填充墙及隔墙宜选用轻质墙体。抗震设计时，框架结构如采用砌体填充墙，其布置应避免形成上下层刚度变化过大、避免形成短柱以及减少因抗侧刚度偏心而造成的结构扭转。

框架结构与砌体结构是两种截然不同的结构体系，其承载力、抗侧刚度和变形能力等相差很大，这两种结构混合使用会加重建筑物的震害。因此框架结构按抗震设计时，不应采用部分由砌体墙承重之混合形式；框架结构中的楼、电梯间及局部突出屋顶的电梯机房、楼梯间、水箱间等，应采用框架承重，不应采用砌体墙承重。

框架结构中，楼梯为主要疏散通道，若楼梯布置不当会直接导致建筑物破坏。抗震设计时，框架结构的楼梯间应符合下述规定：楼梯间的布置应尽量减小其造成的结构平面不规则；宜采用现浇钢筋混凝土楼梯，楼梯结构应有足够的抗倒塌能力；宜采取措施减小楼梯对主体结构的影响；当钢筋混凝土楼梯与主体结构整体连接时，应考虑楼梯对地震作用及其效应的影响，并应对楼梯构件进行抗震承载力验算。

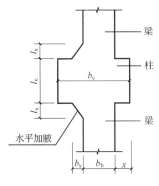

图 5.1.3　梁的水平加腋

在框架结构布置中，梁、柱中心线宜重合，如梁需偏心放置时，梁、柱中心线之间的偏心距在 9 度抗震设计时不应大于柱截面在该方向宽度的 1/4；非抗震设计和 6～8 度抗震设计时不宜大于柱截面在该方向宽度的 1/4，如偏心距大于该方向柱宽的 1/4 时，可采取增设梁的水平加腋（图 5.1.3）等措施。试验表明，此法能明显改善梁柱节点承受反复荷载的性能。

梁的水平加腋厚度可取梁截面高度，其水平尺寸宜满足下列要求：

$$b_x/l_x \leqslant 1/2, \quad b_x/b_b \leqslant 2/3, \quad b_b + b_x + x \geqslant b_c/2$$

式中：b_x 为梁水平加腋宽度（mm）；l_x 为梁水平加腋长度（mm）；b_b 为梁截面宽度（mm）；b_c 为沿偏心方向柱截面宽度（mm）；x 为非加腋侧梁边到柱边的距离（mm）。

梁水平加腋后，改善了梁柱节点的受力性能，在计算节点受剪承载力时节点的有效宽度 b_j 宜按下列规定取值：

当 $x = 0$ 时，b_j 按下式计算：

$$b_j \leqslant b_b + b_x \tag{5.1.1}$$

当 $x \neq 0$ 时，b_j 取下列二式计算的较大值：

$$b_j \leqslant b_b + b_x + x \tag{5.1.2}$$

$$b_j \leqslant b_b + 2x \tag{5.1.3}$$

且应满足 $b_j \leqslant b_b + 0.5 h_c$，其中 h_c 为柱截面高度（mm）。

对节点处梁、柱轴线不重合而有偏心的情况，在框架结构内力分析时应考虑这种偏心影响。

5.2　框架结构的计算简图

在框架结构设计中，应首先确定构件截面尺寸及结构计算简图，然后进行荷载计算及结构内力和侧移分析。本节主要说明构件截面尺寸和结构计算简图的确定等内容，结构内力和侧移分析将在 5.3 和 5.4 节中介绍。

5.2.1　梁、柱截面尺寸

框架梁、柱截面尺寸应根据承载力、刚度及延性等要求确定。初步设计时，通常由经验或估算先选定截面尺寸，再进行承载力、变形等验算，检查所选尺寸是否合适。

1. 梁截面尺寸

框架结构中框架梁的截面高度 h_b 可根据梁的计算跨度 l_b、活荷载等，按 $h_b = (1/18 \sim 1/10) l_b$ 确定。为了防止梁发生脆性剪切破坏，h_b 不宜大于 1/4 梁净跨。主梁截面宽度可取 $b_b = (1/3 \sim 1/2) h_b$，且不宜小于 200mm。为了保证梁的侧向稳定性，梁的截面宽度不宜小于其截面高度的 1/4。

为了降低楼层高度，可将梁设计成宽度较大而高度较小的扁梁，扁梁的截面高度可按

$(1/18\sim1/15)$ l_b 估算。扁梁的截面宽度 b（肋宽）与其高度 h 的比值 b/h 不宜超过 3。

设计中，如果梁上作用的荷载较大，可选择较大的高跨比 h_b/l_b。当梁高较小或采用扁梁时，除应验算其承载力和受剪截面要求外，尚应验算竖向荷载作用下梁的挠度和裂缝宽度，以满足其正常使用要求。在挠度计算时，对现浇梁板结构，宜考虑梁受压翼缘的有利影响，并可将梁的合理起拱值从其计算所得挠度中扣除。

当梁跨度较大时，为了节省材料和有利于建筑空间，可将梁设计成加腋形式（图 5.2.1）。

2. 柱截面尺寸

柱截面尺寸可直接凭经验确定，也可先根据其所受轴力按轴心受压构件估算，再乘以适当的放大系数以考虑弯矩的影响，即

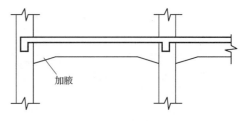

图 5.2.1　加腋梁

$$A_c \geqslant (1.1\sim1.2)N/f_c \qquad (5.2.1)$$
$$N = 1.35N_v \qquad (5.2.2)$$

式中：A_c 为柱截面面积；N 为柱所承受的轴向压力设计值；N_v 为根据柱支承的楼面面积计算由重力荷载产生的轴力值；1.35 为重力荷载的荷载分项系数加权平均值；重力荷载标准值可根据实际荷载取值，也可近似按 $12\sim14kN/m^2$ 计算；f_c 为混凝土轴心抗压强度设计值。

矩形截面柱的边长，非抗震设计时不宜小于 250mm，抗震设计时，四级不宜小于 300mm，一、二、三级时不宜小于 400mm；圆柱直径，非抗震和四级抗震设计时不宜小于 350mm，一、二、三级时不宜小于 450mm；柱截面高宽比不宜大于 3。为避免柱产生剪切破坏，柱净高与截面长边之比宜大于 4，或柱的剪跨比宜大于 2。

3. 梁截面惯性矩

在结构内力与位移计算中，与梁一起现浇的楼板可作为框架梁的翼缘，每一侧翼缘的有效宽度可取至板厚的 6 倍；装配整体式楼面视其整体性可取等于或小于 6 倍；无现浇面层的装配式楼面，楼板的作用不予考虑。

设计中，为简化计算，也可按下式近似确定梁截面惯性矩 I，即

$$I = \beta I_0 \qquad (5.2.3)$$

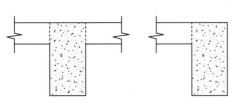

图 5.2.2　梁截面惯性矩 I_0

式中：I_0 为按矩形截面（图 5.2.2 中阴影部分）计算的梁截面惯性矩；β 为楼面梁刚度增大系数，应根据梁翼缘尺寸与梁截面尺寸的比例，取 $\beta=1.2\sim2.0$，当框架梁截面较小楼板较厚时宜取较大值，而梁截面较大楼板较薄时宜取较小值。通常，对现浇楼面的边框架梁可取 1.5，中框架梁可取 2.0；有现浇面层的装配式楼面梁的 β 值可适当减小。

5.2.2　框架结构的计算简图

1. 计算单元

框架结构房屋是由梁、柱、楼板、基础等构件组成的空间结构体系，一般应按三维空

间结构进行分析。但对于平面布置较规则的框架结构房屋，为了简化计算，通常将实际的空间结构简化为若干个横向或纵向平面框架进行分析，如图 5.2.3 所示。每榀平面框架为一个计算单元，如图 5.2.3（a）所示。

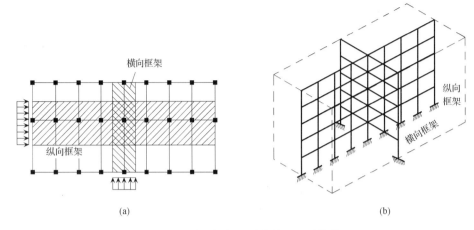

图 5.2.3　平面框架的计算单元及计算模型

　　就承受竖向荷载而言，当横向（纵向）框架承重时，截取横向（纵向）框架进行计算，全部竖向荷载由横向（纵向）框架承担，不考虑纵向（横向）框架的作用。当纵、横向框架混合承重时，应根据结构的不同特点进行分析，并对竖向荷载按楼盖的实际支承情况进行传递，这时竖向荷载通常由纵、横向框架共同承担。

　　在某一方向的水平荷载作用下，整个框架结构体系可视为若干个平面框架，共同抵抗与平面框架平行的水平荷载，与该方向正交的结构不参与受力。每榀平面框架所抵抗的水平荷载，当为风荷载时，可取计算单元范围内的风荷载［图 5.2.3（a）］；当为水平地震作用时，则为按各平面框架的侧向刚度比例所分配到的水平力。

2. 计算简图

　　将复杂的空间框架结构简化为平面框架之后，应进一步将实际的平面框架转化为力学模型［图 5.2.3（b）］，在该力学模型上作用荷载就成为框架结构的计算简图。

　　在框架结构的计算简图中，梁、柱用其轴线表示，梁与柱之间的连接用节点（beam-column joint）表示，梁或柱的长度用节点间的距离表示，如图 5.2.4 所示。由图 5.2.4 可见，框架柱轴线之间的距离即为框架梁的计算跨度；框架柱的计算高度应为各横梁形心轴线间的距离，当各层梁截面尺寸相同时，除底层柱外，柱的计算高度即为各层层高。对于梁、柱、板均为现浇的情况，梁截面的形心线可近似取至板底。对于底层柱的下端，一般取至基础顶面；当设有整体刚度很大的地下室、且地下室结构的楼层侧向刚度不小于相邻上部结构楼层侧向刚度的 2 倍时，可取至地下室结构的顶板处。

　　对斜梁或折线形横梁，当倾斜度不超过 1/8 时，在计算简图中可取为水平轴线。

　　在实际工程中，框架柱的截面尺寸通常沿房屋高度变化。当上层柱截面尺寸减小但其形心轴仍与下层柱的形心轴重合时，其计算简图与各层柱截面不变时的相同（图 5.2.4）。当上、下层柱截面尺寸不同且形心轴也不重合时，一般采取近似方法，即将顶层柱的形心线作为整个柱子的轴线，如图 5.2.5 所示。但是必须注意，在框架结构的内力和变形分析

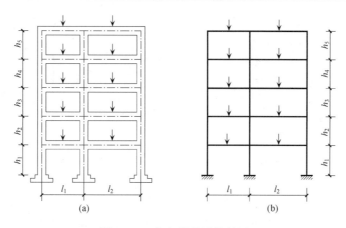

图 5.2.4　框架结构计算简图

中，各层梁的计算跨度及线刚度仍应按实际情况取；另外，尚应考虑上、下层柱轴线不重合，以及由上层柱传来的轴力在变截面处所产生的力矩［图 5.2.5（b）］。此力矩应视为外荷载，与其他竖向荷载一起进行框架内力分析。

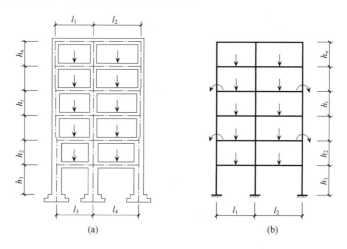

图 5.2.5　变截面柱框架结构计算简图

3. 关于计算简图的补充说明

图 5.2.5 是假定框架的梁、柱节点为刚接（rigid-jointed），这对模拟现浇钢筋混凝土框架的梁柱节点最为合适。对于装配整体式框架，如果梁、柱中的钢筋在节点处为焊接或搭接，并在现场浇筑部分混凝土使节点成为整体，则这种节点也可视为刚接节点。但是，这种节点的刚性（rigidity）不如现浇钢筋混凝土框架好，在竖向荷载作用下，相应的梁端实际负弯矩小于计算值，而跨中实际正弯矩则大于计算值，截面设计时应给予调整。

对于装配式框架，一般是在构件的适当部位预埋钢板，安装就位后再予以焊接。由于钢板在其自身平面外的刚度很小，这种节点可有效地传递竖向力和水平力，传递弯矩的能力有限。通常视具体构造情况，将这种节点模拟为铰接（hinge-jointed）［图 5.2.6（a）］或半铰接（semi-hinge jointed）［图 5.2.6（b）］。

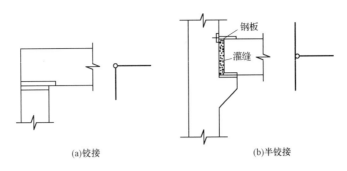

图 5.2.6　装配式框架的铰节点

　　框架柱与基础的连接有刚接和铰接两种。当框架柱与基础现浇为整体［图 5.2.7（a）］且基础具有足够的转动约束作用时，柱与基础的连接应视为刚接，相应的支座为固定支座。对于装配式框架，如果柱插入基础杯口有一定的深度，并用细石混凝土与基础浇捣成整体，则柱与基础的连接可视为刚接［图 5.2.7（b）］；如用沥青麻丝填实，则预制柱与基础的连接可视为铰接［图 5.2.7（c）］。

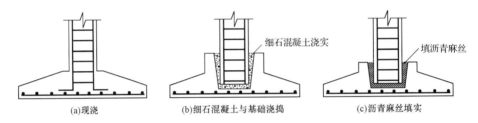

图 5.2.7　框架柱与基础的连接

5.3　竖向荷载作用下框架结构内力的简化计算

　　在竖向荷载作用下，框架结构的内力可用力法、位移法等结构力学方法计算。工程设计中，如采用手算，可采用迭代法、分层法、弯矩二次分配法及系数法等简化方法计算。本节简要介绍分层法和弯矩二次分配法。

5.3.1　分层法

1. 竖向荷载作用下框架结构的受力特点及内力计算假定

　　力法或位移法的精确计算结果表明，在竖向荷载作用下，框架结构的侧移对其内力的影响较小。例如，图 5.3.1 为两层两跨不对称框架结构在竖向荷载作用下框架弯矩，其中 i 表示各杆件的相对线刚度。图中不带括号的杆端弯矩值为精确值（考虑框架侧移影响），带括号的弯矩值是近似值（不考虑框架侧移影响）。可见，在梁线刚度大于柱线刚度的情况下，只要结构和荷载不是非常不对称，则竖向荷载作用下框架结构的侧移较小，对杆端弯矩的影响也较小。

　　另外，由影响线理论及精确计算结果可知，框架各层横梁上的竖向荷载只对本层横梁及与之相连的上、下层柱的弯矩影响较大，对其他各层梁、柱的弯矩影响较小。也可从弯矩分配法的过程来理解，受荷载作用杆件的弯矩值通过弯矩的多次分配与传递，逐渐向左右上下衰减，在梁线刚度大于柱线刚度的情况下，柱中弯矩衰减得更快，因而对其他各层的杆端弯矩影响较小。

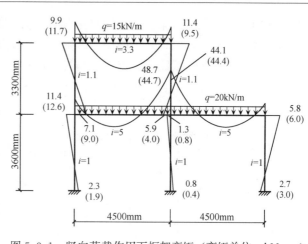

图 5.3.1　竖向荷载作用下框架弯矩（弯矩单位：kN·m）

根据上述分析，计算竖向荷载作用下框架结构内力时，可采用以下两个简化假定。

（1）不考虑框架结构侧移对其内力的影响。

（2）每层梁上的荷载仅对本层梁及其上、下柱的内力产生影响，对其他各层梁、柱内力的影响可忽略不计。

应当指出，上述假定中所指的内力不包括柱轴力，因为某层梁上的荷载对下部各层柱的轴力均有较大影响，不能忽略。

2. 计算要点及步骤

（1）将多层框架沿高度分成若干单层无侧移的敞口框架，每个敞口框架包括本层梁和与之相连的上、下层柱。梁上作用的荷载、各层柱高及梁跨度均与原结构相同，如图 5.3.2 所示。

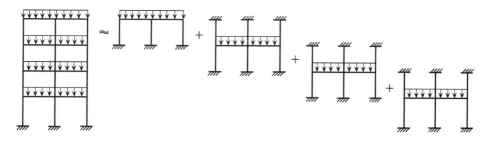

图 5.3.2　竖向荷载作用下分层计算示意图

（2）除底层柱的下端外，其他各柱的柱端应为弹性约束，为便于计算，均将其处理为固定端。这样将使柱的弯曲变形有所减小，为消除这种影响，可将除底层柱以外的其他各层柱的线刚度均乘以修正系数 0.9。

（3）用无侧移框架的计算方法（如弯矩分配法）计算各敞口框架的杆端弯矩，由此所得的梁端弯矩即为其最后的弯矩值；因每一柱属于上、下两层，所以每一柱端的最终弯矩值需将上、下层计算所得的弯矩值相加。在上、下层柱端弯矩值相加后，将引起新的节点不平衡弯矩，如欲进一步修正，可对这些不平衡弯矩再作一次弯矩分配。

如用弯矩分配法计算各敞口框架的杆端弯矩，在计算每个节点周围各杆件的弯矩分配系数时应采用修正后的柱线刚度计算，并且底层柱和各层梁的传递系数均取 1/2，其他各层柱的传递系数改用 1/3。

（4）在杆端弯矩求出后，可用静力平衡条件计算梁端剪力及梁跨中弯矩；逐层叠加柱上的竖向压力（包括节点集中力、柱自重等）和与之相连的梁端剪力，即得柱的轴力。

例 5.3.1　图 5.3.3（a）为两层两跨框架，各层横梁上作用均布线荷载。图中括号内的数值表示杆件的相对线刚度；梁跨度与柱高度均以 mm 为单位。试用分层法计算各杆件的弯矩。

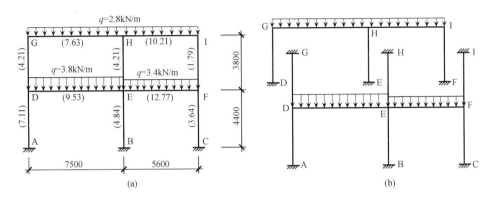

图 5.3.3　两层两跨框架及其分层示意（尺寸单位：mm）

解：首先将原框架分解为两个敞口框架，如图 5.3.3（b）所示，然后用弯矩分配法计算这两个敞口框架的杆端弯矩，计算过程如图 5.3.4（a）和（b）所示，其中梁的固端弯矩按 $M=ql^2/12$ 计算。在计算弯矩分配系数时，DG、EH 和 FI 柱的线刚度已乘系数 0.9，这三根柱的传递系数均取 1/3，其他杆件的传递系数取 1/2。

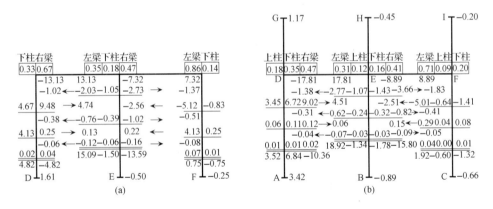

图 5.3.4　弯矩分配（单位：kN·m）

根据图 5.3.4 的弯矩分配结果，可计算各杆端弯矩。例如，对节点 G 而言，由图 5.3.4（a）得梁端弯矩为 -4.82kN·m，柱端弯矩为 4.82kN·m；而由图 5.3.4（b）得柱端弯矩为 1.17kN·m；则最后的梁、柱端弯矩分别为 -4.82kN·m 和 $4.82+1.17=5.99$（kN·m）。显然，节点的不平衡弯矩为 1.17kN·m。现对此不平衡弯矩再作一次分配，则得梁端弯矩 $-4.82+(-1.17)\times 0.67\approx -5.60$（kN·m），柱端弯矩为 $5.99+(-1.17)\times 0.33\approx 5.60$（kN·m）。对其余节点均如此计算，可得用分层法计算所得的杆端弯矩，如图 5.3.5 所示。图中还给出了梁跨中弯矩值，它是根据梁上作用的荷载及梁端弯矩值由静力平衡条件所得。

为了对分层法计算误差有所了解，图 5.3.5 中尚给出了考虑框架侧移时的杆端弯矩

（括号内的数值可视为精确值）。由此可见，用分层法计算所得的梁端弯矩误差较小，柱端弯矩误差较大。

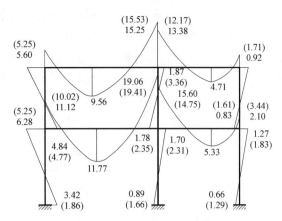

图 5.3.5 框架弯矩图（弯矩单位：kN·m）

5.3.2 弯矩二次分配法

计算竖向荷载作用下多层多跨框架结构的杆端弯矩时，如用无侧移框架的弯矩分配法，由于该法要考虑任一节点的不平衡弯矩对框架结构所有杆件的影响，因而计算相当繁复。根据在 5.3.1 节分层法中的分析可知，多层框架中某节点的不平衡弯矩对与其相邻的节点影响较大，对其他节点的影响较小，因而可假定某一节点的不平衡弯矩只对与该节点相交的各杆件的远端有影响，这样可将弯矩分配法的循环次数简化到弯矩二次分配和其间的一次传递，此即弯矩二次分配法。下面说明这种方法的具体计算步骤。

（1）根据各杆件的线刚度计算各节点的杆端弯矩分配系数，并计算竖向荷载作用下各跨梁的固端弯矩。

（2）计算框架各节点的不平衡弯矩，并对所有节点反号后的不平衡弯矩均进行第一次分配（其间不进行弯矩传递）。

（3）将所有杆端的分配弯矩同时向其远端传递（对于刚接框架，传递系数均取 1/2）。

（4）将各节点因传递弯矩而产生的新的不平衡弯矩反号后进行第二次分配，使各节点处于平衡状态。至此，整个弯矩分配和传递过程即告结束。

（5）将各杆端的固端弯矩（fixed-end moment）、分配弯矩和传递弯矩叠加，即得各杆端弯矩。

例 5.3.2 某三跨四层框架，各层横梁上作用均布线荷载，框架计算简图如图 5.3.6 所示。图中括号内的数值表示各杆件的相对线刚度；梁跨度值与柱高度值均以 mm 为单位。试用弯矩二次分配法计算各杆件的弯矩。

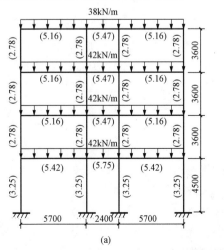

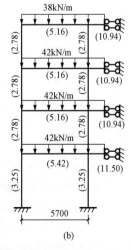

图 5.3.6 框架计算简图

解：计算梁、柱转动刚度和弯矩分配系数。该框架为对称结构、承受对称竖向荷载，故可取对称轴一侧的半边框架计算，如图 5.3.6（b）所示。在中间跨梁的对称轴截面处只有竖向位移，没有转角，则对称截面处为竖向滑动支座。

利用对称性计算时，中间跨梁跨长为原梁跨长的 1/2，则其线刚度应取原梁线刚度的 2 倍。根据框架梁、柱的相对线刚度计算各杆端部的相对转动刚度，进而可求得各杆端的弯矩分配系数。下面以第 1 层两个框架节点的杆端弯矩分配系数为例说明计算过程，其中 $\sum S_A$、$\sum S_B$ 分别表示边节点和中节点各杆端的转动刚度之和。

对第一层边节点 A

$$\sum S_A = 4 \times (3.25 + 2.78 + 5.42) = 45.80$$

$$\mu_A^{下柱} = \frac{4 \times 3.25}{45.80} \approx 0.284 \qquad \mu_A^{上柱} = \frac{4 \times 2.78}{45.80} \approx 0.243 \qquad \mu_A^{右梁} = \frac{4 \times 5.42}{45.80} \approx 0.473$$

对第一层中节点 B

$$\sum S_B = 4 \times (3.25 + 2.78 + 5.42) + 11.50 = 57.30$$

$$\mu_B^{下柱} = \frac{4 \times 3.25}{57.30} \approx 0.227 \qquad \mu_B^{上柱} = \frac{4 \times 2.78}{57.30} \approx 0.194$$

$$\mu_B^{左梁} = \frac{4 \times 5.42}{57.30} \approx 0.378 \qquad \mu_B^{右梁} = \frac{11.50}{57.30} \approx 0.201$$

其余框架节点的各杆端弯矩分配系数计算结果如图 5.3.7 所示。

计算各梁端固端弯矩，其中 q_1、q_2 分别表示顶层和其他层的均布线荷载值；l_1、l_2 分别表示边跨梁和中跨梁的跨度值。

对顶层

$$M^F = \frac{1}{12} q_1 l_1^2 = \frac{1}{12} \times 38 \times 5.7^2 \approx 102.89 (\text{kN} \cdot \text{m})(\text{边跨梁})$$

$$M^F = \frac{1}{3} q_1 l_2^2 = \frac{1}{3} \times 38 \times \left(\frac{2.4}{2}\right)^2 \approx 18.24 (\text{kN} \cdot \text{m})(\text{中跨梁})$$

其他层

$$M^F = \frac{1}{12} q_2 l_1^2 = \frac{1}{12} \times 42 \times 5.7^2 \approx 113.72 (\text{kN} \cdot \text{m})(\text{边跨梁})$$

$$M^F = \frac{1}{3} q_2 l_2^2 = \frac{1}{3} \times 42 \times \left(\frac{2.4}{2}\right)^2 \approx 20.16 (\text{kN} \cdot \text{m})(\text{中跨梁})$$

弯矩分配与传递：将各节点的不平衡弯矩按各杆端的弯矩分配系数进行第一次分配，然后将各杆端的分配弯矩分别向该杆的远端传递（杆远端为竖向滑动支座时，传递系数取 -1，其他传递系数均取 $1/2$）；第一次分配和传递后，将各节点因传递弯矩而引起的新的不平衡弯矩反向后再进行第二次分配，使各节点处于平衡状态。框架弯矩分配与传递的过程如图 5.3.7 所示。

绘制弯矩图。将杆端弯矩按比例绘在杆件受拉一侧。对无荷载直接作用的框架柱，将杆端弯矩连以直线；对有荷载直接作用的框架梁，以杆端弯矩的连线为基线，叠加相应简支梁的弯矩图。如顶层边跨横梁的跨中弯矩为

$$M_{中} = \frac{1}{8} q_1 l_1^2 - \frac{1}{2}(M_{梁左} + M_{梁右}) = \frac{1}{8} \times 38 \times 5.7^2 - \frac{1}{2} \times (52.74 + 83.97)$$

$$\approx 85.99 (\text{kN} \cdot \text{m})$$

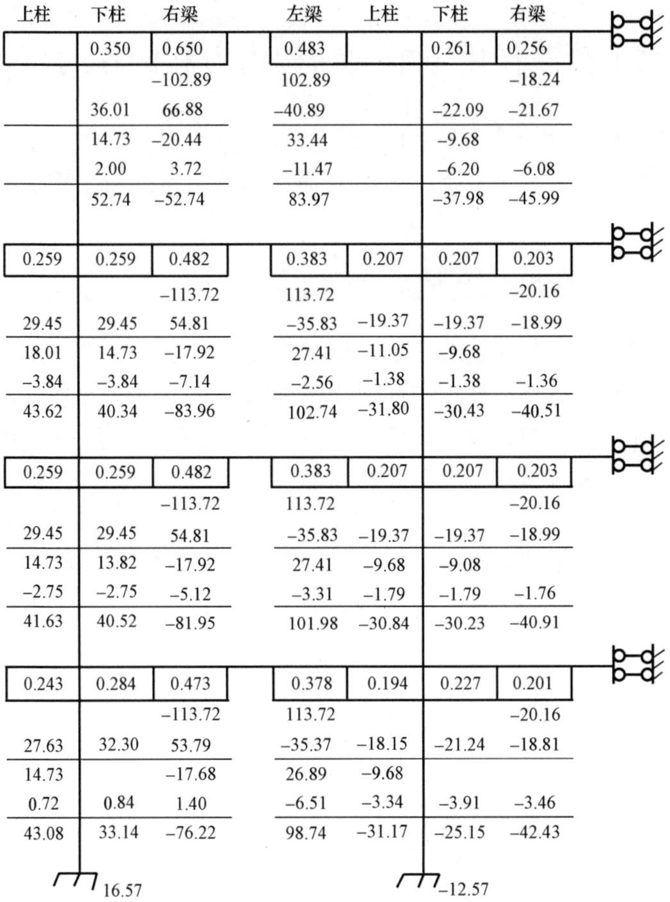

上柱 下柱 右梁 左梁 上柱 下柱 右梁
0.350 0.650 0.483 0.261 0.256
−102.89 102.89 −18.24
36.01 66.88 −40.89 −22.09 −21.67
14.73 −20.44 33.44 −9.68
2.00 3.72 −11.47 −6.20 −6.08
52.74 −52.74 83.97 −37.98 −45.99
0.259 0.259 0.482 0.383 0.207 0.207 0.203
−113.72 113.72 −20.16
29.45 29.45 54.81 −35.83 −19.37 −19.37 −18.99
18.01 14.73 −17.92 27.41 −11.05 −9.68
−3.84 −3.84 −7.14 −2.56 −1.38 −1.38 −1.36
43.62 40.34 −83.96 102.74 −31.80 −30.43 −40.51
0.259 0.259 0.482 0.383 0.207 0.207 0.203
−113.72 113.72 −20.16
29.45 29.45 54.81 −35.83 −19.37 −19.37 −18.99
14.73 13.82 −17.92 27.41 −9.68 −9.08
−2.75 −2.75 −5.12 −3.31 −1.79 −1.79 −1.76
41.63 40.52 −81.95 101.98 −30.84 −30.23 −40.91
0.243 0.284 0.473 0.378 0.194 0.227 0.201
−113.72 113.72 −20.16
27.63 32.30 53.79 −35.37 −18.15 −21.24 −18.81
14.73 −17.68 26.89 −9.68
0.72 0.84 1.40 −6.51 −3.34 −3.91 −3.46
43.08 33.14 −76.22 98.74 −31.17 −25.15 −42.43
16.57 −12.57

图 5.3.7　框架弯矩分配与传递的过程

框架的弯矩图如图 5.3.8 所示。

83.97 45.99 83.97
52.74 52.74
18.63
52.74 52.74
37.98
85.97 85.97
83.96 102.74 40.51 102.74 83.96
10.27
43.62 31.80 31.80 43.62
40.34 40.34
30.43
77.22 77.22
81.95 101.98 40.91 101.98 81.95
10.67
41.43 30.84 30.84 41.43
40.52 40.52
30.23
78.61 78.61
76.22 98.74 42.43 98.74 76.22
12.19
43.08 31.17 31.17 43.08
33.14 33.14
25.15
83.09 83.09
16.57 12.57 12.57 16.57

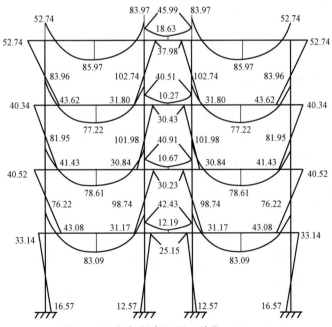

图 5.3.8　框架的弯矩图（单位：kN · m）

5.4　水平荷载作用下框架结构内力和侧移的简化计算

水平荷载作用下框架结构的内力和侧移可用结构力学方法计算，常用的简化方法有反弯点法、D值法和门架法等。本节主要介绍 D 值法的基本原理和计算要点，对反弯点法仅做简要介绍。

5.4.1　水平荷载作用下框架结构的受力及变形特点

框架结构在水平荷载（如风荷载、水平地震作用等）作用下，一般都可归结为受节点水平力的作用，这时梁柱杆件的变形图和弯矩图如图 5.4.1 所示。由图 5.4.1 可见，框架的每个节点除产生相对水平位移 δ_i（$i=1$，2，3）外，还产生转角 θ_i，由于越靠近底层框架所受层间剪力越大，故各节点的相对水平位移 δ_i 和转角 θ_i 都具有越靠近底层越大的特点。柱上、下两段弯曲方向相反，柱中一般都有一个反弯点。梁和柱的弯矩图都是直线，梁中也有一个反弯点。如果能够求出各柱的剪力及其反弯点位置，则梁、柱内力均可方便地求得。因此，水平荷载作用下框架结构内力近似计算的关键：一是确定层间剪力（V_{ij}，i，$j=1$，2，3）在各柱间的分配；二是确定各柱的反弯点位置。

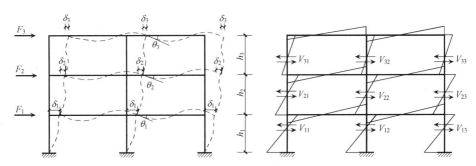

图 5.4.1　水平荷载作用下框架结构的变形图及弯矩图

5.4.2　D 值法

1. 层间剪力在各柱间的分配

从图 5.4.1 所示框架的第 2 层柱反弯点处截取脱离体（图 5.4.2），由水平方向力的平衡条件可得该框架第 2 层的层间剪力 $V_2 = F_2 + F_3$。一般地，框架结构第 i 层的层间剪力 V_i 可表示为

$$V_i = \sum_{k=i}^{m} F_k \qquad (5.4.1a)$$

式中：F_k 表示作用于第 k 层楼面处的水平荷载；m 为框架结构的总层数。

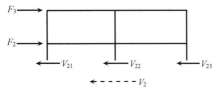

图 5.4.2　框架第 2 层脱离体图

令 V_{ij} 表示第 i 层第 j 柱分配到的剪力，如该层共有 s 根柱，则由平衡条件可得

$$\sum_{j=1}^{s} V_{ij} = V_i \qquad (5.4.1b)$$

框架横梁的轴向变形一般很小，可忽略不计，则同层各柱的相对侧移 δ_{ij} 相等（变形协调条件），即

$$\delta_{i1} = \delta_{i2} = \cdots = \delta_{ij} = \cdots = \delta_i \tag{5.4.1c}$$

用 D_{ij} 表示框架结构第 i 层第 j 柱的侧向刚度，它是框架柱两端产生单位相对侧移所需的水平剪力，称为框架柱的侧向刚度，亦称为框架柱的抗剪刚度。因而由物理条件得

$$V_{ij} = D_{ij}\delta_{ij} \tag{5.4.1d}$$

将式（5.4.1d）代入式（5.4.1b），并考虑式（5.4.1c）的变形条件，可得

$$\delta_{ij} = \delta_i = \frac{1}{\sum\limits_{j=1}^{s} D_{ij}} V_i \tag{5.4.1e}$$

将式（5.4.1e）代入式（5.4.1d），得

$$V_{ij} = \frac{D_{ij}}{\sum\limits_{j=1}^{s} D_{ij}} V_i \tag{5.4.2}$$

式（5.4.2）即为层间剪力 V_i 在该层各柱间的分配公式，它适用于整个框架结构同层各柱之间的剪力分配。可见，每根柱分配到的剪力与其侧向刚度成比例。

2. 框架柱的侧向刚度——D 值

1）一般规则框架中的柱

规则框架是指各层层高、各跨跨度和各层柱线刚度分别相等的框架，如图 5.4.3（a）所示。现从框架中取柱 AB 及与其相连的梁柱为脱离体 [图 5.4.3（b）]，框架侧移后，柱 AB 达到新的位置。柱 AB 的相对侧移为 δ，弦转角为 $\varphi = \delta/h$，上、下端均产生转角 θ。

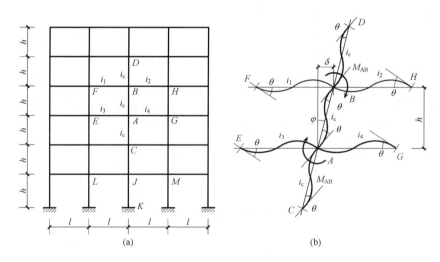

(a)   (b)

图 5.4.3　框架柱侧向刚度计算图式

对图 5.4.3（b）所示的框架单元，有 8 个节点转角 θ 和 3 个弦转角 φ 共 11 个未知数，而只有节点 A、B 两个力矩平衡条件。为此，做如下假定：

（1）柱 AB 两端及与之相邻各杆远端的转角 θ 均相等。

（2）柱 AB 及与之相邻的上、下层柱的弦转角 φ 均相等。

（3）柱 AB 及与之相邻的上、下层柱的线刚度 i_c 均相等。

由前两个假定，整个框架单元［图 5.4.3（b）］只有 θ 和 φ 两个未知数，用两个节点力矩平衡条件可以求解。

由转角位移方程及上述假定可得

$$M_{AB} = M_{BA} = M_{AC} = M_{BD} = 4i_c\theta + 2i_c\theta - 6i_c\varphi = 6i_c(\theta - \varphi)$$

$$M_{AE} = 6i_3\theta, M_{AG} = 6i_4\theta, M_{BF} = 6i_1\theta, M_{BH} = 6i_2\theta$$

由节点 A 和节点 B 的力矩平衡条件分别得

$$6(i_3 + i_4 + 2i_c)\theta - 12i_c\varphi = 0$$

$$6(i_1 + i_2 + 2i_c)\theta - 12i_c\varphi = 0$$

将以上两式相加，经整理后得

$$\frac{\theta}{\varphi} = \frac{2}{2 + \overline{K}} \tag{5.4.3}$$

式中：$\overline{K} = \sum i/2i_c = [(i_1 + i_3)/2 + (i_2 + i_4)/2]/i_c$，表示节点两侧梁平均线刚度与柱线刚度的比值，简称梁柱线刚度比。

柱 AB 所受到的剪力为

$$V_{AB} = -\frac{M_{AB} + M_{BA}}{h} = \frac{12i_c}{h}\left(1 - \frac{\theta}{\varphi}\right)\varphi$$

将式（5.4.3）代入上式得

$$V_{AB} = \frac{\overline{K}}{2 + \overline{K}} \cdot \frac{12i_c}{h}\varphi = \frac{\overline{K}}{2 + \overline{K}} \cdot \frac{12i_c}{h^2} \cdot \delta$$

由此可得柱 AB 的侧向刚度 D 为

$$D = \frac{V_{AB}}{\delta} = \frac{\overline{K}}{2 + \overline{K}} \cdot \frac{12i_c}{h^2} = \alpha_c \frac{12i_c}{h^2} \tag{5.4.4}$$

$$\alpha_c = \frac{\overline{K}}{2 + \overline{K}} \tag{5.4.5}$$

式中：α_c 称为柱的侧向刚度修正系数，它反映节点转动降低了柱的侧向刚度，而节点转动则取决于梁对节点转动的约束程度。由式（5.4.5）可见，$\overline{K} \to \infty$，$\alpha_c \to 1$，这表明梁线刚度越大，对节点的约束能力越强，节点转动越小，柱的侧向刚度越大。

采用相同的分析方法，可推导得到规则框架中各类柱（底层柱，包括下端固接和铰接）的侧向刚度 D 值，均可按式（5.4.4）进行计算，其中系数 α_c 及梁柱线刚度比 $\overline{K}$ 按表 5.4.1 所列公式计算。

表 5.4.1 柱侧向刚度修正系数 α_c

位置	边柱		中柱		α_c
	简图	$\overline{K}$	简图	$\overline{K}$	
一般层	i_c $\begin{smallmatrix}i_2\\i_4\end{smallmatrix}$	$\overline{K} = \dfrac{i_2 + i_4}{2i_c}$	$\begin{smallmatrix}i_1 & i_2\\ & i_c\\i_3 & i_4\end{smallmatrix}$	$\overline{K} = \dfrac{i_1 + i_2 + i_3 + i_4}{2i_c}$	$\alpha_c = \dfrac{\overline{K}}{2 + \overline{K}}$

续表

位置		边柱		中柱		α_c
		简图	$\overline{K}$	简图	$\overline{K}$	
底层	固接	i_c i_2	$\overline{K}=\dfrac{i_2}{i_c}$	i_1 i_2 i_c	$\overline{K}=\dfrac{i_1+i_2}{i_c}$	$\alpha_c=\dfrac{0.5+\overline{K}}{2+\overline{K}}$
	铰接	i_c i_2	$\overline{K}=\dfrac{i_2}{i_c}$	i_1 i_2 i_c	$\overline{K}=\dfrac{i_1+i_2}{i_c}$	$\alpha_c=\dfrac{0.5\overline{K}}{1+2\overline{K}}$

2）柱高不等及有夹层的柱

当底层中有个别柱的高度 h_a、h_b 与一般柱的高度不相等时（图 5.4.4），其层间水平位移 δ 对各柱仍是相等的，因此仍可用式（5.4.4）计算这些不等高柱的侧向刚度。对图 5.4.4 所示的情况，两柱的侧向刚度分别为

$$D_a = \alpha_{ca}\frac{12i_{ca}}{h_a^2},\ D_b = \alpha_{cb}\frac{12i_{cb}}{h_b^2}$$

式中：α_{ca}、α_{cb} 分别为 A、B 柱的侧向刚度修正系数；其余符号意义如图 5.4.4 所示。

当同层中有夹层时（图 5.4.5），对于特殊柱 B，其层间水平位移为

$$\delta = \delta_1 + \delta_2$$

设 B 柱所承受的剪力为 V_B，用 D_1、D_2 表示下段柱和上段柱的 D 值，则上式可表示为

$$\delta = \frac{V_B}{D_1} + \frac{V_B}{D_2} = V_B\left(\frac{1}{D_1}+\frac{1}{D_2}\right)$$

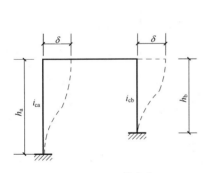
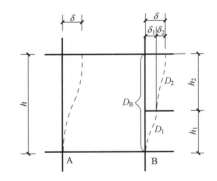

图 5.4.4　不等高柱　　　　　图 5.4.5　夹层柱

故 B 柱的侧向刚度为

$$D_B = \frac{V_B}{\delta} = \frac{1}{\dfrac{1}{D_1}+\dfrac{1}{D_2}} \tag{5.4.6}$$

由图 5.4.5 可见，如把 B 柱视为下段柱（高度为 h_1）和上段柱（高度为 h_2）的串联，则式（5.4.6）可理解为串联柱的总侧向刚度，其中 D_1、D_2 可按式（5.4.4）计算。

3. 柱的反弯点高度 yh

柱的反弯点（points of contraflexure）高度 yh 是指柱中弯矩为零的点至柱下端的距

离，如图 5.4.6 所示，其中 y 称为反弯点高度比。

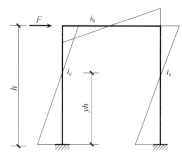

图 5.4.6　反弯点高度示意

框架柱的反弯点位置主要与柱两端的约束刚度有关。影响柱端约束刚度的主要因素，除了梁柱线刚度比外，还有结构总层数及该柱所在的楼层位置、上层与下层梁线刚度比、上下层层高变化以及作用于框架上的荷载形式等。因此，框架各柱的反弯点高度比 y 可用下式表示，即

$$y = y_n + y_1 + y_2 + y_3 \qquad (5.4.7)$$

式中：y_n 表示标准反弯点高度比；y_1 表示上、下层横梁线刚度变化时反弯点高度比的修正值；y_2、y_3 表示上、下层层高变化时反弯点高度比的修正值。

1) 标准反弯点高度比 y_n

y_n 是指规则框架 [图 5.4.7（a）] 的反弯点高度比。在水平荷载作用下，如假定框架横梁的反弯点在跨中，且该点无竖向位移，则图 5.4.7（a）所示的框架可简化为图 5.4.7（b），进而可叠合成图 5.4.7（c）所示的合成框架。合成框架中，柱的线刚度等于原框架同层各柱线刚度之和；由于半梁的线刚度等于原梁线刚度的 2 倍，所以梁的线刚度等于同层梁根数乘以 $4i_b$，其中 i_b 为原梁线刚度。

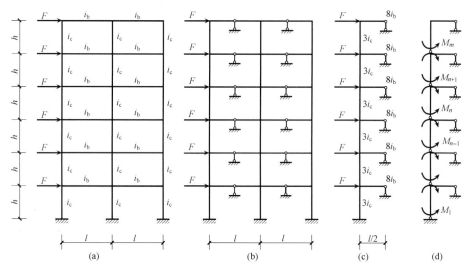

图 5.4.7　标准反弯点位置简化求解

用力法解图 5.4.7（c）所示的合成框架内力时，以各柱下端截面的弯矩 M_n 作为基本未知量，取基本体系如图 5.4.7（d）所示。因各层剪力 V_n 可用平衡条件求出，故求出 M_n 后可按下式确定各层柱的反弯点高度比 y_n 为

$$y_n = \frac{M_n}{V_n h} \qquad (5.4.8)$$

按上述方法可确定各种荷载作用下规则框架的标准反弯点高度比。为了便于应用，将均布水平荷载、倒三角形分布水平荷载和顶点集中水平荷载作用下的标准反弯点高度比 y_n 分别制成数字表格，见附录 2～附录 4，计算时可直接查用。应当注意，按附录 2～附录 4

查取 y_n 时，梁柱线刚度比 $\overline{K}$ 应按表 5.4.1 所列公式计算。

2）上、下横梁线刚度变化时反弯点高度比的修正值 y_1

若与某层柱相连的上、下横梁线刚度不同，则其反弯点位置不同于标准反弯点位置 $y_n h$，其修正值为 $y_1 h$，如图 5.4.8 所示。y_1 的分析方法与 y_n 相仿，计算 y_1 时可由附录 5 查取。

由附录 5 查 y_1 时，梁柱线刚度比 $\overline{K}$ 仍按表 5.4.1 所列公式确定。当 $i_1 + i_2 < i_3 + i_4$ 时，取 $\alpha_1 = (i_1 + i_2)/(i_3 + i_4)$，则由 α_1 和 $\overline{K}$ 从附录 5 查出 y_1，这时反弯点应向上移动，y_1 取正值〔图 5.4.8（a）〕；当 $i_3 + i_4 < i_1 + i_2$ 时，取 $\alpha_1 = (i_3 + i_4)/(i_1 + i_2)$，由 α_1 和 $\overline{K}$ 从附录 5 查出 y_1，这时反弯点应向下移动，故 y_1 取负值〔图 5.4.8（b）〕。

对底层框架柱，不考虑修正值 y_1。

3）上、下层层高变化时反弯点高度比的修正值 y_2 和 y_3

当与某柱相邻的上层或下层层高改变时，柱上端或下端的约束刚度发生变化，引起反弯点移动，其修正值为 $y_2 h$ 或 $y_3 h$（图 5.4.9）。y_2、y_3 的分析方法也与 y_n 相仿，计算时可由附录 6 查取。

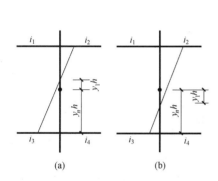

图 5.4.8　梁刚度变化对反弯点的修正　　　图 5.4.9　层高变化对反弯点的修正

如与某柱相邻的上层层高较大〔图 5.4.9（a）〕时，其上端的约束刚度相对较小，所以反弯点向上移动，移动值为 $y_2 h$。令 $\alpha_2 = h_u / h > 1.0$，则按 α_2 和 $\overline{K}$ 可由附录 6 查出 y_2 为正值；当 $\alpha_2 < 1.0$ 时，y_2 为负值，反弯点向下移动。

当与某柱相邻的下层层高变化〔图 5.4.9（b）〕时，令 $\alpha_3 = h_l / h$，若 $\alpha_3 > 1.0$ 时，则 y_3 为负值，反弯点向下移动；若 $\alpha_3 < 1.0$，则 y_3 为正值，反弯点向上移动。

对顶层柱不考虑修正值 y_2，对底层柱不考虑修正值 y_3。

4. 计算要点

（1）按式（5.4.1）计算框架结构各层层间剪力 V_i。

（2）按式（5.4.4）计算各柱的侧向刚度 D_{ij}，然后按式（5.4.2）求出第 i 层第 j 柱的剪力 V_{ij}。

（3）按式（5.4.7）及相应的表格（附录 2 至附录 6）确定各柱的反弯点高度比 y，并计算第 i 层第 j 柱的下端弯矩 M_{ij}^{b} 和上端弯矩 M_{ij}^{u} 为

$$\left.\begin{array}{l} M_{ij}^{b} = V_{ij} \cdot yh \\ M_{ij}^{u} = V_{ij} \cdot (1-y)h \end{array}\right\} \tag{5.4.9}$$

（4）根据节点的弯矩平衡条件（图 5.4.10），将节点上、下柱端弯矩之和按左、右梁的线刚度（当各梁远端不都是刚接时，应取用梁的转动刚度）分配给梁端，即

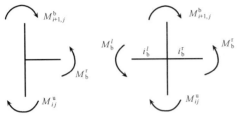

$$M_{\mathrm{b}}^{l} = (M_{i+1,j}^{\mathrm{b}} + M_{ij}^{\mathrm{u}})\frac{i_{\mathrm{b}}^{l}}{i_{\mathrm{b}}^{l} + i_{\mathrm{b}}^{\mathrm{r}}} \Bigg\}$$

$$M_{\mathrm{b}}^{\mathrm{r}} = (M_{i+1,j}^{\mathrm{b}} + M_{ij}^{\mathrm{u}})\frac{i_{\mathrm{b}}^{\mathrm{r}}}{i_{\mathrm{b}}^{l} + i_{\mathrm{b}}^{\mathrm{r}}} \Bigg\}$$

$$(5.4.10)$$

图 5.4.10　节点弯矩平衡

式中：i_{b}^{l}、$i_{\mathrm{b}}^{\mathrm{r}}$ 分别表示节点左、右梁的线刚度。

（5）根据梁端弯矩计算梁端剪力，再由梁端剪力计算柱轴力，这些均可由静力平衡条件计算。

例 5.4.1　图 5.4.11（a）所示为两层两跨框架，图中括号内的数字表示杆件的相对线刚度值（$i/10^8$）。试用 D 值法计算该框架结构的内力。

解：（1）按式（5.4.1）计算层间剪力

$$V_2 = 100\mathrm{kN}, \quad V_1 = 100 + 80 = 180(\mathrm{kN})$$

（2）按式（5.4.4）计算各柱的侧向刚度，其中系数 α_{c} 和梁柱线刚度比 $\overline{K}$ 按表 5.4.1 所列的相应公式计算。计算过程及结果见表 5.4.2。

（3）根据表 5.4.2 所列的 D_{ij} 及 $\sum D_{ij}$，按式（5.4.2）计算各柱的剪力 V_{ij}。计算过程及结果见表 5.4.3。

表 5.4.2　柱侧向刚度计算表

层次	柱别	$\overline{K}$	α_{c}	D_{ij} /（N/mm）	$\sum D_{ij}$ /（N/mm）
2	A	1.271	0.389	212.509	767.546
	B	2.797	0.583	318.491	
	C	1.525	0.433	236.546	
1	A	1.596	0.583	162.376	536.983
	B	3.511	0.728	202.761	
	C	1.915	0.617	171.846	

（4）按式（5.4.7）确定各柱的反弯点高度比，然后按式（5.4.9）计算各柱上、下端的弯矩值。计算过程及结果见表 5.4.3。

表 5.4.3　柱端剪力及弯矩计算表

层次	柱别	$V_{ij} = \dfrac{D_{ij}}{\sum D_{ij}} V_i$	y	$M_{ij}^{\mathrm{b}} = V_{ij} \cdot yh$	$M_{ij}^{\mathrm{u}} = V_{ij}(1-y)h$
2	A	27.69	0.41	40.87	58.81
	B	41.50	0.45	67.23	82.17
	C	30.82	0.43	47.71	63.24
1	A	54.43	0.57	139.61	105.32
	B	67.97	0.55	168.22	137.64
	C	57.60	0.55	142.56	116.64

注：表中剪力的单位为 kN；弯矩的单位为 kN·m。

根据图 5.4.11（a）所示的水平力分布，确定 y_n 时可近似地按均布荷载考虑；本例中 $y_1=0$；对第 1 层柱，因 $\alpha_2=3.6/4.5=0.8$，所以 y_2 为负值，但由 α_2 及表 5.4.2 中的相应 $\overline{K}$ 值，查附录 6 得 $y_2=0$；对第 2 层柱，因 $\alpha_3=4.5/3.6=1.25>1.0$，所以 y_3 为负值，但由 α_3 及表 5.4.2 中的相应 $\overline{K}$ 值，查附录 6 得 $y_3=0$。由此可知，附录中根据数值及其影响，已作了一定简化。

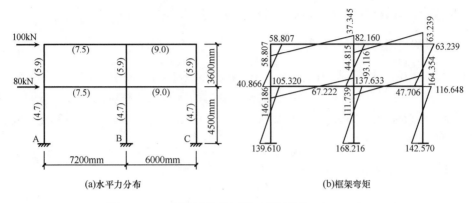

图 5.4.11　框架及其弯矩图（弯矩单位：kN·m）

（5）按式（5.4.10）计算梁端弯矩，再由梁端弯矩计算梁端剪力，最后由梁端剪力计算柱轴力。计算过程及结果见表 5.4.4。

框架弯矩图如图 5.4.11（b）所示。

表 5.4.4　梁端弯矩、剪力及柱轴力计算

层次	梁别	M_b^l/（kN·m）	M_b^r/（kN·m）	V_b/kN	N_A/kN	N_B/kN	N_C/kN
2	AB	58.81	37.35	−13.36	−13.36	−4.65	18.01
	BC	44.82	63.24	−18.01			
1	AB	146.19	93.12	−33.24	−46.60	−17.43	64.03
	BC	111.75	164.35	−46.02			

注：① 表中梁端弯矩、剪力均以绕梁端截面顺时针方向旋转为正；柱轴力为以受压为正。

② 本表中的 M_b^l 及 M_b^r 系分别表示同一梁的左端弯矩及右端弯矩。

5.4.3　反弯点法

由上述分析可见，D 值法考虑了柱两端节点转动对其侧向刚度和反弯点位置的影响，因此此法是一种合理且计算精度较高的近似计算方法，适用于一般框架结构在水平荷载作用下的内力和侧移计算。

当梁的线刚度比柱的线刚度大很多时（如 $i_b/i_c>3$），梁柱节点的转角很小。如果忽略此转角的影响，则水平荷载作用下框架结构内力的计算方法尚可进一步简化，这种忽略梁柱节点转角影响的计算方法称为反弯点法。

在确定柱的侧向刚度时，反弯点法假定各柱上、下端都不产生转动，即认为梁柱线刚度比 $\overline{K}$ 为无限大。将 $\overline{K}$ 趋近于无限大代入 D 值法的 α_c 公式（一般层和底层固接），可得 $\alpha_c=1$。因此，由式（5.4.4）可得反弯点法的柱侧向刚度，并用 D_0 表示为

$$D_0 = \frac{12i_c}{h^2} \qquad (5.4.11)$$

同样，因柱的上、下端都不转动，故除底层柱外，其他各层柱的反弯点均在柱中点（$h/2$）；底层柱由于实际是下端固定，柱上端的约束刚度相对较小，因此反弯点向上移动，一般取离柱下端 2/3 柱高处为反弯点位置，即取 $yh = \frac{2}{3}h$。

用反弯点法计算框架结构内力的要点与 D 值法相同。

5.4.4　框架结构侧移的近似计算

水平荷载作用下框架结构的侧移（lateral displacement）如图 2.1.3 所示，它可以看作由梁、柱弯曲变形（flexural deformation）引起的侧移和由柱轴向变形（axial deformation）引起的侧移的叠加。前者是由水平荷载产生的层间剪力引起的，后者主要是由水平荷载产生的倾覆力矩引起的。

1. 梁、柱弯曲变形引起的侧移

层间剪力使框架层间的梁、柱产生弯曲变形并引起侧移，其侧移曲线与等截面剪切悬臂柱的剪切变形曲线相似，曲线凹向结构的竖轴，层间相对侧移（storey drift）是下大上小，属剪切型，故这种变形称为框架结构的总体剪切变形（图 5.4.12）。由于剪切型变形主要表现为层间构件的错动，楼盖仅产生平移，所以可用下述近似方法计算其侧移。

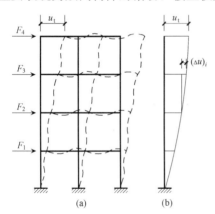

图 5.4.12　框架结构的剪切型变形

设 V_i 为第 i 层的层间剪力，$\sum\limits_{j=1}^{s} D_{ij}$ 为该层的总侧向刚度，则框架第 i 层的层间相对侧移 $(\Delta u)_i$ 为

$$(\Delta u)_i = V_i / \sum_{j=1}^{s} D_{ij} \qquad (5.4.12)$$

式中：s 表示第 i 层的柱总数。第 i 层楼面标高处的侧移（floor displacement）u_i 为

$$u_i = \sum_{k=1}^{i} (\Delta u)_k \qquad (5.4.13)$$

框架结构的顶点侧移（top displacement）u_t 为

$$u_t = \sum_{k=1}^{m} (\Delta u)_k \qquad (5.4.14)$$

式中：m 表示框架结构的总层数。

2. 柱轴向变形引起的侧移

倾覆力矩（capsizing moment）使框架结构一侧的柱产生轴向拉力并伸长，另一侧的柱产生轴向压力并缩短，从而引起侧移［图 5.4.13（a）］。这种侧移曲线凸向结构竖轴，其层间相对侧移下小上大，与等截面悬臂柱的弯曲变形曲线相似，属弯曲型，故称为框架结构的总体弯曲变形［图 5.4.13（b）］。

柱轴向变形引起的框架侧移，可借助计算机用矩阵位移法求得精确值，也可用近似方法得到近似值。近似算法较多，下面仅介绍连续积分法。

用连续积分法计算柱轴向变形引起的侧移时，假定水平荷载只在边柱中产生轴力及轴

向变形。在任意分布的水平荷载作用下
[图 5.4.13（a）]，边柱的轴力可近似计
算为

$$N = \pm M(z)/B = \pm \frac{1}{B} \int_z^H q(\tau)(\tau - z) \mathrm{d}\tau$$

式中：$M(z)$ 表示水平荷载在 z 高度处产
生的倾覆力矩；B 表示外柱轴线间的距离；
H 表示结构总高度。

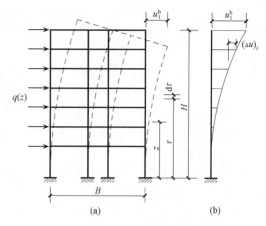

图 5.4.13　框架结构的弯曲型变形

假定柱轴向刚度由结构底部的 $(EA)_b$
线性的变化到顶部的 $(EA)_t$，并采用
图 5.4.13（a）所示坐标系，则由几何关系
可得 z 高度处的轴向刚度 EA 为

$$EA = (EA)_b \left(1 - \frac{b}{H}z\right) \tag{5.4.15}$$

$$b = 1 - (EA)_t / (EA)_b \tag{5.4.16}$$

用单位荷载法可求得结构顶点侧移为

$$u_t^b = 2 \int_0^H \frac{\overline{N}N}{EA} \mathrm{d}z \tag{5.4.17}$$

式中：系数 2 表示两个边柱，其轴力值相等，方向相反；$\overline{N}$ 表示在框架结构顶点作用单位
水平力时 z 高度处产生的柱轴力。

对于不同形式的水平荷载，经进一步积分运算后，可将顶点位移 u_t^b 写成统一公式

$$u_t^b = \frac{V_0 H^3}{B^2 (EA)_b} F(b) \tag{5.4.18}$$

式中：V_0 为结构底部总剪力；$F(b)$ 表示与 b 有关的函数，按下列公式计算。

（1）均布水平荷载作用下，$q(\tau) = q$，$V_0 = qH$，则

$$F(b) = \frac{6b - 15b^2 + 11b^3 + 6(1-b)^3 \cdot \ln(1-b)}{6b^4}$$

（2）倒三角形水平分布荷载作用下，$q(\tau) = q \cdot \tau / H$，$V_0 = qH/2$，则

$$F(b) = \frac{2}{3b^5} \left[(1 - b - 3b^2 + 5b^3 - 2b^4) \cdot \ln(1-b) + b - \frac{b^2}{2} - \frac{19}{6}b^3 + \frac{41}{12}b^4\right]$$

（3）顶点水平集中荷载作用下，$V_0 = F$，则

$$F(b) = \frac{-2b + 3b^2 - 2(1-b)^2 \cdot \ln(1-b)}{b^3}$$

由式（5.4.18）可见，房屋高度 H 越大，房屋宽度 B 越小，则柱轴向变形引起的侧
移越大。因此，当房屋高度较大或高宽比（H/B）较大时，宜考虑柱轴向变形对框架结构
侧移的影响。

5.4.5　框架结构的水平位移控制

框架结构的侧向刚度过小，水平位移过大，将影响正常使用；侧向刚度过大，水平位
移过小，虽满足使用要求，但不满足经济性要求。因此，框架结构的侧向刚度宜合适，一
般以使结构满足层间位移限值为宜。

我国《高层规程》规定，按弹性方法计算的风荷载或多遇地震标准值作用下的楼层层间最大水平位移与层高之比 $\Delta u/h$ 宜小于其限值 $[\Delta u/h]$，即

$$\Delta u/h \leqslant [\Delta u/h] \tag{5.4.19}$$

式中：$[\Delta u/h]$ 表示层间位移角限值，对框架结构取 $1/550$；h 为层高。

由于变形验算属正常使用极限状态的验算，所以计算 Δu 时，各作用的分项系数均应采用 1.0，混凝土结构构件的截面刚度可采用弹性刚度。另外，楼层层间最大位移 Δu 以楼层竖向构件最大的水平位移差计算，不扣除整体弯曲变形。

层间位移角限值 $[\Delta u/h]$ 是根据以下两条原则并综合考虑其他因素确定的。

（1）保证主体结构基本处于弹性受力状态，即避免混凝土柱构件出现裂缝，同时将混凝土梁等楼面构件的裂缝数量、宽度和高度限制在规范允许范围之内。

（2）保证填充墙、隔墙和幕墙等非结构构件的完好，避免产生明显破坏。

如果式（5.4.19）不满足，则可增大构件截面尺寸或提高混凝土强度等级。

5.4.6 框架结构侧移二阶效应的近似计算

根据《高层规程》规定，在水平荷载作用下，当框架结构满足下式规定时，可不考虑重力二阶效应的不利影响。

$$D_i \geqslant 20 \sum_{j=i}^{n} G_j / h_i \quad (i = 1, 2, \cdots, n) \tag{5.4.20}$$

式中：D_i 为第 i 楼层的弹性等效侧向刚度，可取该层剪力与层间位移的比值；h_i 为第 i 楼层层高；G_j 为第 j 楼层重力荷载设计值，取 1.3 倍的永久荷载标准值与 1.5 倍的可变荷载标准值的组合值；n 为结构计算总层数。

对框架结构，当采用增大系数法近似计算结构因侧移产生的二阶效应（P-Δ 效应）时，应对未考虑 P-Δ 效应的一阶弹性分析所得的柱端和梁端弯矩以及层间位移分别按式（5.4.21）和式（5.4.22）乘以增大系数 η_s，即

$$M = M_{ns} + \eta_s M_s \tag{5.4.21}$$

$$u = \eta_s u_1 \tag{5.4.22}$$

式中：M_s 为引起结构侧移的荷载或作用所产生的一阶弹性分析构件端弯矩设计值；M_{ns} 为不引起结构侧移荷载产生的一阶弹性分析构件端弯矩设计值；u_1 为一阶弹性分析的层间位移；η_s 为 P-Δ 效应增大系数，其中梁端 η_s 取为相应节点处上、下柱端或上、下墙肢端 η_s 的平均值。

在框架结构中，所计算楼层各柱的 η_s 可计算为

$$\eta_s = \frac{1}{1 - \dfrac{\sum N_j}{D H_0}} \tag{5.4.23}$$

式中：D 为所计算楼层的侧向刚度，计算框架结构构件弯矩增大系数时，对梁、柱的截面弹性抗弯刚度 $E_c I$ 应分别乘以折减系数 0.4、0.6；计算结构位移的增大系数 η_s 时，不对刚度进行折减；N_j 为所计算楼层第 j 列柱轴力设计值；H_0 为所计算楼层的层高。

5.5 荷载效应组合和构件设计

5.5.1 荷载效应组合

框架结构在各种荷载作用下的荷载效应（内力、位移等）确定之后，必须进行荷载效

应组合，才能求得框架梁、柱各控制截面的最不利内力。

一般来说，对于构件某个截面的某种内力，并不一定是所有荷载同时作用时其内力最为不利，而是在某些荷载作用下才能得到最不利内力。因此必须对构件的控制截面进行最不利内力组合。

1. 控制截面及最不利内力

构件内力一般沿其长度变化。为了便于施工，构件配筋通常不完全与内力一样变化，而是分段配筋。设计时可根据内力图的变化特点，选取内力较大或截面尺寸改变处的截面作为控制截面，并按控制截面内力进行配筋计算。

框架梁的控制截面通常是梁两端支座处和跨中这三个截面。竖向荷载作用下梁支座截面是最大负弯矩（弯矩绝对值）和最大剪力作用的截面，水平荷载作用下还可能出现正弯矩。因此，梁支座截面处的最不利内力有最大负弯矩（$-M_{max}$）、最大正弯矩（$+M_{max}$）和最大剪力（V_{max}）；跨中截面的最不利内力一般是最大正弯矩（$+M_{max}$），有时可能出现最大负弯矩（$-M_{max}$）。

根据竖向及水平荷载作用下框架的内力图，可知框架柱的弯矩在柱的两端最大，剪力和轴力在同一层柱内通常无变化或变化很小。因此，柱的控制截面为柱上、下端截面。柱属于偏心受力构件，随着截面上所作用的弯矩和轴力的不同组合，构件可能发生不同形态的破坏，故组合的不利内力类型有若干组。此外，同一柱端截面在不同内力组合时可能出现正弯矩或负弯矩，但框架柱一般采用对称配筋，所以只需选择绝对值最大的弯矩即可。综上所述，框架柱控制截面最不利内力组合一般有以下几种。

(1) $|M|_{max}$ 及相应的 N 和 V。

(2) $|N|_{max}$ 及相应的 M 和 V。

(3) N_{min} 及相应的 M 和 V。

(4) $|V|_{max}$ 及相应的 N。

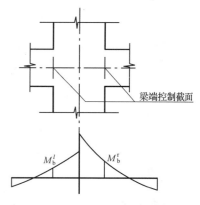

图 5.5.1　梁端的控制截面

这四组内力组合的前三组用来计算柱正截面受压承载力，以确定纵向受力钢筋数量；第四组用以计算斜截面受剪承载力，以确定箍筋数量。

应当指出，由结构分析所得内力是构件轴线处的内力值，而梁支座截面的最不利位置是柱边缘处，如图 5.5.1 所示。此外，不同荷载作用下构件内力的变化规律也不同。因此，内力组合前应将各种荷载作用下柱轴线处梁的弯矩值换算为柱边缘处的弯矩值（图 5.5.1），然后进行内力组合。

2. 荷载的不利布置

永久荷载是长期作用于结构上的竖向荷载，结构内力分析时应按荷载的实际分布和数值作用于结构上，计算其效应。

楼面活荷载是随机作用的竖向荷载，对于框架房屋某层的某跨梁来说，它有时作用，有时不作用。如有关文献所述，对于连续梁，应通过活荷载的不利布置确定其支座截面或跨中截面的最不利内力（弯矩或剪力）。对于框架结构，同样存在楼面活荷载不利布置问题，只是活荷载不利布置方式比连续梁更为复杂。一般来说，结构构件的不同截面或同一截面的不同种类的最不利内力，有不同的活荷载最不利布置。因此，活荷载的最不利布置需要根据截面位置及最不利内力种类分别确定。

目前，国内混凝土框架结构由恒载和楼面活荷载引起的单位面积重力荷载约为 $12 \sim 14 kN/m^2$，其中活荷载部分约为 $2 \sim 3 kN/m^2$，只占全部重力荷载的 $15\% \sim 20\%$，活荷载不利分布的影响较小。因此，一般情况下，可以不考虑楼面活荷载不利布置的影响，而按活荷载满布各层各跨梁的一种情况计算内力。为了安全起见，实用上可将这样求得的梁跨中截面弯矩及支座截面弯矩乘以 $1.1 \sim 1.3$ 的放大系数，活荷载大时可选用较大的数值。但是，当楼面活荷载大于 $4 kN/m^2$ 时，应考虑楼面活荷载不利布置引起的梁弯矩的增大。

风荷载和水平地震作用应考虑正、反两个方向的作用。如果结构对称，这两种作用均为反对称，只需要做一次内力计算，内力改变符号即可。

3. 荷载效应组合

荷载效应组合（load effect combination）是指将各种荷载单独作用时所产生的内力，按照不利与可能的原则进行挑选与叠加，得到控制截面的最不利内力。内力组合时，既要分别考虑各种荷载单独作用时的不利分布情况，又要综合考虑它们同时作用的可能性。对于高层框架结构，荷载效应组合的设计值应按式（4.2.1）和式（4.2.2）确定。

考虑到风荷载有左吹风、右吹风两个方向，以及永久荷载对结构不利和有利两种情况，由式（4.2.1）一般可做出以下两种组合。

（1）风荷载作为主要可变荷载，楼面活荷载作为次要可变荷载时，$\psi_w = 1.0$，$\psi_Q = 0.7$，即

$$S = 1.3 S_{Gk} \pm 1.0 \times 1.5 S_{wk} + \gamma_L \times 0.7 \times 1.5 S_{Qk} \tag{5.5.1}$$

$$S = 1.0 S_{Gk} \pm 1.0 \times 1.5 S_{wk} + \gamma_L \times 0.7 \times 1.5 S_{Qk} \tag{5.5.2}$$

（2）楼面活荷载作为主要可变荷载，风荷载作为次要可变荷载时，$\psi_Q = 1.0$，$\psi_w = 0.6$，即

$$S = 1.3 S_{Gk} + \gamma_L \times 1.5 S_{Qk} \pm 0.6 \times 1.5 S_{wk} \tag{5.5.3}$$

$$S = 1.0 S_{Gk} + \gamma_L \times 1.5 S_{Qk} \pm 0.6 \times 1.5 S_{wk} \tag{5.5.4}$$

应当注意，式（4.2.1）和式（5.5.1）～式（5.5.4）中，对书库、档案库、储藏室、通风机房和电梯机房等楼面活荷载较大且相对固定的情况，其楼面活荷载组合值系数应由 0.7 改为 0.9。

5.5.2　构件设计

1. 框架梁

框架梁属受弯构件，应按受弯构件正截面受弯承载力计算所需的纵筋数量，按斜截面受剪承载力计算所需的箍筋数量，并采取相应的构造措施。

为了避免梁支座处抵抗负弯矩的钢筋过分拥挤以及在抗震结构中形成梁铰破坏机构增加结构的延性，可以考虑框架梁端塑性变形内力重分布，对竖向荷载作用下梁端负弯矩进行调幅。对现浇框架梁，梁端负弯矩调幅系数可取 0.8～0.9；对于装配整体式框架梁，由

于梁柱节点处钢筋焊接、锚固、接缝不密实等原因,受力后节点各杆件产生相对角变,其节点的整体性不如现浇框架,故其梁端负弯矩调幅系数可取 $0.7 \sim 0.8$。

框架梁端截面负弯矩调幅后,梁跨中截面弯矩应按平衡条件相应增大。截面设计时,框架梁跨中截面正弯矩设计值不应小于竖向荷载作用下按简支梁计算的跨中截面弯矩设计值的 50%。

应先对竖向荷载作用下的框架梁弯矩进行调幅,再与水平荷载产生的框架梁弯矩进行组合。

2. 框架柱

框架柱一般为偏心受压构件,通常采用对称配筋。柱中纵筋数量应按偏心受压构件的正截面受压承载力计算确定;箍筋数量应按偏心受压构件的斜截面受剪承载力计算确定。下面对框架柱截面设计中的两个问题做补充说明。

1) 柱截面最不利内力的选取

经内力组合后,每根柱上、下两端组合的内力设计值通常有 $6 \sim 8$ 组,应从中挑选出一组最不利内力进行截面配筋计算。但是,由于 M 与 N 的相互影响,很难找出哪一组为最不利内力,此时可根据偏心受压构件的判别条件,将这几组内力分为大偏心受压组和小偏心受压组。对于大偏心受压组,按照“弯矩相差不多时,轴力越小越不利;轴力相差不多时,弯矩越大越不利”的原则进行比较,选出最不利内力。对于小偏心受压组,按照“弯矩相差不多时,轴力越大越不利;轴力相差不多时,弯矩越大越不利”的原则进行比较,选出最不利内力。

2) 框架柱的计算长度 l_0

在偏心受压构件承载力计算中,考虑构件自身挠曲二阶效应的影响时,构件的计算长度取其支撑长度。对于一般多层房屋中的梁、柱为刚接的框架结构,当计算轴心受压框架柱稳定系数,以及计算偏心受压构件裂缝宽度的偏心距增大系数时,各层柱的计算长度 l_0 可按表 5.5.1 取用。

表 5.5.1　框架结构各层柱的计算长度 l_0

楼盖类型	柱的类别	l_0	楼盖类型	柱的类别	l_0
现浇楼盖	底层柱	$1.0H$	装配式楼盖	底层柱	$1.25H$
	其余各层柱	$1.25H$		其余各层柱	$1.5H$

表 5.5.1 中的 H 为柱的高度,其取值对底层柱为从基础顶面到一层楼盖顶面的高度,对其余各层柱为上、下两层楼盖顶面之间的距离。

5.6　框架结构的构造要求

5.6.1　框架梁

1. 梁纵向钢筋的构造要求

为使梁端塑性铰区截面有较大的塑性转动能力,抗震设计时,计入受压钢筋作用的梁端截面混凝土受压区高度与有效高度之比值，应满足下列要求：

$$一级框架梁 \qquad \xi \leqslant 0.25 \qquad (5.6.1)$$
$$二、三级框架梁 \qquad \xi \leqslant 0.35 \qquad (5.6.2)$$

梁纵向受拉钢筋的数量除按计算确定外，还必须考虑温度、收缩应力所需要的钢筋数量，以防止梁发生脆性破坏和控制裂缝宽度。纵向受拉钢筋的最小配筋率 ρ_{min}（%），非抗震设计时，不应小于 0.2 和 $45f_t/f_y$ 二者的较大值；抗震设计时，不应小于表 5.6.1 规定的数值。为防止超筋梁，当不考虑受压钢筋时，纵向受拉钢筋的最大配筋率不应超过 $\rho_{max} = \xi_b\alpha_1 f_c/f_y$。抗震设计时，梁端纵向受拉钢筋的配筋率不宜大于 2.5%，不应大于 2.75%；当梁端受拉钢筋的配筋率大于 2.5% 时，受压钢筋的配筋率不应小于受拉钢筋的一半。

表 5.6.1　梁纵向受拉钢筋最小配筋率 ρ_{min}

抗震等级	ρ_{min}/%	
	支座（取较大值）	跨中（取较大值）
一级	0.40 和 $80f_t/f_y$	0.30 和 $65f_t/f_y$
二级	0.30 和 $65f_t/f_y$	0.25 和 $55f_t/f_y$
三、四级	0.25 和 $55f_t/f_y$	0.20 和 $45f_t/f_y$

为增加受压区混凝土的延性，减小框架梁端塑性铰区范围内截面受压区高度，抗震设计时，梁端截面的底面与顶面纵向钢筋截面面积的比值除按计算确定外，一级不应小于 0.5，二、三级不应小于 0.3。

沿梁全长顶面和底面应至少各配置两根纵向钢筋，一、二级抗震设计时钢筋直径不应小于 14mm，且分别不应小于梁两端顶面与底面纵向钢筋中较大截面面积的 1/4；三、四级抗震设计和非抗震设计时钢筋直径不应小于 12mm。为防止黏结破坏，一、二、三级抗震等级的框架梁内贯通中柱的每根纵向钢筋的直径，对矩形截面柱，不宜大于该方向柱截面尺寸的 1/20；对圆形截面柱，不宜大于纵向钢筋所在位置柱截面弦长的 1/20。

2. 梁箍筋的构造要求

抗震设计时，为提高梁端塑性铰区截面的塑性转动能力，梁端箍筋应加密。梁端箍筋的加密区长度、箍筋最大间距和最小直径应符合表 5.6.2 的要求；当梁端纵向钢筋配筋率大于 2% 时，表中箍筋最小直径应增大 2mm。

表 5.6.2　梁端箍筋加密区的长度、箍筋最大间距和最小直径

抗震等级	加密区长度（采用较大值）	箍筋最大间距（采用最小值）	箍筋最小直径
一	$2h_b$, 500mm	$h_b/4$, $6d$, 100mm	10mm
二	$1.5h_b$, 500mm	$h_b/4$, $8d$, 100mm	8mm
三	$1.5h_b$, 500mm	$h_b/4$, $8d$, 150mm	8mm
四	$1.5h_b$, 500mm	$h_b/4$, $8d$, 150mm	6mm

注：① d 为纵向钢筋直径，h_b 为梁截面高度，单位均为 mm。
　　② 一、二级抗震等级框架梁，当箍筋直径大于 12mm、肢数不少于 4 肢且肢距不大于 150mm 时，箍筋加密区最大间距应允许适当放松，但不应大于 150mm。

应沿框架梁全长设置箍筋。框架梁沿梁全长箍筋的面积配筋率应符合下列要求：

$$一级 \qquad \rho_{sv} \geqslant 0.30 f_t / f_{yv} \qquad (5.6.3)$$

$$二级 \qquad \rho_{sv} \geqslant 0.28 f_t / f_{yv} \qquad (5.6.4)$$

$$三、四级 \qquad \rho_{sv} \geqslant 0.26 f_t / f_{yv} \qquad (5.6.5)$$

式中：ρ_{sv} 表示框架梁沿梁全长箍筋的面积配筋率；f_t、f_{yv} 分别表示混凝土抗拉强度设计值、箍筋抗拉强度设计值。

在箍筋加密区范围内的箍筋肢距：一级不宜大于 200mm 和 20 倍箍筋直径的较大值，二、三级不宜大于 250mm 和 20 倍箍筋直径的较大值，四级不宜大于 300mm。箍筋应有 135°弯钩，弯钩端头直段长度不应小于 10 倍的箍筋直径和 75mm 的较大值。

在纵向钢筋搭接长度范围内的箍筋间距，钢筋受拉时不应大于搭接钢筋较小直径的 5 倍，且不应大于 100mm；钢筋受压时不应大于搭接钢筋较小直径的 10 倍，且不应大于 200mm；框架梁非加密区箍筋最大间距不宜大于加密区箍筋间距的 2 倍。

非抗震设计时，框架梁箍筋的构造要求可参见《混凝土结构设计规范》（GB 50010—2010）（2015 年版）的有关内容。

5.6.2　框架柱

1. 轴压比要求

柱的轴压比是指柱考虑地震作用组合的轴向压力设计值与柱的全截面面积和混凝土轴心抗压强度设计值乘积之比。轴压比较小时，在水平地震作用下，柱将发生大偏心受压的弯曲型破坏，具有较好的位移延性；反之，柱将发生小偏心受压的压溃型破坏，几乎没有位移延性。因此，抗震设计时，柱的轴压比不宜超过表 5.6.3 的规定，表中数值适用于剪跨比大于 2、混凝土强度等级不高于 C60 的柱；其他情况下的柱轴压比限值可见有关规范规定。

表 5.6.3　柱轴压比限值

结构类型	抗震等级			
	一	二	三	四
框架结构	0.65	0.75	0.85	—
板柱-剪力墙、框架-剪力墙、框架-核心筒、筒中筒结构	0.75	0.85	0.90	0.95
部分框支剪力墙结构	0.60	0.70	—	

2. 柱纵向钢筋的构造要求

框架结构受到的水平荷载可能来自正、反两个方向，故柱的纵向钢筋宜采用对称配筋。

为了改善框架柱的延性，使柱的屈服弯矩大于其开裂弯矩，保证柱屈服时具有较大的变形能力，要求柱全部纵向钢筋的配筋率不应小于表 5.6.4 的规定值，且柱截面每一侧纵向钢筋配筋率不应小于 0.2%；抗震设计时，对 Ⅳ 类场地上较高的高层建筑，表中数值应增加 0.1；当混凝土强度等级高于 C60 时，表中的数值应增加 0.1；当采用 400MPa 级纵向受力钢筋时，表中的数值应增加 0.05。同时，柱全部纵向钢筋的配筋率：非抗震设计时不宜大于 5%、不应大于 6%，抗震设计时不应大于 5%；一级且剪跨比不大于 2 的柱，其单侧纵向受拉钢筋的配筋率不宜大于 1.2%。

表 5.6.4　柱纵向受力钢筋最小配筋率

柱的类别	最小配筋率/%				
	抗震等级				非抗震
	一级	二级	三级	四级	
中柱、边柱	0.9 (1.0)	0.7 (0.8)	0.6 (0.7)	0.5 (0.6)	0.5
角柱	1.1	0.9	0.8	0.7	0.5
框支柱	1.1	0.9	—	—	0.7

注：表中括号内数值适用于框架结构。

　　截面尺寸大于 400mm 的柱，一、二、三级抗震设计时，其纵向钢筋的间距不宜大于 200mm；抗震等级为四级和非抗震设计时，纵向钢筋的间距不宜大于 300mm；柱纵向钢筋净距均不应小于 50mm。柱的纵向钢筋不应与箍筋、拉筋及预埋件等焊接。

　　3. 柱箍筋的构造要求

　　柱内箍筋形式常用的有普通箍筋和复合箍筋两种［图 5.6.1（a）和（b）］，当柱每边纵筋多于 3 根时应设置复合箍筋。复合箍筋的周边箍筋应为封闭式，内部箍筋可为矩形封闭箍筋或拉筋。当柱为圆形截面或柱承受的轴向压力较大而其截面尺寸受到限制时，可采用螺旋箍［图 5.6.1（c）］或复合螺旋箍［图 5.6.1（d）］，对于图 5.6.1（e）所示的复合螺旋箍，柱中宜留出 300mm×300mm 的空间便于下导管。

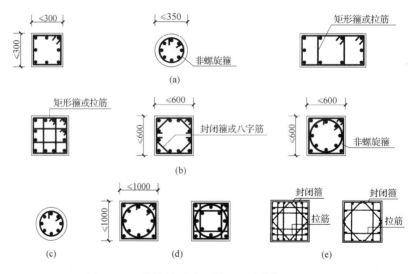

图 5.6.1　柱箍筋形式示例（尺寸单位：mm）

　　抗震设计时，为提高柱潜在塑性铰区截面的塑性转动能力，柱在塑性铰区范围内的箍筋应加密。柱箍筋加密区的范围：底层柱的上端和其他各层柱的两端，应取矩形截面柱之长边尺寸（或圆形截面柱之直径）、柱净高之 1/6 和 500mm 三者之最大值范围；底层柱刚性地面上、下各 500mm 的范围；底层柱柱根以上 1/3 柱净高的范围；剪跨比不大于 2 的柱和因填充墙等形成的柱净高与截面高度之比不大于 4 的柱全高范围；一级及二级框架角柱和需要提高变形能力的柱的全高范围。

　　柱箍筋加密区的箍筋间距和直径：一般情况下应按表 5.6.5 采用；一级框架柱的箍筋

直径大于 12mm 且箍筋肢距不大于 150mm 及二级框架柱箍筋直径不小于 10mm 且肢距不大于 200mm 时，除柱根外最大间距应允许采用 150mm；三级框架柱的截面尺寸不大于 400mm 时，箍筋最小直径应允许采用 6mm；四级框架柱的剪跨比不大于 2 或柱中全部纵向钢筋的配筋率大于 3%时，箍筋直径不应小于 8mm；剪跨比不大于 2 的柱，箍筋间距不应大于 100mm。

表 5.6.5　柱箍筋加密区的构造要求

抗震等级	箍筋最大间距（采用较小值）	箍筋最小直径
一级	$6d$，100mm	10mm
二级	$8d$，100m	8mm
三级	$8d$，150mm（柱根 100mm）	8mm
四级	$8d$，150mm（柱根 100mm）	6mm（柱根 8mm）

注：d 为柱纵向钢筋直径（mm）；柱根指框架柱底部嵌固部位。

柱加密区箍筋的体积配箍率 ρ_v 可计算为

$$\rho_v = \frac{\sum A_{svi} l_i}{s A_{cor}} \tag{5.6.6}$$

式中：A_{svi}、l_i 分别为第 i 根箍筋的截面面积和长度；A_{cor} 为箍筋包裹范围内混凝土核心面积，从最外箍筋的内边算起；s 为箍筋的间距。计算复合箍筋的体积配箍率时，可不扣除重叠部分的箍筋体积；计算复合螺旋箍筋的体积配箍率时，其非螺旋箍筋的体积应乘以换算系数 0.8。

柱加密区范围内箍筋的体积配箍率 ρ_v 应符合下列要求，即

$$\rho_v \geqslant \lambda_v f_c / f_{yv} \tag{5.6.7}$$

式中：ρ_v 为柱加密区范围内箍筋的体积配箍率，可按式（5.6.6）计算；f_c 为混凝土轴心抗压强度设计值，当柱混凝土强度等级低于 C35 时，应按 C35 计算；f_{yv} 为柱箍筋或拉筋的抗拉强度设计值；λ_v 为柱最小配箍特征值，宜按表 5.6.6 采用。

表 5.6.6　柱端箍筋加密区最小配箍特征值 λ_v

抗震等级	箍筋形式	最小配箍特征值 λ_v								
		柱轴压比								
		≤0.3	0.4	0.5	0.6	0.7	0.8	0.9	1.0	1.05
一	普通箍、复合箍	0.10	0.11	0.13	0.15	0.17	0.20	0.23	—	—
	螺旋箍、复合或连续复合螺旋箍	0.08	0.09	0.11	0.13	0.15	0.18	0.21	—	—
二	普通箍、复合箍	0.08	0.09	0.11	0.13	0.15	0.17	0.19	0.22	0.24
	螺旋箍、复合或连续复合螺旋箍	0.06	0.07	0.09	0.11	0.13	0.15	0.17	0.20	0.22
三	普通箍、复合箍	0.06	0.07	0.09	0.11	0.13	0.15	0.17	0.20	0.22
	螺旋箍、复合或连续复合螺旋箍	0.05	0.06	0.07	0.09	0.11	0.13	0.15	0.18	0.20

对一、二、三、四级框架柱，其箍筋加密区范围内箍筋的体积配箍率尚且分别不应小于 0.8%、0.6%、0.4%和 0.4%；剪跨比不大于 2 的柱宜采用复合螺旋箍筋或井字形复合箍，其体积配箍率不应小于 1.2%；设防烈度为 9 度时，不应小于 1.5%。

柱箍筋加密区的箍筋肢距，一级不宜大于 200mm，二、三级不宜大于 250mm 和 20 倍箍筋直径的较大值，四级不宜大于 300mm。每隔一根纵向钢筋宜在两个方向有箍筋约束；采用拉筋组合箍时，拉筋宜紧靠纵向钢筋并勾住封闭箍筋。

柱非加密的箍筋，其体积配箍率不宜小于加密区的一半；其箍筋间距不应大于加密区箍筋间距的 2 倍，且一、二级不应大于 10 倍纵向钢筋直径，三、四级不应大于 15 倍纵向钢筋直径。

抗震设计时，柱箍筋应为封闭式，其末端应做成 135°弯钩且弯钩末端平直段长度不应小于 10 倍的箍筋直径，且不应小于 75mm。

非抗震设计时，柱箍筋间距不应大于 400mm，且不应大于构件截面的短边尺寸和最小纵向受力钢筋直径的 15 倍；箍筋直径不应小于最大纵向钢筋直径的 1/4，且不应小于 6mm。当柱中全部纵向受力钢筋的配筋率超过 3% 时，箍筋直径不应小于 8mm；间距不应大于最小纵向钢筋直径的 10 倍，且不应大于 200mm；箍筋末端应做成 135°弯钩且弯钩末端平直段长度不应小于 10 倍箍筋直径。

非抗震设计时，柱内纵向钢筋如采用搭接，搭接长度范围内箍筋直径不应小于搭接钢筋较大直径的 1/4；在纵向受拉钢筋搭接长度范围内的箍筋间距不应大于搭接钢筋较小直径的 5 倍，且不应大于 100mm；在纵向受压钢筋搭接长度范围内的箍筋间距不应大于搭接钢筋较小直径的 10 倍，且不应大于 200mm。当受压钢筋直径大于 25mm 时，尚应在搭接接头端面外 100mm 的范围内各设两道箍筋。

5.6.3　梁柱节点

1. 现浇梁柱节点

梁柱节点处于剪压复合受力状态，为保证节点具有足够的受剪承载力，防止节点产生脆性剪切破坏，必须在节点内配置足够数量的水平箍筋。非抗震设计时，节点内的箍筋除应符合上述框架柱箍筋的构造要求外，其箍筋间距不宜大于 250mm；对四边有梁与之相连的节点，可仅沿节点周边设置矩形箍筋。抗震设计时，箍筋的最大间距和最小直径宜符合 5.6.2 小节有关柱箍筋的规定。一、二、三级框架节点核心区配箍特征值分别不宜小于 0.12、0.10 和 0.08，且箍筋体积配箍率分别不宜小于 0.6%、0.5% 和 0.4%。柱剪跨比不大于 2 的框架节点核心区的体积配箍率不宜小于核心区上、下柱端体积配箍率中的较大值。

2. 装配整体式梁柱节点

装配整体式框架的节点设计是这种结构设计的关键环节。设计时应保证节点的整体性；应进行施工阶段和使用阶段的承载力计算；在保证结构整体受力性能的前提下，连接形式力求简单，传力直接，受力明确；应安装方便，误差易于调整，并且安装后能较早承受荷载，以便于上部结构的继续施工。

5.6.4　钢筋连接和锚固

本节仅对框架梁、柱的纵向钢筋在框架节点区的锚固和搭接问题做简要说明。

非抗震设计时，框架梁、柱的纵向钢筋在框架节点区的锚固和搭接，应符合下列要求（图 5.6.2）。

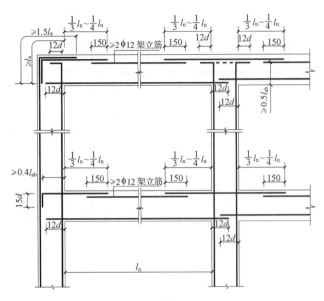

图 5.6.2 非抗震设计时框架梁、柱纵向钢筋在节点区的锚固示意（尺寸单位：mm）

（1）顶层中节点柱纵向钢筋和边节点柱内侧纵向钢筋应伸至柱顶；当从梁底边计算的直线锚固长度不小于 l_a 时，可不必水平弯折，否则应向柱内或梁、板内水平弯折，当充分利用柱纵向钢筋的抗拉强度时，其锚固段弯折前的竖向投影长度不应小于 $0.5l_{ab}$，弯折后的水平投影长度不应小于 12 倍的柱纵向钢筋直径。此处，l_{ab} 为钢筋基本锚固长度，应符合现行国家标准《混凝土结构设计规范》（GB 50010—2010）（2015 年版）的有关规定。

（2）顶层端节点处，在梁宽范围以内的柱外侧纵向钢筋可与梁上部纵向钢筋搭接，搭接长度不应小于 $1.5l_a$；在梁宽范围以外的柱外侧纵向钢筋可伸入现浇板内，其伸入长度与伸入梁内的相同。当柱外侧纵向钢筋的配筋率大于 1.2% 时，伸入梁内的柱纵向钢筋宜分两批截断，其截断点之间的距离不宜小于 20 倍的柱纵向钢筋直径。

（3）梁上部纵向钢筋伸入端节点的锚固长度，直线锚固时不应小于 l_a，且伸过柱中心线的长度不宜小于 5 倍的梁纵向钢筋直径；当柱截面尺寸不足时，梁上部纵向钢筋应伸至节点对边并向下弯折，弯折水平段的投影长度不应小于 $0.4l_{ab}$，弯折后的竖直投影长度不应小于 15 倍纵向钢筋直径。

（4）当计算中不利用梁下部纵向钢筋的强度时，其伸入节点内的锚固长度应取不小于 12 倍的梁纵向钢筋直径。当计算中充分利用梁下部钢筋的抗拉强度时，梁下部纵向钢筋可采用直线方式或向上 90° 弯折方式锚固于节点内，直线锚固时的锚固长度不应小于 l_a；弯折锚固时，弯折水平段的投影长度不应小于 $0.4l_{ab}$，弯折后竖直投影长度不应小于 15 倍纵向钢筋直径。

（5）当采用锚固板锚固措施时，钢筋锚固构造应符合现行国家标准《混凝土结构设计规范》（GB 50010—2010）（2015 年版）的有关规定。

另外，梁支座截面上部纵向受拉钢筋应向跨中延伸至 $1/4l_n \sim 1/3l_n$（l_n 为梁的净跨）处，并与跨中的架立筋（不少于 2φ12mm）搭接，搭接长度可取 150mm，如图 5.6.2 所示。

抗震设计时，框架梁、柱的纵向钢筋在框架节点区的锚固和搭接应符合下列要求（图 5.6.3）。

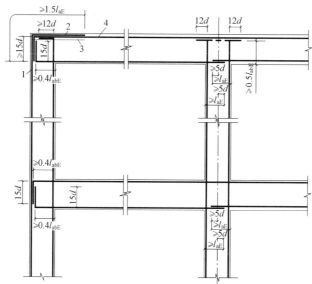

1—柱外侧纵向钢筋；2—不能伸入梁内的柱外侧纵向钢筋，可伸入板内；
3—伸入梁内的柱外侧纵向钢筋；4—梁上部纵向钢筋。

图 5.6.3　抗震设计时框架梁、柱纵向钢筋在节点区的锚固示意（尺寸单位：mm）

（1）顶层中节点柱纵向钢筋和边节点柱内侧纵向钢筋应伸至柱顶。当从梁底边计算的直线锚固长度不小于 l_{aE} 时，可不必水平弯折，否则应向柱内或梁内、板内水平弯折，锚固段弯折前的竖向投影长度不应小于 $0.5l_{abE}$，弯折后的水平投影长度不宜小于 12 倍的柱纵向钢筋直径。此处，l_{abE} 为抗震设计时钢筋的基本锚固长度，一、二级取 $1.15l_{ab}$，三、四级分别取 $1.05l_{ab}$ 和 $1.00l_{ab}$。

（2）顶层端节点处，柱外侧纵向钢筋可与梁上部纵向钢筋搭接，搭接长度不应小于 $1.5l_{aE}$，且伸入梁内的柱外侧纵向钢筋截面面积不宜小于柱外侧全部纵向钢筋截面面积的 65%；在梁宽范围以外的柱外侧纵向钢筋可伸入现浇板内，其伸入长度与伸入梁内的相同。当柱外侧纵向钢筋的配筋率大于 1.2% 时，伸入梁内的柱纵向钢筋宜分两批截断，其截断点之间的距离不宜小于 20 倍的柱纵向钢筋直径。

（3）梁上部纵向钢筋伸入端节点的锚固长度，直线锚固时不应小于 l_{aE}，且伸过柱中心线的长度不应小于 5 倍的梁纵向钢筋直径；当柱截面尺寸不足时，梁上部纵向钢筋应伸至节点对边并向下弯折，锚固段弯折前的水平投影长度不应小于 $0.4l_{abE}$，弯折后的竖直投影长度应取 15 倍的梁纵向钢筋直径。

（4）梁下部纵向钢筋的锚固与梁上部纵向钢筋相同，但采用 90° 弯折方式锚固时，竖直段应向上弯入节点内。

5.6.5　砌体填充墙

框架结构中的砌体填充墙在以往地震中破坏较为严重。抗震设计时，砌体填充墙及隔墙应具有自身稳定性，其材料强度及构造设置应符合下列要求：

（1）砌体的砂浆强度等级不应低于 M5，当采用砖及混凝土砌块时，砌块的强度等级不应低于 MU5；采用轻质砌块时，砌块的强度等级不应低于 MU2.5。墙顶应与框架梁或楼板密切结合。

（2）砌体填充墙应沿框架柱全高每隔 500mm 左右设置 2 根直径 6mm 的拉筋，6 度时拉筋宜沿墙全长贯通，7 度、8 度、9 度时拉筋应沿墙全长贯通。

（3）墙长大于 5m 时，墙顶与梁（板）宜有钢筋拉结；墙长大于 8m 或层高的 2 倍时，宜设置间距不大于 4m 的钢筋混凝土构造柱；墙高超过 4m 时，墙体半高处（或门洞上皮）宜设置与柱连接且沿墙全长贯通的钢筋混凝土水平系梁。

（4）楼梯间采用砌体填充墙时，应设置间距不大于层高且不大于 4m 的钢筋混凝土构造柱，并应采用钢丝网砂浆面层加强。

小　结

（1）框架结构是高层建筑的一种主要结构形式。结构设计时，需首先进行结构布置和拟定梁、柱截面尺寸，确定结构计算简图，然后进行荷载计算、结构分析、内力组合和截面设计，并绘制结构施工图。

（2）竖向荷载作用下框架结构的内力可用分层法、弯矩二次分配法等近似方法计算。分层法在分层计算时，将上、下柱远端的弹性支承改为固定端，同时将除底层外的其他各层柱的线刚度乘以系数 0.9，相应地柱的弯矩传递系数由 1/2 改为 1/3，底层柱和各层梁的线刚度不变且其弯矩传递系数仍为 1/2。弯矩二次分配法是先对各节点的不平衡弯矩都进行分配（其间不传递），然后对各杆件的远端进行传递。分层法和弯矩二次分配法的计算精度较高，可用于工程设计。

（3）水平荷载作用下框架结构内力可用 D 值法、反弯点法等简化方法计算。其中 D 值法的计算精度较高，当梁、柱线刚度比大于 3 时，反弯点法也有较好的计算精度。

（4）D 值是框架结构层间柱产生单位相对侧移所需施加的水平剪力，可用于框架结构的侧移计算和各柱间的剪力分配。D 值是在考虑框架梁为有限刚度、梁柱节点有转动的前提下得到的，故比较接近实际情况。

（5）影响柱反弯点高度的主要因素是柱上、下端的约束条件。柱两端的约束刚度不同，相应的柱端转角也不相等，反弯点向转角较大的一端移动，即向约束刚度较小的一端移动。D 值法中柱的反弯点位置就是根据这种规律确定的。

（6）在水平荷载作用下，框架结构各层产生层间剪力和倾覆力矩。层间剪力使梁、柱产生弯曲变形，引起的框架结构侧移曲线具有整体剪切型变形特点；倾覆力矩使框架柱（尤其是边柱）产生轴向拉、压变形，引起的框架结构侧移曲线具有整体弯曲型变形特点。当框架结构房屋较高或其高宽比较大时，宜考虑柱轴向变形对框架结构侧移的影响。

思考与练习题

（1）框架结构的承重方案有几种？各有何特点和应用范围？

（2）框架结构的梁、柱截面尺寸如何确定？应考虑哪些因素？

（3）如何确定框架结构的计算简图？各层柱截面尺寸不同且轴线不重合时应如何考虑？

（4）简述分层法和弯矩二次分配法的计算要点及步骤。

（5）D 值的物理意义是什么？影响因素有哪些？具有相同截面的边柱和中柱的 D 值是否相同？具有相同截面及柱高的上层柱与底层柱的 D 值是否相同（假定混凝土弹性模量相同）？为什么？

（6）有一空间框架结构，假定楼盖的平面内刚度无穷大，用 D 值法分配层间剪力。先将层间剪力分配给每一榀平面框架，再分配到各平面框架的每根柱；或者用每根柱的 D 值与层间全部柱的 $\sum D$ 的比值将层间剪力直接分配给每根柱。这两种方法的计算结果是否相同？为什么？

（7）水平荷载作用下框架柱的反弯点位置与哪些因素有关？试分析反弯点位置的变化规律与这些因素的关系。如果与某层柱相邻的上层柱的混凝土弹性模量降低了，该层柱的反弯点位置如何变化？此时如何利用现有表格对标准反弯点位置进行修正？

（8）水平荷载作用下框架结构的侧移由哪两部分组成？各有何特点？为什么要进行侧移验算？如何验算？

（9）如何确定框架结构梁、柱内力组合的设计值？

（10）框架梁、柱及节点各有哪些构造要求？

（11）如思考与练习题（11）图所示框架结构，各跨梁跨中均作用竖向集中荷载 $P=100\text{kN}$。各层柱截面均为 $400\text{mm}\times400\text{mm}$；各层梁截面相同：左跨梁 $300\text{mm}\times700\text{mm}$，右跨梁 $300\text{mm}\times500\text{mm}$。各层梁、柱混凝土强度等级均为 C25。试分别用分层法和弯矩二次分配法计算该框架梁、柱的弯矩，并与矩阵位移法的计算结果进行比较。矩阵位移法的计算结果标注在该图中各杆上，均标注在各截面受拉纤维一侧。图中弯矩单位为 $\text{kN}\cdot\text{m}$。

（12）已知框架结构同思考与练习题（11），试用 D 值法计算该框架在思考与练习题（12）图所示水平荷载作用下的内力及侧移，并与矩阵位移法的计算结果进行比较。矩阵位移法的弯矩值计算结果标注在截面受拉纤维一侧，柱左、右侧的弯矩值分别表示该层柱上、下端的弯矩值。图中弯矩单位为 $\text{kN}\cdot\text{m}$。

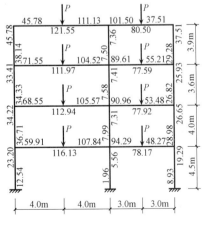

思考与练习题（11）图

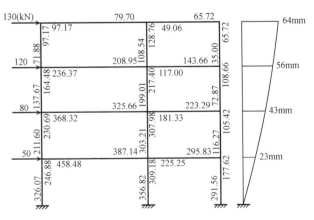

思考与练习题（12）图

第6章 剪力墙结构设计

6.1 结 构 布 置

剪力墙结构房屋的总体布置原则见第2章2.2节，本节主要介绍剪力墙结构布置的具体要求。

6.1.1 墙体承重方案

1）小开间横墙承重

每开间设置一道钢筋混凝土承重横墙，间距为2.7～3.9m，横墙上放置预制空心板。这种方案适用于住宅、旅馆等使用上要求小开间的建筑，这种方案的优点是一次完成所有墙体，省去砌筑隔墙的工作量；采用短向楼板，节约钢筋等。但此种方案的横墙数量多，墙体的承载力未充分利用，建筑平面布置不灵活，房屋自重及侧向刚度大，自振周期短，水平地震作用大。

2）大开间横墙承重

每两开间设置一道钢筋混凝土承重横墙，间距一般为6～8m。楼盖多采用钢筋混凝土梁式板或无黏结预应力混凝土平板。这种方案的优点是房屋使用空间大，建筑平面布置较灵活，自重较轻，基础费用相对较少；横墙配筋率适当，结构延性增加。但这种方案的楼盖跨度大，楼盖材料用量增多。

3）大间距纵、横墙承重

仍是每两开间设置一道钢筋混凝土横墙，间距为8m左右。楼盖采用钢筋混凝土双向板，或在每两道横墙之间布置一根进深梁，梁支承于纵墙上，形成纵、横墙混合承重体系。

从使用功能、技术经济指标、结构受力性能等方面来看，大间距方案比小间距方案优越。因此，目前趋向于采用大间距、大进深、大模板、无黏结预应力混凝土楼板的剪力墙结构体系，以满足对多种用途和灵活隔断等的需要。

6.1.2 剪力墙的布置

（1）剪力墙结构的平面布置宜简单、规则。剪力墙宜沿两个主轴方向或其他方向双向布置，两个方向的侧向刚度不宜相差过大；剪力墙应尽量拉通、对直，不同方向的剪力墙宜分别联结在一起，以具有较好的空间工作性能。抗震设计时，不应采用仅单向有剪力墙的结构布置，宜使两个方向的侧向刚度接近。

（2）剪力墙结构应具有适宜的侧向刚度。由于剪力墙具有较大的侧向刚度和承载力，为充分利用剪力墙的能力，减轻结构自重，增大结构的可利用空间，剪力墙不宜布置得太密，使结构具有适宜的侧向刚度；若侧向刚度过大，不仅加大自重，还会使地震作用增大，对结构受力不利。

（3）剪力墙宜自下到上连续布置，避免刚度突变；允许沿高度改变墙厚和混凝土强度等级，使侧向刚度沿高度逐渐减小。如果在某一层或几层切断剪力墙，易造成结构沿高度刚度突变，对结构抗震不利。

（4）剪力墙洞口的布置，会极大地影响剪力墙的受力性能。为此规定剪力墙的门窗洞口宜上下对齐、成列布置，形成明确的墙肢和连梁，应力分布比较规则，又与当前普遍采用的计算简图较为符合，设计结果安全可靠；宜避免造成墙肢宽度相差悬殊的洞口设置。

错洞剪力墙和叠合错洞墙都是不规则开洞的剪力墙，其应力分布比较复杂，容易造成剪力墙的薄弱部位，常规计算无法获得其实际应力，构造比较复杂。图 6.1.1（a）为错洞剪力墙，其洞口错开，但洞口之间距离较大；图 6.1.1（b）为叠合错洞墙，其特点是洞口错开距离很小，甚至叠合，不仅墙肢不规则，且洞口之间易形成薄弱部位，受力比错洞墙更为不利。剪力墙底部加强部位，是塑性铰出现及保证剪力墙安全的重要部位，抗震设计时，一、二、三级抗震等级剪力墙的底部加强部位不宜采用上下洞口不对齐的错洞墙，全高均不宜采用洞口局部重叠的叠合错洞墙；如无法避免错洞墙布置时，应控制错洞墙洞口间的水平距离不小于 2m，并在设计时按有限元方法进行仔细计算分析，在洞口周边采取有效构造措施［图 6.1.1（b）］，或在洞口不规则部位采用其他轻质材料填充将叠合洞口转化为计算上规则洞口的剪力墙或框架结构［图 6.1.1（c），图中阴影部分表示轻质材料填充墙体］。

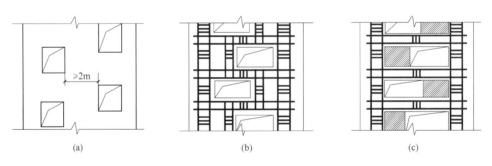

图 6.1.1 不规则开洞及配筋构造

（5）剪力墙结构应具有较好的延性，细高的剪力墙（高宽比大于 3）容易设计成具有延性的弯曲破坏剪力墙，从而可避免发生脆性的剪切破坏。因此，剪力墙不宜过长。当剪力墙的长度很长时，可通过开设洞口将长墙分成长度较小的墙段，使每个墙段成为高宽比

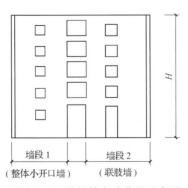

图 6.1.2 较长剪力墙分段示意图

大于 3 的独立墙肢或联肢墙（图 6.1.2），分段宜较均匀。用以分割墙段的洞口上可设置跨高比较大、约束弯矩较小的弱连梁（其跨高比一般宜大于 6）。此外，当墙段长度（即墙段截面高度）很长时，受弯后产生的裂缝宽度会较大，墙体的配筋容易拉断，因此墙段的长度不宜过大，我国《高层规程》规定墙段长度不宜大于 8m。

（6）剪力墙的特点是平面内刚度及承载力大，而平面外刚度及承载力都相对很小。当剪力墙与平面外方向的梁连接时，会造成墙肢平面外弯矩，而一般情况下并不验算墙的平面外刚度及承载力。因此应注意剪力墙平面外受弯时的安全

问题。当剪力墙与其平面外方向的楼面大梁连接时，会使墙肢平面外承受弯矩，当梁截面高度大于约 2 倍墙厚时，刚性连接梁的梁端弯矩将使剪力墙平面外产生较大的弯矩，可通过设置与梁相连的剪力墙、增设扶壁柱或暗柱、墙内设置与梁相连的型钢等措施，增大墙肢抵抗平面外弯矩的能力，以保证剪力墙平面外的安全。除了加强剪力墙平面外的抗弯刚度和承载力外，还可采取减小梁端弯矩的措施。对截面较小的楼面梁也可通过支座弯矩调幅或变截面梁实现梁端铰接或半刚接设计，以减小墙肢平面外的弯矩。

（7）短肢剪力墙是指截面厚度不大于 300mm、各肢截面高度与厚度之比的最大值大于 4 但不大于 8 的剪力墙。对于采用刚度较大的连梁与墙肢形成的开洞剪力墙，不宜按单独墙肢判断其是否属于短肢剪力墙。短肢剪力墙有利于减轻结构自重和建筑布置，在高层住宅建筑中应用较多。

由于短肢剪力墙在水平荷载下沿建筑高度可能有较多楼层的墙肢会出现反弯点，受力特点接近异形柱，又承担较大轴力与剪力，其抗震性能较差，且地震区应用经验不多，为安全起见，我国《高层规程》规定，抗震设计时，高层建筑结构不应全部采用短肢剪力墙；B 级高度高层建筑以及抗震设防烈度为 9 度的 A 级高度高层建筑，不宜布置短肢剪力墙，不应采用具有较多短肢剪力墙的剪力墙结构（具有较多短肢剪力墙是指在水平地震作用下短肢剪力墙承担的底部倾覆力矩不小于结构底部总地震倾覆力矩的 30%）；当采用具有较多短肢剪力墙的剪力墙结构时，水平地震作用下短肢剪力墙承担的底部倾覆力矩不宜大于结构底部总地震倾覆力矩的 50%，且在某些情况下建筑的最大适用高度还应适当降低。

6.2 剪力墙结构平面协同工作分析

剪力墙结构是由一系列竖向纵、横墙和水平楼板所组成的空间结构，承受竖向荷载以及风荷载和水平地震作用。在竖向荷载作用下，剪力墙主要产生压力，可不考虑结构的连续性，各片剪力墙承受的压力可近似按楼面传到该片剪力墙上的荷载以及墙体自重计算，或近似按总竖向荷载引起的剪力墙截面上的平均压应力乘以该剪力墙的截面面积求得。本节主要介绍水平荷载作用下剪力墙结构的简化分析方法。

6.2.1 剪力墙的分类和简化分析方法

1. 剪力墙的分类

由于使用功能的要求，剪力墙有时需开设门窗洞口。根据洞口的有无、尺寸、形状和位置等，剪力墙可划分为以下几类。

（1）整截面墙。当剪力墙无洞口，或虽有洞口但墙面洞口的总面积不大于剪力墙墙面总面积的 16%，且洞口间的净距及洞口至墙边的距离均大于洞口长边尺寸时，可忽略洞口的影响，这类墙体称为整截面墙，如图 6.2.1（a）和（b）所示。

（2）整体小开口墙。当剪力墙的洞口稍大，且洞口沿竖向成列布置 [图 6.2.1（c）]，洞口的面积超过剪力墙墙面总面积的 16%，但洞口对剪力墙的受力影响仍较小时，这类墙体称为整体小开口墙。在水平荷载作用下，由于洞口的存在，剪力墙的墙肢中会出现局部弯曲，其截面应力可认为由墙体的整体弯曲和局部弯曲二者叠加组成，截面变形仍接近于整截面墙。

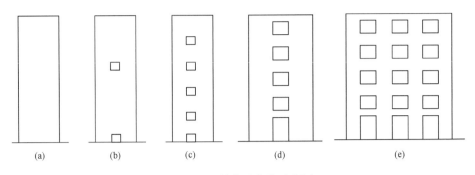

图 6.2.1　剪力墙分类示意图

（3）联肢墙。当剪力墙沿竖向开有一列或多列较大的洞口时，由于洞口较大，剪力墙截面的整体性大为削弱，其截面变形已不再符合平截面假定，这类剪力墙可看成是若干个单肢剪力墙或墙肢（左、右洞口之间的部分）由一系列连梁（上、下洞口之间的部分）联结起来组成。当开有一列洞口时称为双肢墙［图 6.2.1（d）］；当开有多列洞口时称为多肢墙。

（4）壁式框架。当剪力墙成列布置的洞口很大，且洞口较宽、墙肢宽度相对较小、连梁的刚度接近或大于墙肢的刚度时，剪力墙的受力性能与框架结构相类似，这类剪力墙称为壁式框架［图 6.2.1（e）］。

（5）错洞墙和叠合错洞墙。它是指不规则开洞的剪力墙［图 6.1.1（a）和（b）］。这类剪力墙受力较复杂，一般得不到解析解，通常借助于有限元法等数值计算方法进行计算，具体计算方法本书不做叙述。

2. 剪力墙的简化分析方法

根据剪力墙类型的不同，简化分析时一般采用以下计算方法。

（1）材料力学分析法。对整截面墙和整体小开口墙，在水平荷载作用下，其计算简图可近似看作是一根竖向的悬臂杆件，可按照材料力学中的有关公式进行内力和位移计算。

（2）连梁连续化的分析方法。将每一楼层处的连梁假想为沿该楼层高度上均匀分布的连续连杆，根据力法原理建立微分方程进行剪力墙内力和位移的求解。此法比较适用于联肢墙的计算，可以得到解析解，具有计算简便、实用等优点。

（3）带刚域框架的计算方法。将剪力墙简化为一个等效的框架，由于墙肢和连梁的截面高度较大，节点区也较大，计算时将节点区内的墙肢和连梁视为刚度无限大，从而形成带刚域的框架。可按照 D 值法进行结构内力和位移的简化计算，也可按照矩阵位移法利用计算机进行较精确的计算。此法比较适用于壁式框架，也适用于联肢墙的计算。

6.2.2　剪力墙的等效刚度

对梁、柱等简单的构件，很容易确定其截面刚度的数值，如弯曲刚度为 EI、剪切刚度为 GA、轴向刚度为 EA 等。但对高层建筑中的剪力墙等构件，通常用位移的大小来间接反映结构刚度的大小。在相同的水平荷载作用下，位移小的结构刚度大；反之位移大的结构刚度小。

如果剪力墙在某一水平荷载作用下的顶点位移为 u，而某一竖向悬臂受弯构件在相同

的水平荷载作用下也有相同的水平位移 u
（图 6.2.2），则可以认为剪力墙与竖向悬臂
受弯构件具有相同的刚度，故可采用竖向悬
臂受弯构件的刚度作为剪力墙的等效刚度，
它综合反映了剪力墙弯曲变形、剪切变形和
轴向变形等的影响。

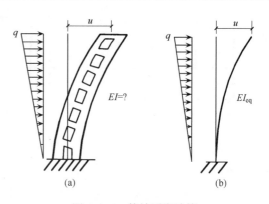

图 6.2.2　等效刚度计算

　　计算剪力墙的等效刚度时，先计算其在
水平荷载作用下的顶点位移，再按顶点位移
相等的原则进行计算。在均布荷载、倒三角
形分布荷载和顶点集中水平荷载分别作用
下，剪力墙的等效刚度可计算为

$$EI_{eq} = \begin{cases} \dfrac{qH^4}{8u_1} & \text{（均布荷载）} \\[2mm] \dfrac{11}{120}\dfrac{q_{max}H^4}{u_2} & \text{（倒三角形分布荷载）} \\[2mm] \dfrac{PH^3}{u_3} & \text{（顶点集中荷载）} \end{cases} \tag{6.2.1}$$

式中：H 为剪力墙的总高度；q、q_{max} 和 P 分别为计算顶点位移 u_1、u_2、u_3 时所用的均布
荷载、倒三角形分布荷载的最大值和顶点集中荷载；u_1、u_2、u_3 分别为由均布荷载、倒三
角形分布荷载和顶点集中荷载所产生的顶点水平位移，计算方法详见 6.3～6.6 节。

6.2.3　剪力墙结构平面协同工作分析

1. 基本假定

　　剪力墙结构是空间结构体系，在水平荷载作用下，为简化计算，做如下假定。
　　假定（1）：楼盖在自身平面内的刚度为无限大，而在其平面外的刚度很小，可以忽略
不计。
　　假定（2）：各片剪力墙在其平面内的刚度较大，忽略其平面外的刚度。
　　假定（3）：水平荷载作用点与结构刚度中心重合，结构不发生扭转。
　　由假定（1）可知，因楼板将各片剪力墙连在一起，而楼板在其自身平面内不发生相对
变形，只作刚体运动——平动和转动，这样参与抵抗水平荷载的各片剪力墙，按楼板水平位
移线性分布的条件进行水平荷载的分配，从而简化了计算。由假定（3）可知，结构无扭转，
则可按同一楼层各片剪力墙水平位移相等的条件进行水平荷载的分配，亦即水平荷载按各片
剪力墙的等效刚度进行分配。由假定（2）可知，各片剪力墙只承受其自身平面内的水平荷
载，这样可以将纵、横两个方向的剪力墙分开，把空间剪力墙结构简化为平面结构，即将空
间结构沿两个正交的主轴方向划分为若干个平面抗侧力剪力墙，每个方向的水平荷载由该方
向的各片剪力墙承受，垂直于水平荷载方向的各片剪力墙不参加工作，如图 6.2.3 所示。对
于有斜交的剪力墙，可近似地将其刚度转换到主轴方向上再进行荷载的分配计算。
　　为使计算结果更符合实际，在计算剪力墙的内力和位移时，可以考虑纵、横向剪力墙
的共同工作，即纵墙（横墙）的一部分可以作为横墙（纵墙）的有效翼墙（翼缘宽度 b_f）。

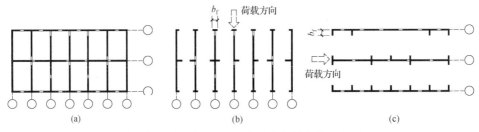

图 6.2.3 沿纵、横两个主轴方向剪力墙的分解

根据我国现行《混凝土结构设计规范》（GB 50010—2010）（2015 年版）规定，在承载力计算中，剪力墙的翼缘计算宽度可取剪力墙的间距、门窗洞间翼墙的宽度、剪力墙厚度加两侧各 6 倍翼墙厚度、剪力墙墙肢总高度的 1/10 四者中的最小值。我国现行《建筑抗震设计规范》（GB 50011—2010）（2016 年版）规定，结构计算内力和变形时，其抗震墙应计入端部翼墙的共同工作。翼墙的有效长度为，每侧由墙面算起可取相邻抗震墙净间距的一半、至门窗洞口的墙长度及抗震墙总高度的 15% 三者的最小值。

当剪力墙各墙段错开距离 a 不大于实体连接墙厚度 t 的 8 倍，且不大于 2.5m 时 [图 6.2.4（a）]，整片墙可以作为整体平面剪力墙考虑；计算所得的内力应乘以增大系数 1.2，等效刚度应乘以折减系数 0.8。折线形剪力墙当各墙段总转角不大于 15° 时，可按平面剪力墙考虑 [图 6.2.4（b）]。除上述两种情况外，对平面为折线形的剪力墙，不应将连续折线形剪力墙作为平面剪力墙计算；当将折线形（包括正交）剪力墙分为小段进行内力及位移计算时，应考虑在剪力墙转角处的竖向变形协调。

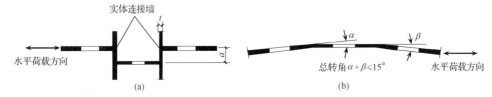

图 6.2.4 轴线错开剪力墙及折线形剪力墙

当剪力墙结构各层的刚度中心与各层水平荷载的合力作用点不重合时，应考虑结构扭转的影响，可按第 7.6 节的方法计算。当房屋的体型比较规则、结构布置和质量分布基本对称时，为简化计算，通常不考虑扭转影响。

2. 剪力墙结构平面协同工作分析

剪力墙结构房屋中可能包含几种类型的剪力墙，故在进行剪力墙结构的内力和位移计算时，可将剪力墙分为两大类：第一类包括整截面墙、整体小开口墙和联肢墙；第二类为壁式框架。

当结构单元内只有第一类剪力墙时，各片剪力墙的协同工作计算简图如图 6.2.5（a）所示，可按下述方法进行剪力墙结构的内力和位移计算。

（1）将作用在结构上的水平荷载等效为均布荷载、倒三角形分布荷载或顶点集中荷载，或等效为这三种荷载的某种组合。

（2）在每一种水平荷载作用下，计算结构单元内沿水平荷载作用方向的 m 片剪力墙的总等效刚度，即 $E_c I_{eq} = \sum\limits_{j=1}^{m} E_c I_{eq(j)}$。

（3）由于剪力墙结构中每一片墙承受的荷载是按照剪力墙的等效刚度进行分配，则对每一种水平荷载形式可根据剪力墙的等效刚度计算剪力墙结构中每一片剪力墙所承受的水平荷载。

（4）然后再根据每一片剪力墙所承受的水平荷载形式，计算各片剪力墙中连梁和墙肢的内力和位移。

当结构单元内同时有第一、二类墙体时，即既有整截面墙、整体小开口墙和联肢墙或其中的一种或两种，又有壁式框架时，各片剪力墙的协同工作计算简图如图 6.2.5（b）所示。此时先将水平荷载作用方向的所有第一类剪力墙合并为总剪力墙，将所有壁式框架合并为总框架，然后按照第 7 章框架-剪力墙铰接体系结构分析方法，求出水平荷载作用下总剪力墙的内力和位移。然后，根据总剪力墙的剪力确定其承受的等效水平荷载形式，再按第一类剪力墙的方法计算各片剪力墙中墙肢和连梁的内力。

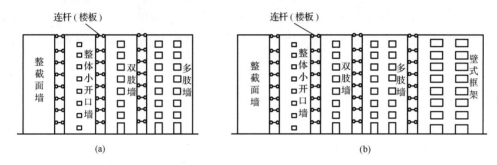

图 6.2.5　剪力墙平面协同工作计算简图

由上述可知，剪力墙结构体系在水平荷载作用下的计算问题就转变为单片剪力墙的计算，这也是本章的重点内容。

6.3　整截面墙的内力和位移计算

6.3.1　墙体截面内力

在水平荷载作用下，整截面墙可视为上端自由、下端固定的竖向悬臂杆件，如图 6.3.1 所示，其任意截面的弯矩和剪力可按照材料力学方法进行计算。

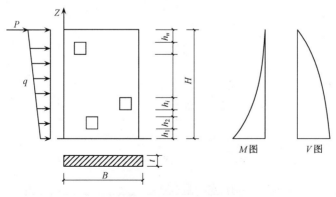

图 6.3.1　整截面墙计算简图

6.3.2 位移和等效刚度

由于剪力墙的截面高度较大，在计算位移时应考虑剪切变形的影响。同时，当墙面开有很小的洞口时，尚应考虑洞口对位移增大的影响。

在水平荷载作用下，整截面墙考虑弯曲变形和剪切变形的顶点位移计算公式为

$$u = \begin{cases} \dfrac{V_0 H^3}{8EI_w}\left(1 + \dfrac{4\mu EI_w}{GA_w H^2}\right) & \text{（均布荷载）} \\[3mm] \dfrac{11}{60} \cdot \dfrac{V_0 H^3}{EI_w}\left(1 + \dfrac{3.64\mu EI_w}{GA_w H^2}\right) & \text{（倒三角形分布荷载）} \\[3mm] \dfrac{V_0 H^3}{3EI_w}\left(1 + \dfrac{3\mu EI_w}{GA_w H^2}\right) & \text{（顶点集中荷载）} \end{cases} \tag{6.3.1}$$

式中：V_0 为墙底截面处的总剪力，等于全部水平荷载之和；H 为剪力墙总高度；E、G 分别为混凝土的弹性模量和剪变模量，当各层混凝土强度等级不同时沿竖向取加权平均值；A_w、I_w 分别为无洞口墙的墙腹板截面面积和惯性矩，对有洞口整截面墙，由于洞口的削弱影响，可按式（6.3.2）和式（6.3.3）计算，即

$$A_w = \left(1 - 1.25\sqrt{\dfrac{A_{op}}{A_o}}\right)A \tag{6.3.2}$$

$$I_w = \dfrac{\sum I_i h_i}{\sum h_i} \tag{6.3.3}$$

式中：A 为墙腹板截面毛面积；A_o、A_{op} 分别为墙立面总面积和墙立面洞口面积；I_i、h_i 分别为将剪力墙沿高度分为无洞口段及有洞口段后第 i 段的惯性矩（有洞口处应扣除洞口）和高度（图 6.3.1）；μ 为截面形状系数，矩形截面 $\mu=1.2$，I 形截面取墙全截面面积除以腹板截面面积，T 形截面形状系数按表 6.3.1 取值。

表 6.3.1　T 形截面形状系数 μ

h_w/t	μ					
	$b_f/t=2$	$b_f/t=4$	$b_f/t=6$	$b_f/t=8$	$b_f/t=10$	$b_f/t=12$
2	1.383	1.496	1.521	1.511	1.483	1.445
4	1.441	1.876	2.287	2.682	3.061	3.424
6	1.362	1.097	2.033	2.367	2.698	3.026
8	1.313	1.572	1.838	2.106	2.374	2.641
10	1.283	1.489	1.707	1.927	2.148	2.370
12	1.264	1.432	1.614	1.800	1.988	2.178
15	1.245	1.374	1.519	1.669	1.820	1.973
20	1.228	1.317	1.422	1.534	1.648	1.763
30	1.214	1.264	1.328	1.399	1.473	1.549
40	1.208	1.240	1.284	1.334	1.387	1.442

注：b_f 为翼缘宽度；t 为剪力墙的厚度；h_w 为剪力墙截面高度。

将式（6.3.1）代入式（6.2.1），可得到整截面墙的等效刚度计算公式为

$$EI_{eq} = \begin{cases} EI_w \Big/ \Big(1 + \dfrac{4\mu EI_w}{GA_w H^2}\Big) & \text{（均布荷载）} \\[2mm] EI_w \Big/ \Big(1 + \dfrac{3.64\mu EI_w}{GA_w H^2}\Big) & \text{（倒三角形分布荷载）} \\[2mm] EI_w \Big/ \Big(1 + \dfrac{3\mu EI_w}{GA_w H^2}\Big) & \text{（顶点集中荷载）} \end{cases} \quad (6.3.4)$$

为简化计算，可将式（6.3.4）写成统一公式，并取 $G=0.4E$，可得整截面墙的等效刚度计算公式

$$EI_{eq} = EI_w \Big/ \Big(1 + \dfrac{9\mu I_w}{A_w H^2}\Big) \quad (6.3.5)$$

引入等效刚度 EI_{eq}，可把剪切变形与弯曲变形综合成弯曲变形的表达形式，式（6.3.1）可进一步写成

$$u = \begin{cases} \dfrac{V_0 H^3}{8EI_{eq}} & \text{（均布荷载）} \\[2mm] \dfrac{11}{60} \cdot \dfrac{V_0 H^3}{EI_{eq}} & \text{（倒三角形分布荷载）} \\[2mm] \dfrac{V_0 H^3}{3EI_{eq}} & \text{（顶点集中荷载）} \end{cases} \quad (6.3.6)$$

6.4　双肢墙的内力和位移计算

双肢墙是由连梁将两墙肢联结在一起，且墙肢的刚度一般比连梁的刚度大得多。因此，双肢墙实际上相当于柱梁刚度比很大的一种框架，属于高次超静定结构，用一般的力学解法比较麻烦；为简化计算，可采用将连梁连续化的分析方法求解，此种解法通常称为连续连杆法。

6.4.1　基本假定

图 6.4.1（a）为双肢墙的计算简图，墙肢可以为矩形、I 形、T 形或 L 形截面，但均以截面的形心线作为墙肢的轴线，连梁一般取矩形截面。采用连续连杆法计算双肢墙的内力和位移时，基本假定如下。

（1）每一楼层处的连梁简化为沿该楼层均匀连续分布的连杆，即将墙肢仅在楼层标高处由连梁连接在一起的结构变为墙肢在整个高度上由连续连杆连接在一起的连续结构，如图 6.4.1（b）所示，从而为建立微分方程提供了条件。

（2）忽略连梁的轴向变形，故两墙肢在同一标高处的水平位移相等；同时还假定，在同一标高处两墙肢的转角和曲率亦相同。

（3）每层连梁的反弯点在梁的跨度中央。

（4）墙肢和连梁沿竖向的刚度及层高均不变，即层高 h、惯性矩 I_1、I_2、I_{b0} 及截面面积 A_1、A_2、A_b 等参数沿高度均为常数，从而使所建立的微分方程为常系数微分方程，便于求解。当截面尺寸或层高沿高度有变化时，可取几何平均值进行计算。

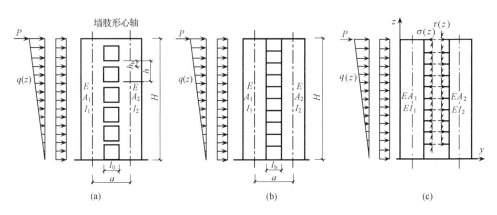

图 6.4.1 双肢墙的计算简图

6.4.2 微分方程的建立

将连续化后的连梁沿其跨度中央切开，可得到力法求解时的基本体系，如图 6.4.1（c）所示。由于连梁的跨中为反弯点，故在切开后的截面上只有剪力集度 $\tau(z)$ 和轴力集度 $\sigma(z)$，取 $\tau(z)$ 为多余未知力。根据变形连续条件，基本体系在外荷载、切口处轴力和剪力共同作用下，切口处沿未知力 $\tau(z)$ 方向上的相对位移应为零。该相对位移由下面几部分组成。

1）墙肢弯曲和剪切变形产生的相对位移

基本体系在外荷载、切口处轴力和剪力的共同作用下，墙肢将发生弯曲变形和剪切变形。由墙肢弯曲变形使切口处产生的相对位移 [图 6.4.2（a）] 为

$$\delta_1 = -a\theta_M \qquad (6.4.1)$$

式中：θ_M 为由于墙肢弯曲变形所产生的转角，规定以顺时针方向为正；a 为两墙肢轴线间的距离。

式（6.4.1）中的负号表示相对位移与假设的未知剪力 $\tau(z)$ 方向相反。

当墙肢发生剪切变形时，只在墙肢的上、下截面产生相对水平错动，此错动不会使连梁切口处产生相对竖向位移，故由墙肢剪切变形在切口处产生的相对位移为零，如图 6.4.2（b）所示。这一点可用结构力学中位移计算的图乘法予以证明。

2）墙肢轴向变形产生的相对位移

基本体系在外荷载、切口处轴力和剪力共同作用下，自两墙肢底至截面处的轴向变形差为切口所产生的相对位移 [图 6.4.2（c）]，即

$$\delta_2 = \int_0^z \frac{N(z)}{EA_1}\mathrm{d}z + \int_0^z \frac{N(z)}{EA_2}\mathrm{d}z = \frac{1}{E}\left(\frac{1}{A_1} + \frac{1}{A_2}\right)\int_0^z N(z)\mathrm{d}z$$

由图 6.4.2（c）所示的基本体系可知，水平外荷载及切口处的轴力仅使墙肢产生弯曲和剪切变形，并不使墙肢产生轴向变形，只有切口处的剪力 $\tau(z)$ 才使墙肢产生轴力和轴向变形。显然，z 截面处的轴力在数量上等于（$H-z$）高度范围内切口处的剪力之和，即

$$N(z) = \int_z^H \tau(z)\mathrm{d}z$$

故由于墙肢轴向变形产生的相对位移为

$$\delta_2 = \frac{1}{E}\left(\frac{1}{A_1} + \frac{1}{A_2}\right)\int_0^z\int_z^H \tau(z)\mathrm{d}z\mathrm{d}z \qquad (6.4.2)$$

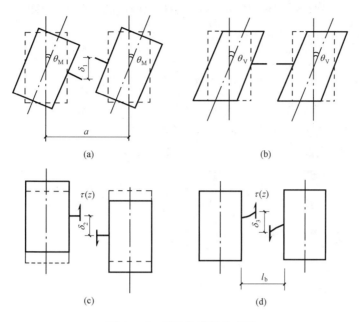

图 6.4.2　墙肢和连梁的变形

3）连梁弯曲和剪切变形产生的相对位移

由于连梁切口处剪力 $\tau(z)$ 的作用，连梁产生弯曲和剪切变形，则在切口处所产生的相对位移 [图 6.4.2 (d)] 为

$$\delta_3 = \delta_{3M} + \delta_{3V} = \frac{\tau(z)hl_b^3}{12EI_{b0}} + \frac{\mu\tau(z)hl_b}{GA_b} = \frac{\tau(z)hl_b^3}{12EI_{b0}}\left(1 + \frac{12\mu EI_{b0}}{GA_bl_b^2}\right)$$

或改写为

$$\delta_3 = \frac{hl_b^3}{12EI_b}\tau(z) \tag{6.4.3}$$

式中：h 为层高；l_b 为连梁的计算跨度，取 $l_b = l_0 + h_b/2$；h_b 为连梁的截面高度；l_0 为洞口宽度；A_b、I_{b0} 分别为连梁的截面面积和惯性矩；E、G 分别为混凝土的弹性模量和剪变模量；I_b 为连梁的折算惯性矩，当取 $G = 0.4E$ 时 I_b 为

$$I_b = \frac{I_{b0}}{1 + \frac{30\mu I_{b0}}{A_bl_b^2}} \tag{6.4.4}$$

根据基本体系在连梁切口处的变形连续条件，即

$$\delta_1 + \delta_2 + \delta_3 = 0$$

将式 (6.4.1)、式 (6.4.2)、式 (6.4.3) 代入上式得

$$a\theta_M - \frac{1}{E}\left(\frac{1}{A_1} + \frac{1}{A_2}\right)\iint_0^z\int_z^H \tau(z)\mathrm{d}z\mathrm{d}z - \frac{hl_b^3}{12EI_b}\tau(z) = 0 \tag{6.4.5}$$

将式 (6.4.5) 对 z 微分一次有

$$a\frac{\mathrm{d}\theta_M}{\mathrm{d}z} - \frac{1}{E}\left(\frac{1}{A_1} + \frac{1}{A_2}\right)\int_z^H \tau(z)\mathrm{d}z - \frac{hl_b^3}{12EI_b}\frac{\mathrm{d}\tau(z)}{\mathrm{d}z} = 0 \tag{6.4.6}$$

再对 z 微分一次有

$$a\frac{\mathrm{d}^2\theta_M}{\mathrm{d}z^2} + \frac{1}{E}\left(\frac{1}{A_1} + \frac{1}{A_2}\right)\tau(z) - \frac{hl_b^3}{12EI_b}\frac{\mathrm{d}^2\tau(z)}{\mathrm{d}z^2} = 0 \tag{6.4.7}$$

由图 6.4.1（c）所示的基本体系，可分别写出两墙肢的弯矩与其曲率的关系为

$$EI_1 \frac{\mathrm{d}^2 y_M}{\mathrm{d}z^2} = M_1 = M_p(z) - a_1 \int_z^H \tau(z)\mathrm{d}z - M_\sigma(z) \tag{6.4.8}$$

$$EI_2 \frac{\mathrm{d}^2 y_M}{\mathrm{d}z^2} = M_2 = -a_2 \int_z^H \tau(z)\mathrm{d}z + M_\sigma(z) \tag{6.4.9}$$

式中：M_1、M_2 为分别为墙肢 1、2 在计算截面 z 处的弯矩；$M_p(z)$ 为外荷载在计算截面 z 处所产生的弯矩，以顺时针为正；$M_\sigma(z)$ 为连续连杆轴力 $\sigma(z)$ 在计算截面 z 处所引起的弯矩；a_1、a_2 分别为连梁切口处至两墙肢形心轴线的距离，$a = a_1 + a_2$。

将式（6.4.8）和式（6.4.9）相加，可得

$$E(I_1 + I_2) \frac{\mathrm{d}^2 y_M}{\mathrm{d}z^2} = M_1 + M_2 = M_p(z) - a\int_z^H \tau(z)\mathrm{d}z \tag{6.4.10}$$

将式（6.4.10）对 z 微分一次得

$$E(I_1 + I_2) \frac{\mathrm{d}^2 \theta_M}{\mathrm{d}z^2} = V_p(z) + a\tau(z) \tag{6.4.11}$$

或写成

$$\frac{\mathrm{d}^2 \theta_M}{\mathrm{d}z^2} = \frac{1}{E(I_1 + I_2)}\left[V_p(z) + a\tau(z)\right] \tag{6.4.12}$$

式中：$V_p(z)$ 为外荷载在计算截面 z 处所产生的剪力，按式（6.4.13）计算：

$$V_p(z) = \begin{cases} -\left(1 - \dfrac{z}{H}\right)V_0 & \text{（均布荷载）} \\[2mm] -\left[1 - \left(\dfrac{z}{H}\right)^2\right]V_0 & \text{（倒三角形分布荷载）} \\[2mm] -V_0 & \text{（顶点集中荷载）} \end{cases} \tag{6.4.13}$$

将式（6.4.12）代入式（6.4.7），整理后可得

$$\frac{\mathrm{d}^2 \tau(z)}{\mathrm{d}z^2} - \frac{12I_b}{hl_b^3}\left[\frac{a^2}{I_1 + I_2} + \frac{A_1 + A_2}{A_1 A_2}\right]\tau(z) = \frac{12aI_b}{hl_b^3(I_1 + I_2)}V_p(z) \tag{6.4.14}$$

令

$$D = \frac{2a^2 I_b}{l_b^3}$$

$$S = \frac{aA_1 A_2}{A_1 + A_2}$$

$$\alpha_1^2 = \frac{6H^2 D}{h(I_1 + I_2)}$$

则式（6.4.14）可简化为

$$\frac{\mathrm{d}^2 \tau(z)}{\mathrm{d}z^2} - \frac{1}{H^2}\left(\alpha_1^2 + \frac{6H^2 D}{hSa}\right)\tau(z) = \frac{\alpha_1^2}{H^2 a}V_p(z) \tag{6.4.15}$$

再令

$$\alpha^2 = \alpha_1^2 + \frac{6H^2 D}{hSa} \tag{6.4.16}$$

可得到

$$\frac{\mathrm{d}^2 \tau(z)}{\mathrm{d}z^2} - \frac{\alpha^2}{H^2}\tau(z) = \frac{\alpha_1^2}{H^2 a}V_p(z) \tag{6.4.17}$$

式中：D 为连梁的刚度；S 为双肢墙对组合截面形心轴的面积矩；α_1 为连梁与墙肢刚度比（或为不考虑墙肢轴向变形时剪力墙的整体工作系数）；α 为剪力墙的整体工作系数。S 越大，α 越小，整体性越差。式（6.4.17）就是双肢墙的基本微分方程。

引入连续连杆对墙肢的线约束弯矩，表示剪力 $\tau(z)$ 对两墙肢的线约束弯矩之和（即单位高度上的约束弯矩），其表达式为

$$m(z) = a\tau(z) \tag{6.4.18}$$

则双肢墙的微分方程亦可表达为

$$\frac{\mathrm{d}^2 m(z)}{\mathrm{d}z^2} - \frac{\alpha^2}{H^2} m(z) = \frac{\alpha_1^2}{H^2} V_\mathrm{p}(z) \tag{6.4.19}$$

对常用的均布荷载、倒三角分布荷载和顶点集中荷载，将式（6.4.13）代入式（6.4.19），则双肢墙的微分方程可表达为

$$\frac{\mathrm{d}^2 m(z)}{\mathrm{d}z^2} - \frac{\alpha^2}{H^2} m(z) = \begin{cases} -\dfrac{\alpha_1^2}{H^2}\left(1 - \dfrac{z}{H}\right) V_0 & \text{（均布荷载）} \\[2mm] -\dfrac{\alpha_1^2}{H^2}\left[1 - \left(\dfrac{z}{H}\right)^2\right] V_0 & \text{（倒三角形分布荷载）} \\[2mm] -\dfrac{\alpha_1^2}{H^2} V_0 & \text{（顶点集中荷载）} \end{cases} \tag{6.4.20}$$

6.4.3　微分方程的求解

为简化微分方程，便于求解，引入变量 $\xi = \dfrac{z}{H}$，并令

$$\Phi(\xi) = m(\xi) \frac{\alpha^2}{\alpha_1^2} \frac{1}{V_0} \tag{6.4.21}$$

则式（6.4.20）可简化为

$$\frac{\mathrm{d}^2 \Phi(\xi)}{\mathrm{d}\xi^2} - \alpha^2 \Phi(\xi) = \begin{cases} -\alpha^2(1 - \xi) & \text{（均布荷载）} \\ -\alpha^2(1 - \xi^2) & \text{（倒三角形分布荷载）} \\ -\alpha^2 & \text{（顶点集中荷载）} \end{cases} \tag{6.4.22}$$

上述微分方程为二阶常系数非齐次线性微分方程，方程的解由齐次方程的通解

$$\Phi_1(\xi) = C_1 \operatorname{ch}(\alpha\xi) + C_2 \operatorname{sh}(\alpha\xi)$$

和特解

$$\Phi_2(\xi) = \begin{cases} 1 - \xi & \text{（均布荷载）} \\ 1 - \xi^2 - \dfrac{2}{\alpha^2} & \text{（倒三角形分布荷载）} \\ 1 & \text{（顶点集中荷载）} \end{cases}$$

两个部分相加组成，即

$$\Phi(\xi) = C_1 \operatorname{ch}(\alpha\xi) + C_2 \operatorname{sh}(\alpha\xi) + \begin{cases} 1 - \xi & \text{（均布荷载）} \\ 1 - \xi^2 - \dfrac{2}{\alpha^2} & \text{（倒三角形分布荷载）} \\ 1 & \text{（顶点集中荷载）} \end{cases} \tag{6.4.23}$$

式中：C_1 和 C_2 为任意常数，由下列边界条件确定：

（1）当 $z = 0$，即 $\xi = 0$ 时，墙底弯曲转角 θ_M 为零。

（2）当 $z=H$，即 $\xi=1$ 时，墙顶弯矩为零。

将边界条件（1）代入式（6.4.5）得

$$\tau(0) = 0$$

由式（6.4.18）和式（6.4.21），上式可写为

$$\Phi(0) = 0$$

由式（6.4.23）可得

$$C_1 = \begin{cases} -1 & \text{（均布荷载）} \\ \dfrac{2}{\alpha^2} - 1 & \text{（倒三角形分布荷载）} \\ -1 & \text{（顶点集中荷载）} \end{cases}$$

根据弯矩和曲率之间的关系，边界条件（2）可写为

$$\left.\frac{\mathrm{d}^2 y_M}{\mathrm{d}z^2}\right|_{z=H} = \left.\frac{\mathrm{d}\theta_M}{\mathrm{d}z}\right|_{z=H} = 0$$

将上式及 $z=H$ 代入式（6.4.6）得

$$\left.\frac{\mathrm{d}\tau(z)}{\mathrm{d}z}\right|_{z=H} = 0$$

或改写为

$$\left.\frac{\mathrm{d}\Phi(\xi)}{\mathrm{d}\xi}\right|_{\xi=1} = 0$$

由式（6.4.23）可得

$$C_2 = \begin{cases} \dfrac{1+\alpha\,\mathrm{sh}\alpha}{\alpha\,\mathrm{ch}\alpha} & \text{（均布荷载）} \\[3mm] \dfrac{2-\left(\dfrac{2}{\alpha^2}-1\right)\alpha\,\mathrm{sh}\alpha}{\alpha\,\mathrm{ch}\alpha} & \text{（倒三角形分布荷载）} \\[3mm] \dfrac{\mathrm{sh}\alpha}{\mathrm{ch}\alpha} & \text{（顶点集中荷载）} \end{cases}$$

将积分常数 C_1 和 C_2 的表达式代入式（6.4.23），得到微分方程的解，即

$$\Phi(\xi) = \begin{cases} -\dfrac{\mathrm{ch}\alpha(1-\xi)}{\mathrm{ch}\alpha} + \dfrac{\mathrm{sh}\alpha\xi}{\alpha\,\mathrm{ch}\alpha} + (1-\xi) & \text{（均布荷载）} \\[3mm] \left(\dfrac{2}{\alpha^2}-1\right)\left[\dfrac{\mathrm{ch}\alpha(1-\xi)}{\mathrm{ch}\alpha}-1\right] + \dfrac{2}{\alpha}\dfrac{\mathrm{sh}\alpha\xi}{\mathrm{ch}\alpha} - \xi^2 & \text{（倒三角形分布荷载）} \\[3mm] \dfrac{\mathrm{sh}\alpha}{\mathrm{ch}\alpha}\mathrm{sh}\alpha\xi - \mathrm{ch}\alpha\xi + 1 & \text{（顶点集中荷载）} \end{cases}$$

$$(6.4.24)$$

由式（6.4.24）可知，Φ 为 α 和 ξ 两个变量的函数。为便于应用，根据荷载类型、参数 α 和 ξ，将 Φ 值进行表格化，以供使用时查取；也可将上述公式进行编程直接计算求得。

以上利用连续化方法，根据连杆切口处相对竖向位移为零，可求得 $\tau(z)$。还可以利用切口处相对水平位移为零的条件，求得 $\sigma(z)$，然后计算墙肢及连梁内力。但考虑到双肢墙的特点，可以不求 $\sigma(z)$，通过整体考虑双肢墙的受力以求得墙肢及连梁的内力。

6.4.4　内力计算

由 6.4.3 节可知，$\tau(\xi)$、$m(\xi)$、$\Phi(\xi)$ 都是沿高度变化的连续函数，且连续连杆线约

束弯矩可表达为

$$m(\xi) = m_1(\xi) + m_2(\xi) = a_1\tau(\xi) + a_2\tau(\xi)$$

如将线约束弯矩 $m_1(\xi)$、$m_2(\xi)$ 分别施加在两墙肢上，则刚结连杆可变换成铰接连杆，如图 6.4.3 所示。铰接连杆只能保证两墙肢位移相等并传递轴力 $\sigma(z)$，这样，两墙肢独立工作，可按独立悬臂墙分析，其整体工作通过约束弯矩考虑。双肢墙第 i 层的内力作用情况如图 6.4.4 所示。

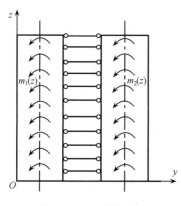

图 6.4.3　双肢墙简图

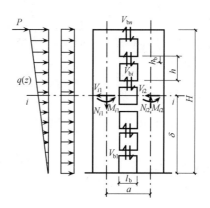

图 6.4.4　双肢墙的内力作用图

1）连梁内力

连续连杆的线约束弯矩为

$$m(\xi) = \Phi(\xi)\frac{\alpha_1^2}{\alpha^2}V_0 \tag{6.4.25}$$

第 i 层连梁的约束弯矩为

$$M_i(\xi) = m(\xi)h = \Phi(\xi)\frac{\alpha_1^2}{\alpha^2}V_0 h \tag{6.4.26}$$

第 i 层连梁的剪力和梁端弯矩分别为

$$V_{\mathrm{b}i} = \frac{M_i(\xi)}{a} \tag{6.4.27}$$

$$M_{\mathrm{b}i} = V_{\mathrm{b}i}\frac{l_{\mathrm{b}}}{2} \tag{6.4.28}$$

2）墙肢内力

第 i 层两墙肢的弯矩分别为

$$M_{i1} = \frac{I_1}{I_1 + I_2}\Big[M_{\mathrm{p}}(\xi) - \sum_{i}^{n}M_i(\xi)\Big] \tag{6.4.29a}$$

$$M_{i2} = \frac{I_2}{I_1 + I_2}\Big[M_{\mathrm{p}}(\xi) - \sum_{i}^{n}M_i(\xi)\Big] \tag{6.4.29b}$$

第 i 层两墙肢的剪力近似为

$$V_{i1} = \frac{I_1'}{I_1' + I_2'}V_{\mathrm{p}}(\xi) \tag{6.4.30a}$$

$$V_{i2} = \frac{I_2'}{I_1' + I_2'}V_{\mathrm{p}}(\xi) \tag{6.4.30b}$$

第 i 层第 j 墙肢的轴力为

$$N_{ij} = \sum_i^n V_{bi} \quad (j = 1,2) \tag{6.4.31a}$$

$$N_{i1} = -N_{i2} \tag{6.4.31b}$$

式中：I_1、I_2 分别为两墙肢对各自截面形心轴的惯性矩；I_1'、I_2' 分别为两墙肢的折算惯性矩，当取 $G = 0.4E$ 时，可按下式计算，即

$$I_j' = \frac{I_j}{1 + \dfrac{30\mu I_j}{A_j h^2}} \quad (j = 1,2) \tag{6.4.32}$$

A_1、A_2 分别为两墙肢的截面面积；$M_p(\xi)$、$V_p(\xi)$ 分别为第 i 层由于外荷载所产生的弯矩和剪力；n 为总层数。

6.4.5 位移和等效刚度

由于墙肢截面较宽，位移计算时应同时考虑墙肢弯曲变形和剪切变形的影响，即

$$y = y_M + y_V$$

式中：y_M、y_V 分别为墙肢弯曲变形和剪切变形所产生的水平位移。

墙肢弯曲变形所产生的位移可由式（6.4.10）求得，即

$$y_M = \frac{1}{E(I_1 + I_2)} \left[\int_0^z \int_0^z M_p(z) dz dz - \int_0^z \int_0^z \int_z^H a\tau(z) dz dz dz \right] \tag{6.4.33}$$

根据墙肢剪力与剪切变形的关系

$$G(A_1 + A_2) \frac{dy_V}{dz} = \mu V_p(z)$$

可求得墙肢剪切变形所产生的位移

$$y_V = \frac{\mu}{G(A_1 + A_2)} \int_0^z V_p(z) dz \tag{6.4.34}$$

引入无量纲参数 $\xi = z/H$，将 $\tau(\xi) = \Phi(\xi) \dfrac{\alpha_1^2}{\alpha^2} \dfrac{V_0}{a}$ 及水平外荷载产生的弯矩 $M_p(z)$ 和剪力 $V_p(z)$ 代入式（6.4.33）和式（6.4.34），经过积分并整理后可得双肢墙的位移计算公式为

$$y = \begin{cases} \dfrac{V_0 H^3}{2E(I_1 + I_2)} \xi^2 \left(\dfrac{1}{2} - \dfrac{1}{3}\xi + \dfrac{1}{12}\xi^2 \right) - \dfrac{\tau V_0 H^3}{E(I_1 + I_2)} \left[\dfrac{\xi(\xi - 2)}{2\alpha^2} \right. \\ \quad \left. - \dfrac{\mathrm{ch}\alpha\xi - 1}{\alpha^4 \mathrm{ch}\alpha} + \dfrac{\mathrm{sh}\alpha - \mathrm{sh}\alpha(1-\xi)}{\alpha^3 \mathrm{ch}\alpha} + \xi^2 \left(\dfrac{1}{4} - \dfrac{1}{6}\xi + \dfrac{1}{24}\xi^2 \right) \right] \\ \quad + \dfrac{\mu V_0 H}{G(A_1 + A_2)} \left(\xi - \dfrac{1}{2}\xi^2 \right) \qquad (均布荷载) \\[6pt] \dfrac{V_0 H^3}{3E(I_1 + I_2)} \xi^2 \left(1 - \dfrac{1}{2}\xi + \dfrac{1}{20}\xi^3 \right) - \dfrac{\tau V_0 H^3}{E(I_1 + I_2)} \left\{ \left(1 - \dfrac{2}{\alpha^2} \right) \right. \\ \quad \times \left[\dfrac{1}{2}\xi^2 - \dfrac{1}{6}\xi^5 - \dfrac{1}{\alpha^2}\xi + \dfrac{\mathrm{sh}\alpha - \mathrm{sh}\alpha(1-\xi)}{\alpha^3 \mathrm{ch}\alpha} \right] - \dfrac{2}{\alpha^4} \dfrac{\mathrm{ch}\alpha\xi - 1}{\mathrm{ch}\alpha} \\ \quad \left. + \dfrac{1}{\alpha^2}\xi^2 - \dfrac{1}{6}\xi^3 + \dfrac{1}{60}\xi^5 \right\} + \dfrac{\mu V_0 H}{G(A_1 + A_2)} \left(\xi - \dfrac{1}{3}\xi^3 \right) \quad (倒三角形分布荷载) \\[6pt] \dfrac{V_0 H^3}{3E(I_1 + I_2)} \left\{ \dfrac{1}{2}(1-\tau)(3\xi^2 - \xi^3) - \dfrac{\tau}{\alpha^3} \dfrac{3}{\mathrm{ch}\alpha} \left[\mathrm{sh}\alpha(1-\xi) \right. \right. \\ \quad \left. \left. + \xi\alpha \mathrm{ch}\alpha - \mathrm{sh}\alpha \right] \right\} + \dfrac{\mu V_0 H}{G(A_1 + A_2)} \qquad (顶点集中荷载) \end{cases} \tag{6.4.35}$$

当 $\xi=1$ 时，由式（6.4.35）可求得双肢墙的顶点位移

$$u = \begin{cases} \dfrac{V_0 H^3}{8E(I_1+I_2)}\left[1+\tau(\psi_a-1)+4\gamma^2\right] & \text{（均布荷载）} \\[3mm] \dfrac{11}{60}\dfrac{V_0 H^3}{E(I_1+I_2)}\left[1+\tau(\psi_a-1)+3.64\gamma^2\right] & \text{（倒三角形分布荷载）} \\[3mm] \dfrac{V_0 H^3}{3E(I_1+I_2)}\left[1+\tau(\psi_a-1)+3\gamma^2\right] & \text{（顶点集中荷载）} \end{cases} \quad (6.4.36)$$

式中：$\tau=\dfrac{\alpha_1^2}{\alpha^2}$ 为轴向变形影响系数；γ 为墙肢剪切变形系数，其表达式为

$$\gamma^2 = \frac{\mu E(I_1+I_2)}{H^2 G(A_1+A_2)} = \frac{2.5\mu(I_1+I_2)}{H^2(A_1+A_2)} \quad (6.4.37)$$

$$\psi_a = \begin{cases} \dfrac{8}{\alpha^2}\left(\dfrac{1}{2}+\dfrac{1}{\alpha^2}-\dfrac{1}{\alpha^2\,\mathrm{ch}\alpha}-\dfrac{\mathrm{sh}\alpha}{\alpha\,\mathrm{ch}\alpha}\right) & \text{（均布荷载）} \\[3mm] \dfrac{60}{11}\dfrac{1}{\alpha^2}\left(\dfrac{2}{3}+\dfrac{2\mathrm{sh}\alpha}{\alpha^3\,\mathrm{ch}\alpha}-\dfrac{2}{\alpha^2\,\mathrm{ch}\alpha}-\dfrac{\mathrm{sh}\alpha}{\alpha\,\mathrm{ch}\alpha}\right) & \text{（倒三角形分布荷载）} \\[3mm] \dfrac{3}{\alpha^2}\left(1-\dfrac{\mathrm{sh}\alpha}{\alpha\,\mathrm{ch}\alpha}\right) & \text{（顶点集中荷载）} \end{cases} \quad (6.4.38)$$

ψ_a 是 α 的函数，可编制计算机程序进行计算求得。

将式（6.4.36）代入式（6.2.1）可得双肢墙的等效刚度表达式

$$EI_{eq} = \begin{cases} \dfrac{E(I_1+I_2)}{1+\tau(\psi_a-1)+4\gamma^2} & \text{（均布荷载）} \\[3mm] \dfrac{E(I_1+I_2)}{1+\tau(\psi_a-1)+3.64\gamma^2} & \text{（倒三角形分布荷载）} \\[3mm] \dfrac{E(I_1+I_2)}{1+\tau(\psi_a-1)+3\gamma^2} & \text{（顶点集中荷载）} \end{cases} \quad (6.4.39)$$

则顶点位移仍可用式（6.3.6）计算。

6.4.6　双肢墙内力和位移分布特点

图 6.4.5 给出了某双肢墙按连续连杆法计算的双肢墙墙肢侧移 $y(\xi)$、连梁剪力 $\tau(\xi)$、墙肢轴力 $N(\xi)$ 及弯矩 $M(\xi)$ 沿高度的分布曲线。由图 6.4.5 可知，其内力和位移分布具有下述特点。

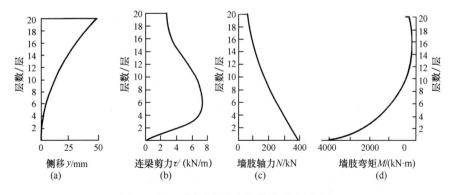

图 6.4.5　双肢墙的内力和位移分布特点

（1）双肢墙的侧移曲线呈弯曲型。α 值越大，墙的刚度越大，位移越小。

（2）连梁的剪力分布具有明显的特点。剪力最大（也是弯矩最大）的连梁不在底层，其位置和大小随 α 值而改变。当 α 值较大时，连梁剪力加大，剪力最大的连梁位置向下移。

（3）墙肢的轴力与 α 值有关。当 α 值增大时，连梁剪力增大，则墙肢轴力也加大。

（4）墙肢弯矩也与 α 值有关。因为 $M_{i1}+M_{i2}+N_{ij}a=M_p(z)$，随着 α 值增大，墙肢轴力增大，墙肢弯矩减小。

例 6.4.1 某 12 层双肢剪力墙，墙肢和连梁尺寸如图 6.4.6 所示。混凝土强度等级为 C30，承受图示倒三角形荷载，试计算此双肢墙的侧移和内力。

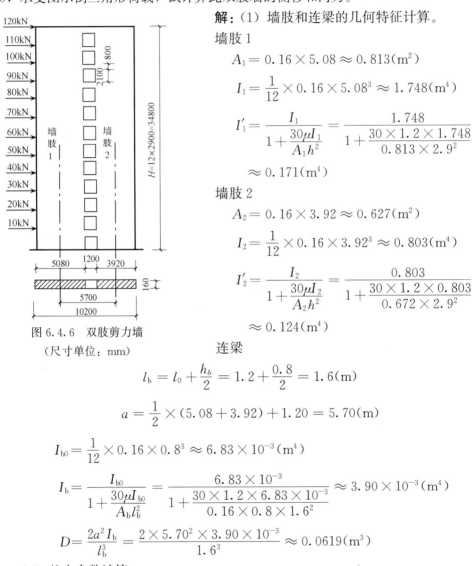

图 6.4.6 双肢剪力墙
（尺寸单位：mm）

解：（1）墙肢和连梁的几何特征计算。

墙肢 1

$$A_1 = 0.16 \times 5.08 \approx 0.813(\text{m}^2)$$

$$I_1 = \frac{1}{12} \times 0.16 \times 5.08^3 \approx 1.748(\text{m}^4)$$

$$I_1' = \frac{I_1}{1+\dfrac{30\mu I_1}{A_1 h^2}} = \frac{1.748}{1+\dfrac{30 \times 1.2 \times 1.748}{0.813 \times 2.9^2}}$$

$$\approx 0.171(\text{m}^4)$$

墙肢 2

$$A_2 = 0.16 \times 3.92 \approx 0.627(\text{m}^2)$$

$$I_2 = \frac{1}{12} \times 0.16 \times 3.92^3 \approx 0.803(\text{m}^4)$$

$$I_2' = \frac{I_2}{1+\dfrac{30\mu I_2}{A_2 h^2}} = \frac{0.803}{1+\dfrac{30 \times 1.2 \times 0.803}{0.672 \times 2.9^2}}$$

$$\approx 0.124(\text{m}^4)$$

连梁

$$l_b = l_0 + \frac{h_b}{2} = 1.2 + \frac{0.8}{2} = 1.6(\text{m})$$

$$a = \frac{1}{2} \times (5.08 + 3.92) + 1.20 = 5.70(\text{m})$$

$$I_{b0} = \frac{1}{12} \times 0.16 \times 0.8^3 \approx 6.83 \times 10^{-3}(\text{m}^4)$$

$$I_b = \frac{I_{b0}}{1+\dfrac{30\mu I_{b0}}{A_b l_b^2}} = \frac{6.83 \times 10^{-3}}{1+\dfrac{30 \times 1.2 \times 6.83 \times 10^{-3}}{0.16 \times 0.8 \times 1.6^2}} \approx 3.90 \times 10^{-3}(\text{m}^4)$$

$$D = \frac{2a^2 I_b}{l_b^3} = \frac{2 \times 5.70^2 \times 3.90 \times 10^{-3}}{1.6^3} \approx 0.0619(\text{m}^3)$$

（2）基本参数计算。

$$S = \frac{aA_1 A_2}{A_1 + A_2} = \frac{5.70 \times 0.813 \times 0.627}{0.813 + 0.627} \approx 2.018(\text{m}^3)$$

$$\alpha_1^2 = \frac{6H^2 D}{h(I_1 + I_2)} = \frac{6 \times 34.8^2 \times 0.0619}{2.9 \times (1.748 + 0.803)} \approx 60.80$$

$$\alpha^2 = \alpha_1^2 + \frac{6H^2D}{hSa} = 60.80 + \frac{6 \times 34.8^2 \times 0.0619}{2.9 \times 2.018 \times 5.70} \approx 74.28$$

$$\alpha = 8.62 \quad (1 \leqslant \alpha \leqslant 10，按双肢墙计算)$$

$$\gamma^2 = \frac{2.5\mu(I_1 + I_2)}{H^2(A_1 + A_2)} = \frac{2.5 \times 1.2 \times (1.748 + 0.803)}{34.8^2(0.813 + 0.627)} \approx 0.0044$$

$$\tau = \frac{\alpha_1^2}{\alpha^2} = \frac{60.80}{74.28} \approx 0.818$$

$$E = 3.0 \times 10^7 \, \text{kN/m}^2$$

由式（6.4.38）可求得 $\psi_a = 0.036$，则等效刚度为

$$EI_{eq} = \frac{E(I_1 + I_2)}{1 + \tau(\psi_a - 1) + 3.64\gamma^2} = \frac{3.0 \times 10^7 \times (1.748 + 0.803)}{1 + 0.818 \times (0.036 - 1) + 3.64 \times 0.0044}$$

$$\approx 3.36 \times 10^8 \, (\text{kN/m}^2)$$

（3）连梁内力计算。

双肢墙的底部剪力为 $V_0 = 780 \, \text{kN}$，由式（6.4.26）可求得第 i 层连梁的约束弯矩为

$$M_i(\xi) = \Phi(\xi) \frac{\alpha_1^2}{\alpha^2} V_0 h = \frac{60.80}{74.28} \times 780 \times 2.90 \Phi(\xi) \approx 1851.50\Phi(\xi)$$

由式（6.4.27）和式（6.4.28）可求得第 i 层连梁的剪力和梁端弯矩分别为

$$V_{bi} = \frac{M_i(\xi)}{a} = \frac{1851.50}{5.70}\Phi(\xi) \approx 324.82\Phi(\xi)$$

$$M_{bi} = V_{bi} \frac{l_b}{2} = 324.82 \times \frac{1.6}{2}\Phi(\xi) \approx 259.86\Phi(\xi)$$

根据连梁位置可得连梁的相对高度 ξ，由式（6.4.24）可求得 $\Phi(\xi)$，由此可计算求得各层连梁的内力，各层连梁剪力如图 6.4.7（a）所示，计算过程从略。

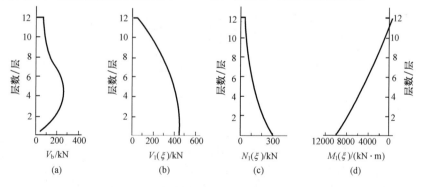

图 6.4.7　双肢墙连梁剪力及墙肢 1 内力图

（4）墙肢内力计算。

由式（6.4.29）～式（6.4.31）可求得两墙肢的内力分别为

$$M_{i1} = \frac{I_1}{I_1 + I_2}\left[M_p(\xi) - \sum_i^n M_i(\xi)\right] = 0.685 \times \left[M_p(\xi) - \sum_i^n M_i(\xi)\right]$$

$$M_{i2} = \frac{I_2}{I_1 + I_2}\left[M_p(\xi) - \sum_i^n M_i(\xi)\right] = 0.315 \times \left[M_p(\xi) - \sum_i^n M_i(\xi)\right]$$

$$V_{i1} = \frac{I_1'}{I_1' + I_2'} V_p(\xi) = 0.580 \times V_p(\xi)$$

$$V_{i2} = \frac{I_2'}{I_1' + I_2'} V_p(\xi) = 0.420 \times V_p(\xi)$$

$$N_{i1} = -N_{i2} = \sum_{i}^{n} V_{bi}$$

根据外荷载产生的弯矩 $M_p(\xi)$ 和剪力 $V_p(\xi)$ 及连梁的约束弯矩 $M_i(\xi)$ 可求得各墙肢的内力，墙肢 1 的剪力、轴力和弯矩分别如图 6.4.7（b）、（c）和（d）所示，计算过程从略。

（5）顶点位移计算。

$$u = \frac{11}{60} \frac{V_0 H^3}{EI_{eq}} = \frac{11}{60} \times \frac{780 \times 34.8^3}{3.36 \times 10^8} \approx 0.0179(\text{m})$$

6.5　多肢墙的内力和位移计算

6.5.1　微分方程的建立和求解

多肢墙仍采用连续连杆法进行内力和位移计算，其基本假定和基本体系的取法均与双肢墙类似。图 6.5.1（a）所示为有 m 列洞口、$m+1$ 列墙肢的多肢墙，将其每列连梁沿全高连续化 [图 6.5.1（b）]，并将每列连梁在反弯点处切开，则切口处作用有剪力集度 $\tau_j(z)$ 和轴力集度 $\sigma_j(z)$，从而可得到多肢墙用力法求解的基本体系 [图 6.5.1（c）]。同双肢墙的求解一样，根据切口处的变形连续条件，可建立 m 个微分方程。

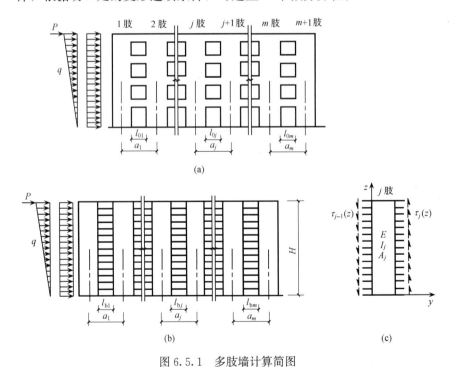

图 6.5.1　多肢墙计算简图

为简化计算，可采用将多肢墙合并在一起的近似解法，通过引入以下参数将多肢墙的计算公式表达为与双肢墙类似的形式，以便于应用。

$$m(z) = \sum_{j=1}^{m} m_j(z) \tag{6.5.1}$$

$$\eta_j = \frac{m_j(z)}{m(z)} \tag{6.5.2}$$

$$D_j = \frac{2I_{bj}a_j^2}{l_{bj}^3} \tag{6.5.3}$$

$$S_j = \frac{a_j A_j A_{j+1}}{A_j + A_{j+1}} \tag{6.5.4}$$

$$\alpha_1^2 = \frac{6H^2}{h \sum\limits_{j=1}^{m+1} I_j} \sum_{j=1}^{m} D_j \tag{6.5.5}$$

$$\alpha^2 = \alpha_1^2 + \frac{6H^2}{h} \sum_{j=1}^{m} \left[\frac{D_j}{a_j} \left(\frac{1}{S_j} \eta_j - \frac{1}{A_j a_{j-1}} \eta_{j-1} - \frac{1}{A_{j+1} a_{j+1}} \eta_{j+1} \right) \right] \tag{6.5.6}$$

式中: $m(z)$ 为标高 z 处各列连梁线约束弯矩的总和, 称为总线约束弯矩; η_j 为第 j 列连梁线约束弯矩与总线约束弯矩之比, 称为第 j 列连梁线约束弯矩分配系数; D_j 为第 j 列连梁的刚度系数; α_1 为未考虑墙肢轴向变形的整体工作系数; α 为多肢墙的整体工作系数。

通过引入上述参数, 所建立多肢墙的微分方程表达式与双肢墙相同, 其解与双肢墙的表达式完全一样, 即式 (6.4.24), 只是式中有关参数应按多肢墙计算。

6.5.2 约束弯矩分配系数

第 i 层 (对应于标高 z 或相对高度 ξ) 的总约束弯矩为

$$M_i(\xi) = \Phi(\xi) \frac{\alpha_1^2}{\alpha^2} V_0 h \tag{6.5.7}$$

或改写为

$$M_i(\xi) = \Phi(\xi) \tau V_0 h \tag{6.5.8}$$

式中: τ 为墙肢轴向变形影响系数, 其表达式为

$$\tau = \frac{\alpha_1^2}{\alpha^2} = 1 \div \left\{ 1 + \frac{\sum\limits_{j=1}^{m+1} I_j}{\sum\limits_{j=1}^{m} D_j} \sum_{j=1}^{m} \left[\frac{D_j}{a_j} \left(\frac{1}{S_j} \eta_j - \frac{1}{A_j a_{j-1}} \eta_{j-1} - \frac{1}{A_{j+1} a_{j+1}} \eta_{j+1} \right) \right] \right\}$$

多肢墙的轴向变形一般较小, 但当层数较多、连梁刚度较大时, 轴向变形影响也较大。轴向变形影响较大时, τ 值相应较小; 不考虑轴向变形时, 取 $\tau=1$。为简化计算, 一般规定为: 3~4 肢时取 $\tau=0.8$; 5~7 肢时取 $\tau=0.85$; 8 肢以上取 $\tau=0.9$。

每层连梁总约束弯矩按一定的比例分配到各列连梁, 则第 i 层第 j 列连梁的约束弯矩为

$$M_{ij}(\xi) = \eta_j M_i(\xi) \tag{6.5.9}$$

为确定连梁约束弯矩分配系数 η_j, 先讨论影响约束弯矩分布的下列主要因素。

(1) 各列连梁的刚度系数 D_j。连梁的刚度系数 D_j 表示连梁两端各产生转角 θ 时两端所需施加的力矩之和, 即 $M_{ij}(\xi)$ 与 D 成正比。因此 D_j 越大的连梁分配到的约束弯矩越大, 即约束弯矩分配系数 η_j 也越大。

(2) 多肢墙的整体工作系数 α。对整体性很好的墙, 即 $\alpha \to \infty$, 剪力墙截面的剪应力呈抛物线分布, 两边缘为零, 中间部位约为平均剪应力的 1.5 倍; 对整体性很差的墙, 即

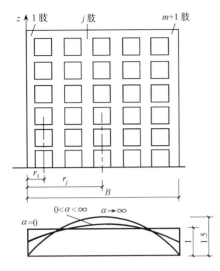

图 6.5.2　多肢墙墙肢剪应力分布图

（尺寸单位：mm）

$\alpha \rightarrow 0$，剪力墙截面的剪应力近似均匀分布；当墙的整体性介于两者之间时，即 $0 < \alpha < \infty$，剪力墙截面的剪应力与其平均值之比，在两边缘处于 $0 \sim 1$，在中间处于 $1 \sim 1.5$，如图 6.5.2 所示。由剪应力互等定律可知，各列连梁跨中处的竖向剪应力也符合上述分布。因为各列连梁的约束弯矩与其跨中剪应力成正比，故跨度中点剪应力较大的连梁，分配到的约束弯矩要大些，η_j 相应较大；反之，跨中剪应力较小的连梁，分配到的约束弯矩也越小，即 η_j 也较小。由截面剪应力分布可知，α 越小，各列连梁约束弯矩分布越平缓；α 越大，整体性越强，各列连梁约束弯矩分布呈现两边小中央大的趋势越明显。

（3）连梁的位置。连梁跨中的剪应力分布与连梁的水平位置 r_j/B 和竖向位置 $\xi = z/H$ 有关。在水平方向上，由前述分析可知，靠近中央部位的连梁跨中剪应力较大，而两侧连梁跨中剪应力较小。在竖直方向上，底部连梁跨中剪应力沿水平方向变化较平缓，上部连梁跨中剪应力呈中央大两侧小的趋势较明显。连梁的约束弯矩分布也与其剪应力分布具有相同的变化规律。

由上述分析可知，约束弯矩分配系数是连梁刚度系数 D_j、连梁的位置 r_j/B 和 $\xi = z/H$ 及剪力墙整体工作系数 α 的函数，可按下列经验公式计算，即

$$\eta_j = \frac{D_j \varphi_j}{\sum_{j=1}^{m} D_j \varphi_j} \qquad (6.5.10)$$

式中：η_j 为第 j 列连梁约束弯矩分配系数；φ_j 为第 j 列连梁跨中剪应力与剪力墙截面平均剪应力的比值，可按下列公式计算，即

$$\varphi_j = \frac{1}{1 + \dfrac{\alpha \xi}{2}} \left[1 + 3\alpha \xi \frac{r_j}{B} \left(1 - \frac{r_j}{B} \right) \right] \qquad (6.5.11)$$

式中：r_j 为第 j 列连梁跨度中点到墙边的距离（图 6.5.2）；B 为多肢墙的总宽度。

在实际计算中，为简化计算，可取 $\xi = 1/2$，则

$$\varphi_j = \frac{1}{1 + \alpha/4} \left[1 + 1.5\alpha \frac{r_j}{B} \left(1 - \frac{r_j}{B} \right) \right] \qquad (6.5.12)$$

因为在计算 α 时 η_j 尚为未知，一般可先按 $\alpha = \alpha_1$ 及 r_j/B 由式（6.5.12）求得 φ_j，待求出 η_j 后再进一步迭代；也可根据墙肢数，由墙肢轴向变形影响系数 $\tau = \alpha_1^2/\alpha^2$ 计算 α，然后再由式（6.5.12）求得 φ_j，进而求得连梁的约束弯矩分配系数 η_j。

6.5.3　内力计算

（1）连梁内力。

第 i 层连梁的总约束弯矩按式（6.5.8）计算，相应于第 j 列连梁的约束弯矩按式（6.5.9）计算，则第 i 层第 j 列连梁的剪力和梁端弯矩分别为

$$V_{bij} = M_{ij}(\xi)/a_j \tag{6.5.13a}$$

$$M_{bij} = V_{bij} \frac{l_{bj}}{2} \tag{6.5.13b}$$

（2）墙肢内力。

第 i 层第 j 墙肢的弯矩为

$$M_{wij} = \frac{I_j}{\sum I_j} \left[M_p(\xi) - \sum_i^n M_i(\xi) \right] \tag{6.5.14}$$

第 i 层第 j 墙肢的剪力近似为

$$V_{wij} = \frac{I'_j}{\sum I'_j} V_p(\xi) \tag{6.5.15}$$

第 i 层第 1、j、$m+1$ 墙肢的轴力分别为

$$N_{wi1} = \sum_i^n V_{bi1} \tag{6.5.16a}$$

$$N_{wij} = \sum_i^n \left[V_{bij} - V_{bi(j-1)} \right] \tag{6.5.16b}$$

$$N_{wi(m+1)} = \sum_i^n V_{bim} \tag{6.5.16c}$$

式中：I'_j 为第 j 墙肢考虑剪切变形后的折算惯性矩，当 $G=0.4E$ 时可按式（6.5.17）计算，即

$$I'_j = \frac{I_j}{1 + \dfrac{30\mu I_j}{A_j h^2}} \tag{6.5.17}$$

式中：A_j、I_j 分别为第 j 墙肢的截面面积和惯性矩；h 为层高；$M_p(\xi)$、$V_p(\xi)$ 为第 i 层由外荷载所产生的弯矩和剪力。

6.5.4 位移和等效刚度

多肢墙的位移须同时考虑弯曲变形和剪切变形的影响，即

$$y = y_M + y_V$$

根据墙肢弯矩和曲率的关系可得

$$y_M = \frac{1}{E \sum I_j} \left[\int_0^z \int_0^z M_p(z) \mathrm{d}z \mathrm{d}z - \int_0^z \int_0^z \int_z^H m(z) \mathrm{d}z \mathrm{d}z \mathrm{d}z \right]$$

根据墙肢的剪力和剪切变形关系可得

$$y_V = \frac{\mu}{G \sum A_j} \int_0^z V_p(z) \mathrm{d}z$$

由于 $m(z)$、$M_p(\xi)$、$V_p(\xi)$ 的表达式与双肢墙的相同，故多肢墙的顶点位移可表达为

$$u = \begin{cases} \dfrac{V_0 H^3}{8E \sum I_j} \left[1 + \tau(\psi_a - 1) + 4\gamma^2 \right] & \text{（均布荷载）} \\[3mm] \dfrac{11}{60} \dfrac{V_0 H^3}{E \sum I_j} \left[1 + \tau(\psi_a - 1) + 3.64\gamma^2 \right] & \text{（倒三角形分布荷载）} \\[3mm] \dfrac{V_0 H^3}{3E \sum I_j} \left[1 + \tau(\psi_a - 1) + 3\gamma^2 \right] & \text{（顶点集中荷载）} \end{cases} \tag{6.5.18}$$

式中：系数 τ、γ、ψ_a、$\sum I_j$ 等需按多肢墙考虑，对墙肢少、层数多、$H/B \geqslant 4$ 的细高剪力墙，可不考虑剪切变形的影响，取 $\gamma=0$。

将式（6.5.18）代入式（6.2.1）可得多肢墙的等效刚度：

$$EI_{eq} = \begin{cases} E\sum I_j / [1+\tau(\psi_a-1)+4\gamma^2] & \text{（均布荷载）} \\ E\sum I_j / [1+\tau(\psi_a-1)+3.64\gamma^2] & \text{（倒三角形分布荷载）} \\ E\sum I_j / [1+\tau(\psi_a-1)+3\gamma^2] & \text{（顶点集中荷载）} \end{cases} \quad (6.5.19)$$

则顶点位移仍可用式（6.3.6）计算。

6.6 整体小开口墙的内力和位移计算

6.6.1 整体弯曲和局部弯曲分析

对于联肢墙，墙肢截面上的正应力可看作是由两个部分弯曲应力组成：一部分是剪力墙作为整体悬臂墙产生的正应力，称为整体弯曲应力；另一部分是墙肢作为独立悬臂墙产生的正应力，称为局部弯曲应力。多肢墙截面正应力分布如图 6.6.1 所示。若引起整体弯曲应力的弯矩占总弯矩 $M_p(\xi)$ 的百分比为 k，引起局部弯曲应力的弯矩占总弯矩 $M_p(\xi)$ 的百分比为 $(1-k)$，则可将墙肢的弯矩写为

$$M_{ij} = kM_p(\xi)\frac{I_i}{I} + (1-k)M_p(\xi)\frac{I_j}{\sum I_j} \quad (6.6.1)$$

式中：k 为整体弯曲系数。

令式（6.6.1）与式（6.5.14）两式中的墙肢弯矩相等，可得

$$kM_p(\xi)\frac{I_i}{I} + (1-k)M_p(\xi)\frac{I_j}{\sum I_j} = \frac{I_j}{\sum I_j}\left[M_p(\xi) - \sum_i^n M_i(\xi)\right]$$

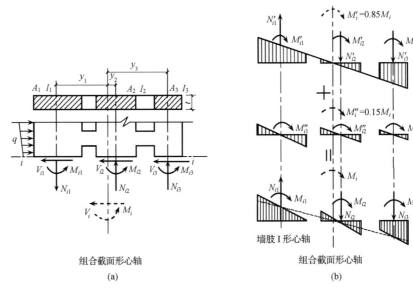

组合截面形心轴
(a)

组合截面形心轴
(b)

图 6.6.1 多肢墙截面正应力分布

将式（6.4.26）或式（6.5.7）代入，整理可得

$$k = \frac{V_0 H}{M_p(\xi)} \int_\xi^1 \Phi(\xi) \mathrm{d}\xi \qquad (6.6.2)$$

对常用的均布荷载、倒三角形分布荷载和顶点集中荷载，将式（6.4.24）代入式（6.6.2）可得

$$k = \begin{cases} \dfrac{2}{(1-\xi)^2}\left[\dfrac{1}{\alpha^2} + \dfrac{1}{2}(1-\xi)^2 - \dfrac{\mathrm{sh}\alpha(1-\xi)}{\alpha\mathrm{ch}\alpha} - \dfrac{\mathrm{ch}\alpha\xi}{\alpha^2\mathrm{ch}\alpha}\right] & \text{（均布荷载）} \\[3mm] \dfrac{3}{(1-\xi)^2(2+\xi)}\left\{\left(\dfrac{2}{\alpha^2}-1\right)\left[\dfrac{\mathrm{sh}\alpha(1-\xi)}{\alpha\mathrm{ch}\alpha} + \xi\right]\right. \\[3mm] \left. \quad -\dfrac{2\mathrm{ch}\alpha\xi}{\alpha^2\mathrm{ch}\alpha} + \dfrac{1}{3}\xi^3 + \dfrac{2}{3}\right\} & \text{（倒三角形分布荷载）} \\[3mm] \dfrac{1}{(1-\xi)}\left[1 - \xi - \dfrac{\mathrm{sh}\alpha(1-\xi)}{\alpha\mathrm{ch}\alpha}\right] & \text{（顶点集中荷载）} \end{cases}$$

对不同的楼层，即 ξ 变化时，在均布荷载、倒三角形分布荷载和顶点集中荷载作用下，α-k 关系曲线分别如图 6.6.2 所示。由图 6.6.2 可知，影响 k 的主要因素是整体工作系数 α。当 α 较小时，各截面的 k 均很小，说明墙肢中的局部弯曲应力较大，因为 α 较小表示连梁刚度相对较小，连梁对墙肢的约束弯矩也就较小，此时墙肢中弯矩较大而轴力较小，即接近独立悬臂墙的受力情况。当 α 增大时，k 也增大，表示连梁的相对刚度增大，对墙肢的约束弯矩也增大，此时墙肢中的弯矩减小而轴力加大。当 $\alpha > 10$ 时，相应的 k 都趋近于 1.0，表示墙肢弯矩以整体弯曲成分为主。

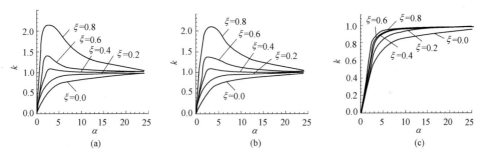

图 6.6.2　α-k 关系曲线

6.6.2　整体小开口墙内力和位移的实用计算

上述分析和试验研究均表明，当 $\alpha > 10$ 时，连梁的约束作用很强，各墙肢弯曲以整体弯曲为主，其受力性能接近整截面墙，整个墙在绕组合截面形心轴产生整体弯曲的同时，各墙肢还绕各自截面形心轴产生一定的局部弯曲。为简化计算，工程设计时可偏于保守地取 $k = 0.85$，即整体弯曲占 85%，局部弯曲占 15%。因此整体小开口墙的内力和位移可采用材料力学的公式进行计算，并考虑局部弯曲的影响做一些必要的修正。

1. 内力

先将整体小开口墙视为一个上端自由、下端固定的竖向悬臂构件，计算出标高 z 处（第 i 楼层）截面的总弯矩 M_i 和总剪力 V_i，再计算各墙肢的内力。

（1）墙肢的弯矩。

将总弯矩 M_i 分为两个部分，其一为产生整体弯曲的弯矩 M_i'，可取 $M_i' = 0.85M_i$，另

一为产生局部弯曲的局部弯矩 M''_i，可取 $M''_i = 0.15M_i$，如图 6.6.1（b）所示。第 j 墙肢承受的全部弯矩为

$$M_{ij} = M'_{ij} + M''_{ij} = \left(0.85 \frac{I_j}{I} + 0.15 \frac{I_j}{\sum I_j} \right) M_i \qquad (6.6.3)$$

式中：I_j 为第 j 墙肢对自身形心轴的截面惯性矩；I 为剪力墙组合截面的惯性矩，即所有墙肢对组合截面形心轴的惯性矩之和。应该指出，按式（6.6.3）计算的各墙肢总弯矩 $\sum M_{ij}$ 远小于荷载产生的总弯矩 M_i，不足部分由墙肢轴力产生的力矩来平衡。

（2）墙肢的剪力。

第 j 墙肢的剪力可近似按下式计算，即

$$V_{ij} = \frac{V_i}{2} \left(\frac{A_j}{\sum A_j} + \frac{I_j}{\sum I_j} \right) \qquad (6.6.4)$$

式中：A_j 为第 j 墙肢的截面面积；V_i 为第 i 层总剪力。

（3）墙肢的轴力。

由于局部弯曲并不在各墙肢中产生轴力，故各墙肢的轴力等于整体弯曲在各墙肢中所产生正应力的合力，如图 6.6.1（b）所示，即

$$N_{ij} = \bar{\sigma}_{ij} A_j$$

式中：$\bar{\sigma}_{ij}$ 为第 j 墙肢截面上正应力的平均值，等于该墙肢截面形心处的正应力，即

$$\bar{\sigma}_{ij} = \frac{M'_i}{I} y_j = 0.85 \frac{M_i}{I} y_j$$

则第 j 墙肢的轴力为

$$N_{ij} = 0.85 \frac{M_i}{I} y_j A_j \qquad (6.6.5)$$

式中：y_j 为第 j 墙肢形心轴至组合截面形心轴的距离。

当剪力墙多数墙肢基本均匀、又符合整体小开口墙的条件、但夹有个别细小墙肢时，由于细小墙肢会产生显著的局部弯曲，致使墙肢弯矩增大。此时，作为近似考虑，仍可按上述整体小开口墙计算内力，但细小墙肢端部宜附加局部弯矩的修正，即

$$\left.\begin{array}{l} M_{ij} = M_{ij0} + \Delta M_{ij} \\ \Delta M_{ij} = V_{ij} h_0 / 2 \end{array}\right\} \qquad (6.6.6)$$

式中：M_{ij0}、V_{ij} 分别为按整体小开口墙计算的第 i 层第 j 个细小墙肢的弯矩和剪力；ΔM_{ij} 为由于细小墙肢局部弯曲增加的弯矩；h_0 为细小墙肢洞口高度。

（4）连梁内力。

墙肢内力求得后，可按下式计算连梁的剪力和弯矩，即

$$V_{bij} = N_{ij} - N_{(i-1)j} \qquad (6.6.7)$$

$$M_{bij} = \frac{1}{2} l_{bj} V_{bij} \qquad (6.6.8)$$

式中：l_{bj} 为第 j 列连梁的计算跨度，取 $l_{bj} = l_{oj} + h_{bj}/2$；$l_{oj}$ 为第 j 列洞口的净宽，h_{bj} 为第 j 列连梁的截面高度。

2. 位移和等效刚度

试验研究和有限元分析表明，由于洞口的削弱，整体小开口墙的位移比按材料力学

计算的组合截面构件的位移增大约 20%，则整体小开口墙考虑弯曲和剪切变形后的顶点位移为

$$u = \begin{cases} 1.2 \times \dfrac{V_0 H^3}{8EI}\left(1+\dfrac{4\mu EI}{GAH^2}\right) & \text{（均布荷载）} \\[2mm] 1.2 \times \dfrac{11}{60}\dfrac{V_0 H^3}{EI}\left(1+\dfrac{3.64\mu EI}{GAH^2}\right) & \text{（倒三角形分布荷载）} \\[2mm] 1.2 \times \dfrac{V_0 H^3}{3EI}\left(1+\dfrac{3\mu EI}{GAH^2}\right) & \text{（顶点集中荷载）} \end{cases} \qquad (6.6.9)$$

式中：A 为截面总面积，即 $A = \sum A_j$。

将式（6.6.9）代入式（6.2.1），并取 $G=0.4E$，可将整体小开口墙的等效刚度写成统一公式，即

$$EI_{\text{eq}} = \frac{0.8E_c I}{1+\dfrac{9\mu I}{AH^2}} \qquad (6.6.10)$$

故整体小开口墙的顶点位移仍可按式（6.3.6）计算。

例 6.6.1　某 12 层钢筋混凝土整体小开口剪力墙，如图 6.6.3 所示，混凝土强度等级为 C25，承受倒三角形分布水平荷载。试计算其顶点位移和底层各墙肢的内力。

解：首先计算各墙肢的几何参数，见表 6.6.1。

组合截面的形心轴坐标为

$$x_0 = \frac{\sum A_j x_j}{\sum A_j} = \frac{5.925}{1.296} = 4.57(\text{m})$$

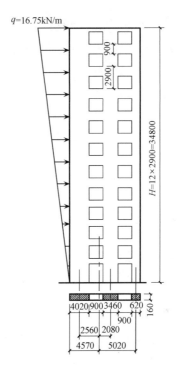

图 6.6.3　整体小开口墙（尺寸单位：mm）

表 6.6.1　各墙肢的几何参数计算

墙肢	A_j/m^2	x_j/m	$A_j x_j$	y_j/m	I_j/m^4	$A_j y_i^2$
1	0.643	2.01	1.292	2.56	0.866	4.21
2	0.554	6.65	3.684	2.08	0.552	2.40
3	0.099	9.59	0.949	5.02	0.003	2.49

组合截面的惯性矩为各墙肢对组合截面形心轴的惯性矩之和，即

$$I = \sum I_j + \sum A_j y_j^2 = 1.421 + 9.10 = 10.521(\text{m}^4)$$

底层墙底截面的总弯矩和总剪力分别为 $M_i = 6761.64\text{kN} \cdot \text{m}$，$V_i = 291.45\text{kN}$。根据整体小开口墙的内力计算公式，可求得各墙肢的内力，见表 6.6.2。由于墙肢 3 较细小，其弯矩还按式（6.6.6）计算了附加弯矩。表 6.6.2 中墙肢内力为负值时表示墙肢受压。

表 6.6.2　各墙肢底层的内力分配

墙肢	$\dfrac{A_j}{\sum A_j}$	$\dfrac{I_j}{\sum I_j}$	$\dfrac{A_j}{I}y_j$	$\dfrac{I_j}{I}$	各墙肢内力			底层墙肢内力		
					M_{ij}	N_{ij}	V_{ij}	$M_{1j}/$ (kN·m)	N_{1j}/kN	V_{1j}/kN
1	0.496	0.609	0.156	0.082	$0.161M_i$	$0.133M_i$	$0.553V_i$	1088.6	899.3	161.2
2	0.427	0.388	0.110	0.052	$0.102M_i$	$-0.094M_i$	$0.408V_i$	689.7	-635.6	118.9
3	0.076	0.002	0.047	0.0003	$0.0006M_i$	$-0.040M_i$	$0.039V_i$	15.4	-270.5	11.4

剪力墙混凝土强度等级为 C25，$E = 2.80 \times 10^7 \text{kN/m}$，故等效刚度为

$$EI_{eq} = \frac{0.8EI}{1 + \dfrac{9\mu I}{AH^2}} = \frac{0.8 \times 2.80 \times 10^7 \times 10.521}{1 + \dfrac{9 \times 1.2 \times 10.521}{1.296 \times 34.8^2}} \approx 21.976 \times 10^7 (\text{kN} \cdot \text{m}^2)$$

可求得顶点位移

$$u = \frac{11}{60} \frac{V_0 H^3}{EI_{eq}} = \frac{11}{60} \times \frac{291.45 \times 34.8^3}{21.976 \times 10^7} \approx 0.0102 (\text{m})$$

6.7　壁式框架的内力和位移计算

当剪力墙的洞口尺寸较大、连梁的线刚度又大于或接近墙肢的线刚度时，剪力墙的受力性能接近于框架。但由于墙肢和连梁的截面高度较大，节点区也较大，故计算时应将节点视为墙肢和连梁的刚域，按带刚域的框架（即壁式框架）进行分析。在水平荷载作用下，常用的分析方法有矩阵位移法和 D 值法等，本节仅介绍 D 值法。

6.7.1　计算简图

壁式框架［图 6.7.1（a）］的梁柱轴线取连梁和墙肢各自截面的形心线，为简化计算，一般认为楼层层高与上下连梁的间距相等，计算简图如图 6.7.1（b）所示。在梁柱相交的节点区，梁柱的弯曲刚度可认为无穷大而形成刚域，如图 6.7.1（c）所示，刚域的长度为

$$\left.\begin{array}{ll} l_{b1} = a_1 - 0.25h_b & l_{b2} = a_2 - 0.25h_b \\ l_{c1} = c_1 - 0.25h_c & l_{c2} = c_2 - 0.25h_c \end{array}\right\} \tag{6.7.1}$$

按式（6.7.1）计算的刚域长度小于零时，应取为零，即不考虑刚域的影响。

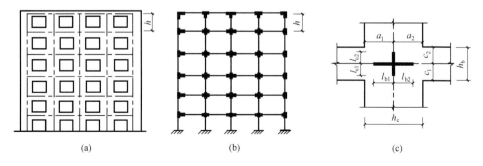

(a)　　　　　　　(b)　　　　　　　(c)

图 6.7.1　壁式框架计算简图

6.7.2　带刚域杆件的等效刚度

壁式框架与一般框架的区别主要有两点：一是梁柱杆端由于有刚域的存在，从而使杆件的刚度增大；二是梁柱截面高度较大，需考虑杆件剪切变形的影响。

1. 带刚域杆件考虑剪切变形的杆端转动刚度

图 6.7.2（a）为带刚域杆件，当两端均产生单位转角 $\theta=1$ 时所需的杆端弯矩称为杆端的转动刚度。现推导如下。

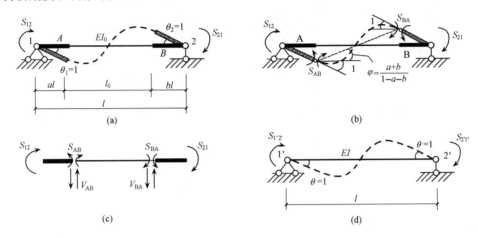

图 6.7.2　带刚域杆件计算简图

当杆端发生单位转角时，由于刚域作刚体转动，A、B 两点除产生单位转角外，还产生线位移 al 和 bl，使 AB 杆发生弦转角 φ [图 6.7.2（b）]，即

$$\varphi = \frac{al+bl}{l_0} = \frac{a+b}{1-a-b}$$

式中：a、b 分别为杆件两端的刚域长度系数。由结构力学可知，当 AB 杆件两端发生转角 $1+\varphi$ 时，考虑杆件剪切变形后的杆端弯矩为

$$S_{AB} = S_{BA} = \frac{6EI_0}{l}\frac{1}{(1-a-b)^2(1+\beta)} \tag{6.7.2}$$

AB 杆件相应的杆端剪力

$$V_{AB} = V_{BA} = -\frac{12EI_0}{l^2}\frac{1}{(1-a-b)^3(1+\beta)} \tag{6.7.3}$$

根据刚域段的平衡条件，如图 6.7.2（c）所示，可得到杆端 1、2 的弯矩，即杆端的转动刚度为

$$S_{12} = \frac{6EI_0}{l}\frac{1+a-b}{(1-a-b)^3(1+\beta)} \tag{6.7.4a}$$

$$S_{21} = \frac{6EI_0}{l}\frac{1-a+b}{(1-a-b)^3(1+\beta)} \tag{6.7.4b}$$

和杆端的约束弯矩

$$S = S_{12} + S_{21} = \frac{12EI_0}{l}\frac{1}{(1-a-b)^3(1+\beta)} \tag{6.7.5}$$

式中：β 为考虑杆件剪切变形影响的系数，当取 $G=0.4E$ 时，即

$$\beta = \frac{30\mu I_0}{A l_0^2} \tag{6.7.6}$$

其中，A、I_0 分别为杆件中段的截面面积和惯性矩。

2. 带刚域杆件的等效刚度

为简化计算，可将带刚域杆件用一个具有相同长度 l 的等截面受弯构件来代替，如图 6.7.2（d）所示，使两者具有相同的转动刚度，即

$$\frac{12EI}{l} = \frac{12EI_0}{l} \frac{1}{(1-a-b)^3(1+\beta)}$$

整理后可求得带刚域杆件的等效刚度

$$EI = EI_0 \eta_v \left(\frac{l}{l_0}\right)^3 \tag{6.7.7}$$

式中：EI_0 为杆件中段的截面抗弯刚度；l_0 为杆件中段的长度；$\left(\dfrac{l}{l_0}\right)^3$ 为考虑刚域影响对杆件刚度的提高系数；η_v 为考虑杆件剪切变形的刚度折减系数，取 $\eta_v = \dfrac{1}{1+\beta}$，为方便计算，可由表 6.7.1 查用。

表 6.7.1 η_v 值

h_b/l_0	η_v	h_b/l_0	η_v
0.0	1.00	0.6	0.48
0.1	0.97	0.7	0.41
0.2	0.89	0.8	0.34
0.3	0.79	0.9	0.29
0.4	0.68	1.0	0.25
0.5	0.57		

6.7.3 内力和位移计算

将带刚域杆件转换为具有等效刚度的等截面杆件后，可采用 D 值法进行壁式框架的内力和位移计算。

1. 带刚域柱的侧向刚度 D 值

带刚域柱的侧向刚度为

$$D = \alpha_c \frac{12K_c}{h^2} \tag{6.7.8}$$

式中：K_c 为考虑刚域和剪切变形影响后的柱线刚度，取 $K_c = \dfrac{EI}{h}$；EI 为带刚域柱的等效刚度，按式（6.7.7）计算；h 为层高；α_c 为柱侧向刚度的修正系数，由梁柱刚度比按表 5.4.1 中的规定计算（计算时梁柱均取其等效刚度，即将表 5.4.1 中 i_1、i_2、i_3 和 i_4 用 K_1、K_2、K_3 和 K_4 来代替）；K_1、K_2、K_3、K_4 分别为上、下层带刚域梁按等效刚度计

算的线刚度。

2. 带刚域柱反弯点高度比的修正

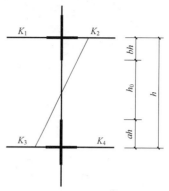

图 6.7.3　带刚域柱反弯点
计算简图

带刚域柱（图 6.7.3）应考虑柱下端刚域长度 ah，其反弯点高度比应按下式确定，即

$$y = a + \frac{h_0}{h}y_n + y_1 + y_2 + y_3 \qquad (6.7.9)$$

式中：h_0 为柱中段的高度；h_0/h 为柱端刚域长度的影响系数；y_n 为标准反弯点高度比，可根据结构总层数 m、所计算的楼层 n 及 $\overline{K}$ 查附录 2～附录 4 求得；$\overline{K}$ 为梁柱的线刚度比，按下式确定：

$$\overline{K} = \frac{K_1 + K_2 + K_3 + K_4}{2i_c}\left(\frac{h_0}{h}\right)^2 \qquad (6.7.10)$$

其中，i_c 为不考虑刚域及剪切变形影响时柱的线刚度，取 $i_c = \dfrac{EI_0}{h}$；y_1 为上、下层梁线刚度变化时反弯点高度比的修正值，根据 $\overline{K}$ 及 $\alpha_1 = \dfrac{K_1 + K_2}{K_3 + K_4}$ 查附录 5 求得；y_2、y_3 为上、下层层高变化时反弯点高度比的修正值，根据 $\overline{K}$ 及 $\alpha_1 = h_上/h$ 或 $\alpha_2 = h_下/h$ 查附录 6 求得。

采用 D 值法进行壁式框架内力和位移计算的步骤与一般框架结构相同，详见 5.4.2 小节。

6.8　剪力墙分类的判别

剪力墙结构设计时，应首先判别各片剪力墙属于哪一种类型，然后由协同工作分析计算各片剪力墙所分配的荷载，再采用相应的计算方法计算各墙肢和连梁的内力。本节讨论剪力墙的分类判别问题。

6.8.1　各类剪力墙的受力特点

由于各类剪力墙洞口大小、位置及数量的不同，在水平荷载作用下其受力特点也不同。这主要表现为两点：一是各墙肢截面上的正应力分布；二是沿墙肢高度方向上弯矩的变化规律，如图 6.8.1 所示。

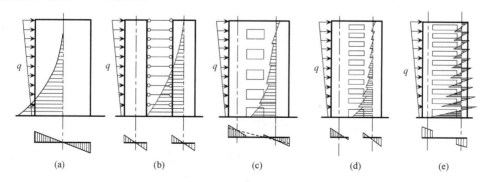

图 6.8.1　各类剪力墙的受力特点

（1）整截面墙的受力状态如同竖向悬臂构件，截面正应力呈直线分布，沿墙的高度方向弯矩图既不发生突变也不出现反弯点，如图 6.8.1（a）所示。变形曲线以弯曲型为主。

（2）独立悬臂墙是指墙面洞口很大、连梁刚度很小、墙肢的刚度又相对较大时，即 α 很小（$\alpha \leqslant 1$）的剪力墙。此时连梁的约束作用很弱，犹如铰接于墙肢上的连杆，每个墙肢相当于一个独立悬臂墙，墙肢轴力接近为零，各墙肢自身截面上的正应力呈直线分布，弯矩图既不发生突变也无反弯点，如图 6.8.1（b）所示，变形曲线以弯曲型为主。

（3）整体小开口墙的洞口较小，连梁刚度很大，墙肢的刚度相对较小，即 α 很大。此时连梁的约束作用很强，墙的整体性很好，水平荷载产生的弯矩主要由墙肢的轴力负担，墙肢弯矩较小，弯矩图有突变，但基本上无反弯点，截面正应力接近于直线分布，如图 6.8.1（c）所示。变形曲线仍以弯曲型为主。

（4）双肢墙（联肢墙）介于整体小开口墙和独立悬臂墙之间，连梁对墙肢有一定的约束作用，墙肢弯矩图有突变，并且有反弯点存在（仅在一些楼层），墙肢局部弯矩较大，整个截面正应力已不再呈直线分布，如图 6.8.1（d）所示。变形曲线为弯曲型。

（5）壁式框架的洞口较宽，连梁与墙肢的截面弯曲刚度接近，墙肢中的弯矩与框架柱相似，其弯矩图不仅在楼层处有突变，而且在大多数楼层中都出现反弯点，如图 6.8.1（e）所示。变形曲线呈整体剪切型。

由上可知，由于连梁对墙肢的约束作用，使墙肢弯矩产生突变，突变值的大小主要取决于连梁与墙肢的相对刚度比。

6.8.2　剪力墙分类的判别

由各类剪力墙的受力特点可知，剪力墙类别的划分应考虑两个主要因素：一是各墙肢间的整体性，由剪力墙的整体工作系数 α 来反映；二是沿墙肢高度方向是否会出现反弯点，出现反弯点的层数越多，其受力性能越接近于壁式框架。

1. 剪力墙的整体性

剪力墙因洞口尺寸不同而形成不同宽度的连梁和墙肢，其整体性能取决于连梁与墙肢的相对刚度，用剪力墙整体工作系数 α 来表示。现以双肢墙为例来说明。

由式（6.4.16）可得

$$\alpha^2 = \alpha_1^2 + \frac{6H^2 D}{hSa} = \alpha_1^2 \left(\frac{Sa + I_1 + I_2}{Sa} \right) = \frac{\alpha_1^2}{\tau} \qquad (6.8.1)$$

$$\tau = \frac{Sa}{Sa + I_1 + I_2} \qquad (6.8.2)$$

当不考虑墙肢轴向变形时，$\tau = 1$，即 $\alpha^2 = \alpha_1^2$；当考虑墙肢轴向变形时，$\tau < 1$，连梁与墙肢的刚度比将增大为 α，即相当于墙肢刚度变小了。因此，α 既反映了连梁与墙肢的刚度比，同时又考虑了墙肢轴向变形的影响。

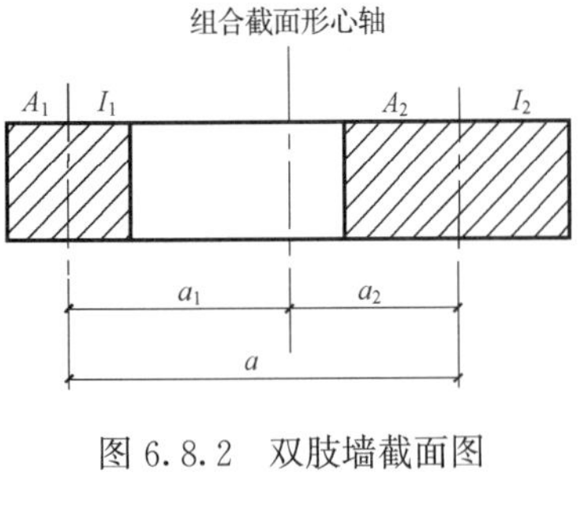

如图 6.8.2 所示，双肢墙组合截面的惯性矩为

$$I = I_1 + I_2 + A_1 a_1^2 + A_2 a_2^2 = I_1 + I_2 + I_n$$

因为

图 6.8.2　双肢墙截面图

$$A_1 a_1 = A_2 a_2, \quad a = a_1 + a_2$$

则

$$a_1 = \frac{A_2}{A_1 + A_2} a$$

$$a_2 = \frac{A_1}{A_1 + A_2} a$$

$$I_n = A_1 a_1^2 + A_2 a_2^2 = A_1 \left(\frac{A_2}{A_1 + A_2} a \right)^2 + A_2 \left(\frac{A_1}{A_1 + A_2} a \right)^2 \tag{6.8.3}$$

$$= \frac{A_1 A_2 a}{A_1 + A_2} a = Sa$$

$$Sa = I_n = I - I_1 - I_2 \tag{6.8.4}$$

将式（6.8.4）代入式（6.8.1），并将 α_1、D 也代入式（6.8.1）可得

$$\alpha^2 = \alpha_1^2 \frac{I}{I - I_1 - I_2} = \frac{12 H^2 I_b a^2}{h l_b^3 (I_1 + I_2)} \frac{I}{I - I_1 - I_2}$$

$$\alpha = H \sqrt{\frac{12 I_b a^2}{h l_b^3 (I_1 + I_2)} \frac{I}{I - I_1 - I_2}} \tag{6.8.5}$$

式中：$I_b / (I_1 + I_2)$ 反映了连梁与墙肢刚度比的影响，即洞口尺寸的影响；$I / (I - I_1 - I_2)$ 反映了洞口宽窄的影响，即洞口形状的影响。

由式（6.8.2）和式（6.8.4）可得

$$\tau = \frac{I_n}{I_1 + I_2 + I_n} = \frac{I_n}{I} \tag{6.8.6}$$

因此式（6.8.5）可写成

$$\alpha = H \sqrt{\frac{12 I_b a^2}{\tau h l_b^3 (I_1 + I_2)}} \tag{6.8.7}$$

同理可得出多肢墙的整体工作系数为

$$\alpha = H \sqrt{\frac{12}{\tau h \sum\limits_{j=1}^{m+1} I_j} \sum\limits_{j=1}^{m} \frac{I_{bj} a_j^2}{l_{bj}^3}} \tag{6.8.8}$$

由式（6.8.7）和式（6.8.8）可知，α 越大，表明连梁的相对刚度越大，墙肢刚度相对较小，连梁对墙肢的约束作用也较大，墙的整体工作性能越好，接近于整截面墙或整体小开口墙。

由式（6.4.24）可知，当 α 趋于零时，$\Phi(\xi)$ 也趋于零，则相应的约束弯矩也趋于零，说明这相当于独立悬臂墙的受力情况（图 6.8.1）；当 α 增大时，$\Phi(\xi)$ 逐渐增大，则连梁的约束作用也逐渐加强；当 $\alpha > 10$ 时，除靠近底部（$\xi = 0$）和顶部（$\xi = 1$）处外，$\Phi(\xi)$ 变化已很小，可以认为 α 趋于无穷大，这相当于连梁约束弯矩作用很大，接近于整截面墙或整体小开口墙的受力情况。

由以上分析可见，α 反映了连梁对墙肢约束作用的程度，对剪力墙的受力特点影响很大。因此，α 可作为剪力墙分类的判别准则之一。

2. 墙肢惯性矩比 I_n / I

剪力墙分类时，在一般情况下利用其整体工作系数 α 是可以说明问题的，但也有例外情况。例如，对洞口很大的壁式框架，当连梁比墙肢线刚度大很多时，则计算的 α 也很大，表

示它具有很好的整体性。虽然壁式框架与整截面墙或整体小开口墙都有很大的 α 值，但从二者弯矩图分布来看，壁式框架与整截面墙或整体小开口墙是受力特点完全不同的剪力墙，因此，除根据 α 进行剪力墙分类判别外，还应沿高度方向判别墙肢弯矩图是否会出现反弯点。

墙肢是否出现反弯点，与墙肢惯性矩的比值 I_n/I、整体性系数 α 和层数 n 等多种因素有关。I_n/I 反映了剪力墙截面削弱的程度，I_n/I 大，说明截面削弱较多，洞口较宽，墙肢相对较弱。当 I_n/I 增大到某一值时，墙肢表现出框架柱的受力特点，即沿高度方向出现反弯点。因此，通常将 I_n/I 作为剪力墙分类的第二个判别准则。判别墙肢出现反弯点时 I_n/I 的界限值用 ζ 表示，ζ 与 α 和层数 n 有关，可按表 6.8.1 查得。

表 6.8.1　系数 ζ 的数值

α	ζ					
	$n=8$	$n=10$	$n=12$	$n=16$	$n=20$	$n\geqslant30$
10	0.886	0.948	0.975	1.000	1.000	1.000
12	0.866	0.924	0.950	0.994	1.000	1.000
14	0.853	0.908	0.934	0.978	1.000	1.000
16	0.844	0.896	0.923	0.964	0.988	1.000
18	0.836	0.888	0.914	0.952	0.978	1.000
20	0.831	0.880	0.906	0.945	0.970	1.000
22	0.827	0.875	0.901	0.940	0.965	1.000
24	0.824	0.871	0.897	0.936	0.960	0.989
26	0.822	0.867	0.894	0.932	0.955	0.986
28	0.820	0.864	0.890	0.929	0.952	0.982
$\geqslant30$	0.818	0.861	0.887	0.926	0.950	0.979

3. 剪力墙分类判别式

根据整体工作系数 α 和墙肢惯性矩比 I_n/I，剪力墙分类的判别如下。

（1）当剪力墙无洞口或虽有洞口但洞口面积与墙面面积之比不大于 0.16，且洞口净距及洞口边至墙边距离大于洞口长边尺寸时，可按整截面墙进行计算。

（2）当 $\alpha<1$ 时，可不考虑连梁的约束作用，各墙肢分别按独立的悬臂墙进行计算。

（3）当 $1\leqslant\alpha<10$ 时，可按联肢墙进行计算。

（4）当 $\alpha\geqslant10$，且 $I_n/I\leqslant\zeta$ 时，可按整体小开口墙进行计算。

（5）当 $\alpha\geqslant10$，且 $I_n/I>\zeta$ 时，可按壁式框架进行计算。

6.9　剪力墙截面设计和构造要求

剪力墙属于截面高度较大而厚度相对很小的"片"状构件，具有较大的承载力和平面内刚度，各种类型剪力墙的破坏形态和配筋构造既有共性，又各有其特殊性。剪力墙通常可分为墙肢和连梁两类构件，设计时应分别计算出水平荷载和竖向荷载作用下的内力，经内力组合后可进行截面的配筋计算。

本节剪力墙的构造要求，主要按抗震等级一、二、三、四级和非抗震设计来考虑。对于特一级剪力墙则未予列出，具体见《高层规程》。

6.9.1　剪力墙的厚度和混凝土强度等级

剪力墙的厚度一般根据结构的刚度和承载力要求确定，此外墙厚还应考虑平面外稳定、开裂、减轻自重、轴压比的要求等因素。为了保证剪力墙出平面的刚度和稳定性能，《高层规程》7.2.1 条规定了剪力墙截面的最小厚度，也是高层建筑剪力墙截面厚度的最低要求。表 6.9.1 为剪力墙截面最小厚度。剪力墙的厚度应符合墙体稳定验算的要求，并应满足剪力墙截面最小厚度的规定。此外，剪力墙厚度还应满足剪力墙的受剪截面限制条件、正截面受压承载力和轴压比限值要求。剪力墙井筒中，墙体数量多，且无支长度不大，为了减轻结构自重，其分隔电梯井或管道井的墙肢截面厚度可适当减小，但不宜小于 160mm。短肢剪力墙截面厚度除应符合上述要求外，底部加强部位尚不应小于 200mm，其他部位尚不应小于 180mm。

表 6.9.1　剪力墙截面最小厚度

抗震等级	剪力墙部位	最小厚度/mm	
		有端柱或翼墙	无端柱或无翼墙
一、二级	底部加强部位	200	220
	其他部位	160	180
三、四级	底部加强部位	160	180
	其他部位	160	160
非抗震设计		160	160

在一些情况下，剪力墙厚度还与剪力墙的无支长度有关，无支长度小，有利于保证剪力墙出平面的刚度和稳定，墙体厚度可适当减小。无支长度是指沿剪力墙长度方向没有平面外横向支承墙的长度。

为了保证剪力墙的承载能力及变形性能，混凝土强度等级不宜太低，宜采用高强高性能混凝土。剪力墙结构的混凝土强度等级不应低于 C25；筒体结构中剪力墙的混凝土强度等级不宜低于 C30。

6.9.2　剪力墙的加强部位

在水平地震作用下，通常剪力墙的底部截面弯矩最大，当钢筋屈服以后出现塑性铰，并随钢筋屈服的范围扩大而形成塑性铰区。同时，塑性铰区也是剪力最大的部位，斜裂缝常常在这个部位出现，且分布在一定的范围，反复荷载作用就形成交叉裂缝，可能出现剪切破坏。抗震设计时，为保证剪力墙底部出现塑性铰后具有足够大的延性，应对可能出现塑性铰的部位加强抗震措施，包括提高其抗剪切破坏的能力，设置约束边缘构件等，该加强部位称为剪力墙的"底部加强部位"。

一般情况下，剪力墙底部塑性铰区发展高度约为墙肢截面高度 h_w，但是为安全起见，设计时加强部位范围应适当扩大。剪力墙底部加强部位的范围应满足《高层规程》7.1.4 条的规定。抗震设计时，剪力墙底部加强部位的高度，应从地下室顶板算起，可取底部两层和墙体总高度的 1/10 两者的较大值；部分框支剪力墙结构，由于结构传力路径复杂、内力变化较大，剪力墙底部加强范围也增大，剪力墙（包括落地剪力墙和转换构件上部的剪力墙）底部加强部位的高度宜取至转换层以上两层且不宜小于房屋高度的 1/10；当结构计算嵌固端位于地下一层底板或以下时，底部加强部位宜延伸到计算嵌固端。

6.9.3　剪力墙内力设计值的调整

一级抗震等级的剪力墙，应按照设计意图控制塑性铰出现在底部加强部位，在其他部位则应保证不出现塑性铰，因此，对一级抗震等级的剪力墙，各截面的内力设计值应符合下列规定（图 6.9.1）。

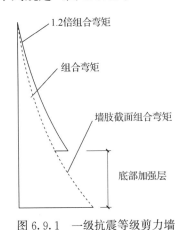

图 6.9.1　一级抗震等级剪力墙
各截面弯矩的调整

（1）底部加强部位应按墙肢截面地震组合弯矩设计值采用。组合剪力设计值须调整，见下述有关规定。

（2）其他部位的墙肢组合弯矩设计值和剪力设计值应乘以增大系数，弯矩增大系数为 1.2，剪力增大系数可取为 1.3。

对于双肢剪力墙，如果有一个墙肢出现小偏心受拉，该墙肢可能会出现水平通缝而失去受剪承载力，则由荷载产生的剪力将全部转移给另一个墙肢，导致其受剪承载力不足，因此在双肢墙中墙肢不宜出现小偏心受拉。当墙肢出现大偏心受拉时，墙肢会出现裂缝，使其刚度降低，剪力将在两墙肢中进行重分配，此时，可将另一墙肢按弹性计算的弯矩设计值和剪力设计值乘以增大系数 1.25，以提高其承载力。

抗震设计时，为了实现强剪弱弯的原则，剪力设计值应予以调整。为方便计算，一、二、三级剪力墙底部加强部位的剪力设计值由计算组合剪力值乘以增大系数，按一、二、三级的不同要求，增大系数不同；对 9 度一级抗震剪力墙，其底部加强部位要求用实际抗弯配筋计算的受弯承载力反算其设计剪力，比较符合实际情况。根据《高层规程》规定，底部加强部位剪力墙截面的剪力设计值，一、二、三级时应按式（6.9.1）调整，9 度一级剪力墙应按式（6.9.2）调整；二、三级的其他部位及四级时可不调整，即

$$V = \eta_{vw} V_w \tag{6.9.1}$$

$$V = 1.1 \frac{M_{wua}}{M_w} V_w \tag{6.9.2}$$

式中：V 为底部加强部位剪力墙截面剪力设计值；V_w 为底部加强部位剪力墙截面考虑地震作用组合的剪力计算值；M_{wua} 为剪力墙正截面抗震受弯承载力，应考虑承载力抗震调整系数 γ_{RE}、采用实配纵筋面积、材料强度标准值和组合的轴力设计值等计算，有翼墙时应计入墙两侧各一倍翼墙厚度范围内的纵向钢筋；M_w 为底部加强部位剪力墙底截面弯矩的组合计算值；η_{vw} 为剪力增大系数，一级为 1.6，二级为 1.4，三级为 1.2。

短肢剪力墙的底部加强部位应按式（6.9.1）和式（6.9.2）调整剪力设计值，其他各层一、二、三级时剪力设计值应分别乘以增大系数 1.4、1.2 和 1.1。

6.9.4 剪力墙截面设计

剪力墙与柱都是压弯构件，其压弯破坏状态以及计算原理基本相同，但是截面配筋构造有很大不同，因此柱截面和墙截面的配筋计算方法也各不相同。《高层规程》规定，当墙肢的截面高度与厚度之比不大于 4 时，宜按框架柱进行截面设计。

钢筋混凝土剪力墙应进行平面内的偏心受压或偏心受拉、平面外轴心受压承载力以及斜截面受剪承载力计算。在集中荷载作用下，墙内无暗柱时还应进行局部受压承载力计算。一般情况下主要验算剪力墙平面内的承载力，当平面外有较大弯矩时，还应验算平面外的受弯承载力。

1. 正截面偏心受压承载力计算

钢筋混凝土剪力墙正截面受压承载力计算是依据现行国家标准《混凝土结构设计规范》（GB 50010—2010）（2015 年版）中偏心受压和偏心受拉构件的假定及有关规定，又根据中国建筑科学研究院等单位所做的试验研究结果进行了适当简化。按照平截面假定，不考虑受拉混凝土的作用，受压区混凝土按等效矩形应力图计算；大偏心受压时受拉、受压端部钢筋都达到屈服，在 1.5 倍受压区范围之外，假定受拉区竖向分布钢筋应力全部达到屈服；小偏心受压时端部受压钢筋屈服，而受拉竖向分布钢筋及端部钢筋均未屈服；均忽略竖向分布钢筋的受压作用。

矩形、T 形、工形截面偏心受压剪力墙墙肢（图 6.9.2）的正截面受压承载力应符合现行国家标准《混凝土结构设计规范》（GB 50010—2010）（2015 年版）的有关规定计算，也可按下列公式计算。

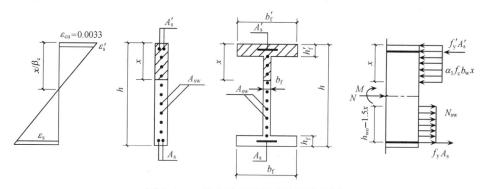

图 6.9.2 剪力墙截面尺寸及计算简图

1）持久、短暂设计状况

$$N \leqslant A'_s f'_y - A_s \sigma_s - N_{sw} + N_c \tag{6.9.3}$$

$$N(e_0 + h_{w0} - h_w/2) \leqslant A'_s f'_y (h_{w0} - a'_s) - M_{sw} + M_c \tag{6.9.4}$$

当 $x > h'_f$ 时

$$N_c = \alpha_1 f_c b_w x + \alpha_1 f_c (b'_f - b_w) h'_f \tag{6.9.5}$$

$$M_c = \alpha_1 f_c b_w x \left(h_{w0} - \frac{x}{2}\right) + \alpha_1 f_c (b'_f - b_w) h'_f \left(h_{w0} - \frac{h'_f}{2}\right) \tag{6.9.6}$$

当 $x \leqslant h'_f$ 时

$$N_c = \alpha_1 f_c b'_f x \tag{6.9.7}$$

$$M_c = \alpha_1 f_c b'_f x \left(h_{w0} - \frac{x}{2} \right) \tag{6.9.8}$$

当 $x \leqslant \xi_b h_{w0}$ 时

$$\sigma_s = f_y \tag{6.9.9}$$

$$N_{sw} = (h_{w0} - 1.5x) b_w f_{yw} \rho_w \tag{6.9.10}$$

$$M_{sw} = \frac{1}{2}(h_{w0} - 1.5x)^2 b_w f_{yw} \rho_w \tag{6.9.11}$$

当 $x > \xi_b h_{w0}$ 时

$$\sigma_s = \frac{f_y}{\xi_b - 0.8} \left(\frac{x}{h_{w0}} - \beta_1 \right) \tag{6.9.12}$$

$$N_{sw} = 0 \tag{6.9.13a}$$

$$M_{sw} = 0 \tag{6.9.13b}$$

$$\xi_b = \frac{\beta_1}{1 + \dfrac{f_y}{\varepsilon_{cu} E_s}} \tag{6.9.14}$$

式中：a'_s 为剪力墙受压区端部钢筋合力点到受压区边缘的距离，可取 $a'_s = b_w$；h'_f、b'_f 分别为 T 形或 I 形截面受压区翼缘的高度和宽度；e_0 为偏心距，$e_0 = M/N$；f_y、f'_y 分别为剪力墙端部受拉、受压钢筋强度设计值；f_{yw} 为剪力墙墙体竖向分布钢筋强度设计值；f_c 为混凝土轴心抗压强度设计值；h_{w0} 为剪力墙截面有效高度，$h_{w0} = h_w - a'_s$。ρ_w 为剪力墙竖向分布钢筋配筋率；ξ_b 为界限相对受压区高度；α_1 为受压区混凝土矩形应力图的应力与混凝土轴心抗压强度设计值的比值，混凝土强度等级不超过 C50 时取 1.0，混凝土强度等级为 C80 时取 0.94，混凝土强度等级在 C50 和 C80 之间时可按线性内插取值；β_1 为系数，当混凝土强度等级不大于 C50 时取 0.8，当混凝土强度等级为 C80 时取 0.74，当混凝土强度等级在 C50 和 C80 之间时可按线性内插取用；ε_{cu} 为混凝土极限压应变，应按现行《混凝土结构设计规范》（GB 50010—2010）（2015 年版）的有关规定采用。

2）地震设计状况

有地震组合时，式（6.9.3）及式（6.9.4）的右端均应除以承载力抗震调整系数 γ_{RE}，γ_{RE} 取 0.85。

2. 正截面偏心受拉承载力计算

矩形截面偏心受拉剪力墙的正截面受拉承载力应按下述方法计算。

永久、短暂设计状况时

$$N \leqslant \frac{1}{\dfrac{1}{N_{0u}} + \dfrac{e_0}{M_{wu}}} \tag{6.9.15}$$

地震设计状况时

$$N \leqslant \frac{1}{\gamma_{RE}} \left(\frac{1}{\dfrac{1}{N_{0u}} + \dfrac{e_0}{M_{wu}}} \right) \tag{6.9.16}$$

式中：N_{0u} 和 M_{wu} 可按下列公式计算，即

$$N_{0u} = 2A_s f_y + A_{sw} f_{yw} \tag{6.9.17}$$

$$M_{wu} = A_s f_y (h_{w0} - a'_s) + A_{sw} f_{yw} \frac{h_{w0} - a'_s}{2} \tag{6.9.18}$$

式中：A_{sw} 为剪力墙竖向分布钢筋的截面面积；其余符号意义同前。

3. 斜截面受剪承载力计算

1) 偏心受压剪力墙

在剪力墙设计时，通过构造措施防止发生剪拉破坏和斜压破坏，通过计算确定墙中的水平分布钢筋防止发生剪压破坏。

对偏心受压构件，轴向压力可提高其受剪承载力，但当压力增大到一定程度后，对抗剪的有利作用减小，因此对轴向压力的取值应加以限制。

剪力墙在偏心受压时的斜截面受剪承载力应按下列公式计算。

① 永久、短暂设计状况时

$$V \leqslant \frac{1}{\lambda - 0.5}\left(0.5f_t b_w h_{w0} + 0.13N\frac{A_w}{A}\right) + f_{yh}\frac{A_{sh}}{s}h_{w0} \tag{6.9.19}$$

② 地震设计状况时

$$V \leqslant \frac{1}{\gamma_{RE}}\left[\frac{1}{\lambda - 0.5}\left(0.4f_t b_w h_{w0} + 0.1N\frac{A_w}{A}\right) + 0.8f_{yh}\frac{A_{sh}}{s}h_{w0}\right] \tag{6.9.20}$$

式中：N 为剪力墙的轴向压力设计值，N 大于 $0.2f_c b_w h_w$ 时应取 N 等于 $0.2f_c b_w h_w$；A 为剪力墙截面面积；A_w 为 T 形或 I 形截面剪力墙腹板面积，矩形截面时 A_w 应取 A；λ 为计算截面处的剪跨比，$\lambda = M/(Vh_{w0})$，λ 小于 1.5 时应取 1.5，λ 大于 2.2 时应取 2.2，当计算截面与墙底之间的距离小于 $0.5h_{w0}$ 时，λ 应按距墙底 $0.5h_{w0}$ 处的弯矩值和剪力值计算；s 为剪力墙水平分布钢筋间距；f_{yv} 为水平分布钢筋抗拉强度设计值；A_{sh} 为同一截面剪力墙的水平分布钢筋的全部截面面积。

2) 偏心受拉剪力墙

偏心受拉构件中，考虑了轴向拉力的不利影响，轴力项取负值。剪力墙在偏心受拉时的斜截面受剪承载力，应按下列公式计算。

① 永久、短暂设计状况时

$$V \leqslant \frac{1}{\lambda - 0.5}\left(0.5f_t b_w h_{w0} - 0.13N\frac{A_w}{A}\right) + f_{yh}\frac{A_{sh}}{s}h_{w0} \tag{6.9.21}$$

当式（6.9.21）右边计算值小于 $f_{yh}\dfrac{A_{sh}}{s}h_{w0}$ 时，应取等于 $f_{yh}\dfrac{A_{sh}}{s}h_{w0}$。

② 地震设计状况时

$$V \leqslant \frac{1}{\gamma_{RE}}\left[\frac{1}{\lambda - 0.5}\left(0.4f_t b_w h_{w0} - 0.1N\frac{A_w}{A}\right) + 0.8f_{yh}\frac{A_{sh}}{s}h_{w0}\right] \tag{6.9.22}$$

当式（6.9.22）右边计算值小于 $\dfrac{1}{\gamma_{RE}}\left(0.8f_{yh}\dfrac{A_{sh}}{s}h_{w0}\right)$ 时，应取等于 $\dfrac{1}{\gamma_{RE}}\left(0.8f_{yh}\dfrac{A_{sh}}{s}h_{w0}\right)$。

4. 施工缝的抗滑移计算

按一级抗震等级设计的剪力墙，要防止水平施工缝处发生滑移。考虑摩擦力的有利影响，验算水平施工缝处的竖向钢筋是否足以抵抗水平剪力。其受剪承载力应符合下列要求，即

$$V_{wj} \leqslant \frac{1}{\gamma_{RE}}(0.6f_y A_s + 0.8N) \tag{6.9.23}$$

式中：V_{wj} 为剪力墙水平施工缝处剪力设计值；f_y 为竖向钢筋抗拉强度设计值；N 为水平施工缝处地震组合的轴力设计值，压力取正值，拉力取负值；A_s 为水平施工缝处剪力墙

腹板内竖向分布钢筋和边缘构件中的竖向钢筋总面积（不包括两侧翼墙），以及在墙体中有足够锚固长度的附加竖向插筋面积。

6.9.5　剪力墙轴压比限值和边缘构件

1. 轴压比限值

当偏心受压剪力墙轴力较大时，截面受压区高度增大，与钢筋混凝土柱相同，其延性降低。研究表明，剪力墙的边缘构件（暗柱、明柱、翼柱）由于横向钢筋的约束改善了混凝土的受压性能，增大了延性。为了保证在地震作用下钢筋混凝土剪力墙具有足够的延性，在重力荷载代表值作用下，一、二、三级剪力墙墙肢的轴压比不宜超过表 6.9.2 的限值。为简化计算，规程采用了重力荷载代表值作用下轴力设计值（不考虑地震作用效应组合），即考虑重力荷载分项系数后的最大轴力设计值，计算剪力墙的名义轴压比。

表 6.9.2　剪力墙墙肢轴压比限值

抗震等级	轴压比限值	抗震等级	轴压比限值
一级（9 度）	0.4	二、三级	0.6
一级（6、7、8 度）	0.5		

注：墙肢轴压比是指重力荷载代表值作用下墙肢承受的轴压力设计值与墙肢的全截面面积 A 和混凝土轴心抗压强度设计值乘积之比值。

剪力墙的延性不仅与轴向压力有关，而且还与截面的形状有关。在相同的轴向压力作用下，带翼缘的剪力墙延性较好，一字形截面剪力墙最为不利，上述规定没有区分 I 形、T 形及一字形截面，因此设计时对一字形截面剪力墙墙肢应从严掌握其轴压比。

由于短肢剪力墙抗震性能较差，其轴压比限值应比一般剪力墙低，以防止短肢剪力墙承受的楼面面积范围过大、或房屋高度太大时，过早压坏引起楼板坍塌的危险。《高层规程》规定，一、二、三级短肢剪力墙的轴压比，分别不宜大于 0.45、0.50、0.55，一字形截面短肢剪力墙的轴压比限值应相应减少 0.1。

2. 边缘构件

设置边缘构件可有效提高剪力墙的塑性变形能力。根据剪力墙需要的塑性变形能力不同，剪力墙的边缘构件分为约束边缘构件和构造边缘构件两类。约束边缘构件是指边缘构件的长度较大，对箍筋配置要求更严、且需要通过计算确定，从而使得箍筋能对混凝土形成有效的约束，对提高剪力墙的塑性变形能力有非常明显的作用，主要用于剪力墙抗震等级较高的重要部位和受力较大部位；构造边缘构件是指边缘构件的长度较小，对箍筋配置要求较低、仅需按构造要求确定。因此，约束边缘构件比构造边缘构件在抗震作用上要强。

由于剪力墙的塑性变形能力与轴压比有关，轴压比低的剪力墙，即使不设约束边缘构件，在水平力作用下也能有比较大的塑性变形能力。因此，剪力墙可不设约束边缘构件的最大轴压比，见表 6.9.3。对 B 级高度高层建筑的剪力墙考虑到其高度比较高，为避免边缘构件配筋急剧减少的不利情况，宜在约束边缘构件与构造边缘构件之间设置。根据《高层规程》的规定，剪力墙两端和洞口两侧应设置边缘构件，一、二、三级剪力墙底层墙肢底截面的轴压比大于表 6.9.3 的规定值时，以及部分框支剪力墙结构的剪力墙，应在底部加强部位及相邻的上一层设置约束边缘构件。除上述所列部位外，剪力墙应设置构造边缘构件；B 级高度高层建筑的剪力墙，宜在约束边缘构件层与构造边缘构件层之间设置 1～2 层过渡层，过渡层边缘构件的箍筋配置要求可低于约束边缘构件的要求，但应高于构造边缘构件的要求。

表 6.9.3　剪力墙可不设约束边缘构件的最大轴压比

等级或裂变	一级（9 度）	一级（6、7、8 度）	二、三级
轴压比限值	0.1	0.2	0.3

1）剪力墙约束边缘构件的设计

对于轴压比大于表 6.9.3 规定的剪力墙，通过设置约束边缘构件，可使其具有比较大的塑性变形能力。截面受压区高度不仅与轴压力有关，而且与截面形状有关，在相同的轴压力作用下，带翼缘或带端柱的剪力墙，其受压区高度小于一字形截面剪力墙。因此，带翼缘或带端柱的剪力墙的约束边缘构件沿墙的长度，小于一字形截面剪力墙。

剪力墙的约束边缘构件可为暗柱、端柱和翼墙（图 6.9.3）。约束边缘构件沿墙肢的长度 l_c 和箍筋配箍特征值 λ_v 应符合表 6.9.4 的要求，其体积配箍率 ρ_v 为

$$\rho_v \geqslant \lambda_v \frac{f_c}{f_{yv}} \tag{6.9.24}$$

式中：ρ_v 为箍筋体积配箍率，可计入箍筋、拉筋以及符合构造要求的水平分布钢筋，计入的水平分布钢筋的体积配箍率不应大于总体积配箍率的 30%；λ_v 为约束边缘构件配箍特征值；f_c 为混凝土轴心抗压强度设计值，混凝土强度等级低于 C35 时，应取 C35 的混凝土轴心抗压强度设计值；f_{yv} 为箍筋、拉筋或水平分布钢筋的抗拉强度设计值。

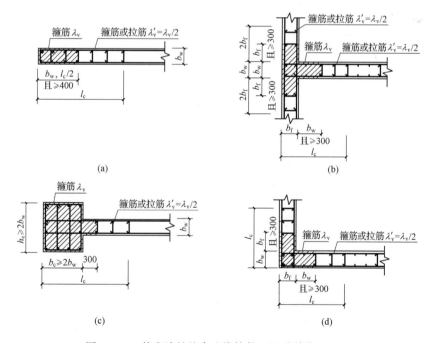

图 6.9.3　剪力墙的约束边缘构件（尺寸单位：mm）

表 6.9.4 约束边缘构件沿墙肢的长度 l_c 及其配箍特征值 λ_v

等级或裂变	μ_N	l_c（暗柱）	l_c（翼墙或端柱）	λ_v
一级（9度）	$\mu_N \leqslant 0.2$	$0.20h_w$	$0.15h_w$	0.12
	$\mu_N > 0.2$	$0.25h_w$	$0.20h_w$	0.20
一级（6、7、8度）	$\mu_N \leqslant 0.3$	$0.15h_w$	$0.10h_w$	0.12
	$\mu_N > 0.3$	$0.20h_w$	$0.15h_w$	0.20
二、三级	$\mu_N \leqslant 0.4$	$0.15h_w$	$0.10h_w$	0.12
	$\mu_N > 0.4$	$0.20h_w$	$0.15h_w$	0.20

注：① μ_N 为墙肢在重力荷载代表值作用下的轴压比，h_w 为墙肢的长度。
②剪力墙的翼墙长度小于翼墙厚度的3倍或端柱截面边长小于2倍墙厚时，按无翼墙、无端柱查表。
③ l_c 为约束边缘构件沿墙肢的长度（图6.9.3）。对暗柱不应小于墙厚和400mm的较大值；有翼墙或端柱时，不应小于翼墙厚度或端柱沿墙肢方向截面高度加300mm。

剪力墙约束边缘构件阴影部分（图6.9.3）的竖向钢筋除应满足正截面受压（受拉）承载力计算要求外，其配筋率一、二、三级时分别不应小于1.2%、1.0%和1.0%，并分别不应少于 $8\phi16$、$6\phi16$ 和 $6\phi14$ 的钢筋（ϕ 表示钢筋直径，单位mm）；约束边缘构件内箍筋或拉筋沿竖向的间距，一级不宜大于100mm，二、三级不宜大于150mm；箍筋、拉筋沿水平方向的肢距不宜大于300mm，不应大于竖向钢筋间距的2倍。

对于十字形截面剪力墙，可按两片墙分别在墙端部设置约束边缘构件，交叉部位只按构造要求配置暗柱。

2）剪力墙构造边缘构件的设计

剪力墙构造边缘构件按构造要求设置。根据《高层规程》的规定，剪力墙构造边缘构件的范围宜按图6.9.4中阴影部分采用，其最小配筋应满足表6.9.5的规定；竖向配筋应满足正截面受压（受拉）承载力的要求；当端柱承受集中荷载时，其竖向钢筋、箍筋直径和间距应满足框架柱的相应要求；箍筋、拉筋沿水平方向的肢距不宜大于300mm，不应大于竖向钢筋间距的2倍。非抗震设计的剪力墙，墙肢端部应配置不少于 $4\phi12$ 的纵向钢筋，箍筋直径不应小于6mm、间距不宜大于250mm。

抗震设计时，对于连体结构、错层结构以及B级高度高层建筑结构中的剪力墙（筒体），其构造边缘构件的最小配筋应符合：竖向钢筋最小量应比表6.9.5中的数值提高 $0.001A_c$ 采用；箍筋的配筋范围宜取图6.9.4中阴影部分，其配箍特征值 λ_v 不宜小于0.1。

表 6.9.5 剪力墙构造边缘构件的配筋要求

抗震等级	底部加强部位			其他部位		
	竖向钢筋最小量（取较大值）	箍筋		竖向钢筋最小量（取较大值）	拉筋	
		最小直径/mm	沿竖向最大间距/mm		最小直径/mm	沿竖向最大间距/mm
一级	$0.010A_c$，$6\phi16$	8	100	$0.008A_c$，$6\phi14$	8	150
二级	$0.008A_c$，$6\phi14$	8	150	$0.006A_c$，$6\phi12$	8	200
三级	$0.006A_c$，$6\phi12$	6	150	$0.005A_c$，$4\phi12$	6	200
四级	$0.005A_c$，$4\phi12$	6	200	$0.004A_c$，$4\phi12$	6	250

注：① A_c 为构造边缘构件的截面面积，即图6.9.4剪力墙截面的阴影部分。
②符号 ϕ 表示钢筋直径，单位mm。
③其他部位的转角处宜采用箍筋。

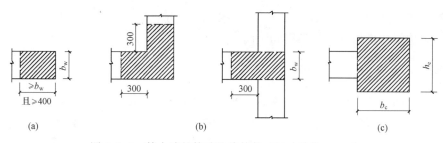

图 6.9.4　剪力墙的构造边缘构件（尺寸单位：mm）

6.9.6　剪力墙截面的构造要求

1. 一般要求

剪力墙的名义剪应力值过高，墙会在早期出现斜裂缝，抗剪钢筋不能充分发挥作用，即使配置很多的抗剪钢筋，也会过早发生剪切破坏。为此剪力墙的厚度及混凝土强度等级除满足 6.9.1 节所述的要求外，为了限制剪力墙截面的最大名义剪应力，剪力墙的截面应符合下列要求：

永久、短暂设计状况

$$V \leqslant 0.25\beta_c f_c b_w h_{w0} \tag{6.9.25}$$

地震设计状况

剪跨比大于 2.5 时　　　　$V \leqslant \dfrac{1}{\gamma_{RE}}(0.20\beta_c f_c b_w h_{w0}) \tag{6.9.26}$

剪跨比不大于 2.5 时　　　$V \leqslant \dfrac{1}{\gamma_{RE}}(0.15\beta_c f_c b_w h_{w0}) \tag{6.9.27}$

剪跨比为

$$\lambda = M^c/(V^c h_{w0}) \tag{6.9.28}$$

式中：V 为剪力墙墙肢截面的剪力设计值；h_{w0} 为剪力墙截面有效高度；β_c 为混凝土强度影响系数，当混凝土强度等级不大于 C50 时取 1.0，当混凝土强度等级为 C80 时取 0.8，当混凝土强度等级在 C50 和 C80 之间时可按线性内插取用；λ 为剪跨比，其中 M^c、V^c 应取同一组合的、未调整的墙肢截面弯矩、剪力设计值，并取墙肢上、下端截面计算的剪跨比的较大值。

2. 剪力墙分布钢筋的配筋方式

为了保证剪力墙能够有效地抵抗平面外的各种作用，同时，由于剪力墙的厚度较大，防止混凝土表面出现收缩裂缝，高层剪力墙中竖向和水平分布钢筋不应采用单排配筋。

剪力墙宜采用的分布钢筋方式见表 6.9.6。当剪力墙厚度 b_w 大于 400mm 时，如仅采用双排配筋，形成中间大面积的素混凝土会使剪力墙截面应力分布不均匀，故宜采用三排或四排配筋，受力钢筋可均匀分布成数排，或靠墙面的配筋略大。

表 6.9.6　分布钢筋的配筋方式

截面厚度 b_w/mm	配筋方式	截面厚度 b_w/mm	配筋方式
$b_w \leqslant 400$	双排配筋	$b_w > 700$	四排配筋
$400 < b_w \leqslant 700$	三排配筋		

各排分布钢筋之间的拉结筋间距不应大于 600mm，直径不宜小于 6mm；在底部加强部位，约束边缘构件以外的拉结筋间距尚应适当加密。

3. 剪力墙分布钢筋的最小配筋率

为了防止剪力墙在受弯裂缝出现后立即达到极限受弯承载力，同时防止斜裂缝出现后发生脆性破坏，其竖向和水平分布钢筋应满足表 6.9.7 的要求。对墙体受力不利和受温度影响较大的部位，主要包括房屋的顶层墙、长矩形平面房屋的楼电梯间墙、山墙和纵墙的端开间墙等温度应力较大的部位，应适当增大其分布钢筋的配筋量，以抵抗温度应力的不利影响。

表 6.9.7　剪力墙分布钢筋最小配筋率

类型	抗震等级	最小配筋率/%	最大间距/mm	最小直径/mm
剪力墙	一、二、三级	0.25	300	8
	四级、非抗震	0.20	300	8
(1) 房屋顶层剪力墙 (2) 长矩形平面房屋的楼、电梯间剪力墙 (3) 端开间纵向剪力墙 (4) 端山墙	抗震与非抗震	0.25	200	8

为了保证分布钢筋具有可靠的混凝土握裹力，剪力墙竖向、水平分布钢筋的直径不宜大于墙肢截面厚度的 1/10，如果分布钢筋直径过大，则应加大墙肢截面的厚度。

对短肢剪力墙，根据《高层规程》的规定，其全部竖向钢筋的配筋率，底部加强部位一、二级不宜小于 1.2%，三、四级不宜小于 1.0%；其他部位一、二级不宜小于 1.0%，三、四级不宜小于 0.8%。

4. 钢筋的连接和锚固

非抗震设计时，剪力墙要求的钢筋锚固长度为 l_a；抗震设计时，剪力墙要求的钢筋锚固长度为 l_{aE}。

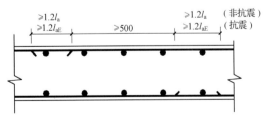

图 6.9.5　墙内分布钢筋的连接

（尺寸单位：mm）

剪力墙竖向及水平分布钢筋的搭接连接如图 6.9.5 所示，一级、二级抗震等级剪力墙的加强部位，接头位置应错开，同一截面连接的钢筋数量不宜超过总数量的 50%，错开的净距不宜小于 500mm；其他情况剪力墙的钢筋可在同一截面连接。非抗震设计时分布钢筋的搭接长度不应小于 $1.2l_a$，抗震设计时不应小于 $1.2l_{aE}$。

暗柱及端柱内纵向钢筋连接和锚固要求宜与框架柱相同。

6.9.7　连梁截面设计和构造要求

剪力墙开洞形成的跨高比较小的连梁，竖向荷载作用下的弯矩所占比例较小，水平荷载作用下产生的反弯使其对剪切变形十分敏感，容易出现剪切裂缝。根据《高层规程》的规定，对剪力墙开洞形成的跨高比小于 5 的连梁，应按本节的方法计算，否则宜按框架梁进行设计。

1. 连梁截面尺寸

连梁对剪力墙结构的抗震性能有较大影响。研究表明，若连梁截面的平均剪应力过大，箍筋就不能充分发挥作用，连梁就会发生剪切破坏，尤其是连梁跨高比较小的情况。为此，应限制连梁截面的平均剪应力。连梁截面尺寸应符合下列要求：

永久、短暂设计状况

$$V_b \leqslant 0.25\beta_c f_c b_b h_{b0} \tag{6.9.29}$$

地震设计状况

跨高比大于 2.5 时　　　　$V_b \leqslant (0.20\beta_c f_c b_b h_{b0})/\gamma_{RE} \tag{6.9.30}$

跨高比不大于 2.5 时　　　$V_b \leqslant (0.15\beta_c f_c b_b h_{b0})/\gamma_{RE} \tag{6.9.31}$

式中：V_b 为调整后的连梁截面剪力设计值；b_b、h_{b0} 分别为连梁的截面宽度和有效高度。

剪力墙连梁对剪切变形十分敏感，其名义剪应力限制比较严，在很多情况下设计计算会出现"超限"情况。因此，当剪力墙的连梁不满足式（6.9.29）～式（6.9.31）的要求时，可采取如下措施。

（1）减小连梁截面高度，或采取其他减小连梁刚度的措施。

（2）对抗震设计剪力墙中连梁的弯矩进行塑性调幅；当结构内力计算中已对连梁的刚度予以折减时，其弯矩值不宜再调幅，或限制再调幅范围。此时，应取弯矩调幅后相应的剪力设计值校核是否满足式（6.9.29）～式（6.9.31）的要求；剪力墙中其他连梁和墙肢的弯矩设计值宜视调幅连梁数量的多少而相应适当增大。对连梁进行塑性调幅的目的是减小连梁内力和配筋，但连梁调幅后的弯矩、剪力设计值不应低于使用状况下的值，也不宜低于比设防烈度低一度的地震作用组合所得的弯矩、剪力设计值，以避免在正常使用条件下或较小的地震作用下在连梁上出现裂缝；因此，建议调幅后的弯矩不小于调幅前按刚度不折减计算的弯矩（完全弹性）的 80%（6 度～7 度）和 50%（8 度～9 度），并不小于风荷载作用下的连梁弯矩。

（3）当连梁破坏对承受竖向荷载无明显影响时，可按独立墙肢的计算简图进行第二次多遇地震作用下的内力分析，墙肢截面应按两次计算的较大值计算配筋。该措施假定连梁在大震下剪切破坏，不再能约束墙肢，因此可考虑连梁不参与工作，而按独立墙肢进行第二次结构内力分析，它相当于剪力墙的第二道防线，这种情况往往使墙肢的内力及配筋加大，可保证墙肢的安全。一般情况下，当上述两种措施不能解决问题时才采取该措施。

2. 连梁剪力设计值的调整

为了实现连梁的强剪弱弯，推迟剪切破坏，提高其延性，应将连梁的剪力设计值进行调整，即将连梁的剪力设计值乘以增大系数。

无地震作用效应组合，以及有地震作用效应组合的四级抗震等级时，应取考虑水平风荷载或水平地震作用效应组合的剪力设计值。

有地震作用效应组合的一、二、三级抗震等级时，连梁的剪力设计值应调整为

$$V_b = \eta_{vb} \frac{M_b^l + M_b^r}{l_n} + V_{Gb} \qquad (6.9.32)$$

9 度设防时要求用连梁实际抗弯配筋反算该增大系数，即

$$V_b = 1.1(M_{bua}^l + M_{bua}^r)/l_n + V_{Gb} \qquad (6.9.33)$$

式中：l_n 为连梁的净跨；V_{Gb} 为在重力荷载代表值作用下按简支梁计算的梁端截面剪力设计值；M_b^l、M_b^r 分别为梁左、右端截面顺时针或逆时针方向的弯矩设计值；M_{bua}^l、M_{bua}^r 分别为梁左、右端顺时针或逆时针方向实配的抗震受弯承载力所对应的弯矩值，应按实配钢筋面积（计入受压钢筋）和材料强度标准值并考虑承载力抗震调整系数计算；η_{vb} 为连梁剪力增大系数，一级取 1.3，二级取 1.2，三级取 1.1。

3. 连梁截面承载力计算

连梁截面承载力计算包括正截面受弯及斜截面受剪承载力计算两个部分。

1）连梁正截面受弯承载力计算

连梁的正截面受弯承载力可按一般受弯构件的要求计算。由于连梁通常都采用对称配筋（$A_s = A_s'$），故永久、短暂设计状况时，其正截面受弯承载力可按下式计算，即

$$M \leqslant f_y A_s (h_{b0} - a_s') \qquad (6.9.34)$$

式中：A_s 为纵向受力钢筋截面面积；h_{b0} 为连梁截面有效高度；a_s' 为受压区纵向钢筋合力点至受压区边缘的距离。

地震设计状况时，仍按式（6.9.34）计算，但其右端应除以承载力抗震调整系数 γ_{RE}。

2）连梁斜截面受剪承载力计算

连梁的斜截面受剪承载力应按下列公式计算：

永久、短暂设计状况时

$$V_b \leqslant 0.7 f_t b_b h_{b0} + f_{yv} \frac{A_{sv}}{s} h_{b0} \qquad (6.9.35)$$

地震设计状况时

跨高比大于 2.5 时 $\qquad V_b \leqslant \left(0.42 f_t b_b h_{b0} + f_{yv} \frac{A_{sv}}{s} h_{b0} \right)/\gamma_{RE} \qquad (6.9.36)$

跨高比不大于 2.5 时 $\quad V_b \leqslant \left(0.38 f_t b_b h_{b0} + 0.9 f_{yv} \frac{A_{sv}}{s} h_{b0} \right)/\gamma_{RE} \qquad (6.9.37)$

式中：V_b 为调整后的连梁截面剪力设计值。

4. 连梁的构造要求

为了防止连梁的受弯钢筋配置过多而发生剪切破坏，需要限值连梁的最小和最大配筋率。根据《高层规程》的规定，跨高比（l/h_b）不大于 1.5 的连梁，非抗震设计时，其纵向钢筋的最小配筋率可取为 0.2%；抗震设计时，其纵向钢筋的最小配筋率宜符合表 6.9.8 的要求；跨高比大于 1.5 的连梁，其纵向钢筋的最小配筋率可按框架梁的要求采用。剪力墙结构连梁中，非抗震设计时，顶面及底面单侧纵向钢筋的最大配筋率不宜大于 2.5%；抗震设计时，顶面及底面单侧纵向钢筋的最大配筋率宜符合表 6.9.9 的要求。如不满足，则应按实配钢筋进行连梁强剪弱弯的验算。

表 6.9.8　跨高比不大于 1.5 的连梁纵向钢筋的最小配筋率

跨高比	最小配筋率（采用较大值）/%	跨高比	最小配筋率（采用较大值）/%
$l/h_b \leqslant 0.5$	0.20，$45 f_t/f_y$	$0.5 < l/h_b \leqslant 1.5$	0.25，$55 f_t/f_y$

表 6.9.9　连梁纵向钢筋的最大配筋率

跨高比	最大配筋率/%	跨高比	最大配筋率/%
$l/h_b \leqslant 1.0$	0.6	$2.0 < l/h_b \leqslant 2.5$	1.5
$1.0 < l/h_b \leqslant 2.0$	1.2		

　　一般连梁的跨高比都较小，容易出现剪切斜裂缝，为了防止斜裂缝出现后的脆性破坏，除了减小其名义剪应力和加大其箍筋配置外，还可通过一些特殊的构造要求，如钢筋锚固、箍筋加密区范围、配置腰筋等来保证。为此规定连梁的配筋应满足下列要求（图 6.9.6）：连梁顶面、底面纵向水平钢筋伸入墙肢的长度，抗震设计时不应小于 l_{aE}，非抗震设计时不应小于 l_a，且均不应小于 600mm，l_a 为钢筋的锚固长度。

　　一、二级抗震等级剪力墙，当跨高比不大于 2，且墙厚不小于 200mm 的连梁，除普通箍筋外宜另设斜向交叉构造钢筋。

　　抗震设计时，沿连梁全长箍筋的构造应按框架梁梁端加密区的箍筋构造要求，非抗震设计时，沿连梁全长的箍筋直径不应小于 6mm，间距不应大于 150mm。

　　顶层连梁纵向水平钢筋伸入墙肢的长度范围内应配置箍筋，箍筋间距不宜大于 150mm，直径应与该连梁的箍筋直径相同。

　　连梁高度范围内墙肢水平分布钢筋应在连梁内拉通作为连梁的腰筋。当连梁截面高度大于 700mm 时，其两侧面腰筋的直径不应小于 8mm，间距不应大于 200mm；对跨高比不大于 2.5 的连

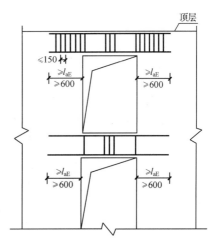

图 6.9.6　连梁配筋构造
（尺寸单位：mm）

梁，梁两侧的纵向构造钢筋（腰筋）的面积配筋率应不低于 0.30%。

6.9.8　剪力墙墙面和连梁开洞时构造要求

　　剪力墙开有边长小于 800mm 的小洞口，且在结构整体计算中不考虑其影响时，应在洞口上、下和左、右配置补强钢筋 [图 6.9.7（a）]，补强钢筋的直径不应小于 12mm，截面面积应分别不小于被截断的水平分钢筋和竖向分布钢筋的面积。

　　穿过连梁的管道宜预埋套管，洞口上、下的截面有效高度不宜小于梁高的 1/3，且不宜小于 200mm，被洞口削弱的截面应进行承载力计算，洞口处应配置补强纵向钢筋和箍筋 [图 6.9.7（b）]，补强纵向钢筋的直径不应小于 12mm。

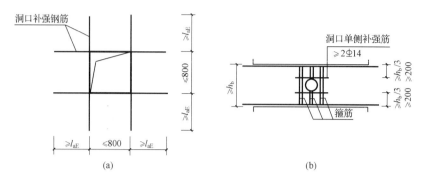

图 6.9.7　洞口补强配筋示意（尺寸单位：mm）

小　　结

（1）剪力墙结构是高层建筑一种常见的结构形式，其结构布置是剪力墙结构设计的重要内容。剪力墙结构的平面布置宜简单、规则，应具有适宜的侧向刚度，墙体宜自下到上连续布置，避免刚度突变，剪力墙门窗洞口宜上下对齐、成列布置，此外还要求剪力墙平面外的刚度及承载力满足要求。

（2）剪力墙可按洞口的大小、形状和位置划分为整截面墙、整体小开口墙、联肢墙和壁式框架等。对整截面墙、整体小开口墙和联肢墙，简化计算时，可采用等效刚度，它是按顶点位移相等的原则用剪力墙截面弯曲刚度表达的剪力墙刚度，其中考虑了剪力墙的弯曲变形、剪切变形和轴向变形的影响。

（3）在水平荷载作用下对剪力墙结构进行简化分析时，如假定楼盖在自身平面内的刚度为无限大、各片剪力墙只考虑其平面内刚度、结构无扭转，则可对结构的两个主轴方向分别进行计算。当结构计算单元内含有整截面墙、整体小开口墙和联肢墙时，各片剪力墙的内力可由总内力乘以等效刚度比确定；当结构单元内仅有壁式框架时，可按 D 值法进行计算；当壁式框架与其他类型的剪力墙同时存在时，可按框架-剪力墙结构计算其内力与位移。

（4）整截面墙可视为上端自由、下端固定的竖向悬臂构件，简化计算时其内力和位移可按材料力学公式计算，但需考虑剪切变形对位移的影响。整体小开口墙除绕组合截面形心轴产生整体弯曲外，各墙肢还绕各自截面形心轴产生局部弯矩，但局部弯矩值较小，整个墙的受力性能仍接近于整截面墙，故其内力和位移仍可按材料力学公式计算，但需考虑局部弯曲的影响。

（5）采用连续连杆法对联肢墙进行简化分析时，根据连梁切口处竖向位移为零的变形连续条件，可建立微分方程以求得连梁的剪力或连梁对墙肢的约束弯矩，进而可计算墙肢的内力和位移。

（6）壁式框架可简化为带刚域的框架，与一般框架的主要区别有两点：一是杆端存在刚域会使杆件的刚度增大；二是需要考虑杆件剪切变形的影响。计算时可将带刚域的杆件用一个具有等效刚度的等截面杆件来代替，求得带刚域杆件的等效刚度，然后利用 D 值法进行内力和位移的近似计算。

（7）各类剪力墙的受力特点有较大不同，主要表现为各墙肢截面上的正应力分布及沿墙肢高度方向的弯矩变化规律。墙肢截面上的正应力分布主要取决于剪力墙的整体工作系数 α，α 值越大，说明连梁的刚度相对较大，墙肢刚度相对较小，连梁对墙肢的约束作用大，剪力墙的整体工作性能好，接近于整截面墙或整体小开口墙，因此可用 α 值作为剪力墙分类的判别准则。但对整体小开口墙和壁式框架，α 值均较大，故还需要利用墙肢惯性矩比值 I_n/I 判别墙肢高度方向是否会出现反弯点，作为剪力墙分类的第二个判别准则。

（8）剪力墙属于偏心受力构件，由于墙肢成片状，墙肢两端除集中配置竖向钢筋外，沿截面高度方向还需配置均匀分布的竖向钢筋。大偏心受压构件承载力计算时需考虑竖向分布钢筋的作用，小偏心受压构件则不考虑。剪力墙斜截面受剪承载力计算时应考虑轴力的有利（偏心受压）或不利（偏心受拉）影响。墙肢之间的连梁的受力性能与其跨高比有关，承载力计算时应考虑跨高比的影响。

（9）剪力墙属于截面高度较大而厚度相对很小的"片"状构件，各类剪力墙的破坏形态和配筋构造既有共性，又各有其特殊性。剪力墙设计可分为墙肢和连梁两类构件，设计时应分别计算出水平荷载和竖向荷载作用下的内力，经内力组合后，可进行截面设计。设计内容主要包括截面尺寸和混凝土强度等级的选择、剪力墙加强部位的确定、内力设计值的调整、承载力计算、剪力墙轴压比限值和边缘构件、构造要求等。

思考与练习题

（1）剪力墙结构的布置有哪些具体要求？

（2）什么是不规则开洞剪力墙？其受力有哪些特点？如何进行构造处理和计算分析？

（3）什么是短肢剪力墙？其结构布置有哪些要求？

（4）如何确定剪力墙结构的混凝土强度等级和墙体厚度？

（5）剪力墙根据洞口的大小、位置等共分为哪几类？其判别条件是什么？各有哪些受力特点？

（6）什么是剪力墙的等效刚度？各类剪力墙的等效刚度如何计算？

（7）试述剪力墙结构在水平荷载作用下的平面协同工作的假定和计算方法。

（8）采用连续连杆法进行联肢墙内力和位移分析时的基本假定是什么？连梁未知力 $\tau(z)$ 和 $\sigma(z)$ 各表示什么？

（9）说明用连续连杆法进行联肢墙内力和位移计算的步骤，以及多肢墙和双肢墙在计算方法上有何异同。

（10）联肢墙的内力分布和侧移曲线有何特点？说明整体工作系数 α 对内力和位移的影响。

（11）试说明整截面墙、整体小开口墙、联肢墙、壁式框架和独立悬臂墙的受力特点。说明剪力墙分类的判别准则。

（12）式（6.6.2）中 k 的物理意义是什么？怎样利用它计算墙肢的内力？说明连梁刚度对墙肢、连梁的内力和位移有何影响。为什么说整体小开口墙的内力和位移计算方法是近似方法？

（13）与一般框架结构相比，壁式框架在水平荷载作用下的受力特点是什么？如何确定壁式框架的刚域尺寸？

（14）如何计算带刚域杆件的等效刚度？采用 D 值法进行内力和位移计算时，壁式框架与一般框架有何异同？

（15）什么是剪力墙的加强部位？加强部位的范围如何确定？

（16）为什么要对剪力墙截面的弯矩和剪力进行调整？哪些部位需要调整以及如何进行调整？

（17）剪力墙的截面承载力计算与一般偏心受力构件的截面承载力计算有何异同？

（18）为什么要验算剪力墙的轴压比？

（19）什么是剪力墙的边缘构件？什么情况下设置约束边缘构件？什么情况下设置构造边缘构件？剪力墙的约束边缘构件和构造边缘构件各应符合哪些要求？

（20）剪力墙的分布钢筋配置有哪些构造要求？

（21）跨高比对连梁的性能有什么影响？为什么要对连梁的剪力进行调整？如何调整？连梁的配筋构造主要有哪些？

第7章 框架-剪力墙结构设计

7.1 结构布置

框架-剪力墙结构的总体平面布置、竖向布置及变形缝设置等见 2.2 节所述。这种结构的具体布置除应符合下述的规定外，其框架和剪力墙的布置尚应分别符合 5.1 节和 6.1 节的有关规定。

7.1.1 基本要求

1）双向抗侧力体系

在框架-剪力墙结构中，框架与剪力墙协同工作共同抵抗水平荷载，其中剪力墙抵抗大部分水平荷载，是这种结构的主要抗侧力构件。为了使框架-剪力墙结构在两个主轴方向均具有必需的水平承载力和侧向刚度，应在两个主轴方向均匀布置剪力墙，形成双向抗侧力体系。如果仅在一个主轴方向布置剪力墙，将造成两个主轴方向结构的水平承载力和侧向刚度相差悬殊，可能使结构整体扭转，对结构抗震不利。

2）节点刚性连接与构件对中布置

在框架-剪力墙结构中，为了保证结构的整体刚度和几何不变性，同时为提高结构在大震作用下的稳定性而增加其赘余约束，主体结构构件间的连接（节点）应采用刚接。当为了调整个别梁的内力分布、或为了避免由于地基不均匀沉降而使上部结构产生过大的内力时，个别节点也可采用梁端与柱或与剪力墙铰接的形式，但要注意保证结构的几何不变性，同时结构整体分析简图要与之相应。

梁与柱或柱与剪力墙的中心线宜重合，以使内力传递和分布合理，且保证节点核心区的完整性。当框架梁、柱中心线之间有偏心时，应在计算中考虑其不利影响，并采取必要的构造措施。

7.1.2 框架-剪力墙结构中剪力墙的布置

框架-剪力墙结构中，由于剪力墙的侧向刚度比框架大很多，剪力墙的数量和布置对结构的整体刚度和刚度中心位置影响很大，所以确定剪力墙的数量并进行合理的布置是这种结构设计中的关键问题。

1. 剪力墙的刚度

在框架-剪力墙结构中，结构的侧向刚度主要由同方向各片剪力墙截面弯曲刚度的总和 $E_c I_w$ 控制，结构的水平位移随 $E_c I_w$ 增大而减小。为满足结构水平位移的限值要求，建筑物越高，所需要的 $E_c I_w$ 越大。但剪力墙数量也不宜过多，否则地震作用相应增加，还会使绝大部分水平地震力被剪力墙吸收，框架的作用不能充分发挥，既不合理也不经济。一般以满足结构的水平位移限值作为设置剪力墙数量的依据较为合适。

抗震设计的框架-剪力墙结构，在基本振型地震作用下，框架部分承受的地震倾覆力矩大于总地震倾覆力矩的 50% 时，说明剪力墙数量偏少，这种框架-剪力墙结构的受力性能与框架结构相当，宜适当增加剪力墙数量。如由于使用要求而不能增加时，其框架部分的抗震等级应按框架结构采用，柱轴压比限值宜按框架结构的采用；其最大适用高度和高宽比限值可比框架结构适当增加。

2. 剪力墙的布置

（1）为了增强整体结构的抗扭能力，弥补结构平面形状凹凸引起的薄弱部位，减小剪力墙设置在房屋外围而受室内外温度变化的不利影响，剪力墙宜均匀布置在建筑物的周边附近、楼梯间、电梯间、平面形状变化或恒载较大的部位，剪力墙的间距不宜过大；平面形状凹凸较大时，宜在凸出部分的端部附近布置剪力墙。

（2）纵、横向剪力墙宜组成 L 形、T 形和"匚"形等形式，以使纵墙（横墙）可以作为横墙（纵墙）的翼缘，从而提高其刚度、承载力和抗扭能力；楼、电梯间等竖井宜尽量与靠近的抗侧力结构结合布置，以增强其空间刚度和整体性。

（3）剪力墙布置不宜过分集中，单片剪力墙底部承担的水平剪力不宜超过结构底部总剪力的 30%，以免结构的刚度中心与房屋的质量中心偏离过大、墙截面配筋过多以及不合理的基础设计。当剪力墙墙肢截面高度过大时，可用门窗洞口或施工洞形成联肢墙。

（4）剪力墙宜贯通建筑物全高，避免刚度突变；剪力墙开洞时，洞口宜上、下对齐。抗震设计时，剪力墙的布置宜使结构各主轴方向的侧向刚度接近。

（5）在长矩形平面中，如果两片横向剪力墙的间距过大或两墙之间的楼盖开大洞时，楼盖在自身平面内的变形过大，不能保证框架与剪力墙协同工作，框架承受的剪力将增大；如果纵向剪力墙集中布置在房屋两端，中间部分楼盖受到两端剪力墙的约束，在混凝土收缩或温度变化时容易出现裂缝。因此，长矩形平面或平面有一部分较长的建筑中，其剪力墙的布置宜符合下列要求：①横向剪力墙沿房屋长方向的间距宜满足表 7.1.1 的要求，当这些剪力墙之间的楼盖有较大开洞时，剪力墙的间距应适当减小；②纵向剪力墙不宜集中布置在房屋的两尽端。

表 7.1.1 剪力墙的间距限值

楼盖形式	间距限值/m			
	非抗震设计（取较小值）	抗震设防烈度（取较小值）		
		6 度，7 度	8 度	9 度
现浇	5.0B，60	4.0B，50	3.0B，40	2.0B，30
装配整体	3.5B，50	3.0B，40	2.5B，30	

注：① 表中 B 表示楼面宽度，单位为 m。
② 装配整体式楼盖指装配式楼盖上设有配筋现浇层。
③ 现浇层厚度大于 60mm 的预应力叠合板可作为现浇板考虑。
④ 当房屋端部未布置剪力墙时，第一片剪力墙与房屋端部的距离，不宜大于表中剪力墙间距的 1/2。

7.1.3 板柱-剪力墙结构的布置

（1）板柱-剪力墙结构中的板柱框架比梁柱框架更弱，因此高层板柱-剪力墙结构应同时布置筒体或两个主轴方向的剪力墙以形成双向抗侧力体系，并应避免结构刚度偏心。

（2）抗震设计时，房屋的周边应设置框架梁，房屋的顶层及地下室一层顶板宜采用梁板结构。当楼板有较大开洞（如楼、电梯间等）时，洞口周边宜设置框架梁或边梁。

（3）板柱-剪力墙结构与框架-剪力墙结构中剪力墙的布置要求相同。

7.1.4　梁、柱截面尺寸及剪力墙数量的初步拟定

1. 梁、柱截面尺寸

框架梁截面尺寸一般根据工程经验确定，框架柱截面尺寸可根据轴压比要求确定，详见 5.2.1 节。

2. 剪力墙数量

框架梁、柱截面尺寸确定之后，应在充分发挥框架抗侧移能力的前提下，按层间弹性位移角限值的要求确定剪力墙数量。在初步设计阶段，可根据房屋底层全部剪力墙截面面积 A_w 和全部柱截面面积 A_c 之和与楼面面积 A_f 的比值，或者采用全部剪力墙截面面积 A_w 与楼面面积 A_f 的比值，来粗估剪力墙的数量。根据工程经验，$(A_w + A_c) / A_f$ 或 A_w/A_f 比值大致位于表 7.1.2 的范围内。层数多、高度大的框架-剪力墙结构体系，宜取表中的上限值。

表 7.1.2　底层剪力墙（柱）截面面积与楼面面积的比值

设计条件	$(A_w + A_c) / A_f$	A_w/A_f	设计条件	$(A_w + A_c) / A_f$	A_w/A_f
7 度，Ⅱ类场地	3%～5%	2%～3%	8 度，Ⅱ类场地	4%～6%	3%～4%

7.2　框架-剪力墙结构设计方法和协同工作

7.2.1　框架-剪力墙结构设计方法

在实际工程中，由于使用功能及建筑布置要求不同，框架-剪力墙结构中的钢筋混凝土剪力墙数量会有较大变化，由此引起结构受力及变形性能发生改变。在结构抗震设计中，剪力墙数量用结构底层框架部分承受的地震倾覆力矩与结构总地震倾覆力矩的比值来反映，该比值大，说明剪力墙数量偏少。因此，框架-剪力墙结构在规定的水平力作用下，应根据结构底层框架部分承受的地震倾覆力矩与结构总地震倾覆力矩的比值，按下述规定确定相应的设计方法（表 7.2.1），由此确定该结构的适用高度和构造措施。内力分析仍按框架-剪力墙结构考虑。

表 7.2.1　框架-剪力墙结构的分类和设计方法

框架承受的地震倾覆力矩	设计方法	最大适用高度	框架		剪力墙	弹性层间侧移角限值
			抗震等级	轴压比限值		
≤10%	按剪力墙结构设计	按剪力墙结构确定	按框-剪结构中的框架确定	按框-剪结构中的框架确定	按剪力墙结构设计	1/1000

框架承受的地震倾覆力矩	设计方法	最大适用高度	框架		剪力墙	弹性层间侧移角限值
			抗震等级	轴压比限值		
>10%，≤50%	按框-剪结构设计	按框-剪结构确定	按框-剪结构中的框架确定	按框-剪结构中的框架确定	按框-剪结构设计	1/800
>50%，≤80%		比框架结构适当增加	宜按框架结构确定	宜按框架结构确定		
>80%		宜按框架结构确定	应按框架结构确定	应按框架结构确定		

（1）当框架部分承担的倾覆力矩不大于结构总倾覆力矩的 10% 时，表明结构中框架承担的地震作用较小，绝大部分均由剪力墙承担，其工作性能接近于纯剪力墙结构。此时结构中的剪力墙抗震等级可按剪力墙结构的规定执行；其最大适用高度可按剪力墙结构的要求执行；其中的框架部分应按框架-剪力墙结构的框架进行设计，并应对框架部分承受的剪力进行调整，其侧向位移控制指标按剪力墙结构采用。

（2）当框架部分承受的地震倾覆力矩大于结构总地震倾覆力矩的 10% 但不大于 50% 时，属于一般框架-剪力墙结构，按框架-剪力墙结构的有关规定进行设计。

（3）当框架部分承受的倾覆力矩大于结构总倾覆力矩的 50% 但不大于 80% 时，表明结构中剪力墙的数量偏少，框架承担较大的地震作用。此时框架部分的抗震等级和轴压比宜按框架结构的规定执行，剪力墙部分的抗震等级和轴压比按框架-剪力墙结构的规定采用；其最大适用高度不宜再按框架-剪力墙结构的要求执行，但可比框架结构的要求适当提高，提高的幅度可视剪力墙承担的地震倾覆力矩来确定。

（4）当框架部分承受的倾覆力矩大于结构总倾覆力矩的 80% 时，表明结构中剪力墙的数量极少。此时框架部分的抗震等级和轴压比应按框架结构的规定执行，剪力墙部分的抗震等级和轴压比按框架-剪力墙结构的规定采用；其最大适用高度宜按框架结构采用。对于这种少墙框架-剪力墙结构，由于其抗震性能较差，不宜采用，避免剪力墙受力过大、过早破坏。不可避免时，宜采取将此种剪力墙减薄、开竖缝、开结构洞、配置少量单排钢筋等措施，减小剪力墙的作用。

在上述第（3）、（4）种规定的情况下，为避免剪力墙过早破坏，其位移相关控制指标应按框架-剪力墙结构采用。对于第（4）种规定的情况，如果最大层间侧移角不能满足框架-剪力墙结构的限值要求，可按结构抗震性能设计方法进行分析和论证。

另外，由于板柱框架用柱上板带作为框架梁，与梁柱框架相比，其侧向刚度和水平承载力较差。因此，《高层规程》规定：抗风设计时，板柱-剪力墙结构中各层筒体或剪力墙应能承担不小于 80% 相应方向该层承担的风荷载作用下的剪力；抗震设计时，应能承担各层全部相应方向该层承担的地震剪力，而各层板柱部分尚应能承担不小于 20% 相应方向该层承担的地震剪力，且应符合有关抗震构造要求。

7.2.2　框架与剪力墙的协同工作

框架-剪力墙结构是由框架和剪力墙组成的结构体系。本章对框架与剪力墙的协同工作，采用简化的分析方法。

　　在水平荷载作用下，框架和剪力墙是变形特点不同的两种结构，当用平面内刚度很大的楼盖将二者连接在一起组成框架-剪力墙结构时，框架与剪力墙在楼盖处的变形必须协调一致，即二者之间存在协同工作问题。

　　在水平荷载作用下，单独剪力墙的变形曲线如图 7.2.1（a）中虚线所示，以弯曲变形为主；单独框架的总体变形曲线如图 7.2.1（b）中虚线所示，以整体剪切变形为主。但是，在框架-剪力墙结构中，框架与剪力墙是相互连接在一起的整体结构，并不是单独分开，故其变形曲线介于弯曲型与整体剪切型之间。图 7.2.2 中绘出了三种侧移曲线及其相互关系。由图 7.2.2 可见，在结构下部，剪力墙的位移比框架小，墙将框架向左拉，框架将墙向右拉，故而框架-剪力墙结构的位移比框架的单独位移小，比剪力墙的单独位移大；在结构上部，剪力墙的位移比框架大，框架将墙向左推，墙将框架向右推，因而框架-剪力墙的位移比框架的单独位移大，比剪力墙的单独位移小。框架与剪力墙之间的这种协同工作是非常有利的，它使框架-剪力墙结构的侧移大大减小，且使框架与剪力墙中的内力分布更趋合理。

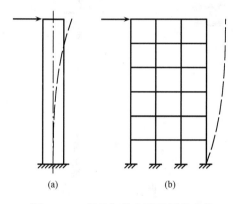

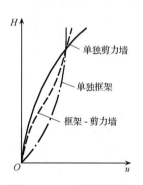

图 7.2.1　框架与剪力墙的侧移曲线　　　　图 7.2.2　三种侧移曲线

7.2.3　协同工作基本假定与计算简图

1. 基本假定

　　在框架-剪力墙结构分析中，一般采用如下的假定。

　　（1）楼板在自身平面内的刚度为无限大。这保证了楼板将整个结构单元内的所有框架和剪力墙连为整体，不产生相对变形。现浇楼板和装配整体式楼板均可采用刚性楼板的假定。此外，横向剪力墙的间距宜满足表 7.1.1 的要求。

　　（2）房屋的刚度中心与作用在结构上的水平荷载（风荷载或水平地震作用）的合力作用点重合，在水平荷载作用下房屋不产生绕竖轴的扭转。

　　在这两个基本假定的前提下，同一楼层标高处，各榀框架和剪力墙的水平位移相等。此时可将结构单元内所有剪力墙综合在一起，形成一榀假想的总剪力墙，总剪力墙的弯曲刚度等于各榀剪力墙弯曲刚度之和；把结构单元内所有框架综合起来，形成一榀假想的总框架，总框架的剪切刚度等于各榀框架剪切刚度之和。

2. 计算简图

　　按照剪力墙之间和剪力墙与框架之间有无连梁，或者是否考虑这些连梁对剪力墙转动的约束作用，框架-剪力墙结构可分为下列两类。

（1）框架-剪力墙铰接体系。对于图 7.2.3（a）所示结构单元平面，如沿房屋横向的 3 榀剪力墙均为双肢墙，因连梁的转动约束作用已考虑在双肢墙的刚度内，且楼板在平面外的转动约束作用很小可予以忽略，则总框架与总剪力墙之间可按铰接考虑，其横向计算简图如图 7.2.3（b）所示。其中总剪力墙代表图 7.2.3（a）中的 3 榀双肢墙的综合，总框架则代表 6 榀框架的综合。在总框架与总剪力墙之间的每个楼层标高处，有一根两端铰接的连杆。这一列铰接连杆代表各层楼板，把各榀框架和剪力墙连成整体，共同抗御水平荷载的作用。连杆是刚性的（即轴向刚度 $EA \rightarrow \infty$），反映了刚性楼板的假定，保证总框架与总剪力墙在同一楼层标高处的水平位移相等。

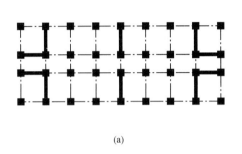
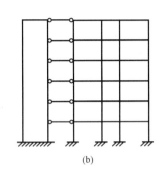

(a)　　　　　　　　　　　　　　　(b)

图 7.2.3　框架-剪力墙铰接体系计算简图

（2）框架-剪力墙刚结体系。对于图 7.2.4（a）所示结构单元平面，沿房屋横向有 3 片剪力墙，剪力墙与框架之间有连梁连接，当考虑连梁的转动约束作用时，连梁两端可按刚结考虑，其横向计算简图如图 7.2.4（b）所示。此处，总剪力墙代表图 7.2.4（a）中②、⑤、⑧轴线的 3 片剪力墙的综合；总框架代表 9 榀框架的综合，其中①、③、④、⑥、⑦、⑨轴线均为 3 跨框架，②、⑤、⑧轴线为单跨框架。在总剪力墙与总框架之间有一列总连梁，把两者连为整体。总连梁代表②、⑤、⑧轴线 3 列连梁的综合。总连梁与总剪力墙刚结的一列梁端，代表了 3 列连梁与 3 片墙刚结的综合；总连梁与总框架刚结的一列梁端，代表了②、⑤、⑧轴线处 3 个梁端与单跨框架的刚结，以及楼板与其他各榀框架的铰接。

此外，对于图 7.2.3（a）和图 7.2.4（a）所示的结构布置情况，当考虑连梁的转动约束作用时，其纵向计算简图均可按刚结体系考虑。

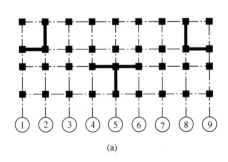
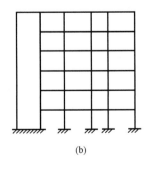

① ② ③ ④ ⑤ ⑥ ⑦ ⑧ ⑨

(a)　　　　　　　　　　　　　　　(b)

图 7.2.4　框架-剪力墙刚结体系计算简图

框架-剪力墙结构的下端为固定端，一般取至基础顶面；当设置地下室且地下室的楼层侧向刚度不小于相邻上部结构楼层侧向刚度的 2 倍时，可将地下室的顶板作为上部结构嵌固部位。

以上得出的计算简图仍是一个多次超静定的平面结构，它可以用力法或位移法借助电子计算机计算，也可采用适合于手算的连续栅片法。连续栅片法是沿结构的竖向采用连续化假定，即把连杆作为连续栅片。这个假定使总剪力墙与总框架不仅在每一楼层标高处具有相同的侧移，而且沿整个高度总剪力墙和总框架的侧移相等，从而使计算简化到能用四阶微分方程来求解。当房屋各层层高相等且层数较多时，连续栅片法具有较高的计算精度。

7.2.4　基本计算参数

框架-剪力墙结构分析时，需确定总剪力墙的弯曲刚度、总框架的剪切刚度和总连梁的等效剪切刚度。采用连续栅片法计算时，假定这些结构参数沿房屋高度不变；如有变化，可取沿高度的加权平均值，仍近似按参数沿高度不变来计算。

1. 总框架的剪切刚度

框架柱的侧向刚度定义为使框架柱两端产生单位相对侧移所需施加的水平剪力 [图 7.2.5（a）]，用符号 D 表示同层各柱侧向刚度的总和。总框架的剪切刚度 C_{f} 定义为使总框架在楼层间产生单位剪切变形（$\varphi=1$）所需施加的水平剪力 [图 7.2.5（b）]，则 C_{f} 与 D 有关系为

$$C_{\mathrm{f}} = Dh = h\sum D_{ij} \tag{7.2.1}$$

式中：D_{ij} 为第 i 层第 j 根柱的侧向刚度；D 为同一层内所有框架柱的 D_{ij} 之和；h 为层高。

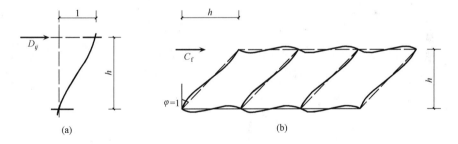

图 7.2.5　框架的剪切刚度

当各层 $C_{\mathrm{f}i}$ 不相同时，计算中所用的 C_{f} 可近似地以各层的 $C_{\mathrm{f}i}$ 按高度加权取平均值，即

$$C_{\mathrm{f}} = \frac{C_{\mathrm{f}1}h_1 + C_{\mathrm{f}2}h_2 + \cdots + C_{\mathrm{f}n}h_n}{h_1 + h_2 + \cdots + h_n} \tag{7.2.2}$$

式（7.2.1）所表示的总框架剪切刚度，仅考虑了梁、柱弯曲变形的影响。当框架结构的高度或高宽比较大时，宜将柱的轴向变形考虑在内。考虑柱轴向变形时框架的剪切刚度可用下述比拟的方法近似导出。

根据框架剪切刚度 C_{f} 的定义，当楼层间的剪切角为 φ 时，楼层剪力 V_{f} 等于

$$V_{\mathrm{f}} = C_{\mathrm{f}}\varphi = C_{\mathrm{f}}\frac{\mathrm{d}y}{\mathrm{d}z} \tag{7.2.3}$$

式中：y、z 分别为柱弦线的水平及竖向坐标，坐标原点在框架底端。将式（7.2.3）对 z

微分一次，得

$$-q_{\mathrm{f}}(z) = \frac{\mathrm{d}V_{\mathrm{f}}}{\mathrm{d}z} = C_{\mathrm{f}}\frac{\mathrm{d}^2 y}{\mathrm{d}z^2} \tag{7.2.4}$$

式中：$q_{\mathrm{f}}(z)$ 为框架所承受的分布水平力；V_{f} 以及 q_{f} 以自左向右为正。

将式（7.2.4）积分两次，得

$$y = -\frac{1}{C_{\mathrm{f}}}\left[\int_0^z\int_z^H q_{\mathrm{f}}(z)\mathrm{d}z\mathrm{d}z\right] \tag{7.2.5}$$

式中：H 为框架总高度。

式（7.2.5）中的 y 是由梁、柱弯曲变形产生的框架水平位移，框架顶点的侧移 u_{M} 为

$$u_{\mathrm{M}} = [y]_{z=H} = -\frac{1}{C_{\mathrm{f}}}\left[\int_0^z\int_z^H q_{\mathrm{f}}(z)\mathrm{d}z\mathrm{d}z\right]_{z=H}$$

或者写成

$$C_{\mathrm{f}} = -\frac{1}{u_{\mathrm{M}}}\left[\int_0^z\int_z^H q_{\mathrm{f}}(z)\mathrm{d}z\mathrm{d}z\right]_{z=H} \tag{7.2.6}$$

若用 u_{N} 表示由柱轴向变形产生的框架顶点侧移，比照上式，可以定义考虑柱轴向变形后框架的剪切刚度 C_{f0} 为

$$C_{\mathrm{f0}} = -\frac{1}{u_{\mathrm{N}}+u_{\mathrm{M}}}\left[\int_0^z\int_z^H q_{\mathrm{f}}(z)\mathrm{d}z\mathrm{d}z\right]_{z=H} \tag{7.2.7}$$

由式（7.2.6）和式（7.2.7）得

$$C_{\mathrm{f0}} = \frac{u_{\mathrm{M}}}{u_{\mathrm{N}}+u_{\mathrm{M}}}C_{\mathrm{f}} \tag{7.2.8}$$

式中：u_{M} 为仅考虑梁、柱弯曲变形时框架的顶点侧移，可用 D 值法计算；u_{N} 为柱轴向变形引起的框架顶点侧移，可参考式（5.4.18）或其他简化方法计算。

2. 连梁的约束刚度

框架-剪力墙刚结体系的连梁进入墙的部分刚度很大，因此连梁应作为带刚域的梁进行分析。剪力墙间的连梁是两端带刚域的梁 [图 7.2.6 (a)]，剪力墙与框架间的连梁是一端带刚域的梁 [图 7.2.6 (b)]。

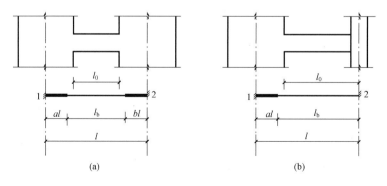

图 7.2.6　连梁的计算简图

在水平荷载作用下，根据刚性楼板的假定，同层框架与剪力墙的水平位移相同，同时假定同层所有结点的转角 θ 也相同，则由式（6.7.4）可得两端带刚域连梁的杆端转动刚度

$$S_{12} = \frac{6EI_0}{l} \frac{1+a-b}{(1-a-b)^3(1+\beta)} \\ S_{21} = \frac{6EI_0}{l} \frac{1-a+b}{(1-a-b)^3(1+\beta)} \Bigg\}$$

(7.2.9)

在式（7.2.9）中令 $b=0$，可得一端带刚域连梁的杆端转动刚度

$$S_{12} = \frac{6EI_0}{l} \frac{1+a}{(1-a)^3(1+\beta)} \\ S_{21} = \frac{6EI_0}{l} \frac{1}{(1-a)^2(1+\beta)} \Bigg\}$$

(7.2.10)

当采用连续化方法计算框架-剪力墙结构内力时，应将 S_{12} 和 S_{21} 化为沿层高 h 的线约束刚度 C_{12} 和 C_{21}，其值为

$$C_{12} = \frac{S_{12}}{h} \\ C_{21} = \frac{S_{21}}{h} \Bigg\}$$

(7.2.11)

单位高度上连梁两端线约束刚度之和为

$$C_b = C_{12} + C_{21}$$

当第 i 层的同一层内有 s 根刚结连梁时，总连梁两端的线约束刚度之和为

$$C_{bi} = \sum_{j=1}^{s}(C_{12}+C_{21})_j$$

(7.2.12)

式（7.2.12）适用于两端与墙连接的连梁，对一端与墙另一端与柱连接的连梁，应令与柱连接端的 C_{21} 为零。

当各层总连梁的 C_{bi} 不同时，可近似地以各层的 C_{bi} 按高度取加权平均值，即

$$C_b = \frac{C_{b1}h_1 + C_{b2}h_2 + \cdots + C_{bn}h_n}{h_1 + h_2 + \cdots + h_n}$$

(7.2.13)

3. 剪力墙的弯曲刚度

先按 6.8.2 节所述方法判别剪力墙类别。对整截面墙，按式（6.3.5）计算等效刚度，当各层剪力墙的厚度或混凝土强度等级不同时，式中 E_c、I_w、A_w、μ 应取沿高度的加权平均值。同样，按式（6.6.10）计算整体小开口墙的等效刚度时，式中 E_c、I、A、μ 也应沿高度取加权平均值，但只考虑带洞部分的墙，不计无洞部分墙的作用。对联肢墙，可按式（6.5.19）计算等效刚度。

总剪力墙的等效刚度为结构单元内同一方向（横向或纵向）所有剪力墙等效刚度之和，即

$$E_c I_{eq} = \sum (E_c I_{eq})_j$$

(7.2.14)

7.3　框架-剪力墙铰接体系结构分析

7.3.1　基本方程及其一般解

框架-剪力墙铰接体系的计算简图如图 7.3.1（a）所示。当采用连续化方法计算时，

把连杆作为连续栅片，则在任意水平荷载 $q(z)$ 作用下总框架与总剪力墙之间存在连续的相互作用力 $q_f(z)$，如图 7.3.1（b）所示。

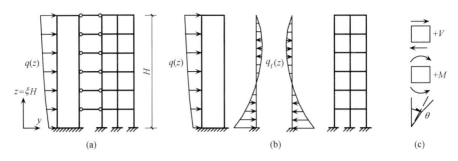

图 7.3.1　框架-剪力墙铰接体系协同工作计算简图

如以总剪力墙为隔离体，并采用图 7.3.1（c）所示的正负号规定，则根据材料力学可得如下微分方程，即

$$E_c I_{eq} \frac{\mathrm{d}^4 y}{\mathrm{d} z^4} = q(z) - q_f(z)$$

式中：$q_f(z)$ 表示框架与剪力墙的相互作用力，可表示为

$$q_f(z) = -\frac{\mathrm{d} V_f}{\mathrm{d} z} = -C_f \frac{\mathrm{d}^2 y}{\mathrm{d} z^2} \tag{7.3.1}$$

将式（7.3.1）代入微分方程，并引入 $\xi = z/H$，则得

$$\frac{\mathrm{d}^4 y}{\mathrm{d} \xi^4} - \lambda^2 \frac{\mathrm{d}^2 y}{\mathrm{d} \xi^2} = \frac{q(\xi) H^4}{E_c I_{eq}} \tag{7.3.2}$$

式中：λ 为框架-剪力墙铰接体系的刚度特征值，即

$$\lambda = H \sqrt{\frac{C_f}{E_c I_{eq}}} \tag{7.3.3}$$

λ 是一个与框架和剪力墙的刚度比有关的参数，对框架-剪力墙结构的受力和变形特征有重大影响。

式（7.3.2）是四阶常系数线性微分方程，其一般解为

$$y = C_1 + C_2 \xi + C_3 \mathrm{sh} \lambda \xi + C_4 \mathrm{ch} \lambda \xi + y_1 \tag{7.3.4}$$

式中：C_1、C_2、C_3、C_4 是四个任意常数，由框架-剪力墙结构的边界条件确定；y_1 是式（7.3.2)的任意特解，视具体荷载而定。

位移 y 求出后，框架-剪力墙结构任意截面的转角 θ、总剪力墙的弯矩 M_w、剪力 V_w，以及总框架的剪力 V_f 可由微分关系求得，即

$$\left.\begin{aligned}
\theta &= \frac{\mathrm{d} y}{\mathrm{d} z} = \frac{1}{H} \cdot \frac{\mathrm{d} y}{\mathrm{d} \xi} \\
M_w &= E_c I_{eq} \frac{\mathrm{d}^2 y}{\mathrm{d} z^2} = \frac{E_c I_{eq}}{H^2} \frac{\mathrm{d}^2 y}{\mathrm{d} \xi^2} \\
V_w &= -E_c I_{eq} \frac{\mathrm{d}^3 y}{\mathrm{d} z^3} = -\frac{E_c I_{eq}}{H^3} \frac{\mathrm{d}^3 y}{\mathrm{d} \xi^3} \\
V_f &= C_f \frac{\mathrm{d} y}{\mathrm{d} z} = \frac{C_f}{H} \frac{\mathrm{d} y}{\mathrm{d} \xi}
\end{aligned}\right\} \tag{7.3.5}$$

7.3.2　水平均布荷载作用下内力及侧移计算

当作用均布荷载时，式（7.3.2）中 $q(\xi)=q$，式（7.3.4）中的特解 $y_1=-\dfrac{qH^2}{2C_{\mathrm{f}}}\xi^2$，则由式（7.3.4）得一般解为

$$y=C_1+C_2\xi+C_3\,\mathrm{sh}\lambda\xi+C_4\,\mathrm{ch}\lambda\xi-\frac{qH^2}{2C_{\mathrm{f}}}\xi^2 \tag{7.3.6}$$

下面由框架-剪力墙结构的边界条件确定积分常数。

（1）框架-剪力墙结构顶部总剪力为零，即当 $\xi=1$（或 $z=H$）时，$V=V_{\mathrm{w}}+V_{\mathrm{f}}=0$。将式（7.3.5）的第 3、4 两式代入，并注意到式（7.3.3），则得

$$\lambda^2\frac{\mathrm{d}y}{\mathrm{d}\xi}=\frac{\mathrm{d}^3y}{\mathrm{d}\xi^3}$$

将式（7.3.6）代入上式，然后取 $\xi=1$，得

$$\lambda^2(C_2-qH^2/C_{\mathrm{f}})+\lambda^3(C_3\,\mathrm{ch}\lambda+C_4\,\mathrm{sh}\lambda)=\lambda^3(C_3\,\mathrm{ch}\lambda+C_4\,\mathrm{sh}\lambda)$$

由此得

$$C_2=qH^2/C_{\mathrm{f}}$$

（2）剪力墙下端固定，弯曲转角为零，即当 $\xi=0$ 时，$\mathrm{d}y/\mathrm{d}\xi=0$。由式（7.3.6）可得

$$C_3=-\frac{C_2}{\lambda}=-\frac{qH^2}{\lambda C_{\mathrm{f}}}$$

（3）在结构顶端，剪力墙的弯矩为零，即当 $\xi=1$ 时，由式（7.3.5）的第 2 式得 $\dfrac{\mathrm{d}^2y}{\mathrm{d}\xi^2}=0$。将式（7.3.6）代入得

$$C_3\lambda^2\,\mathrm{sh}\lambda+C_4\lambda^2\,\mathrm{ch}\lambda-qH^2/C_{\mathrm{f}}=0$$

由此得

$$C_4=\frac{qH^2}{\lambda^2C_{\mathrm{f}}}\left(\frac{\lambda\,\mathrm{sh}\lambda+1}{\mathrm{ch}\lambda}\right)$$

（4）在结构下端，侧移 y 为零，即当 $\xi=0$ 时，$y=0$。由式（7.3.6）得

$$C_1=-C_4=-\frac{qH^2}{\lambda^2C_{\mathrm{f}}}\left(\frac{\lambda\,\mathrm{sh}\lambda+1}{\mathrm{ch}\lambda}\right)$$

将上述积分常数代入式（7.3.6），经整理后得

$$y=\frac{qH^4}{E_{\mathrm{c}}I_{\mathrm{eq}}}\frac{1}{\lambda^4}\left[\left(\frac{\lambda\,\mathrm{sh}\lambda+1}{\mathrm{ch}\lambda}\right)(\mathrm{ch}\lambda\xi-1)-\lambda\,\mathrm{sh}\lambda\xi+\lambda^2\left(\xi-\frac{\xi^2}{2}\right)\right] \tag{7.3.7}$$

式（7.3.7）就是水平均布荷载作用下框架-剪力墙结构侧移计算公式。

将式（7.3.7）代入式（7.3.5），可得转角 θ、总剪力墙弯矩 M_{w}、剪力 V_{w} 以及总框架剪力 V_{f} 的计算公式，即

$$\theta=\frac{qH^3}{E_{\mathrm{c}}I_{\mathrm{eq}}}\frac{1}{\lambda^2}\left[\left(\frac{\lambda\,\mathrm{sh}\lambda+1}{\lambda\,\mathrm{ch}\lambda}\right)\mathrm{sh}\lambda\xi-\mathrm{ch}\lambda\xi-\xi+1\right] \tag{7.3.8}$$

$$M_{\mathrm{w}}=\frac{E_{\mathrm{c}}I_{\mathrm{eq}}}{H^2}\frac{\mathrm{d}^2y}{\mathrm{d}\xi^2}=\frac{qH^2}{\lambda^2}\left[\left(\frac{\lambda\,\mathrm{sh}\lambda+1}{\mathrm{ch}\lambda}\right)\mathrm{ch}\lambda\xi-\lambda\,\mathrm{sh}\lambda\xi-1\right] \tag{7.3.9}$$

$$V_{\mathrm{w}}=-\frac{E_{\mathrm{c}}I_{\mathrm{eq}}}{H^3}\frac{\mathrm{d}^3y}{\mathrm{d}\xi^3}=qH\left[\mathrm{ch}\lambda\xi-\left(\frac{\lambda\,\mathrm{sh}\lambda+1}{\lambda\,\mathrm{ch}\lambda}\right)\mathrm{sh}\lambda\xi\right] \tag{7.3.10}$$

$$V_{\mathrm{f}}=\frac{C_{\mathrm{f}}}{H}\frac{\mathrm{d}y}{\mathrm{d}\xi}=qH\left[\left(\frac{\lambda\,\mathrm{sh}\lambda+1}{\lambda\,\mathrm{ch}\lambda}\right)\mathrm{sh}\lambda\xi-\mathrm{ch}\lambda\xi-\xi+1\right] \tag{7.3.11}$$

7.3.3　倒三角形分布水平荷载作用下内力及侧移计算

倒三角形分布水平荷载作用 [图 7.3.2 (a)] 时，$q(z)=q\dfrac{z}{H}=q\xi$，相应的特解 $y_1=-\dfrac{qH^2}{6C_f}\xi^3$，代入式（7.3.4）得

$$y=C_1+C_2\xi+C_3\,\text{sh}\lambda\xi+C_4\,\text{ch}\lambda\xi-\frac{qH^2}{6C_f}\xi^3 \qquad (7.3.12)$$

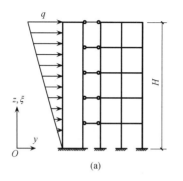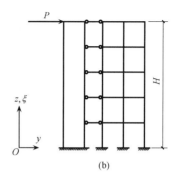

图 7.3.2　倒三角形分布荷载及顶点集中荷载作用下协同工作计算简图

式中的积分常数按下列边界条件确定：

（1）$\xi=1$ 时，$V_w+V_f=0$，即 $\lambda^2\dfrac{dy}{d\xi}=\dfrac{d^3y}{d\xi^3}$，将式（7.3.12）代入得

$$C_2\lambda^2+\lambda^3(C_3\,\text{ch}\lambda+C_4\,\text{sh}\lambda)-\frac{qH^2}{2C_f}\lambda^2=\lambda^3(C_3\,\text{ch}\lambda+C_4\,\text{sh}\lambda)-\frac{qH^2}{C_f}$$

由此得

$$C_2=\frac{qH^2}{C_f}\left(\frac{1}{2}-\frac{1}{\lambda^2}\right)$$

（2）$\xi=0$ 时，$\dfrac{dy}{d\xi}=0$，由式（7.3.12）得

$$C_3=-\frac{C_2}{\lambda}=-\frac{qH^2}{\lambda C_f}\left(\frac{1}{2}-\frac{1}{\lambda^2}\right)$$

（3）$\xi=1$ 时，$\dfrac{d^2y}{d\xi^2}=0$，由式（7.3.12）得

$$C_4=\frac{qH^2}{C_f}\frac{1}{\lambda^2\,\text{ch}\lambda}\left[1+\left(\frac{\lambda}{2}-\frac{1}{\lambda}\right)\text{sh}\lambda\right]$$

（4）$\xi=0$ 时，$y=0$，由式（7.3.12）得

$$C_1=-C_4=-\frac{qH^2}{C_f}\frac{1}{\lambda^2\,\text{ch}\lambda}\left[1+\left(\frac{\lambda}{2}-\frac{1}{\lambda}\right)\text{sh}\lambda\right]$$

将上面求得的积分常数代入式（7.3.12），得倒三角形分布荷载作用时的侧移计算公式

$$y=\frac{qH^4}{E_cI_{eq}}\frac{1}{\lambda^2}\left[\left(\frac{1}{\lambda^2}+\frac{\text{sh}\lambda}{2\lambda}-\frac{\text{sh}\lambda}{\lambda^3}\right)\left(\frac{\text{ch}\lambda\xi-1}{\text{ch}\lambda}\right)+\left(\frac{1}{2}-\frac{1}{\lambda^2}\right)\left(\xi-\frac{\text{sh}\lambda\xi}{\lambda}\right)-\frac{\xi^3}{6}\right]$$

$$(7.3.13)$$

将式（7.3.13）代入式（7.3.5），同样可得转角 θ、总剪力墙弯矩 M_w、剪力 V_w 以及总框架剪力 V_f 的计算公式，即

$$\theta = \frac{1}{H}\frac{dy}{d\xi} = \frac{qH^3}{E_cI_{eq}}\frac{1}{\lambda^2}\left[\left(\frac{1}{\lambda}+\frac{sh\lambda}{2}-\frac{sh\lambda}{\lambda^2}\right)\frac{sh\lambda\xi}{ch\lambda}+\left(\frac{1}{2}-\frac{1}{\lambda^2}\right)(1-ch\lambda\xi)-\frac{\xi^2}{2}\right] \quad (7.3.14)$$

$$M_w = \frac{E_cI_{eq}}{H^2}\frac{d^2y}{d\xi^2} = \frac{qH^2}{\lambda^2}\left[\left(1+\frac{\lambda sh\lambda}{2}-\frac{sh\lambda}{\lambda}\right)\frac{ch\lambda\xi}{ch\lambda}-\xi-\left(\frac{\lambda}{2}-\frac{1}{\lambda}\right)sh\lambda\xi\right] \quad (7.3.15)$$

$$V_w = -\frac{E_cI_{eq}}{H^3}\frac{d^3y}{d\xi^3} = -\frac{qH}{\lambda^2}\left[\left(\lambda+\frac{\lambda^2 sh\lambda}{2}-sh\lambda\right)\frac{sh\lambda\xi}{ch\lambda}-\left(\frac{\lambda^2}{2}-1\right)ch\lambda\xi-1\right]$$

$$(7.3.16)$$

$$V_f = \frac{C_f}{H}\frac{dy}{d\xi} = qH\left[\left(\frac{1}{\lambda}+\frac{sh\lambda}{2}-\frac{sh\lambda}{\lambda^2}\right)\frac{sh\lambda\xi}{ch\lambda}+\left(\frac{1}{2}-\frac{1}{\lambda^2}\right)(1-ch\lambda\xi)-\frac{\xi^2}{2}\right]$$

$$(7.3.17)$$

7.3.4　顶点集中水平荷载作用下内力及侧移计算

顶点集中荷载作用［图 7.3.2 (b)］时，$q(z)=0$，方程（7.3.2）为齐次方程，只有齐次解，特解 $y_1=0$，则

$$y = C_1 + C_2\xi + C_3 sh\lambda\xi + C_4 ch\lambda\xi \quad (7.3.18)$$

四个边界条件分别为：

（1）$\xi=1$，$V_w+V_f=P$，即 $\lambda^2\frac{dy}{d\xi}-\frac{d^3y}{d\xi^3}=\frac{PH^3}{E_cI_{eq}}$；

（2）$\xi=0$，$\frac{dy}{d\xi}=0$；

（3）$\xi=1$，$\frac{d^2y}{d\xi^2}=0$；

（4）$\xi=0$，$y=0$。

将式（7.3.18）代入上述边界条件，得四个积分常数分别为

$$C_2 = \frac{PH}{C_f}\quad C_3 = -\frac{PH}{\lambda C_f}\quad C_4 = \frac{PH}{\lambda C_f}th\lambda\quad C_1 = -C_4 = -\frac{PH}{C_f}\frac{th\lambda}{\lambda}$$

从而可得顶点集中荷载作用下微分方程的解

$$y = \frac{PH^3}{E_cI_{eq}}\frac{1}{\lambda^3}\left[(ch\lambda\xi-1)th\lambda-sh\lambda\xi+\lambda\xi\right] \quad (7.3.19)$$

将式（7.3.19）代入式（7.3.5），得

$$\theta = \frac{PH^2}{E_cI_{eq}}\cdot\frac{1}{\lambda^2}(th\lambda sh\lambda\xi-ch\lambda\xi+1) \quad (7.3.20)$$

$$M_w = \frac{PH}{\lambda}(th\lambda ch\lambda\xi-sh\lambda\xi) \quad (7.3.21)$$

$$V_w = P(ch\lambda\xi-th\lambda sh\lambda\xi) \quad (7.3.22)$$

$$V_f = P(th\lambda sh\lambda\xi-ch\lambda\xi+1) \quad (7.3.23)$$

7.4　框架-剪力墙刚结体系结构分析

7.4.1　基本微分关系

　　框架-剪力墙刚结体系协同工作计算简图如图 7.4.1 所示。当剪力墙间和剪力墙与框架之间有连梁，并考虑连梁对剪力墙转动的约束作用时，框架-剪力墙结构可按刚结体系计算，如图 7.4.1（a）所示。把框架-剪力墙结构沿连梁的反弯点切开，可显示出连梁的轴力和剪力 [图 7.4.1（b）]。连梁的轴力体现了总框架与总剪力墙之间相互作用的水平力 $q_f(z)$；连梁的剪力则体现了两者之间相互作用的竖向力。把总连梁沿高度连续化后，连梁剪力就化为沿高度连续分布的剪力 $v(z)$。将分布剪力向剪力墙轴线简化，则剪力墙将产生分布轴力 $v(z)$ 和线约束弯矩 $m(z)$，如图 7.4.1（c）所示。

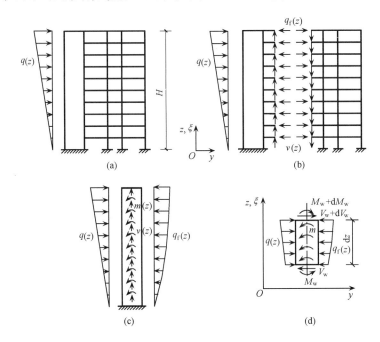

图 7.4.1　框架-剪力墙刚结体系协同工作计算简图

　　1. 平衡条件

　　在框架-剪力墙结构任意高度 z 处存在平衡关系

$$q(z) = q_w(z) + q_f(z) \tag{7.4.1}$$

式中：$q(z)$、$q_w(z)$、$q_f(z)$ 分别为结构 z 高度处的外荷载、总剪力墙承受的荷载和总框架承受的荷载。

　　2. 总剪力墙内力与位移的微分关系

　　总剪力墙的受力情况如图 7.4.1（c）所示。从图中截取高度为 dz 的微段，并在两个横截面中引入截面内力，如图 7.4.1（d）所示（图中未画分布轴力），由该微段水平方向力的平衡条件，可得关系式

$$dV_w + q(z)dz - q_f(z)dz = 0$$

将式（7.4.1）代入上式得

$$\frac{dV_w}{dz} = -q_w(z) \tag{7.4.2}$$

作用在微段上所有力对截面下边缘形心的力矩之和为零，即

$$dM_w + (V_w + dV_w)dz + [q(z) - q_f(z)]dz \cdot \frac{dz}{2} - m(z)dz = 0 \tag{7.4.3}$$

略去式（7.4.3）中的二阶微量，得

$$\frac{dM_w}{dz} = -V_w + m(z) \tag{7.4.4}$$

将式（7.3.5）的第 2 式代入式（7.4.4），得

$$V_w = -E_c I_{eq} \frac{d^3 y}{dz^3} + m(z) \tag{7.4.5}$$

即为框架-剪力墙刚结体系中剪力墙剪力的表达式。

3. 总框架内力与位移的微分关系

总框架剪力 V_f 与楼层间的剪切角 φ 的关系如式（7.2.3）所示。

4. 总连梁内力与位移的微分关系

由杆端转动刚度 S 的定义，总连梁的约束刚度 C_b 可写成

$$C_b = \sum \frac{S_{ij}}{h} = \sum \frac{M_{ij}}{\theta h} \tag{7.4.6}$$

式中：S_{ij}、M_{ij} 分别为第 i 层第 j 连梁与剪力墙刚结端的转动刚度和弯矩。注意其中不包括连梁与框架柱刚接端的转动刚度和弯矩，这部分的影响在框架分析中考虑。

总连梁的线约束弯矩 $m(z)$ 可表示为

$$m(z) = \sum \frac{M_{ij}}{h} = C_b \theta = C_b \frac{dy}{dz} \tag{7.4.7}$$

7.4.2　基本方程及其解

将式（7.4.5）代入式（7.4.2），并利用式（7.4.7）得

$$q_w(z) = E_c I_{eq} \frac{d^4 y}{dz^4} - C_b \frac{d^2 y}{dz^2} \tag{7.4.8}$$

将式（7.4.7）及式（7.2.4）代入式（7.4.1）得

$$E_c I_{eq} \frac{d^4 y}{dz^4} - (C_b + C_f) \frac{d^2 y}{dz^2} = q(z)$$

引入无量纲坐标 $\xi = z/H$，式（7.4.8）经整理后得

$$\frac{d^4 y}{d\xi^4} - \lambda^2 \frac{d^2 y}{d\xi^2} = \frac{q(\xi)H^4}{E_c I_{eq}} \tag{7.4.9}$$

式中：λ 为框架-剪力墙刚结体系的刚度特征值，即

$$\lambda = H \sqrt{\frac{C_b + C_f}{E_c I_{eq}}} \tag{7.4.10}$$

与铰接体系的刚度特征值［式（7.3.3）］相比，式（7.4.9）仅在根号内分子项多了一

项 C_b，当 $C_b=0$ 时，式（7.4.9）就转化为式（7.3.3），C_b 反映了连梁对剪力墙的约束作用。另外，在结构抗震计算中，式中的连梁刚度 C_b 可予以折减，折减系数不宜小于 0.5。

式（7.4.9）即为框架-剪力墙刚结体系的微分方程，与式（7.3.2）形式上完全相同。与式（7.4.9）相应的框架-剪力墙结构的内力和侧移为

$$
\left.\begin{aligned}
y &= C_1 + C_2\xi + C_3\,\mathrm{sh}\xi + C_4\,\mathrm{ch}\xi + y_1 \\
\theta &= \frac{\mathrm{d}y}{\mathrm{d}z} = \frac{1}{H}\frac{\mathrm{d}y}{\mathrm{d}\xi} \\
M_w &= E_c I_{eq}\frac{\mathrm{d}^2 y}{\mathrm{d}z^2} = \frac{E_c I_{eq}}{H^2}\frac{\mathrm{d}^2 y}{\mathrm{d}\xi^2} \\
V_w &= -E_c I_{eq}\frac{\mathrm{d}^3 y}{\mathrm{d}z^3} + m = -\frac{E_c I_{eq}}{H^3}\frac{\mathrm{d}^3 y}{\mathrm{d}\xi^3} + m \\
V_f &= V - \left(-\frac{E_c I_{eq}}{H^3}\frac{\mathrm{d}^3 y}{\mathrm{d}\xi^3} + m\right) = V_f' - m \\
m &= C_b\frac{\mathrm{d}y}{\mathrm{d}z} = \frac{C_b}{H}\frac{\mathrm{d}y}{\mathrm{d}\xi}
\end{aligned}\right\}
\tag{7.4.11}
$$

式中：V_f' 称为总框架的名义剪力。

将式（7.4.9）～式（7.4.11）与铰接体系的相应公式［式（7.3.2）～式（7.3.5）］比较，可知两者有下列异同点。

（1）对结构体系的侧移 y、转角 θ 以及总剪力墙弯矩 M_w，刚结体系与铰接体系具有完全相同的表达式。因而 7.3 节对于铰接体系所推导的相应公式，对于刚结体系也完全适用，但各式中的结构刚度特征值 λ 对刚结体系须按式（7.4.10）计算。

（2）总剪力墙剪力的表达式不同。比较式（7.3.5）的第 3 式与式（7.4.11）的第 4 式，可见刚结体系总剪力墙剪力表达式中的第一项与铰接体系总剪力墙剪力的形式相同，因而对于铰接体系所推导的相应公式，可用于计算刚结体系总剪力墙剪力的第一项 $\left(-\dfrac{E_c I_{eq}}{H^3}\dfrac{\mathrm{d}^3 y}{\mathrm{d}\xi^3}\right)$，其中结构刚度特征值 λ 须按式（7.4.10）计算。

（3）总框架剪力的表达式也不同。由式（7.4.11）可见，对刚结体系，$V_f = V_f' - m$，其中总框架的名义剪力 V_f' 与铰接体系中总框架剪力的表达式相同，但式中的 λ 须按式（7.4.10）计算。

（4）框架-剪力墙刚结体系还应计算总连梁的线约束弯矩 m。由式（7.4.11）的第 6 式，可得均布荷载、倒三角形分布水平荷载和顶点集中水平荷载作用下 m 的表达式，即

$$
m = \frac{qH^3 C_b}{E_c I_{eq}}\frac{1}{\lambda^2}\left[\left(\frac{\lambda\,\mathrm{sh}\lambda+1}{\lambda\,\mathrm{ch}\lambda}\right)\mathrm{sh}\lambda\xi - \mathrm{ch}\lambda\xi - \xi + 1\right]
$$
$$
\text{（均布荷载）}\quad(7.4.12)
$$

$$
m = \frac{qH^3 C_b}{E_c I_{eq}}\frac{1}{\lambda^2}\left[\left(\frac{1}{\lambda}+\frac{\mathrm{sh}\lambda}{2}-\frac{\mathrm{sh}\lambda}{\lambda^2}\right)\frac{\mathrm{sh}\lambda\xi}{\mathrm{ch}\lambda}+\left(\frac{1}{2}-\frac{1}{\lambda^2}\right)(1-\mathrm{ch}\lambda\xi)-\frac{\xi^2}{2}\right]
$$
$$
\text{（倒三角形分布荷载）}\quad(7.4.13)
$$

$$
m = \frac{PH^2 C_b}{E_c I_{eq}}\frac{1}{\lambda^2}(\mathrm{th}\lambda\,\mathrm{sh}\lambda\xi - \mathrm{ch}\lambda\xi + 1)
$$
$$
\text{（顶点集中水平荷载）}\quad(7.4.14)
$$

式中：λ 须按式（7.4.10）计算。

7.4.3　总框架剪力 V_f 和总连梁线约束弯矩 m 的另一种算法

框架-剪力墙刚结体系总框架剪力 V_f 可按式（7.4.11）的第 5 式计算，其中总框架的名义剪力 V_f' 应按式（7.3.11）、式（7.3.17）、式（7.3.23）计算；总连梁的线约束弯矩 m 可直接用式（7.4.12）～式（7.4.14）计算；V_f' 和 m 表达式中的 λ 须按式（7.4.10）计算。为了利用框架-剪力墙铰接体系的公式，通常采用下述方法计算，使计算更为简便。

由水平方向力的平衡条件，图 7.4.1（a）中任意截面水平外荷载产生的剪力 $V(z)$ 可写成

$$V(z) = V_w(z) + V_f(z) \tag{7.4.15}$$

式中：$V_w(z)$ 和 $V_f(z)$ 分别为总剪力墙和总框架的剪力。将式（7.4.5）代入式（7.4.15），得

$$V_f(z) + m(z) = V(z) - \left(-E_c I_{eq} \frac{d^3 y}{dz^3}\right) \tag{7.4.16}$$

或

$$V_f(z) + m(z) = V_f'(z) \tag{7.4.17}$$

将式（7.2.3）和式（7.4.7）代入式（7.4.17），得

$$\frac{dy}{dz} = V_f'/(C_f + C_b) \tag{7.4.18}$$

再将上式代入式（7.2.3）和式（7.4.7），分别得

$$\left. \begin{array}{l} V_f = \dfrac{C_f}{C_f + C_b} V_f' \\[3mm] m = \dfrac{C_b}{C_f + C_b} V_f' \end{array} \right\} \tag{7.4.19}$$

式中：V_f' 为总框架的名义剪力，对均布荷载、倒三角形分布荷载和顶点集中荷载分别按式（7.3.11）、式（7.3.17）和式（7.3.23）计算，但式中的 λ 须按式（7.4.10）计算。在结构抗震计算时，式（7.4.10）中的 C_b 应乘以折减系数。

7.4.4　框架-剪力墙结构的受力和侧移特征

1. 结构侧向位移特征

当 $C_f = 0$ 时，如不考虑连梁的约束作用，则 $\lambda = 0$，此时框架-剪力墙结构就成为无框架的纯剪力墙体系，其侧移曲线与悬臂梁的变形曲线相同，呈弯曲型变形；当 $E_c I_w = 0$ 时，$\lambda = \infty$，此时结构转变为纯框架结构，其侧移曲线呈剪切型；当 λ 介于 0 与 ∞ 之间时，框架-剪力墙结构的侧移曲线介于弯曲型与剪切型之间，属弯剪型，如图 7.4.2 所示。

如果框架刚度与剪力墙刚度之比较小，即 λ 较小时，剪力墙承受的水平荷载比例较大，侧移曲线呈以弯曲型为主的弯剪型；$\lambda \leqslant 1$ 时，框架的作用已经很小，框架-剪力墙结构基本上为弯曲型变形。如果框架刚度与剪力墙刚度之比较大，即 λ 较大时，侧移曲线呈以剪切型为主的弯剪型变形；$\lambda \geqslant 6$ 时，剪力墙的作用已经很小，框架-剪力墙结构基本上为整体剪切型变形。

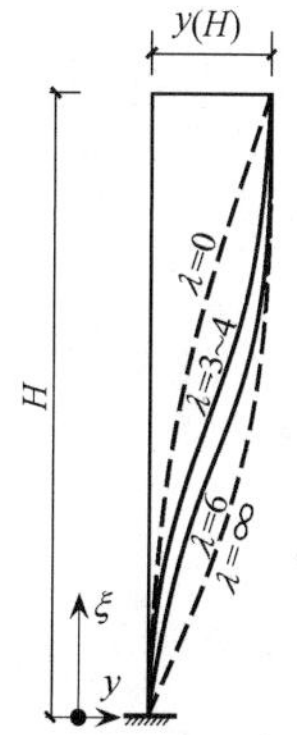

图 7.4.2　结构侧移与 λ 的关系

2. 荷载与剪力的分布特征

以承受水平均布荷载的情况为例，此时铰接体系总剪力墙和总框架的剪力可分别由式（7.3.10）和式（7.3.11）确定，即

$$
\left.
\begin{array}{l}
V_{\mathrm{w}} = qH\left[\mathrm{ch}\lambda\xi - \left(\dfrac{\lambda\mathrm{sh}\lambda+1}{\lambda\mathrm{ch}\lambda}\right)\mathrm{sh}\lambda\xi\right] \\[3mm]
V_{\mathrm{f}} = qH\left[\left(\dfrac{\lambda\mathrm{sh}\lambda+1}{\lambda\mathrm{ch}\lambda}\right)\mathrm{sh}\lambda\xi - \mathrm{ch}\lambda\xi - \xi + 1\right]
\end{array}
\right\}
\tag{7.4.20}
$$

（1）由式（7.4.20）可得总剪力墙与总框架的荷载表达式，即

$$
\left.
\begin{array}{l}
q_{\mathrm{w}} = -\dfrac{\mathrm{d}V_{\mathrm{w}}}{\mathrm{d}z} = q\left[\left(\dfrac{\lambda\mathrm{sh}\lambda+1}{\mathrm{ch}\lambda}\right)\mathrm{ch}\lambda\xi - \lambda\mathrm{sh}\lambda\xi\right] \\[3mm]
q_{\mathrm{f}} = -\dfrac{\mathrm{d}V_{\mathrm{f}}}{\mathrm{d}z} = q\left[1 + \lambda\mathrm{sh}\lambda\xi - \left(\dfrac{\lambda\mathrm{sh}\lambda+1}{\mathrm{ch}\lambda}\right)\mathrm{ch}\lambda\xi\right]
\end{array}
\right\}
\tag{7.4.21}
$$

且有

$$q = q_{\mathrm{w}} + q_{\mathrm{f}}$$

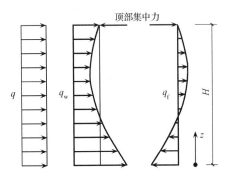

图 7.4.3　q_{w} 和 q_{f} 沿结构高度分布

由式（7.4.21）绘制的 q_{w} 和 q_{f} 沿结构高度分布如图 7.4.3 所示，q_{w} 和 q_{f} 的作用方向与外荷载 q 方向一致时为正。可见，框架承受的荷载 q_{f} 在上部为正，下部为负，因为剪力墙和框架单独承受水平荷载时，两者的变形曲线不同。当二者协同工作时，变形形式必须一致，因此二者间必然产生上述荷载形式。

（2）在框架-剪力墙结构的顶部，即 $\xi=1$ 处，由式（7.4.20）得 $V_{\mathrm{w}}=-V_{\mathrm{f}}$（如取 $\lambda=1.5$，则 $V_{\mathrm{w}}=-V_{\mathrm{f}}=0.178qH$）。这表明在框架和剪力墙顶部，存在大小相等、方向相反的自平衡集中力，这也是由两者的变形曲线必须协调一致所产生的。

（3）总框架与总剪力墙之间的剪力分配与结构刚度特征值 λ 有很大关系。图 7.4.4 是均布荷载作用时外荷载剪力 V、剪力墙剪力 V_{w} 和框架剪力 V_{f} 与 λ 的关系。当 $\lambda=0$ 时，框架剪力为零，剪力墙承担全部剪力；当 λ 很大时，框架几乎承担全部剪力；当 λ 为任意值时，框架和剪力墙按刚度比各承受一定的剪力。

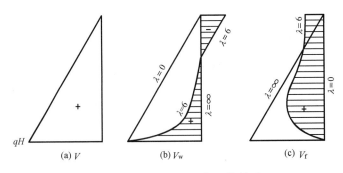

图 7.4.4　V、V_{w}、V_{f} 与 λ 的关系

另外，在基底即 $\xi=0$ 处，由式（7.4.20）得 $V_f=0$，$V_w=qH$。这表明基底处框架不承担剪力，全部剪力由剪力墙承担。

（4）设框架最大剪力截面距基底的坐标为 ξ_0，则 ξ_0 可由下列条件求出，即

$$\frac{\mathrm{d}V_f}{\mathrm{d}z}=-q_f=0 \tag{7.4.22}$$

将式（7.4.21）的第 2 式代入式（7.4.22）得

$$1+\lambda\mathrm{sh}\lambda\xi_0-\left(\frac{\lambda\mathrm{sh}\lambda+1}{\mathrm{ch}\lambda}\right)\mathrm{ch}\lambda\xi_0=0 \tag{7.4.23}$$

对于不同的 λ，由式（7.4.23）解得的 ξ_0 见表 7.4.1。

表 7.4.1　ξ_0 随 λ 的变化规律

λ	ξ_0	λ	ξ_0
0.5	1.0	3.0	0.426
1.0	0.772	6.0	0.301
2.0	0.537	∞	0
2.4	0.483		

由表 7.4.1 可见，随 λ 增大，框架最大剪力位置 ξ_0 向结构底部移动。λ 通常在 $1.0\sim3.0$ 范围内变化，因此框架最大剪力的位置大致处于结构中部附近（即 $\xi_0=0.772\sim0.426$），而不在结构底部，这与纯框架结构不同。另外，与纯框架结构相比，框架-剪力墙结构中 V_f 沿高度分布相对比较均匀，这对框架底部受力比较有利。

3. 连梁刚结对侧移和内力的影响

在框架-剪力墙结构上作用的外荷载不变的情况下：

（1）考虑连梁的约束作用时，结构的刚度特征值 λ 增大，侧向位移减小。

（2）由图 7.4.1（c）可见，由于连梁对剪力墙的线约束弯矩为反时针方向，故考虑连梁的约束作用时，剪力墙上部截面的负弯矩将增大，下部截面的正弯矩将减小，反弯点下移，如图 7.4.5（a）所示。

（3）由式（7.4.10）可见，考虑连梁的约束作用时，剪力墙的剪力将增大，而框架剪力减小，如图 7.4.5（b）和（c）所示。

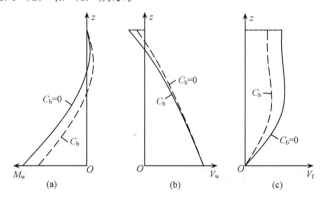

图 7.4.5　连梁刚结对结构内力的影响

7.5　框架-剪力墙结构内力计算步骤及计算实例

7.5.1　内力计算步骤

1. 总框架、总连梁及总剪力墙内力

（1）对于框架-剪力墙铰接体系，按式（7.3.11）、式（7.3.17）和式（7.3.23）计算总框架剪力 V_f；如为刚结体系，则按上述公式计算所得的值是 V_f'，然后按式（7.4.19）计算总框架剪力 V_f 和总连梁的线约束弯矩 m。

（2）总剪力墙弯矩，对铰接和刚结体系均按式（7.3.9）、式（7.3.15）和式（7.3.21）计算。总剪力墙剪力，对铰接体系按式（7.3.10）、式（7.3.16）和式（7.3.22）计算；对刚结体系，按上述公式计算所得的值是式（7.4.11）第 4 式中的第一项 $\left(-\dfrac{E_c I_{eq}}{H^3}\dfrac{d^3 y}{d\xi^3}\right)$，然后将其与上面所计算出的总连梁的线约束弯矩 m 相加，即得总剪力墙剪力。

2. 构件内力

1）框架梁、柱内力

框架与剪力墙按协同工作分析时，假定楼板为绝对刚性，但楼板实际上有一定的变形，框架与剪力墙的变形不能完全协调，故框架实际承受的剪力比计算值大；此外，在地震作用过程中，剪力墙开裂后框架承担的剪力比例将增加，剪力墙屈服后，框架将承担更大的剪力。因此，抗震设计时，按上述方法求得的对应于地震作用标准值的各层框架承担的地震总剪力 V_f 应按下列方法调整。

（1）框架柱数量从下至上基本不变的规则框架，对 $V_f \geqslant 0.2V_0$ 的楼层不必调整，V_f 可直接采用计算值；对 $V_f < 0.2V_0$ 的楼层，V_f 取 $0.2V_0$ 和 $1.5V_{f,max}$ 中的较小值；其中 V_0 为对应于地震作用标准值的结构底部总剪力，$V_{f,max}$ 为对应于地震作用标准值且未经调整的框架承担的地震总剪力中的最大值。

（2）框架柱数量从下至上分段有规律减少时，则分段按上述方法调整，其中每段的底层总剪力 V_0 取该段最下一层结构对应于地震作用标准值的总剪力；$V_{f,max}$ 为每段中对应于地震作用标准值且未经调整的框架承担的地震总剪力中的最大值。

（3）按振型分解反应谱法计算地震作用时，上述各项调整可在振型组合之后进行。各层框架所承担的总剪力调整后，按调整前、后总剪力的比值调整每根框架柱和与之相连框架梁的剪力及端部弯矩标准值，框架柱的轴力可不予调整。

根据各层框架的总剪力 V_f，可用 D 值法计算梁柱内力，计算公式及步骤见 5.4.2 小节。

2）连梁内力

按式（7.4.19）求得总连梁的线约束弯矩 $m(z)$ 后，将 $m(z)$ 乘以层高 h 得到该层所有与剪力墙刚结的梁端弯矩 M_{ij} 之和，即

$$\sum M_{ij} = m(z)h$$

式中：z 为从结构底部至所计算楼层高度。将 $m(z)h$ 按下式分配给各梁端：

$$M_{ij} = \frac{S_{ij}}{\sum S_{ij}} m(z)h \tag{7.5.1}$$

式中：S_{ij} 按式（7.2.9）或式（7.2.10）计算。按式（7.5.1）求得的弯矩是连梁在剪力墙形心轴处的弯矩。计算连梁截面配筋时，应按非刚域段的杆端弯矩计算，如图 7.5.1 所示。对于两剪力墙之间的连梁，由平衡条件可得

$$\left.\begin{array}{l} M_{12}^{c} = M_{12} - a(M_{12} + M_{21}) \\ M_{21}^{c} = M_{21} - b(M_{12} + M_{21}) \end{array}\right\} \tag{7.5.2}$$

式中：M_{12} 和 M_{21} 按式（7.5.1）计算。对于剪力墙与柱之间的连梁，同样由平衡条件可得

$$M_{12}^{c} = M_{12} - a(M_{12} + M_{21}) \tag{7.5.3}$$

式中：M_{12} 由式（7.5.1）计算。假定连梁两端转角相等，则

$$M_{12} = S_{12}\theta$$

$$M_{21} = S_{21}\theta = \frac{S_{21}}{S_{12}}M_{12}$$

将式（7.2.10）代入上式，得

$$M_{21} = \left(\frac{1-a}{1+a}\right)M_{12} \tag{7.5.4}$$

即式（7.5.3）中的 M_{21} 应按（7.5.4）计算。

对于图 7.5.1 所示的两种情况，连梁剪力均可计算为

$$V_{b} = \frac{M_{12} + M_{21}}{l} \tag{7.5.5}$$

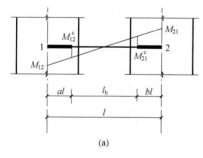 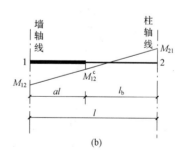

(a)　　　　　　　　　　　　　　　(b)

图 7.5.1　连梁梁端弯矩

3）各片剪力墙内力

第 i 层第 j 片剪力墙的弯矩为

$$M_{wij} = \frac{(E_{c}I_{eq})_{ij}}{\sum\limits_{j} (E_{c}I_{eq})_{ij}} M_{wi} \tag{7.5.6}$$

第 i 层第 j 片剪力墙的剪力为

$$V_{wij} = \frac{(E_{c}I_{eq})_{ij}}{\sum\limits_{j} (E_{c}I_{eq})_{ij}} (V_{wi} - m_{i}) + m_{ij} \tag{7.5.7}$$

式中：V_{wi}为第i层总剪力墙剪力；m_i、m_{ij}分别为第i层总连梁及第i层与第j片剪力墙刚结的连梁端线约束弯矩。

第i层第j片剪力墙的轴力为

$$N_{wij} = \sum_{k=i}^{n} V_{bkj} \qquad (7.5.8)$$

式中：V_{bkj}为第k层连梁与第j片剪力墙刚结的连梁剪力。

当框架-剪力墙结构按铰接体系分析时，可令式（7.5.7）中的线约束弯矩m等于零，即可得相应的墙肢剪力。

7.5.2 计算实例及分析

某10层房屋的结构平面及剖面示意图如图7.5.2所示，各层纵向剪力墙上的门洞尺寸均为$1.5m \times 2.4m$，门洞居中。抗震设防烈度8度。场地类别Ⅱ类，设计地震分组为第一组。各层横梁截面尺寸：边跨梁300mm×600mm，走道梁300mm×450mm。柱截面尺寸：1、2层为550mm×550mm，3、4层为500mm×500mm，5～10层为450mm×450mm。各层剪力墙厚度：1、2层为350mm，3～10层为200mm。梁、柱、剪力墙及楼板均为现浇钢筋混凝土。混凝土强度等级：1～6层为C30，7～10层为C25。经计算，集中于各层楼面处的重力荷载代表值为$G_1 = 9285kN$，$G_2 = 8785kN$，$G_3 = G_4 = \cdots = G_9 = 8570kN$，$G_{10} = 7140kN$，$G_{11} = 522kN$。试按协同工作分析方法计算横向水平地震作用下结构的内力及位移。

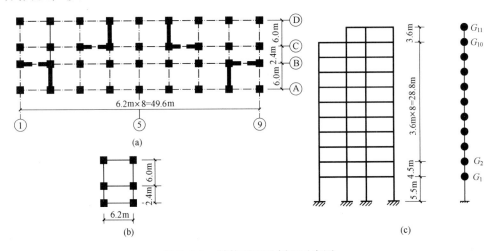

图7.5.2 结构平面及剖面示意图

1. 基本计算参数

1）横向框架的剪切刚度C_f

框架横梁线刚度$i_b = E_c I_b / l$，计算结果见表7.5.1。柱线刚度$i_c = E_c I_c / h$，计算结果见表7.5.2。框架柱侧向刚度D按式（5.4.4）计算，其中柱侧向刚度修正系数α_c按表5.4.1取值，D值计算结果见表7.5.3。将表7.5.3各对应层的D值相加，并乘以层高，即得C_{fi}，见表7.5.4。

表 7.5.1　梁线刚度 i_b

梁类别	层次	$E_c/$ $(10^4\,N/mm^2)$	$b×h$	$I_0/$ $(10^9\,mm^4)$	边框架		中框架	
					$I_b=1.5I_0$	$i_b/(10^{10}\,N·m)$	$I_b=2I_0$	$i_b/(10^{10}\,N·m)$
一般梁	7~10	2.80	300mm×600mm	5.400	8.100×10⁹	3.443	1.080×10¹⁰	4.590
	1~6	3.00				4.050		5.400
走道梁	7~10	2.80	300mm×450mm	2.278	3.417×10⁹	3.631	4.556×10⁹	4.841
	1~6	3.00				4.271		5.695

表 7.5.2　柱线刚度 i_c

层次	层高/mm	$b×h$	$E_c/$ $(10^4\,N/mm^2)$	$I_c/$ $(10^9\,mm^4)$	$i_c/$ $(10^{10}\,N·m)$
7~10	3600	450mm×450mm	2.80	3.417	2.421
5~6	3600	450mm×450mm	3.00	3.417	2.848
3~4	3600	500mm×500mm	3.00	5.208	4.340
2	4500	550mm×550mm	3.00	7.626	5.084
1	5500	550mm×550mm	3.00	7.626	4.159

表 7.5.3　中框架柱侧向刚度

层次	层高/mm	边柱			中柱			$\sum D = 10×(D_{i1}+D_{i2})/$ (N/mm)
		$\overline{K}$	α_c	$D_{i1}/(N/mm)$	$\overline{K}$	α_c	$D_{i2}/(N/mm)$	
8~10	3600	1.896	0.487	10917	3.895	0.661	14817	257340
7	3600	2.063	0.508	11388	4.239	0.679	15221	266090
5~6	3600	1.896	0.487	12842	3.896	0.661	17431	302730
3~4	3600	1.244	0.383	15391	2.556	0.561	22544	379350
2	4500	1.062	0.347	10454	2.182	0.522	15727	261810
1	5500	1.298	0.545	8992	2.668	0.679	11202	201940
层次	层高/mm	边柱			中柱			$\sum D = 4×(D_{i1}+D_{i2})/$ (N/mm)
		$\overline{K}$	α_c	$D_{i1}/(N/mm)$	$\overline{K}$	α_c	$D_{i2}/(N/mm)$	
8~10	3600	1.422	0.416	9325	2.922	0.594	13316	90564
7	3600	1.548	0.436	9774	3.179	0.614	13764	94152
5~6	3600	1.422	0.416	10970	2.922	0.594	15664	106536
3~4	3600	0.933	0.318	12779	1.917	0.489	19651	129720
2	4500	0.797	0.285	8586	1.637	0.450	13557	88572
1	5500	0.974	0.496	8183	2.001	0.625	10312	73980

表 7.5.4　各层框架剪切刚度 C_{fi}

层次	层高/mm	$\sum D$/(N/mm)	C_{fi}/$(10^9$N)
1	5500	275920	1.51756
2	4500	350382	1.57672
3～4	3600	509070	1.83265
5～6	3600	409266	1.47336
7	3600	360242	1.29687
8～10	3600	347904	1.25245

由式（7.2.2）计算 C_f，即各层的 C_{fi} 按高度加权取平均值

$$C_f = \{[1.51756 \times 5.5 + 1.57672 \times 4.5 + (1.83265 \times 2 + 1.47336 \times 2$$
$$+ 1.29687 + 1.25245 \times 3) \times 3.6] \times 10^9\} \div (5.5 + 4.5 + 3.6 \times 8)$$
$$\approx 1.48042 \times 10^9 (\text{N})$$

2）横向剪力墙截面等效刚度

本例的 4 片剪力墙截面形式相同，但各层厚度及混凝土强度等级不同。这里以第一层剪力墙为例进行计算，其他各层剪力墙刚度的计算结果见表 7.5.5。

表 7.5.5　各层剪力墙刚度参数（一片墙）

层次	t/mm	$b \times h$（端柱）	b_f/mm	y/mm	μ	A_w/mm^2	I_w/$(10^{12}$mm$^4)$	$E_c I_w$/$(10^{17}$N·mm$^2)$
7～10	200	450mm×450mm	1200	2 658	1.327	1 710 000	8.05658	2.05443
5～6	200	450mm×450mm	1200	2 658	1.327	1 710 000	8.05658	2.41698
3～4	200	500mm×500mm	1200	2 658	1.327	1 790 000	8.81246	2.64374
1～2	350	550mm×550mm	1940	2 435	1.423	3 095 250	14.44497	4.33349

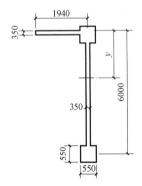

图 7.5.3　剪力墙截面尺寸
（尺寸单位：mm）

第一层墙厚 350mm，端柱截面为 550mm×550mm，墙截面及尺寸如图 7.5.3 所示。有效翼缘宽度应取翼缘厚度的 6 倍、墙间距的一半和总高度的 1/20 中的最小值，且不大于至洞口边缘的距离。经计算

$$b_f = 1940\text{mm}$$
$$A_w = 550^2 \times 2 + (6000 - 550) \times 350$$
$$+ (1940 - 550/2) \times 350$$
$$= 3095250 (\text{mm}^2)$$
$$y = \frac{550^2 \times 6000 + (6000 - 550) \times 350 \times 3000}{3095250}$$
$$\approx 2435 (\text{mm})$$

$$I_w = \frac{1}{12} \times 550^4 \times 2 + 550^2 \times (2435^2 + 3565^2) + \frac{1}{12} \times 350 \times 5450^3 + 350$$

$$\times 5450 \times (3000 - 2435)^2 + \frac{1}{12} \times 1665 \times 350^3 + 350 \times 1665 \times 2435^2$$

$$\approx 14.44497 \times 10^{12} (\text{mm}^4)$$

由 $b_f/t = (1940 + 350/2)/350 \approx 6$ 和 $h_w/t = 6550/350 \approx 19$，查表 6.3.1 得 $\mu = 1.423$。

将表 7.5.5 中各层的 A_w、I_w、E_c、μ 沿高度加权取平均值得

$$A_w = \frac{3095250 \times (5.5 + 4.5) + (1790000 \times 2 + 1710000 \times 6) \times 3.6}{5.5 + 4.5 + 3.6 \times 8}$$

$$\approx 2081869 (\text{mm}^2)$$

$$I_w = \frac{[14.44497 \times (5.5 + 4.5) + (8.81246 \times 2 + 8.05658 \times 6) \times 3.6] \times 10^{12}}{5.5 + 4.5 + 3.6 \times 8}$$

$$\approx 9.84334 \times 10^{12} (\text{mm}^4)$$

$$E_c = \frac{3.00 \times [(5.5 + 4.5) + 4 \times 3.6] + 2.80 \times 4 \times 3.6}{5.5 + 4.5 + 3.6 \times 8} \times 10^4$$

$$\approx 2.926 \times 10^4 (\text{N/mm}^2)$$

$$\mu = \frac{1.423 \times (5.5 + 4.5) + 1.327 \times 8 \times 3.6}{5.5 + 4.5 + 3.6 \times 8} \approx 1.352$$

将上述数据代入式（6.3.5）得

$$E_c I_{eq} = \frac{E_c I_w}{1 + \frac{9\mu I_w}{A_w H^2}} = \frac{2.926 \times 10^4 \times 9.84334 \times 10^{12}}{1 + \frac{9 \times 1.352 \times 9.84334 \times 10^{12}}{2081869 \times 38800^2}} \approx 2.68597 \times 10^{17} (\text{N} \cdot \text{mm}^2)$$

总剪力墙的等效刚度为

$$E_c I_{eq} = 2.68597 \times 10^{17} \times 4 = 10.74388 \times 10^{17} (\text{N} \cdot \text{mm}^2)$$

3）连梁的等效刚度

为了简化计算，计算连梁刚度时不考虑剪力墙翼缘的影响，取墙形心轴为 1/2 墙截面高度处，如图 7.5.4 所示。另外，由于梁截面高度较小，梁净跨长与截面高度之比大于 4，故可不考虑剪切变形的影响。下面以第一层连梁为例，说明连梁刚度计算方法，其他层连梁刚度计算结果见表 7.5.6。

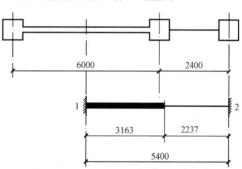

图 7.5.4　连梁计算简图（尺寸单位：mm）

表 7.5.6　连梁剪切刚度 C_{bi}

层次	层高/mm	$b \times h$（端柱）	l/mm	α	$E_c I_b$/(10^{14}N・mm²)	S_{12}/(10^{12} N・mm/rad)	S_{21}/(10^{12} N・mm/rad)	C_{12}/(10^8N)	C_{bi}/(10^9N)
7～10	3600	450mm×450mm		0.576	1.16178	2.66894	0.71804	7.41374	2.96550
5～6	3600	450mm×450mm		0.576		3.13994	0.84475	8.72205	3.48882
3～4	3600	500mm×500mm	5400	0.581	1.36680	3.26402	0.86504	9.06671	3.62668
2	4500	550mm×550mm		0.586		3.39441	0.88606	7.54313	3.01725
1	5500	550mm×550mm		0.586		3.39441	0.88606	6.17165	2.46866

连梁的转动刚度按式（7.2.10）计算，其中刚域长度为

$$al = \frac{1}{2} \times (6000 + 550) - \frac{1}{4} \times 450 \approx 3163 (\text{mm})$$

$$l = 3000 + 2400 = 5400 (\text{mm})$$

$$a = 3163 \div 5400 \approx 0.586$$

另由表 7.5.1 得

$$E_c I_b = 3.00 \times 10^4 \times 4.556 \times 10^9 = 1.3368 \times 10^{14} (\text{N} \cdot \text{mm}^2)$$

将上述数据代入式（7.2.10）得

$$S_{12} = \frac{6 \times 1.3368 \times 10^{14}}{5400} \times \frac{1 + 0.586}{(1 - 0.586)^3} \approx 3.39441 \times 10^{12} (\text{N} \cdot \text{mm/rad})$$

$$S_{21} = \frac{6 \times 1.3368 \times 10^{14}}{5400} \times \frac{1}{(1 - 0.586)^2} \approx 8.86057 \times 10^{11} (\text{N} \cdot \text{mm/rad})$$

由式（7.2.12）得

$$C_{b1} = \sum C_{12} = 4 \times 3.39441 \times 10^{12}/5500 \approx 2.46866 \times 10^9 (\text{N})$$

将表 7.5.6 中各层的 C_{bi} 按高度加权取平均值

$$C_b = \{[2.46866 \times 5.5 + 3.01725 \times 4.5 + (3.62668 \times 2 + 3.48882 \times 2$$
$$+ 2.9655 \times 4) \times 3.6] \times 10^9\} \div (5.5 + 4.5 + 3.6 \times 8)$$
$$\approx 3.12088 \times 10^9 (\text{N})$$

4）结构刚度特征值 λ

为了考察连梁的约束作用对结构内力和侧移的影响，下面分别按连梁刚结和铰接两种情况计算。

考虑连梁约束作用时，λ 按式（7.4.9）计算，连梁刚度折减系数取 0.55，则得

$$\lambda = 38800 \times \sqrt{\frac{(1.48042 + 0.55 \times 3.12088) \times 10^9}{10.74388 \times 10^{17}}} \approx 2.116$$

不考虑连梁约束作用时，λ 按式（7.3.3）计算，即

$$\lambda = 38800 \times \sqrt{\frac{1.48042 \times 10^9}{10.74388 \times 10^{17}}} \approx 1.440$$

2. 水平地震作用

1）结构自振周期计算

该结构的质量和刚度沿高度分布比较均匀，基本自振周期 T_1(s) 为

$$T_1 = 1.7\psi \sqrt{u_T} \tag{7.5.9}$$

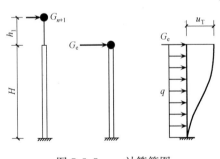

图 7.5.5 u_T 计算简图

式中：u_T 为计算结构基本自振周期用的结构顶点假想位移（m）；ψ 为结构基本自振周期考虑非承重砖墙影响的折减系数，本例可取 $\psi = 0.8$。

对带屋面局部突出间的房屋，式（7.5.9）中的 u_T 应取主体结构顶点位移。突出间对主体结构顶点位移的影响，可按顶点位移相等的原则，将其重力荷载折算到主体结构的顶层，u_T 计算简图如图 7.5.5 所示。对本例，其折算重力荷载可按下式计算，即

$$G_e = G_{n+1}\left(1 + \frac{3}{2}\frac{h_1}{H}\right) = 522 \times \left(1 + \frac{3}{2} \times \frac{3.6}{38.8}\right) \approx 595 (\text{kN})$$

均布荷载 q 为

$$q = \frac{\sum G_i}{H} = \frac{9285 + 8785 + 8570 \times 7 + 7140}{38.8} \approx 2196 (\text{kN/m})$$

结构顶点位移 u_{T} 为

$$u_{\mathrm{T}} = u_{\mathrm{q}} + u_{\mathrm{Ge}}$$

式中：u_{q} 为均布荷载作用下结构的顶点位移，将 $\xi=1$ 代入式（7.3.7）得

$$u_{\mathrm{q}} = \frac{qH^4}{E_{\mathrm{c}}I_{\mathrm{eq}}} \frac{1}{\lambda^4}\left[\left(\frac{\lambda\mathrm{sh}\lambda+1}{\mathrm{ch}\lambda}\right)(\mathrm{ch}\lambda-1)-\lambda\mathrm{sh}\lambda+\frac{\lambda^2}{2}\right]$$

u_{Ge} 为顶点集中荷载作用下结构的顶点位移，将 $\xi=1$ 代入式（7.3.19）得

$$u_{\mathrm{Ge}} = \frac{G_{\mathrm{e}}H^3}{E_{\mathrm{c}}I_{\mathrm{eq}}} \frac{1}{\lambda^3}(\lambda-\mathrm{th}\lambda)$$

结构自振周期 T_1 的计算结果见表 7.5.7。

表 7.5.7　结构自振周期计算

类别	$E_{\mathrm{c}}I_{\mathrm{eq}}/$ （N・mm²）	λ	$u_{\mathrm{q}}/\mathrm{m}$	$u_{\mathrm{Ge}}/\mathrm{m}$	$u_{\mathrm{T}}/\mathrm{m}$	T_1/s
连梁刚结	10.74388×10¹⁷	2.116	0.219	0.004	0.223	0.642
连梁铰接		1.440	0.325	0.006	0.331	0.782

2）水平地震作用计算

该房屋主体结构高度不超过 40m，且质量和刚度沿高度分布比较均匀，故可用底部剪力法计算水平地震作用。

结构等效总重力荷载代表值 G_{eq} 为

$$G_{\mathrm{eq}} = 0.85G_{\mathrm{E}} = 0.85 \times (9285+8785+8570\times7+7140+522) \approx 72864(\mathrm{kN})$$

结构总水平地震作用标准值 F_{EK} 为

$$F_{\mathrm{EK}} = \alpha_1 G_{\mathrm{eq}} = \left(\frac{T_g}{T_1}\right)^{0.9}\alpha_{\max}G_{\mathrm{eq}} = \left(\frac{0.35}{T_1}\right)^{0.9}\times 0.16 \times 72864$$

$$\approx \genfrac{}{}{0pt}{}{6753.248\mathrm{kN}\quad（连梁刚结）}{5654.682\mathrm{kN}\quad（连梁铰接）}$$

顶部附加水平地震作用标准值 ΔF_n 为

$$\Delta F_n = \delta_n F_{\mathrm{EK}} = (0.08T_1+0.07)F_{\mathrm{EK}} \approx \genfrac{}{}{0pt}{}{819.574\mathrm{kN}\quad（连梁刚结）}{749.585\mathrm{kN}\quad（连梁铰接）}$$

质点 i 的水平地震作用标准值 F_i 为

$$F_i = \frac{G_iH_i}{\sum_{j=1}^{n}G_jH_j}(1-\delta_n)F_{\mathrm{EK}} = \begin{cases} 5933.674G_iH_i/\sum_{j=1}^{n}G_jH_j & （连梁刚结） \\[2mm] 4905.097G_iH_i/\sum_{j=1}^{n}G_jH_j & （连梁铰接） \end{cases}$$

F_i 和 F_iH_i 的具体计算过程见表 7.5.8。

表 7.5.8　水平地震作用计算

层次	$H_i/$ m	$G_i/$ kN	$G_iH_i/$ （kN・m）	$\dfrac{G_iH_i}{\sum G_jH_j}$	连梁刚结 F_i/kN	连梁刚结 $F_iH_i/$（kN・m）	连梁铰接 F_i/kN	连梁铰接 $F_iH_i/$（kN・m）
11	42.4	522	22133	0.01164	69.05	2927.72	57.08	2420.19
10	38.8	7140	277032	0.14567	864.33 (819.57)	65335.32	714.50 (749.59)	56806.69
9	35.2	8570	301664	0.15862	941.18	33129.54	778.03	27386.66

层次	$H_i/$ m	$G_i/$ kN	$G_iH_i/$ (kN·m)	$\dfrac{G_iH_i}{\sum G_jH_j}$	连梁刚结		连梁铰接	
					$F_i/$kN	$F_iH_i/$(kN·m)	$F_i/$kN	$F_iH_i/$(kN·m)
8	31.6	8570	270812	0.14239	844.92	26699.47	698.46	22071.34
7	28.0	8570	239960	0.12627	748.67	20962.76	618.89	17328.92
6	24.4	8570	209108	0.10995	652.41	15918.80	539.32	13159.41
5	20.8	8570	178256	0.09373	556.15	11567.92	459.75	9562.80
4	17.2	8570	147404	0.07751	459.90	7910.28	380.17	6538.92
3	13.6	8570	116552	0.06128	363.64	4945.50	300.60	4088.16
2	10.0	8785	87850	0.04619	274.09	2740.90	226.58	2265.80
1	5.5	9285	51068	0.02685	159.33	876.32	131.71	724.41
Σ		85722	1901839		6753.24	193014.53	5654.68	162353.30

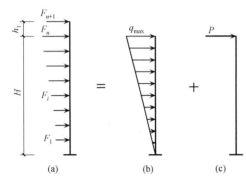

图 7.5.6　水平地震作用的转换

按上述方法所得的水平地震作用为作用在各层楼面处的水平集中力。当采用连续化方法计算框架-剪力墙结构的内力和侧移时，应将实际的地震作用分布转化为均布水平力或倒三角形分布的连续水平力或顶点集中力。根据实际地震作用基本为倒三角形分布的特点，下面按基底剪力和基底倾覆力矩分别相等的条件，将实际地震作用分布 ［图 7.5.6 （a）］转换为倒三角形连续地震作用 ［图 7.5.6 （b）］和顶点集中水平地震作用 ［图 7.5.6 （c）］，即

$$q_{max}H/2 + P = V_0$$
$$q_{max}H^2/3 + PH = M_0$$

式中

$$V_0 = \sum_{i=1}^{n} F_i, \quad M_0 = \sum_{i=1}^{n} F_iH_i \tag{7.5.10}$$

由式（7.5.10）可得

$$q_{max} = \frac{6(V_0H - M_0)}{H^2}, P = \frac{3M_0}{H} - 2V_0 \tag{7.5.11}$$

由表 7.5.8 中的有关数据及式（7.5.11），可得连梁刚结时

$$q_{max} = \frac{6 \times (6753.24 \times 38.8 - 193014.53)}{38.8^2} \approx 275.047 (\text{kN/m})$$

$$P = \frac{3 \times 193014.53}{38.8} - 2 \times 6753.24 \approx 1414.324 (\text{kN})$$

连梁铰接时

$$q_{max} = \frac{6 \times (5654.68 \times 38.8 - 162353.30)}{38.8^2} = 227.369 (\text{kN/m})$$

$$P = \frac{3 \times 162353.30}{38.8} - 2 \times 5654.68 = 1243.730 (\text{kN})$$

3. 水平位移验算

倒三角形水平荷载和顶点集中水平荷载作用下的位移分别按式（7.3.13）和

式（7.3.19)计算，结果见表 7.5.9。

表 7.5.9　水平位移计算

层次	H_i/m	h_i/m	连梁刚结				连梁铰接			
			u_q/mm	u_p/mm	u_i/mm	$\Delta u/h$	u_q/mm	u_p/mm	u_i/mm	$\Delta u/h$
10	38.8	3.6	19.86	9.29	29.15	1/1102	24.51	12.37	36.88	1/805
9	35.2	3.6	17.81	8.08	25.88	1/1088	21.70	10.71	32.41	1/804
8	31.6	3.6	15.70	6.88	22.58	1/1073	18.86	9.07	27.93	1/808
7	28.0	3.6	13.51	5.71	19.22	1/1066	16.00	7.48	23.47	1/820
6	24.4	3.6	11.25	4.59	15.84	1/1078	13.13	5.96	19.09	1/849
5	20.8	3.6	8.97	3.53	12.50	1/1119	10.30	4.55	14.85	1/904
4	17.2	3.6	6.72	2.56	9.29	1/1207	7.60	3.26	10.86	1/1000
3	13.6	3.6	4.60	1.70	6.31	1/1382	5.12	2.14	7.26	1/1174
2	10.0	4.5	2.72	0.98	3.70	1/1828	2.98	1.22	4.20	1/1597
1	5.5	5.5	0.92	0.32	1.24	1/4435	0.99	0.39	1.38	1/3995

由表 7.5.9 可见，无论连梁刚结还是铰接，各层层间位移角均小于 1/800，满足弹性层间位移角限值的要求。此外当考虑连梁的约束作用时，结构侧移减小（11%~27%）。

4. 水平地震作用下总剪力墙、总框架和总连梁的内力计算

1）连梁铰接时总框架、总剪力墙内力

倒三角形分布荷载及顶点集中荷载作用下的内力分别按式（7.3.15)～式（7.3.17)和式（7.3.21)～式（7.3.23)计算，结果见表 7.5.10。

表 7.5.10　总框架及总剪力墙内力（连梁铰接）

层次	H_i/m	ξ	倒三角形荷载			顶点集中力			总内力		
			M_w/(kN·m)	V_w/kN	V_f/kN	M_w/(kN·m)	V_w/kN	V_f/kN	M_{wi}/(kN·m)	V_{wi}/kN	V_{wi}/(kN·m)
10	38.8	1.0	0.00	−1150.45	1150.45	0.00	558.02	685.71	0.00	−592.42	1836.15
9	35.2	0.907	−2724.01	−377.79	1158.35	2014.87	563.01	680.72	−709.14	185.22	1839.07
8	31.6	0.814	−2819.44	312.05	1173.12	4065.76	578.07	665.66	1246.32	890.11	1838.78
7	28.0	0.722	−561.81	931.40	1182.42	6189.33	603.45	640.28	5627.52	1534.86	1822.70
6	24.4	0.629	3815.43	1491.36	1175.19	8423.56	639.63	604.10	12238.99	2130.99	1779.29
5	20.8	0.536	10116.71	2001.91	1141.41	10808.4	687.24	556.49	20925.10	2689.15	1697.90
4	17.2	0.443	18180.89	2472.20	1071.95	13386.4	747.14	496.59	31567.32	3219.34	1568.54
3	13.6	0.351	27878.32	2910.62	958.40	16203.8	820.39	423.34	44082.12	3731.01	1381.74
2	10.0	0.258	39108.54	3325.02	792.94	19310.9	908.32	335.41	58419.40	4233.34	1128.35
1	5.5	0.142	55193.06	3820.49	501.83	23687.2	1041.27	202.47	78880.30	4861.76	704.30
	0	0	77832.19	4410.96	0.00	29949.3	1243.73	0.00	107781.44	5654.69	0.00

2）连梁刚结时总框架、总剪力墙及总连梁内力

表 7.5.11 为倒三角形分布荷载和顶点集中荷载作用下的内力计算结果，表 7.5.12 为两种荷载共同作用下的内力。

表 7.5.11 倒三角形荷载及顶点集中荷载作用下内力计算（连梁刚结）

层次	H_i/m	倒三角形荷载						顶点集中荷载					
		M_w/(kN·m)	V'_w/kN	V'_f/kN	m/kN	V_w/kN	V_f/kN	M_w/(kN·m)	V'_w/kN	V'_f/kN	m/kN	V_w/kN	V_f/kN
10	38.8	0.00	-1814.11	1814.11	974.03	-840.08	840.08	0.00	336.01	1078.32	578.97	914.98	499.35
9	35.2	-4840.03	-989.73	1842.96	989.52	90.80	853.44	1217.42	342.50	1071.82	575.48	917.99	496.34
8	31.6	-6626.95	-110.26	1906.86	1023.83	913.57	883.03	2841.91	362.25	1052.08	564.88	927.13	487.20
7	28.0	-5749.50	581.77	1975.32	1060.59	1642.36	914.73	3842.37	395.95	1018.33	546.76	942.76	471.57
6	24.4	-2517.71	1204.13	2021.57	1085.43	2289.56	936.15	5351.42	445.06	969.27	520.42	965.48	448.85
5	20.8	2865.59	1780.89	2021.56	1085.42	2866.31	936.14	7067.40	511.33	903.00	484.84	996.17	418.16
4	17.2	10276.77	2334.35	1952.98	1048.60	3382.95	904.39	9056.68	597.37	816.95	438.64	1036.01	378.31
3	13.6	19670.62	2885.91	1794.43	963.47	3849.37	830.96	11396.17	706.52	707.81	380.04	1086.55	327.77
2	10.0	31078.59	3456.90	1524.57	818.58	4275.47	706.00	14176.35	842.98	571.34	306.76	1149.75	264.58
1	5.5	48345.21	4231.73	996.96	535.29	4767.02	461.67	18437.01	1060.14	354.18	190.17	1250.31	164.02
	0.0	74558.21	5335.91	0.00	0.00	5335.91	0.00	25191.23	1414.32	0.00	0.00	1414.32	0.00

注：V'_w、V'_f 分别表示总剪力墙和总框架的名义剪力，分别按式（7.3.16）、式（7.3.17）以及式（7.3.22）、式（7.3.23）计算。

表 7.5.12　总框架、总剪力墙及总连梁内力（连梁刚结）

层次	H_i/m	$M_\mathrm{w}/(\mathrm{kN \cdot m})$	$V_\mathrm{w}'/(\mathrm{kN \cdot m})$	m/kN	V_w/kN	V_f/kN
10	38.8	0.00	−1478.10	1553.00	74.90	1339.42
9	35.2	−3622.62	−556.22	1565.01	1008.78	1349.77
8	31.6	−4141.04	251.98	1588.72	1840.70	1370.22
7	28.0	−1907.13	977.76	1607.35	2585.11	1386.30
6	24.4	2833.71	1649.19	1605.84	3255.03	1385.00
5	20.8	9932.99	2292.22	1570.26	3862.48	1354.30
4	17.2	19333.45	2931.72	1487.23	4418.96	1282.70
3	13.6	31066.80	3592.43	1343.50	4935.93	1158.73
2	10.0	45254.94	4299.88	1125.34	5425.22	970.57
1	5.5	66782.22	5291.87	725.46	6017.33	625.69
	0.0	99749.36	6750.24	0.00	6750.24	0.00

连梁刚结和铰接时总剪力墙、总框架及总连梁内力沿高度的分布如图 7.5.7 所示。由该图及上述计算结果可见，对本例而言，考虑连梁的约束作用时总水平地震作用增大 16.3%；在结构上部，剪力墙弯矩增大，下部弯矩减小，最大弯矩减小 7.5%；剪力墙承担的剪力增大，框架承担的剪力减小。

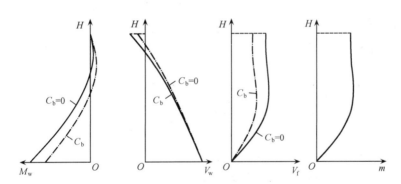

图 7.5.7　总剪力墙、总框架及总连梁内力沿高度的分布

5. 连梁刚结时构件内力计算

1）框架梁、柱内力计算

考虑连梁约束作用时，框架-剪力墙结构底部总剪力

$$V_0 = \frac{1}{2} \times 275.047 \times 38.8 + 1414.324 \approx 6750.24(\mathrm{kN}), 0.2V_0 \approx 1350.05\mathrm{kN}$$

由表 7.5.12 可见，第 1~4、9、10 层的总框架剪力 V_f 小于 $0.2V_0$，应予以调整。另外，$1.5V_{\mathrm{max,f}} = 1.5 \times 1349.77 \approx 2024.66(\mathrm{kN}) > 0.2V_0$，所以调整后的 V_f 取 1350.05kN。

框架柱的剪力和弯矩用 D 值法计算，表 7.5.13 为⑤轴框架柱剪力和弯矩的计算结果，其余框架计算从略。表中反弯点高度比按式（5.4.9）确定，其中标准反弯点高度比 y_n 由附录 2 查取。

梁端弯矩、剪力及柱轴力计算结果见表 7.5.14，柱轴力按调整前的梁端剪力计算。

表 7.5.13　水平地震作用下框架柱弯矩及剪力计算

层次	h_i/m	V_{fi}/kN	$\sum D$/(10^5 kN/m)	边柱 D_{i1}/(10^5 kN/m)	$D_{i1}/\sum D$	y	边柱调整前 V_{i1}/kN	M_c^u	M_c^l	边柱调整后 V_{i1}/kN	M_c^u	M_c^l	中柱 D_{i2}/(10^5 kN/m)	$D_{i2}/\sum D$	y	中柱调整前 V_{i2}/kN	M_c^u	M_c^l	中柱调整后 V_{i2}/kN	M_c^u	M_c^l
10	3.6	1339.42	347904	10917	0.031	0.39	42.03	92.30	59.01	42.36	93.03	59.48	14817	0.043	0.45	57.05	112.95	92.41	57.50	113.85	93.15
9	3.6	1349.77	347904	10917	0.031	0.44	42.36	85.39	67.09	42.36	85.41	67.10	14817	0.043	0.49	57.49	105.54	101.41	57.50	105.57	101.43
8	3.6	1370.22	347904	10917	0.031	0.45	43.00	85.13	69.65	43.00	85.13	69.65	14817	0.043	0.50	58.36	105.04	105.04	58.36	105.04	105.04
7	3.6	1386.30	360242	11388	0.032	0.50	43.82	78.88	78.88	43.82	78.88	78.88	15221	0.042	0.50	58.57	105.43	105.43	58.57	105.43	105.43
6	3.6	1385.00	409266	12842	0.031	0.49	43.46	79.79	76.66	43.46	79.79	76.66	17431	0.043	0.49	58.99	108.30	104.06	58.99	108.30	104.06
5	3.6	1354.30	409266	12842	0.031	0.50	42.50	76.49	76.49	42.50	76.49	76.49	17431	0.043	0.50	57.68	103.83	103.83	57.68	103.83	103.83
4	3.6	1282.70	509070	15391	0.030	0.50	38.78	69.80	69.80	40.82	73.47	73.47	22544	0.044	0.50	56.80	102.25	102.25	59.79	107.62	107.62
3	3.6	1158.73	509070	15391	0.030	0.50	35.03	63.06	63.06	40.82	73.47	73.47	22544	0.044	0.50	51.31	92.37	92.37	59.79	107.62	107.62
2	4.5	970.57	350382	10454	0.030	0.50	28.96	65.16	65.16	40.28	90.63	90.63	15727	0.045	0.50	43.56	98.02	98.02	60.60	136.34	136.34
1	5.5	625.69	275920	8992	0.033	0.64	20.39	40.37	71.77	44.00	87.11	154.87	11202	0.041	0.57	25.40	60.08	79.64	54.81	129.63	171.83

注：M_c^u、M_c^l 分别表示本层柱的上端和下端弯矩，单位为 kN·m；V_{fi} 和 V_{fi}^c 分别为调整前、后的总框架剪力，其中 V_{fi}=1350.05kN。

表 7.5.14　水平地震作用下梁端弯矩、剪力及柱轴力计算

层次	AB跨梁端弯矩、剪力							BC跨梁端弯矩、剪力							柱轴力	
	l	调整前			调整后			l	调整前			调整后			A柱	B柱
		M_b^A	M_b^B	V_b	M_b^A	M_b^B	V_b		M_b^B	M_b^C	V_b	M_b^B	M_b^C	V_b		
10	6.0	92.30	54.97	24.55	93.03	55.41	24.74	2.4	57.98	57.98	48.31	58.44	58.44	48.70	−24.55	−23.77
9	6.0	144.40	96.34	40.12	144.88	96.71	40.27	2.4	101.61	101.61	84.68	102.00	102.00	85.00	−64.67	−68.32
8	6.0	152.22	100.48	42.12	152.24	100.49	42.12	2.4	105.97	105.97	88.31	105.98	105.98	88.32	−106.79	−114.52
7	6.0	148.54	102.44	41.83	148.54	102.44	41.83	2.4	108.04	108.04	90.03	108.04	108.04	90.03	−148.61	−162.72
6	6.0	158.67	104.03	43.78	158.67	104.03	43.78	2.4	109.71	109.71	91.42	109.71	109.71	91.42	−192.40	−210.36
5	6.0	153.15	101.18	42.39	153.15	101.18	42.39	2.4	106.70	106.70	88.92	106.70	106.70	88.92	−234.79	−256.89
4	6.0	146.30	100.30	41.10	149.96	102.91	42.15	2.4	105.78	105.78	88.15	108.53	108.53	90.44	−275.89	−303.94
3	6.0	132.86	94.72	37.93	146.94	104.75	41.95	2.4	99.89	99.89	83.24	110.48	110.48	92.06	−313.82	−349.25
2	6.0	128.21	92.66	36.81	164.10	118.74	47.14	2.4	97.72	97.72	81.44	125.22	125.22	104.35	−350.63	−393.88
1	6.0	105.53	76.95	30.41	177.74	129.45	51.20	2.4	81.15	81.15	67.62	136.52	136.52	113.77	−381.04	−431.09

注：表中剪力和轴力的单位为 kN；弯矩的单位为 kN·m。

2）连梁内力计算

本例的 4 根连梁受力情况相同，只需要计算出 1 根连梁的内力即可。下面以第 10 层连梁内力计算为例，说明连梁内力计算过程，其他各层的计算结果见表 7.5.15。

表 7.5.15　连梁内力及剪力墙轴力计算

层次	$H_i/$ m	$m_i/$ kN	$m_ih_i/$ (kN·m)	$\dfrac{S_{ij}}{\sum S_{ij}}$	$\dfrac{1-a}{1+a}$	$M_{12}/$ (kN·m)	$M_{21}/$ (kN·m)	$M_{12}^c/$ (kN·m)	$V_b/$ kN	$N_{wi}/$ kN
10	3.6	1553.00	5590.800	0.25	0.261	1397.700	364.850	364.850	326.389	326.389
9	3.6	1565.01	5634.036	0.25	0.261	1408.509	367.621	367.697	328.913	655.302
8	3.6	1588.72	5719.392	0.25	0.261	1429.848	373.190	373.268	333.896	989.198
7	3.6	1607.35	5786.460	0.25	0.261	1446.615	377.567	377.645	337.811	1327.009
6	3.6	1605.84	5781.024	0.25	0.261	1445.256	377.212	377.290	337.494	1664.503
5	3.6	1570.26	5652.936	0.25	0.261	1413.234	368.854	368.930	330.016	1994.519
4	3.6	1487.23	5354.028	0.25	0.261	1338.507	349.350	349.423	312.566	2307.086
3	3.6	1343.50	4836.600	0.25	0.261	1209.150	315.588	315.653	282.359	2589.445
2	4.5	1125.34	5064.030	0.25	0.261	1266.008	330.428	330.496	295.636	2885.081
1	5.5	725.46	3990.030	0.25	0.261	997.508	260.349	260.403	232.936	3118.017

由式（7.5.1），并根据表 7.5.6 和表 7.5.12 中的有关数据，得

$$M_{12} = \frac{S_{12}}{\sum S_{12}} m(z)h = \frac{1}{4} \times 1553.00 \times 3.6 = 1397.7 (\text{kN·m})$$

另由式（7.5.4）得

$$M_{21} = \left(\frac{1-a}{1+a}\right) M_{12} = \left(\frac{1-0.586}{1+0.586}\right) \times 1397.7 \approx 364.85 (\text{kN·m})$$

由式（7.5.3）得连梁刚域端的弯矩

$$M_{12}^c = 1397.70 - 0.586 \times (1397.70 + 364.85) \approx 364.85 (\text{kN·m})$$

由式（7.5.5）得连梁端剪力

$$V_b = \frac{M_{12} + M_{21}}{h} = \frac{1397.70 + 364.85}{5.4} \approx 326.398 (\text{kN})$$

3）剪力墙内力计算

本例的 4 片墙受力情况相同，可用式（7.5.6）计算每片墙的弯矩，每片墙的剪力用式（7.5.7）计算，计算结果见表 7.5.16，表中 $V'_{wi} = V_{wi} - m_i$。剪力墙轴力用式（7.5.8）计算，计算结果见表 7.5.15。

表 7.5.16　一片剪力墙弯矩及剪力计算

层次	H_i/m	$M_{wi}/$ (kN·m)	$V'_{wi}/$ kN	$\dfrac{(E_cI_w)_{i1}}{(E_cI_w)_i}$	$M_{wi1}/$ (kN·m)	$m_{i1}/$ kN	$V_{wi1}/$ kN
10	38.8	0	−1478.10	0.25	0	388.25	18.73
9	35.2	−3622.63	−556.22	0.25	−905.66	391.25	252.20
8	31.6	−4141.04	251.98	0.25	−1035.26	397.18	460.18
7	28.0	−1907.13	977.76	0.25	−476.78	401.84	646.28
6	24.4	2833.71	1649.19	0.25	708.43	401.46	813.76

层次	H_i/m	$M_{wi}/$ (kN·m)	$V'_{wi}/$ kN	$\dfrac{(E_cI_w)_{i1}}{(E_cI_w)_i}$	$M_{wi1}/$ (kN·m)	$m_{i1}/$ kN	$V_{wi1}/$ kN
5	20.8	9932.99	2292.22	0.25	2483.25	392.57	965.63
4	17.2	19333.45	2931.72	0.25	4833.36	371.81	1104.74
3	13.6	31066.80	3592.43	0.25	7766.70	335.88	1233.99
2	10.0	45254.94	4299.88	0.25	11313.74	281.34	1356.31
1	5.5	66782.22	5291.87	0.25	16695.56	181.37	1504.34
	0	99749.36	6750.24	0.25	24937.34	0	1687.56

7.6 框架、剪力墙及框架-剪力墙结构考虑扭转效应的近似计算

在前面讨论的框架、剪力墙及框架-剪力墙结构内力与位移计算中，都采用了这样一个基本假定：在水平荷载作用下结构不产生扭转。这只有当水平荷载的合力通过结构的刚度中心时才能保证。否则，水平荷载将使结构产生扭转，并引起附加内力。本节将简要介绍考虑结构扭转效应的近似计算方法。

7.6.1 结构侧向刚度与刚度中心

使抗侧力结构的层间产生单位相对侧移所需施加的水平力，称为该抗侧力结构的侧向刚度。对于框架或壁式框架，D 值就是侧向刚度。对于剪力墙，侧向刚度 D_w 可确定为

$$D_w = \frac{V_w}{\Delta u}$$

式中：V_w 表示墙肢所承受的剪力；Δu 表示层间相对侧移。

图 7.6.1 的结构平面示意图表示抗侧力结构的某层沿 x 方向和 y 方向布置的情况及任选的 xOy 坐标系。如层间在 x 方向和 y 方向分别有相对侧移 Δu_x 和 Δu_y 时，则在 x 方向的第 j 榀抗侧力结构中产生的抗力为 V_{xj}，在 y 方向的第 k 榀抗侧力结构中产生的抗力为 V_{yk}。通常把结构平移时 $\sum V_{xj}$ 和 $\sum V_{yk}$ 的合力作用线的交点称为结构的刚度中心，其坐标为

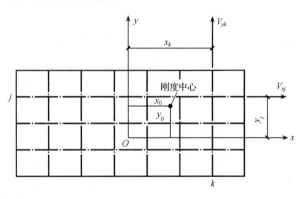

图 7.6.1 结构平面示意图

$$\left.\begin{aligned} x_0 &= \frac{\sum V_{yk}x_k}{\sum V_{yk}} \\ y_0 &= \frac{\sum V_{xj}y_j}{\sum V_{xj}} \end{aligned}\right\}$$

(7.6.1)

式中：x_k、y_j 分别为 y 方向第 k 榀抗侧力结构和 x 方向第 j 榀抗侧力结构的坐标（图 7.6.1）。

设某层 y 方向第 k 榀抗侧力结构和 x 方向第 j 榀抗侧力结构的侧向刚度分别为 D_{yk} 和 D_{xj}，则有

$$\left.\begin{array}{l} V_{xj} = D_{xj} \cdot \Delta u_x \\ V_{yk} = D_{yk} \cdot \Delta u_y \end{array}\right\} \tag{7.6.2}$$

式中：Δu_x 和 Δu_y 分别为 x 方向和 y 方向的层间相对侧移。

将式（7.6.2）代入式（7.6.1）得

$$\left.\begin{array}{l} x_0 = \dfrac{\sum D_{yk} x_k}{\sum D_{yk}} \\ y_0 = \dfrac{\sum D_{xj} y_j}{\sum D_{xj}} \end{array}\right\} \tag{7.6.3}$$

由式（7.6.3）可见，如果把各榀抗侧力结构的侧向刚度 D_{yk} 和 D_{xj} 视为假想面积，则结构刚度中心的坐标就是假想面积的形心位置，而且刚度中心的坐标仅与各榀抗侧力结构的侧向刚度和布置有关。

7.6.2 水平荷载的分配

水平荷载的合力不通过刚度中心时，荷载分配的计算可采用如下假定：①忽略层间与层间的相互影响，即各层平面可单独考虑；②楼板在自身平面内的刚度无穷大，可视为一个整体刚性盘；③各榀抗侧力结构只在自身平面内产生抗力；④楼板因扭转而产生的相对转角比较小，故而可近似取 $\sin\theta \approx 0$，$\cos\theta \approx 1$。

根据假定①，可把各层平面逐层加以分析。图 7.6.2 为楼层扭转示意图。图 7.6.2（a）为任一层的平面示意图，设该层总层间剪力 V_y 距刚度中心的距离为 e_x。根据假定②，同一楼面只产生平移和刚体转动。为简明起见，可把图 7.6.2（a）所示的受力和位移状态分解为图（b）和图（c）。图 7.6.2（b）表示通过刚度中心 O 作用层间剪力 V_y，此时楼盖沿 y 方向产生层间相对侧移 Δu_y。图 7.6.2（c）表示通过刚度中心作用有力矩 $M = V_y \cdot e_x$，此时楼盖绕通过刚度中心的竖轴产生层间相对转角 θ。如此，楼层任意点的层间侧移均可用刚度中心处的层间相对侧移 Δu_y 和绕通过刚度中心的转角 θ 表示。

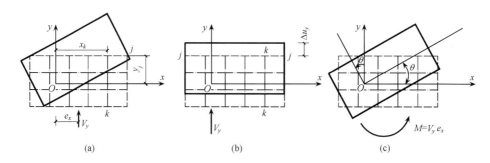

图 7.6.2 楼层扭转示意图

根据假定③和④，如 y 方向第 k 榀抗侧力结构距刚度中心的距离为 x_k，则沿 y 方向的层间侧移 Δu_{yk} 为

$$\Delta u_{yk} = \Delta u_y + \theta x_k$$

如 x 方向第 j 榀抗侧力结构距刚度中心的距离为 y_j，则沿 x 方向的层间相对侧移 Δu_{xj} 为

$$\Delta u_{xj} = -\theta y_j$$

另外，根据侧向刚度的定义，x 方向第 j 榀抗侧力结构和 y 方向第 k 榀抗侧力结构的剪力分别为

$$\left. \begin{array}{l} V_{xj} = D_{xj}\Delta u_{xj} = -D_{xj}\theta y_j \\ V_{yk} = D_{yk}\Delta u_{yk} = D_{yk}\Delta u_y + D_{yk}\theta x_k \end{array} \right\} \tag{7.6.4}$$

由 $\sum Y = 0$ 得

$$\sum V_{yk} = \left(\sum D_{yk}\right)\Delta u_y + \sum (D_{yk}x_k)\theta = V_y \tag{7.6.5}$$

由 $\sum M_0 = 0$ 得

$$\sum (V_{yk}x_k) - \sum (V_{xj}y_j) = V_y e_x \tag{7.6.6}$$

式中：$\sum$ 表示对 x 方向或 y 方向的各榀抗侧力结构求和。

将式 (7.6.4) 代入式 (7.6.6) 得

$$\sum (D_{yk}x_k)\Delta u_y + \left(\sum D_{yk}x_k^2 + \sum D_{xj}y_j^2\right)\theta = V_y e_x \tag{7.6.7}$$

由于 O 为刚度中心，故

$$\sum D_{yk}x_k = 0$$

将此式代入式 (7.6.5) 和式 (7.6.7)，得

$$\left. \begin{array}{l} \Delta u_y = \dfrac{V_y}{\sum D_{yk}} \\[4mm] \theta = \dfrac{V_y e_x}{\sum D_{yk}x_k^2 + \sum D_{xj}y_j^2} \end{array} \right\} \tag{7.6.8}$$

将式 (7.6.8) 代入式 (7.6.4) 得

$$V_{xj} = -\frac{D_{xj}y_j}{\sum D_{yk}x_k^2 + \sum D_{xj}y_j^2}V_y e_x \tag{7.6.9}$$

$$V_{yk} = \frac{D_{yk}}{\sum D_{yk}}V_y + \frac{D_{yk}x_k}{\sum D_{yk}x_k^2 + \sum D_{xj}y_j^2}V_y e_x \tag{7.6.10}$$

式 (7.6.9) 和式 (7.6.10) 表示在 y 方向作用偏心距为 e_x 的层间剪力 V_y 时，x 方向和 y 方向各榀抗侧力结构所分配到的剪力。由于 y 方向作用荷载时，x 方向的受力一般不大，所以式 (7.6.9) 常可忽略不计。式 (7.6.10) 等号右边第一项表示平移产生的剪力，第二项表示扭转产生的附加剪力。由此可见，扭转使结构的内力增大，属不利因素，设计中应通过合理的结构布置予以避免。

将式 (7.6.10) 改写为

$$V_{yk} = \left[1 + \frac{e_x x_k \left(\sum D_{yk}\right)}{\sum D_{yk}x_k^2 + \sum D_{xj}y_j^2}\right]\frac{D_{yk}}{\sum D_{yk}}V_y$$

或简写为

$$V_{yk} = \alpha_{yk} \frac{D_{yk}}{\sum D_{yk}} V_y \tag{7.6.11}$$

式中

$$\alpha_{yk} = 1 + \frac{e_x x_k (\sum D_{yk})}{\sum D_{yk} x_k^2 + \sum D_{xj} y_j^2} \tag{7.6.12}$$

同理，当 x 方向作用偏心距为 e_y 的层间剪力 V_x 时，x 方向第 j 榀抗侧力结构分配到的剪力 V_{xj} 为

$$V_{xj} = \alpha_{xj} \frac{D_{xj}}{\sum D_{xj}} V_x \tag{7.6.13}$$

其中

$$\alpha_{xj} = 1 + \frac{e_y y_j (\sum D_{xj})}{\sum D_{yk} x_k^2 + \sum D_{xj} y_j^2} \tag{7.6.14}$$

由式（7.6.11）和式（7.6.13）可见，α_{yk} 和 α_{xj} 表示考虑扭转后分别对第 k 榀和第 j 榀抗侧力结构所受剪力的修正系数，简称扭转修正系数。由于各榀抗侧力结构的坐标位置不同，式（7.6.12）和式（7.6.14）中的第二项可能为正或为负，因而可能出现 $\alpha > 1$ 和 $\alpha < 1$ 两种情况。这表明结构受扭后，部分抗侧力结构的剪力增大，另一部分的剪力则减小。结构设计中只考虑 $\alpha > 1$ 的情况。

7.7　框架-剪力墙结构的截面设计和构造

框架-剪力墙结构中，框架梁、柱和剪力墙的截面设计及构造要求，除应满足框架结构（见5.5节和5.6节）和剪力墙结构（见6.9节）的要求外，尚应符合下述有关规定。

1. 带边框剪力墙的构造要求

框架-剪力墙结构中的剪力墙周边一般与梁、柱连接在一起，形成带边框的剪力墙。为了使墙板与边框能整体工作，墙板自身应有一定的厚度以保证其稳定性（符合墙体稳定计算要求）。一般情况下，剪力墙的截面厚度不应小于 160mm；抗震设计时，一、二级抗震等级剪力墙的底部加强部位均不应小于 200mm。当剪力墙截面厚度不满足上述要求时，应对墙体进行稳定性验算。剪力墙的水平分布钢筋应全部锚入边框内，锚固长度不应小于 l_a（非抗震设计）或 l_{aE}（抗震设计）。

带边框剪力墙的混凝土强度等级宜与边框柱相同。边框柱宜与该榀框架其他柱的截面相同，且应符合一般框架柱的构造配筋规定。剪力墙底部加强部位边框柱的箍筋宜沿全高加密；当带边框剪力墙上的洞口紧邻边框柱时，边框柱的箍筋宜沿全高加密。

与剪力墙重合的框架梁可保留，亦可做成宽度与墙厚相同的暗梁，暗梁截面高度可取墙厚的 2 倍或与该片框架梁截面等高。暗梁的配筋可按构造配置且应符合一般框架梁相应抗震等级的最小配筋要求。

带边框剪力墙宜按 I 字形截面计算其正截面承载力，端部的纵向受力钢筋应配置在边框柱截面内。

2. 板柱-剪力墙结构中板的构造要求

板柱-剪力墙结构中的剪力墙一般也为带边框的剪力墙，其构造要求与上述相同。板的构造应符合下列要求。

（1）防止无梁板脱落的措施。在地震作用下，无梁板与柱的连接是最薄弱的部位，板柱交接处容易出现裂缝，严重时发展为通缝，使板失去支承而脱落。为防止板完全脱落而下坠，沿两个主轴方向均应布置通过柱截面的板底连续钢筋，且钢筋的总面积应符合下式要求：

$$A_s \geqslant N_G/f_y \tag{7.7.1}$$

式中：N_G 为在该层楼面重力荷载代表值作用下的柱轴向压力设计值，8 度时尚宜计入竖向地震影响；f_y 为通过柱截面的板底连续钢筋的抗拉强度设计值。

（2）板的构造要求。无梁板可根据承载力和变形要求采用无柱帽板或有柱帽板。当采用托板式柱帽（柱托）时，托板的长度和厚度应按计算确定，且每方向长度不宜小于板跨度的 1/6，其厚度不宜小于 1/4 无梁板的厚度。7 度抗震设计时宜采用有柱托板，8 度时应采用有柱托板，此时托板每方向长度尚不宜小于同方向柱截面宽度与 4 倍板厚之和，托板处总厚度尚不宜小于 16 倍柱纵筋直径。当不满足承载力要求且不允许设置柱帽时可采用型钢剪力架，此时板的厚度不应小于 200mm。

板柱-剪力墙结构中，地震作用虽由剪力墙全部承担，但结构在整体工作时，板柱部分仍会承担一定的水平力。由柱上板带和柱组成的板柱框架中的板，受力主要集中在柱的连线附近。为加强板与柱的连接，较好地起到板柱框架的作用，抗震设计时，无柱帽的板柱-剪力墙结构应沿纵横向柱轴线在板内设置暗梁。暗梁宽度可取柱宽及两侧 1.5 倍板厚之和，暗梁支座上部钢筋截面积不宜小于柱上板带钢筋截面积的 50%，并应全跨拉通，暗梁下部钢筋应不小于上部钢筋的 1/2。暗梁箍筋的布置应符合下列规定：当计算不需要时，直径不应小于 8mm，间距不宜大于 $3h_0/4$，肢距不宜大于 $2h_0$；当计算需要时应按计算确定，且直径不应小于 10mm，间距不宜大于 $h_0/2$，肢距不宜大于 $1.5h_0$。

当采用有托板式柱帽时，应加强托板与平板的连接使之成为整体。非抗震设计时，托板底部宜布置构造钢筋。抗震设计时，柱边处的弯矩可能发生变号，故托板底部的钢筋应按计算确定，并应满足抗震锚固要求。由于托板与平板形成整体，故计算柱上板带的支座钢筋时，可把托板的厚度考虑在内。

无梁楼板允许开局部洞口，当洞口较大时，应对被洞口削弱的板带进行承载力和刚度验算。当对板带未做承载力和刚度验算时，在板的不同部位开单个洞的尺寸应符合图7.7.1 的要求。若在同一部位开多个洞时，则在同一截面上各个洞宽之和不应大于该部位单个洞的允许宽度。所有洞边均应设置补强钢筋。

3. 剪力墙的竖向和水平分布钢筋

在框架-剪力墙结构和板柱-剪力墙结构中，剪力墙都是主要的抗侧力构件，承受较大的水平剪力。为使剪力墙具有足够的承载力和良好的延性，剪力墙竖向和水平分布钢筋的配筋率在抗震设计时均不应小于 0.25%，非抗震设计时均不应小于 0.2%，并应至少双排布置。各排分布钢筋之间应设置拉筋，拉筋直径不应小于 6mm，间距不应大于 600mm。

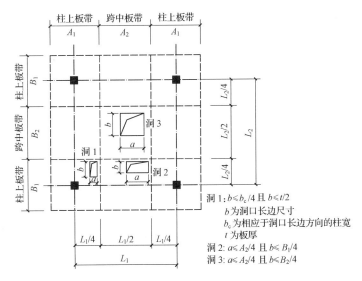

图 7.7.1　无梁楼板开洞要求

小　结

（1）框架-剪力墙结构是高层建筑主要结构形式之一，它发挥了框架和剪力墙各自的优点，且具有协同工作性能，这种结构的侧移曲线一般呈弯剪型。

（2）框架-剪力墙铰接体系中的连杆代表刚性楼板，它使各榀抗侧力结构在同一楼层处具有相同的侧移。刚结体系中的连杆既代表楼板又代表框架与剪力墙之间的连梁，在水平荷载作用下，连梁的两端产生约束弯矩，它对框架和剪力墙均形成约束。

（3）在框架-剪力墙结构中，剪力墙下部承担的剪力很大，向上迅速减小，甚至出现负剪力，其剪力分布比剪力墙结构中的剪力分布更不均匀；而框架-剪力墙结构中的框架，其下部剪力小，中部达到最大，往上逐渐减小，其剪力分布比框架结构中的剪力分布均匀，对框架的受力比较有利。

（4）在框架-剪力墙结构中，考虑连梁的约束作用时，结构刚度特征值增大，侧向位移减小；剪力墙上部截面的负弯矩增大，下部截面的正弯矩减小，反弯点下移；剪力墙的剪力增大，框架的剪力减小。

（5）框架与剪力墙之间的连梁刚度一般很大，计算时常将连梁的刚度乘以折减系数，使连梁内力减小，其实质是塑性调幅。连梁内力减小后，剪力墙和框架的内力将增大。但连梁的刚度折减系数不宜小于 0.5，否则连梁将过早屈服，影响正常使用。

思考与练习题

（1）试从变形和内力两方面分析框架和剪力墙是如何协同工作的。框架-剪力墙结构的计算简图有何物理意义？

（2）框架-剪力墙结构计算简图中的总剪力墙、总框架和总连梁各代表实际结构中的哪些具体构件？它们是否有具体的几何尺寸？各用什么参数表示其刚度特征？

（3）框架-剪力墙结构中剪力墙的合理数量如何确定？试分析剪力墙数量变化对结构侧移及内力的影响。

（4）框架-剪力墙结构的平衡微分方程是如何建立的？边界条件如何确定？

（5）什么是结构刚度特征值？它对结构的侧移及内力分配有何影响？

（6）总剪力墙、总框架和总连梁的内力各应如何计算？各片墙、各榀框架及各根连梁的内力如何计算？

（7）在框架结构、剪力墙结构及框架-剪力墙结构的扭转分析中，怎样确定各榀抗侧力结构的侧向刚度？如何确定结构刚度中心的坐标？扭转对结构内力有何影响？

（8）框架-剪力墙结构应满足哪些构造要求？

第 8 章 筒体结构设计

8.1 概 述

20 世纪 60 年代初期，美国高层建筑的发展进入繁荣期，城市化进程加快，城市人口剧增，地价暴涨，迫使建筑向高空发展。传统的框架结构、框架-剪力墙结构和剪力墙结构等平面结构达到一定高度后，每增加一层所增加的建筑材料比中低层建筑增加一层要多得多。为了使高层建筑在经济上可行，必须发展新的结构体系。在社会需求的推动下，美国工程师 Fazlur Khan 创造了高效的筒体结构，使高层建筑结构体系发展到了一个新的设计水平，为高层建筑提供了一种理想、高效的结构形式。

筒体的基本形式有实腹筒、框筒和桁架筒等。由一个或几个筒体作为主要抗侧力构件而形成的高层建筑结构称为筒体结构（tube structure）。筒体结构主要包括框筒结构（frame tube structure）、筒中筒结构、桁架筒结构、束筒结构和框架-核心筒结构等，可以是钢筋混凝土结构、钢结构或钢-混凝土组合结构。

框筒是由布置在建筑物周边的柱距小（间距为 1～3m）、梁截面高（0.6～1.2m 高）的密柱深梁框架组成。形式上框筒由四榀框架围成，但其受力特点不同于框架。框架是平面结构，只有与水平力方向平行的框架才抵抗楼层剪力和倾覆力矩。框筒是空间结构，如同一箱形截面悬臂柱，沿四周布置的框架都参与抵抗水平力，楼层剪力由平行于水平力作用方向的腹板框架抵抗，倾覆力矩由腹板框架和垂直于水平力作用方向的翼缘框架共同抵抗。框筒结构的四榀框架位于建筑物周边，形成抗侧、抗扭刚度及承载力都很大的外筒，使得建筑材料得以充分利用。但由于联系柱子的窗裙梁会产生沿着水平方向的剪切变形，从而使柱之间的轴力传递减弱，在翼缘框架中远离腹板框架的各柱轴力越来越小，在腹板框架中远离翼缘框架各柱轴力的递减速度比按直线规律递减得快，这种剪力滞后现象越严重，框筒的空间受力性能越弱。世界上第一幢框筒结构是由 Fazlur Khan 设计的芝加哥 Dowitt-Chostnut 公寓大厦（43 层）。该楼为钢筋混凝土结构，于 1965 年竣工。遭恐怖袭击已经倒塌的纽约世界贸易中心（World Trade Center）双塔楼，北楼高 417m，南楼高 415m，均为 110 层，采用钢结构框筒结构，柱距 1.02m，梁高 1.32m，内设 47 根钢柱仅承受竖向荷载。一般来说，单独采用框筒为抗侧力体系的高层建筑结构较少，框筒主要与内筒组成筒中筒结构或多个框筒组成束筒结构。

采用稀柱浅梁和支撑斜杆组成桁架，布置在建筑物的周边，就形成了桁架筒结构。钢桁架筒结构的柱距大，支撑斜杆沿建筑物水平方向可跨越一个面的边长，沿竖向跨越数个楼层，形成巨型桁架，四片桁架围成桁架筒，两个相邻立面的支撑斜杆相交在角柱上，保证了从一个立面到另一个立面支撑的传力路线连续，形成整体悬臂结构。水平力通过支撑斜杆的轴力传至柱和基础。钢桁架筒结构的刚度大，比框筒结构更能充分利用建筑材料，改善了筒体结构的工作效能，适用于更高的建筑。比较典型的桁架筒结构是 1970 年建成的芝加哥 John Hancock 大厦（100 层，332m），立面为上小下大的矩形截锥形，中心距超过 15m 的柱和巨大的 X 形支撑特别引人注目，大部分侧向力由轴向变形为主的支撑承担，平面中部的柱只承受竖向荷载，用钢量仅为 145kg/m²，造价相当于 40 层的框架结构。同时，Khan 还提出了钢筋混凝土外桁架筒的设计概念，可使得钢筋混凝土建筑的外柱趋于间距更密、截面更小，在柱与柱之间一格跳一格填充混凝土板，可得到与钢结构外桁架筒相同的整体性、刚度和效能，并利用这种概念设计了芝加哥 Ontaric 中心大楼（59 层），用两个钢筋混凝土外桁架筒承担全部水平力，造价比框架结构低 20%。

剪力滞后使外框筒不能充分发挥效能，Khan 将框架-剪力墙共同工作的原理用于筒体结构，提出了将框筒作为外筒，用楼（电）梯间、管道竖井等服务设施集中在建筑平面的中心做成内筒，刚性楼板使内、外筒共同工作的筒中筒结构。采用钢筋混凝土结构时，一般外筒采用框架筒，内筒为剪力墙围成的井筒；采用钢结构时，外筒采用钢框筒，内筒一般也采用钢框筒或钢支撑框架。One Shell 大厦（50 层，高 217.6m）是 Khan 早期设计的筒中筒结构的一个成功实例，为轻骨料钢筋混凝土结构，于 1969 年竣工，曾经是世界上最高的钢筋混凝土建筑。

两个或两个以上的框筒排列在一起，即为束筒结构。束筒可看作是在框筒中间加了几道框架隔板，可使剪力滞后降到最小，而其水平刚度发挥到最大，柱的轴力分布比较均匀。束筒结构中的每一个框筒，可以是方形、矩形或三角形等，多个框筒可以组成不同的平面形状，其中任一个筒可根据需要在任何高度中止。最著名的束筒结构是 1973 年建成的芝加哥 Willis 大厦（109 层，443m）。该大楼 50 层以下为 9 个框筒组成的束筒，51～66 层为 7 个框筒，67～91 层为 5 个框筒，91 层以上为 2 个框筒。

筒体结构的外框筒为密柱深梁，影响对外视线，景观较差，建筑外形比较单调。加大外框筒的柱距，减小梁高，周边形成稀柱框架，外框架与内筒一起组成了框架-核心筒结构，这类结构具有建筑平面布置灵活，便于设置大房间，又有较大的侧向刚度和水平承载力，广泛地用于写字楼、多功能建筑。如上海金茂大厦（88 层，高 420.5m）、上海环球金融中心（101 层，高 492m）、上海静安希尔顿饭店（43 层，高 143m）、深圳地王大厦（81 层，高 325m）、深圳发展中心（48 层，高 165m）、北京国贸大厦（39 层，高 156m）、大连远洋大厦（51 层，高 201m）、天津云顶花园（43 层，高 165m）等均采用这种结构形式。框架-核心筒结构可采用钢筋混凝土结构，或钢结构，或钢-混凝土混合结构，可以在周边或角部设置巨型柱。在水平荷载作用下，外框架与核心筒通过楼板使它们保持侧移一致，楼板相当于铰接连杆，这时框架只承担很小一部分水平荷载，核心筒承担大部分水平荷载，故核心筒所承受的倾覆力矩很大，而其抗力偶矩的力臂较小，因此结构抵抗倾覆力矩的能力不大。这种情况下，通过设置伸臂将所有外围框架柱与核心筒连为一体，形成一个整体结构来抵抗倾覆力矩，由于抵抗力偶矩的等效力臂增大，从而整个结构的侧向刚度和水平承载能力也有所提高。虽然框架-核心筒结构也为筒体结构，但这种结构形式与框筒、筒中筒、束筒结构的组成和传力体系有很大区别，需要了解它们的异同，掌握各自不同的受力特点和设计要求。

筒体结构是高层建筑发展历史上的一个里程碑，其能充分发挥建筑材料的作用，使高层、超高层建筑在技术和经济上可行，具有造型美观，使用灵活，受力合理，以及整体性好等优点，适用于百米以上的高层建筑和超高层建筑。采用筒体结构体系抵抗侧向荷载是高层建筑结构设计的一场革命，目前，全世界最高的 100 幢高层建筑中的绝大多数均采用筒体结构，我国百米以上的高层建筑中约有一半采用钢筋混凝土筒体结构，所用形式大多为筒中筒结构和框架-核心筒结构。

8.2　框筒、筒中筒和束筒结构的布置

筒中筒结构由实腹筒、框筒或桁架筒组成，一般实腹筒在内，框筒或桁架筒在外，由内、外筒共同抵抗水平力作用。筒中筒结构是高层建筑中一种高效、经济的全三维抗侧力结构体系。筒中筒结构的布置除应符合高层建筑结构的一般布置原则外，应主要考虑如何合理布置以减小剪力滞后，充分发挥材料为目标，高效而充分发挥所有柱子的作用。

（1）框筒结构的性能以正多边形为最佳，且边数越多性能越好，剪力滞后现象越不明显，结构的空间作用越大；反之，边数越少，结构的空间作用越差。结构平面布置应能充分发挥其空间整体作用。因此，平面形状以采用圆形和正多边形最为有利，也可采用椭圆形或矩形等其他形状。当采用矩形平面时，其平面尺寸应尽量接近于正方形，长宽比不宜大于 2。若长宽比过大，可以增加横向加劲框架的数量，形成束筒结构。三角形平面宜切角，外筒的切角长度不宜小于相应边长的 1/8，其角部可设置刚度较大的角柱或角筒，以避免角部应力过分集中；内筒的切角长度不宜小于相应边长的 1/10，切角处的筒壁宜适当加厚。

（2）筒中筒结构的高宽比不应小于 3，且宜大于 4，其适用高度不宜低于 80m，以充分发挥筒体结构的作用。

（3）筒中筒结构中的外框筒宜做成密柱深梁，一般情况下，柱距为 1～3m，不宜大于 4m；框筒梁的截面高度可取柱净距的 1/4 左右。开孔率是框筒结构的重要参数之一，框筒的开洞率即洞口面积与墙面面积之比，不宜大于 60%，且洞口高宽比宜尽量和层高与柱距之比相近。当矩形框筒的长宽比不大于 2 和墙面开洞率不大于 50% 时，外框筒的柱距可适当放宽。若密柱深梁的效果不足，可以沿结构高度，选择适当的楼层，设置整层高的环向桁架，以减小剪力滞后。

（4）框筒结构的柱截面宜做成正方形、矩形或 T 形。若为矩形截面，由于梁、柱的弯矩主要在框架平面内，框架平面外的柱弯矩较小，则矩形的长边应与腹板框架或翼缘框架方向一致。筒体的角部是联系结构两个方向协同工作的重要部位，其受力很大，通常应采取措施予以加强；内筒角部通常可以采用局部加厚等措施加强；外筒可以加大角柱截面尺寸，采用 L 形、槽形角柱等予以加强，以承受较大的轴力，并减小压缩变形，通常角柱面积宜取中柱面积的 1～2 倍，角柱面积过大，会加大剪力滞后现象，使角柱产生过大的轴力，特别当重力荷载不足以抵消拉力时，角柱将承受拉力。

（5）筒中筒结构的内筒宜居中，面积不宜太小，内筒的宽度可为高度的 1/15～1/12，也可为外筒边长的 1/3～1/2，其高宽比一般约为 12，不宜大于 15；如有另外的角筒或剪力墙时，内筒平面尺寸还可适当减小。内筒应贯通建筑物的全高，竖向刚度宜均匀变化。

（6）由于框筒结构柱距较小，在底层往往因设置出入通道而要求加大柱距，因此，当相邻层的柱不贯通时，应设置转换梁等构件（见第 9 章 9.1 节）。转换结构的主要功能是将上部柱荷载传至下部大柱距的柱子上，内筒一般应一直贯通到基础底板。

（7）框筒结构中楼盖构件（包括楼板和梁）的高度不宜太大，要尽量减小楼盖构件与柱子之间的弯矩传递，可将楼盖做成平板或密肋楼盖，采用钢楼盖时可将楼板梁与柱的连接处

理成铰接；框筒或束筒结构可设置内柱，以减小楼盖梁的跨度，内柱只承受竖向荷载而不参与抵抗水平荷载，筒中筒结构的内外筒间距通常为 10～12m，宜采用预应力混凝土楼盖。

采用普通梁板体系时，楼面梁的布置方式一般沿内、外筒单向布置。外端与框筒柱一一对应；内端支承在内筒墙上，最好在平面外有墙相接，以增强内筒在支承处的平面外抵抗力；角区楼板的布置，宜使角柱承受较大竖向荷载，以平衡角柱中的拉力和双向受力。框筒和筒中筒结构梁板体系楼盖典型的布置方式如图 8.2.1 所示。

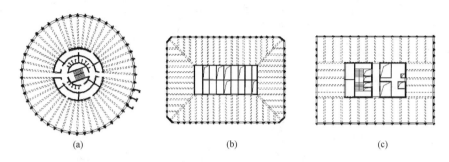

图 8.2.1　筒中筒结构梁板式楼面布置示意图

筒体结构层数很多，降低层高具有重要意义。因此，除普通梁板体系外，常用的楼板体系还有扁梁梁板体系、密肋楼盖、平板体系等，均可降低梁板高度，从而使楼层高度降低。

8.3　框架-核心筒结构的布置

8.3.1　框架-核心筒结构的受力特点

当实腹筒布置在周边框架内部时，形成框架-核心筒结构，这是目前高层建筑中广为应用的一种体系，它与筒中筒结构在平面形式上可能相似（图 8.3.1），但受力性能却有很大区别。对由密柱深梁形成的框筒结构 ［图 8.3.1（a）］，由于空间作用，在水平荷载作用下其翼缘框架柱承受很大的轴力；当柱距加大，裙梁的跨高比加大时，剪力滞后加重，柱轴力将随着框架柱距的加大而减小，即对柱距较大的"稀柱筒体"，翼缘框架柱仍然会产生一些轴力，存在一定的空间作用。但当柱距增大到与普通框架相似时，除角柱外，其他柱的轴力将很小，由量变到质变，通常就可忽略沿翼缘框架传递轴力的作用，按平面结构进行分析。框架-核心筒结构 ［图 8.3.1（b）］因为有实腹筒存在，我国《高层规程》将其归入筒体结构，但就其受力性能来说，框架-核心筒结构更接近于框架-剪力墙结构，与筒中筒结构有很大的区别。

图 8.3.1 所示为筒中筒结构和框架-核心筒结构，两个结构平面尺寸、结构高度、所受水平荷载均相同，两个结构楼板均采用平板。图 8.3.2 为筒中筒结构与框架-核心筒结构翼缘框架柱轴力的比较。由图 8.3.2 可知，框架-核心筒的翼缘框架柱轴力小，柱数量又较少，翼缘框架承受的总轴力要比框筒小得多，轴力形成的抗倾覆力矩也小得多；框架-核心筒结构主要是由①、④轴两片框架（腹板框架）和实腹筒协同工作抵抗侧力，角柱作为①、④轴两片框架的边柱而轴力较大；同时，①、④轴框架侧向刚度、抗弯和抗剪能力也比框筒的腹板框架小得多。因此框架-核心筒结构的侧向刚度小得多。

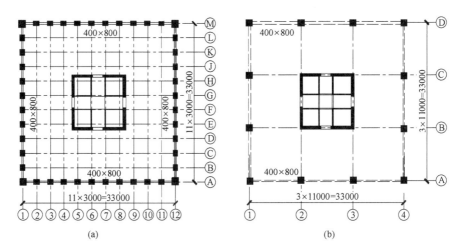

图 8.3.1　筒中筒结构和框架-核心筒结构（尺寸单位：mm）

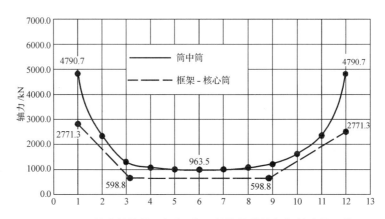

图 8.3.2　筒中筒结构和框架-核心筒结构翼缘框架轴力的比较

从表 8.3.1 可以看出，与筒中筒结构相比，框架-核心筒结构的自振周期长，顶点位移及最大层间位移都大，说明框架-核心筒结构的侧向刚度远小于筒中筒结构的侧向刚度。

表 8.3.1　筒中筒结构与框架-核心筒结构抗侧刚度比较

结构体系	自振周期/s	顶点位移		最大层间位移
		u_t/mm	u_t/H	$\Delta u/h$
筒中筒	3.87	70.78	1/2642	1/2106
框架-核心筒	6.65	219.49	1/852	1/647

表 8.3.2 给出了筒中筒结构与框架-核心筒结构内力分配比较。由表 8.3.2 可知，框架-核心筒结构的实腹筒承受的基底剪力占总剪力的 80.6%，倾覆弯矩占 73.6%，比筒中筒结构实腹筒承受的基底剪力和倾覆弯矩所占比例都大；筒中筒结构的外框筒承受的倾覆弯矩占 66%，而框架-核心筒结构中外框架承受的倾覆弯矩仅占 26.4%。上述比较说明，框架-核心筒结构中实腹筒成为主要抗侧力部分，而筒中筒结构中抵抗剪力以实腹筒为主，抵抗倾覆弯矩则以外框筒为主。

表 8.3.2　筒中筒结构与框架-核心筒结构内力分配比较

结构体系	基底剪力/%		倾覆弯矩/%	
	实腹筒	周边框架	实腹筒	周边框架
筒中筒	72.6	27.4	34.0	66.0
框架-核心筒	80.6	19.4	73.6	26.4

图 8.3.1 所示的框架-核心筒结构的楼板是平板，基本不传递弯矩和剪力，翼缘框架中间两根柱子的轴力是通过角柱传过来的，轴力不大。提高中间柱子的轴力，从而提高其抗倾覆弯矩能力的方法之一是在楼板中设置连接外柱与内筒的大梁，如图 8.3.3 所示，所加大梁使②、③轴形成带有剪力墙的框架。平板与梁板两种楼板布置的框架-核心筒翼缘框架所受轴力的比较表明，采用平板体系的框架-核心筒结构中翼缘框架中间柱的轴力很小，而采用梁板体系的框架-核心筒结构中翼缘框架②、③轴柱的轴力反而比角柱更大；在这种体系中，主要抗侧力单元与荷载方向平行，其中②、③轴框架-剪力墙的侧向刚度大大超过①、④轴框架，它们边柱的轴力也相应增大。也就是说，设置楼面大梁的框架-核心筒结构传力体系与框架-剪力墙结构类似。

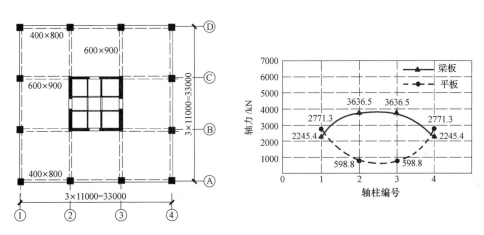

图 8.3.3　框架-核心筒结构翼缘框架轴力分布比较（尺寸单位：mm）

表 8.3.3 给出了有、无楼面大梁时框架-核心筒结构侧向刚度和内力分配的比较，在楼板中增加大梁后增大了结构的侧向刚度，周期缩短，顶点位移和层间位移减小。由于翼缘框架柱承受了较大的轴力，周边框架承受的倾覆力矩加大，核心筒承受的倾覆力矩减少；由于大梁使核心筒反弯，核心筒承受的剪力略有增加，而周边框架承受的剪力则减少。

表 8.3.3　有、无楼面大梁的框架-核心筒结构侧向位移和内力分配的比较

结构体系	周期/s	顶点位移		最大层间位移	基底剪力占比/%		倾覆弯矩占比/%	
		u_t/mm	u_t/H	$\Delta u/h$	实腹筒	周边框架	实腹筒	周边框架
框架-核心筒（平板楼盖）	6.65	219.49	1/852	1/647	80.6	19.4	73.6	26.4
框架-核心筒（梁板楼盖）	5.14	132.17	1/1415	1/1114	85.8	14.2	54.4	45.6

在采用平板楼盖时，框架虽然也具有空间作用，使翼缘框架柱产生轴力，但是柱数量少，轴力也小，远远不能达到周边框筒所起的作用。增加楼面大梁可使翼缘框架中间柱的轴力提高，从而充分发挥周边柱的作用，但是当周边柱与内筒相距较远时，楼面大梁的跨度大，梁高较大，为了保持楼层的净空，层高要加大，对于高层建筑而言，是不经济的，为此另外一种可选择的充分发挥周边柱作用的方案是采用框架-核心筒-伸臂结构，有关内容详见第 9 章 9.2 节。

8.3.2　框架-核心筒结构的布置

框架-核心筒结构可以做成钢筋混凝土结构、钢结构或混合结构，可以在一般的高层建筑中应用，也可以在超高层建筑中应用。在钢筋混凝土框架-核心筒结构中，外框架由钢筋混凝土梁和柱组成，核心筒采用钢筋混凝土实腹筒；在钢结构中，外框架由钢梁、钢柱组成，内部采用有支撑的钢框架筒。由于框架-核心筒结构的柱数量少，内力大，通常柱的截面都很大，为减小柱截面，常采用钢或钢骨混凝土、钢管混凝土等构件做成框架的柱和梁，与钢筋混凝土或钢骨混凝土实腹筒结合，就形成了混合结构。

框架-核心筒结构的布置除须符合高层建筑结构的一般布置原则外，还应遵循以下原则。

（1）核心筒是框架-核心筒结构中的主要抗侧力部分，其承载力和延性要求都应更高，抗震时应采取提高延性的各种构造措施。核心筒宜贯通建筑物全高，且其宽度不宜小于筒体总高的 1/12，当筒体结构设置角筒、剪力墙或增强结构整体刚度的构件时，核心筒的宽度可适当减小。

（2）框架-核心筒结构的周边柱间必须设置框架梁。框架可以布置成方形、长方形、圆形或其他多种形状，框架-核心筒结构对形状没有限制，框架柱距大，布置灵活，有利于建筑立面多样化。结构平面布置尽可能规则、对称，以减小扭转影响，质量分布宜均匀，内筒尽可能居中；核心筒与外柱之间距离一般以 12～15m 为宜，如果距离很大，则需要另设内柱，或采用预应力混凝土楼盖，否则楼层梁太大，不利于减小层高。沿竖向结构刚度应连续，避免刚度突变。

（3）框架-核心筒结构内力分配的特点是框架承受的剪力和倾覆力矩都较小。抗震设计时，为实现双重抗侧力结构体系，对钢筋混凝土框架-核心筒结构要求外框架构件的截面不宜过小，框架承担的剪力和弯矩需进行调整增大；对钢-混凝土混合结构，要求外框架承受的层剪力应达到总层剪力的 20%～25%；由于外钢框架柱截面小，钢框架-钢筋混凝土核心筒结构要达到这个比例比较困难，因此，这种结构的总高度不宜太大；如果采用钢骨混凝土、钢管混凝土柱，则较容易达到双重抗侧力体系的要求。

（4）非地震区的抗风设计时采用伸臂加强结构对增大侧向刚度是有利的，抗震结构则应进行仔细的方案比较，不设伸臂就能满足侧移要求时就不必设置伸臂，必须设置伸臂时，必须处理好框架柱与核心筒的内力突变，应避免柱出现塑性铰或剪力墙破坏等形成薄弱层的潜在危险。

（5）框架-核心筒结构的楼盖，宜选用结构高度小、整体性强、结构自重轻及有利于施工的楼盖结构形式，因此宜选用现浇梁板式楼板，也可选用密肋式楼板、无黏结预应力混凝土平板以及预制预应力薄板加现浇层的叠合楼板。当内筒与外框架的中距大于 8m 时，应优先采用无黏结预应力混凝土楼盖。

8.4　筒体结构计算方法

筒体结构是空间受力体系，而且由于薄壁筒和框筒都有剪力滞后现象，其受力情况非常复杂。为了保证计算精度和结构安全，筒体结构整体计算宜采用能反映空间受力的结构计算模型及相应的计算方法。一般可假定楼盖在自身平面内具有绝对刚性，采用三维空间分析方法通过计算机进行内力和位移分析。本节主要介绍几种简化计算方法，适用于方案阶段估算截面尺寸。

8.4.1　等效槽形截面近似估算方法

在水平荷载作用下，框筒结构出现明显的剪力滞后现象，翼缘框架只在靠近腹板框架

的地方轴力较大，柱子发挥其受力作用；靠近中间的柱子受力较小，不能充分发挥其作用。因此可将翼缘框架的一部分作为腹板框架的有效翼缘，不考虑中部框筒柱的作用，从而框筒结构可化为两个等效槽形截面（图 8.4.1）。

等效槽形截面的翼缘有效宽度取下列三者的最小值：框筒腹板框架宽度的 1/2，框筒翼缘框架宽度的 1/3，框筒总高度的 1/10。

按照材料力学组合截面惯性矩的计算方法，计算等效槽形截面的弯曲刚度 EI_e

$$I_e = \sum_{j=1}^{m} I_{cj} + \sum_{j=1}^{m} A_{cj} y_j^2 \qquad (8.4.1)$$

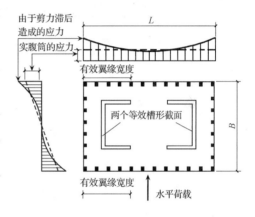

图 8.4.1　等效槽形截面

式中：I_{cj}、A_{cj} 分别为槽形截面各柱的惯性矩和截面面积；y_j 为柱中心至槽形截面形心的距离。

对筒中筒结构，将总的水平力按框筒刚度 EI_e 与内筒刚度 EI_w 的比例进行分配，可求得外框筒承担的水平力，从而计算此水平力在框筒各楼层产生的剪力 V 和倾覆力矩 M。如果只有外框筒，则水平力全部由外框筒承受。

把框筒作为整体弯曲的双槽形截面悬臂柱，槽形截面范围内柱和裙梁的内力为

$$N_{cj} = \frac{M y_{ci} A_{cj}}{I_e} \qquad (8.4.2)$$

$$V_{bj} = \frac{VSh}{I_e} \qquad (8.4.3)$$

式中：M、V 分别为水平力产生的楼层弯矩和楼层剪力；S 为所求剪力的梁到双槽形截面边缘间各柱截面面积对框筒中性轴的面积矩；h 为求剪力的梁所在高度处框筒的层高（若梁上、下的层高不同，取平均值）。

根据梁的剪力，并假定反弯点在梁净跨度的中点，可求得柱边缘处梁端截面的弯矩。

8.4.2　等效平面框架法——翼缘展开法

等效平面框架法——翼缘展开法适用于矩形平面的框筒结构在水平荷载和扭转荷载作

用下的计算，将空间问题转化为平面问题，可利用平面框架的有限元软件进行分析。

根据框筒结构的受力特点，可采用如下两点基本假定。

（1）对筒体结构的各榀平面单元，可只考虑单元平面内的刚度，略去其出平面外的刚度，可忽略外筒的梁柱构件各自的扭转作用。

（2）楼盖在其自身平面内的刚度为无穷大，因此当筒体结构受力变形时，各层楼板在水平面内作平面运动（产生水平移动或绕竖轴转动）。

在使框筒产生整体弯曲的水平力作用下，对于有两个水平对称轴的矩形框筒结构，可取其 1/4 进行计算，图 8.4.2（a）和（b）所示为 1/4 框筒的平面图和 1/4 空间框筒，其中水平荷载也按 1/4 作用于半个腹板框架上。按计算假定，不考虑框架的平面外刚度，当框筒发生弯曲变形时，翼缘框架平面外的水平位移不引起内力。在对称荷载下，翼缘框架在自身平面内没有水平位移，因此可把翼缘框架绕角柱转 90° 角，使其与腹板框架处于同一平面内，以形成等效平面框架体系进行内力和位移的计算［图 8.4.2（a）和（c）］。

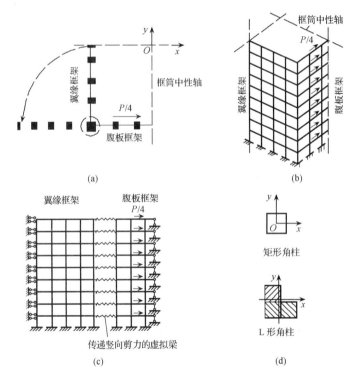

图 8.4.2 翼缘展开法计算简图

由于翼缘和腹板框架间的公用角柱为双向弯曲，故在等效平面框架中，须将角柱分为两个，一个在翼缘框架中，另一个在腹板框架中。为保证翼缘框架和腹板框架间竖向力的传递及竖向位移的协调，在每层梁处各设置一个只传递竖向剪力的虚拟梁，虚拟梁的抗剪刚度系数取一个非常大的数值，其弯曲和轴向拉压刚度系数取为零。在翼缘框架的对称线上沿框架高度各节点无转角，但有竖向位移，故在翼缘框架位于对称轴上的节点处，应附加定向支座；而在腹板框架的对称线上沿框架高度各节点有水平位移和转角，无竖向位移，故应设置竖向支承链杆［图 8.4.2（c）］。

将角柱分为两个进行弯曲刚度计算时，惯性矩可取各自方向上的值［图 8.4.2（d）］。

若角柱为圆形或矩形截面，截面的两个形心主惯性轴分别位于翼缘框架和腹板框架内，两个角柱各采用相应的主惯性轴的惯性矩；若角柱截面的两个形心轴不在翼缘和腹板框架平面内，则在翼缘框架和腹板框架中角柱都不是平面弯曲，而是斜弯曲，两个角柱惯性矩的取值需再作适当的简化假定，如 L 形截面角柱，可分别取 L 形截面的一个肢作为矩形截面来计算。计算角柱的轴向刚度时，角柱的截面面积可按任选比例分给两个角柱，例如翼缘框架和腹板框架的角柱截面面积可各取原角柱面积的 1/2，计算后，将翼缘框架和腹板框架角柱的轴力叠加，作为原角柱的轴力。

建立起 1/4 框筒的等效平面框架，可按平面框架适用的方法求解。如用矩阵位移法计算时，对图 8.4.2（c）所示的平面框架，因框筒由深梁和宽柱组成，梁和柱应按两端带刚域的杆件建立单元刚度矩阵 $\boldsymbol{K}_e$，再建立总刚度矩阵 $\boldsymbol{K}$，然后用聚缩自由度的方法，求出只对应于腹板框架节点水平位移的侧向刚度矩阵 $\boldsymbol{K}_x$ 即

$$\boldsymbol{K}_x \boldsymbol{\Delta}_x = \boldsymbol{P}_x \qquad (8.4.4)$$

式中：$\boldsymbol{\Delta}_x$ 为水平位移列向量；$\boldsymbol{P}_x$ 为作用在腹板框架上的水平力列向量。

按式（8.4.4）可求得 $\boldsymbol{\Delta}_x$，进而可求得框架全部节点位移以及梁柱的内力。

8.4.3　空间杆系-薄壁柱矩阵位移法

筒体结构的计算分析应当采用较精确的三维空间分析方法。空间杆系-薄壁柱矩阵位移法是将框筒的梁、柱简化为带刚域杆件，每个结点有 6 个自由度，单元刚度矩阵为 12 阶；将内筒视为薄壁杆件，考虑其截面翘曲变形，每个杆端有 7 个自由度，比普通空间杆件单元增加了双力矩所产生的扭转角，单元刚度矩阵为 14 阶；外筒与内筒通过楼板连接协同工作，通常假定楼板为平面内无限刚性板，忽略其平面外刚度。楼板的作用只是保证内外筒具有相同的水平位移，而楼板与筒之间无弯矩传递关系。此法的优点是可以分析梁柱为任意布置时的一般空间结构，可以分析平面为非对称的结构和荷载，并可获得薄壁柱（内筒）受约束扭转引起的翘曲应力。

8.5　筒体结构设计要点及构造要求

筒体结构由梁、柱（框筒）和剪力墙（实腹筒）组成，其截面设计和构造措施的有关要求可参见框架和剪力墙的相应要求。本节仅针对筒体结构的特点，根据《高层规程》的规定，特补充如下。

8.5.1　混凝土强度等级

对于混凝土筒体结构应采用现浇混凝土结构。由于筒体结构层数多、重量大，混凝土强度等级不宜低于 C30，以免柱截面尺寸过大，影响建筑的有效使用面积。

8.5.2　框架梁、柱

框架-核心筒结构可以形成外周框架与核心筒协同工作的双重抗侧力结构体系，但由于外周框架柱的柱距过大、梁高过小，造成其刚度过低、核心筒刚度过高，结构底部剪力主要由核心筒承担，在强烈地震作用下，核心筒墙体可能损伤严重，经内力重分布后，外

周框架会承担较大的地震作用。因此，根据《高层规程》规定，对框架-核心筒结构和筒中筒结构，如果各层框架承担的地震剪力不小于结构底部总地震剪力的20%，则框架地震剪力可不进行调整；否则，应按下述规定调整框架柱及与之相连的框架梁的剪刀和弯矩。

（1）框架部分分配的楼层地震剪力标准值的最大值不宜小于结构底部总地震剪力标准值的10%。

（2）当框架部分分配的地震剪力标准值的最大值小于结构底部总地震剪力标准值的10%时，各层框架部分承担的地震剪力标准值应增大到结构底部总地震剪力标准值的15%；此时，各层核心筒墙体的地震剪力标准值宜乘以增大系数1.1，但可不大于结构底部总地震剪力标准值，墙体的抗震构造措施应按抗震等级提高一级后采用，已为特一级的可不再提高。

（3）当框架部分分配的地震剪力标准值小于结构底部总地震剪力标准值的20%，但其最大值不小于结构底部总地震剪力标准值的10%时，应按结构底部总地震剪力标准值的20%和框架部分楼层地震剪力标准值中最大值的1.5倍二者的较小值进行调整。

框架柱的地震剪力按上述方法调整后，框架柱端弯矩及与之相连的框架梁端弯矩、剪力应进行相应调整。有加强层时，框架部分分配的楼层地震剪力标准值的最大值不应包括加强层及其上、下层的框架剪力。

筒体结构的楼盖主梁不宜搁置在核心筒或内筒的连梁上，以免使连梁产生较大剪力和扭矩，容易产生脆性破坏。支承楼盖梁的内筒或核心筒部位宜设置配筋暗柱，暗柱宽度宜$\geq 3b_b$（b_b为梁宽度）。梁端纵向钢筋锚入墙体不能满足水平锚固长度要求时（非抗震$\geq 0.4l_a$，抗震$\geq 0.4l_{aE}$），宜在内筒或核心筒墙体的梁支承部位设置配筋壁柱。

框筒的角柱应按双向偏心受压构件计算。在地震作用下，角柱不允许出现小偏心受拉，当出现大偏心受拉时，应考虑偏心受压与偏心受拉的最不利情况；如角柱为非矩形截面，尚应进行弯矩（双向）、剪力和扭矩共同作用下的截面验算。筒体角部应加强抗震构造措施，沿角部全高范围设置约束边缘构件。

框筒的中柱宜按双向偏心受压构件计算。当楼盖结构为有梁体系时，应考虑楼盖梁的弹性嵌固影响。

筒体结构的大部分水平剪力由核心筒或内筒承担，框架柱或框筒柱所受剪力远小于框架结构中的柱剪力，剪跨比明显增大，因此其轴压比限值可比框架结构适当放松。因此，抗震设计时，框筒柱和框架柱的轴压比限值可按框架-剪力墙结构的规定采用。

8.5.3　核心筒或内筒的墙体

核心筒或内筒中剪力墙截面形状宜简单，截面形状复杂的墙体应按应力分布配置受力钢筋。核心筒和内筒由若干墙肢和连梁组成，墙肢宜均匀、对称布置，其角部附近不宜开洞，当不可避免时，筒角内壁至洞口的距离不应小于500mm和开洞墙截面厚度的较大值；为防止核心筒或内筒中出现小墙肢等薄弱环节，核心筒或内筒的外墙不宜在水平方向连续开洞，洞间墙肢的截面高度不宜小于1.2m，对个别无法避免的小墙肢，当洞间墙肢的截面高度与厚度之比小于4时，宜按框架柱进行设计，以加强其抗震能力。筒体墙应进行墙体稳定验算，且外墙厚度不应小于200mm，内墙厚度不应小于160mm，必要时可设置扶壁柱或扶壁墙以增强墙体的稳定性。

筒体墙的水平、竖向配筋不应少于两排，其最小配筋率与剪力墙相同；抗震设计时，核心筒和内筒的连梁宜配置对角斜向钢筋或交叉暗撑，以提高连梁的抗震延性；筒体墙的加强部位高度、轴压比限值、边缘构件设置以及截面设计，同剪力墙的有关规定。

8.5.4　框筒梁和内筒连梁

为避免框筒梁和内筒连梁在地震作用下产生脆性破坏，外框筒梁和内筒连梁的截面尺寸应符合下列规定：

① 持久、短暂设计状况

$$V_b \leqslant 0.25\beta_c f_c b_b h_{b0} \tag{8.5.1}$$

② 地震设计状况

当跨高比大于 2.5 时

$$V_b \leqslant \frac{1}{\gamma_{RE}}(0.20\beta_c f_c b_b h_{b0}) \tag{8.5.2}$$

当跨高比不大于 2.5 时

$$V_b \leqslant \frac{1}{\gamma_{RE}}(0.15\beta_c f_c b_b h_{b0}) \tag{8.5.3}$$

式中：V_b 为外框筒梁或内筒连梁剪力设计值；b_b、h_{b0} 分别为外框筒梁或内筒连梁截面的宽度和有效高度。

在水平地震作用下，框筒梁和内筒连梁的端部反复承受正、负弯矩和剪力，而一般的弯起钢筋无法承担正、负剪力，因此需要加强其箍筋配筋构造要求；同时，由于框筒梁高较大、跨度较小，应重视其纵向钢筋和腰筋的配置。根据《高层规程》规定，外框筒梁和内筒连梁的构造配筋应符合下列要求。①非抗震设计时，箍筋直径不应小于 8mm；抗震设计时，箍筋直径不应小于 10mm。②非抗震设计时，箍筋间距不应大于 150mm；抗震设计时，箍筋间距沿梁长不变，且不应大于 100mm，当梁内设置交叉暗撑时，箍筋间距不应大于 200mm。③框筒梁上、下纵向钢筋的直径均不应小于 16mm，腰筋的直径不应小于 10mm，腰筋间距不应大于 200mm。

研究表明，在跨高比较小的框筒梁和内筒连梁增设交叉暗撑对提高其抗震性能有较好的作用，但交叉暗撑的施工有一定难度。为此，根据《高层规程》规定，跨高比不大于 2 的框筒梁和内筒连梁宜增配对角斜向钢筋；跨高比不大于 1 的框筒梁和内筒连梁宜采用交叉暗撑（图 8.5.1），且应符合下列规定：

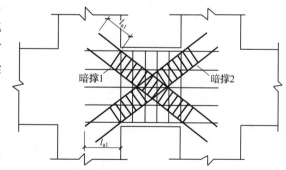

图 8.5.1　梁内交叉暗撑的配筋

（1）梁的截面宽度不宜小于 400mm。

（2）全部剪力应由暗撑承担。每根暗撑应由不少于 4 根纵向钢筋组成，纵筋直径不应小于 14mm，其总面积 A_s 应按下列公式计算：

① 持久、短暂设计状况：

$$A_s \geqslant \frac{V_b}{2f_y \sin\alpha} \tag{8.5.4}$$

② 地震设计状况

$$A_s \geqslant \frac{\gamma_{RE} V_b}{2 f_y \sin\alpha} \tag{8.5.5}$$

式中：α 为暗撑与水平线的夹角。

（3）两个方向暗撑（图 8.5.1）的纵向钢筋应采用矩形箍筋或螺旋箍筋绑成一体，箍筋直径不应小于 8mm，间距不应大于 150mm。

（4）纵筋伸入竖向构件的长度不应小于 l_{a1}，非抗震设计时 l_{a1} 可取 l_a，抗震设计时 l_{a1} 宜取 $1.15 l_a$，其中 l_a 为钢筋的锚固长度。

为方便施工，交叉暗撑的箍筋可不设加密区。

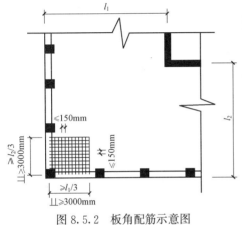

图 8.5.2　板角配筋示意图

8.5.5　板的构造要求

筒体结构的双向楼板在竖向荷载作用下，四周外角要上翘；但受到剪力墙的约束，加上楼板混凝土的自身收缩和温度变化影响，使楼板外角可能产生斜裂缝。为防止这类裂缝出现，筒体结构的楼板外角宜设置双层双向钢筋（图 8.5.2），单层单向配筋率不宜小于 0.3‰，钢筋的直径不应小于 8mm，间距不应大于 150mm，配筋范围不宜小于外框架（或外筒）至内筒外墙中距的 1/3 和 3m。

8.5.6　框架-核心筒结构

由于框架-核心筒结构外周框架的柱距较大，为了保证其整体性，外周框架柱间必须要设置框架梁，形成周边框架。实践证明，纯无梁楼盖会影响框架-核心筒结构的整体刚度和抗震性能，尤其是板柱节点的抗震性能较差。因此，在采用无梁楼盖时，更应在各层楼盖沿周边框架柱设置框架梁。

抗震设计时，核心筒为框架-核心筒结构的主要抗侧力构件，其底部加强部位水平和竖向分布钢筋的配筋率、边缘构件应比一般剪力墙有更高的要求。根据《高层规程》的规定，底部加强部位主要墙体的水平和竖向分布钢筋的配筋率均不宜小于 0.30%，底部加强部位角部墙体约束边缘构件沿墙肢的长度宜取墙肢截面高度的 1/4，约束边缘构件范围内应主要采用箍筋；底部加强部位以上角部墙体约束边缘构件的设置同一般剪力墙的规定。

对内筒偏置的框架-筒体结构，其质心与刚心的偏心距较大，会导致结构在地震作用下的扭转反应增大。对这类结构，应特别关注结构的扭转特性，控制结构的扭转反应。《高层规程》规定，对内筒偏置的框架-筒体结构，应控制结构在考虑偶然偏心影响的规定地震作用下，最大楼层水平位移和层间位移不应大于该楼层平均值的 1.4 倍，结构扭转为主的第一自振周期 T_t 与平动为主的第一自振周期 T_1 之比不应大于 0.85，且 T_1 的扭转成分不宜大于 30%。

对框架-核心筒结构，内筒采用双筒可增强结构的扭转刚度，减小结构在水平地震作用下的扭转效应。因此，当内筒偏置、长宽比大于 2 时，宜采用框架-双筒结构。当框架-双筒结构的双筒间楼板开洞时，其有效楼板宽度不宜小于楼板典型宽度的 50%，洞口附近楼板应加厚，并应采用双层双向配筋，每层单向配筋率不应小于 0.25%；双筒间楼板宜按弹性板进行细化分析。

<h2 style="text-align:center">小　　结</h2>

（1）框筒、筒中筒和束筒结构都是常用的高层建筑结构形式，除应符合高层建筑结构的一般布置原则外，其结构布置应从平面形状、高宽比、框筒的开孔率、柱距、框筒柱和裙梁截面、内筒布置、楼盖形式等方面考虑，减小剪力滞后，以便高效而充分发挥所有柱子的作用。

（2）框架-核心筒结构可以做成钢筋混凝土结构、钢结构或混合结构，可以在一般的高层建筑中应用，也可以在超高层建筑中应用；框架-核心筒结构与筒中筒结构在平面形式上可能相似，但受力性能却有很大区别，其结构布置对核心筒提出了更高的要求，对周边框架、框架与核心筒的内力分配、伸臂加强层以及楼盖等也提出了相应的要求。

（3）筒体结构是空间受力体系，由于薄壁筒和框筒的剪力滞后，这类结构受力情况非常复杂，宜采用能反映空间受力的结构计算模型以及相应的计算方法。一般可假定楼盖在自身平面内具有绝对刚性，采用三维空间分析方法通过计算机进行内力和位移分析。但在方案设计阶段，也可采用简化计算方法，如等效槽形截面的近似估算方法和等效平面框架法，进行结构构件截面尺寸的估算。

（4）核心筒由若干剪力墙和连梁组成，其截面设计和构造措施应符合剪力墙结构的有关规定，其边缘构件应适当加强；框筒梁的截面承载力设计方法、截面尺寸限制条件及配筋形式可参照一般框架梁；跨高比不大于 2 的框筒梁和内筒连梁宜采用交叉暗撑。

<h2 style="text-align:center">思考与练习题</h2>

（1）从结构布置上如何减小框筒和筒中筒结构的剪力滞后？

（2）框筒和筒中筒结构中楼板的布置和配筋应注意什么问题？

（3）说明筒中筒结构和框架-核心筒结构的受力性能有何不同，并说明原因。

（4）说明框架-核心筒结构布置应遵循的主要原则。

（5）在框架-核心筒结构中，外框架和内筒之间的楼面大梁对水平荷载作用下的内力和位移有什么影响？

（6）说明筒体结构的简化计算方法——等效槽形截面法和翼缘展开法。

（7）筒体结构裙梁设计与普通框架梁的设计相比有何特点？

（8）简述筒体结构的主要设计要点和构造措施。

第9章 复杂高层建筑结构设计

近年来，国内外高层建筑发展迅速，现代高层建筑向着体型复杂、功能多样的综合性发展。这一方面为人们提供了良好的生活环境和工作条件，体现了建筑设计的人性化理念；另一方面也使建筑结构受力复杂、抗震性能变差、结构分析和设计方法复杂化。因此，从结构受力和抗震性能方面来说，工程设计中不宜采用复杂高层建筑结构，但实际工程中往往会遇到这些复杂结构，如带转换层的结构、带加强层的结构、错层结构、连体结构以及竖向体型改进和悬挑结构等。为了使读者对这些复杂结构有所了解，本章简要介绍其受力特点和设计方法。

9.1 带转换层高层建筑结构

在同一幢高层建筑中，沿房屋高度方向建筑功能有时会发生变化。如下部楼层用作商业、文化娱乐，需要尽可能大的室内空间，要求柱网大、墙体少；中部楼层作为办公用

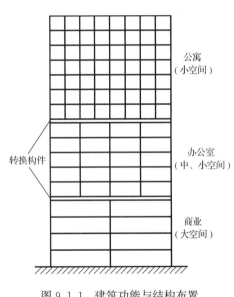

图 9.1.1 建筑功能与结构布置

房，需要中等的室内空间，可以在柱网中布置一定数量的墙体；上部楼层作为宾馆、住宅等用房，需要采用小柱网或布置较多的墙体。建筑功能与结构布置如图 9.1.1 所示。为了满足上述使用功能要求，结构设计时，上部楼层可采用室内空间较小的剪力墙结构，中部楼层可采用框架-剪力墙结构，下部楼层则可布置为框架结构。为了实现这种结构布置，必须在两种结构体系转换的楼层设置水平转换构件，即形成带转换层的结构（structure with transfer story）。一般地，当高层建筑下部楼层在竖向结构体系或形式上与上部楼层差异较大，或者下部楼层竖向结构轴线距离扩大或上、下部结构轴线错位时，就必须在结构体系或形式改变的楼层设置结构转换层。

9.1.1 转换层的分类及主要结构形式

1. 转换层的分类

（1）上、下部结构类型的转换。在剪力墙结构或框架-剪力墙结构中，当拟在底部设置商用房或其他需要较大空间的公用房间时，可以将部分剪力墙通过转换层变为框架结构，形成底部大空间剪力墙结构，这种用下部框架柱支承上部剪力墙的结构，也称为带托墙转换层的剪力墙结构（框支剪力墙结构）。

（2）上、下部柱网和轴线的改变。在筒中筒结构中，外框筒为密柱深梁，无法为建筑物提供较大的出入口，此时可沿外框筒周边柱列设置转换层使下部柱的柱距扩大，形成大柱网，以满足设置较大出入口的需要，但转换层上、下部的结构类型并没有改变。这称为带托柱转换层的筒体结构。

（3）上、下部结构类型和柱网均改变。在框支剪力墙结构中，上部楼层一般为住宅建筑，采用适合于住宅平面组合轴线布置的剪力墙结构体系，而下部楼层一般为商用房，可采用大空间轴线布置的框架结构体系。这种结构体系不仅上、下部结构类型不同，而且上、下部的轴线也不一定对齐，需要设置转换层来实现力的传递。实际工程中的带转换层高层建筑结构多为这种情况。

2. 转换层的主要结构形式

从转换层结构的概念来看，建筑物上部结构与地基之间的基础也是一种转换结构。因此，钢筋混凝土梁式、板式基础（包括柱下条形基础、交叉梁基础、筏形基础、箱形基础等）的结构形式也可作为建筑物上部结构之间的转换层结构形式。

目前，工程中应用的转换层结构形式主要有梁式、斜杆桁架式、空腹桁架式、箱形等，如图 9.1.2 所示。

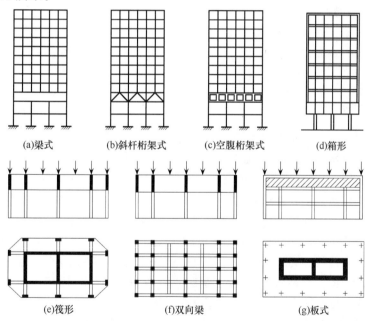

图 9.1.2　转换层结构形式

梁式转换层［图 9.1.2（a）］具有传力直接、明确、受力性能好、构造简单和施工方便等优点，一般应用于底部大空间剪力墙结构体系中，是目前应用最多的一种转换层结构形式。转换梁可沿纵向或横向平行布置，当需要纵、横向同时转换时，可采用双向梁的布置方案［图 9.1.2（f）］。

当上、下部柱网轴线错开较多、难以用梁直接承托时，则可做成厚板，形成板式转换层［图 9.1.2（g）］。板式转换层的下层柱网可以灵活布置，施工简单，但自重大，材料耗费较多。

在梁式转换层结构中，当转换梁跨度很大且承托层数较多时，转换梁的截面尺寸将很大，造成结构经济指标上升，结构方案不合理。另外，采用转换梁也不利于大型管道等设备系统的布置和转换层建筑空间的充分利用。因此，采用桁架结构代替转换梁作为转换层结构是一种较为合理可行的方案。桁架式转换层具有受力性能好、结构自重较轻、经济指标好以及充分利用建筑空间等优点，但其构造和施工复杂。这种转换层有斜杆桁架式 [图9.1.2（b）]、空腹桁架式 [图9.1.2（c）] 等。

单向托梁或双向托梁与其上、下层较厚的楼板共同工作，可以形成整体刚度很大的箱形转换层 [图9.1.2（d）]。箱形转换层是由原有的上、下层楼板和剪力墙经过加强后组成的，其平面内刚度较单层梁板结构大得多，但一般较厚板转换层平面内刚度小，改善了带转换层高层建筑结构的整体受力性能。箱形转换层结构受力合理，建筑空间利用充分，实际工程中也有一定应用。

转换层采用深梁、实心厚板或箱形厚板，当楼层面积较小时，转换层刚度很大，可视为刚性转换层；当采用斜腹杆桁架或空腹杆桁架且楼层面积较大时，可视为弹性转换层。

9.1.2　结构布置

对于带转换层高层建筑结构，由于转换层刚度较其他楼层刚度大很多，质量也相对较大，加剧了这种结构沿高度方向刚度和质量的不均匀性；另外，转换层上、下部的竖向承重构件不连续，墙、柱截面突变，导致传力路线曲折、变形和应力集中。因此，带转换层高层建筑结构的抗震性能较差，设计时应通过合理的结构布置来改善其受力和抗震性能。

1. 底部转换层的设置高度

带转换层的底层大空间剪力墙结构于20世纪80年代开始在我国应用，后来这种结构迅速发展。目前带转换层高层建筑结构在地面以上的大空间层数一般为2～6层，有些工程已做到7～10层。

国内有关单位研究了转换层设置高度对这种结构抗震性能的影响。研究结果表明，底部转换层位置越高，转换层上、下刚度突变越大，转换层上、下构件内力的突变越剧烈；此外，转换层位置越高，转换层上部附近的墙体容易破坏，落地剪力墙或筒体易出现受弯裂缝，从而使框支柱的内力增大，对结构抗震不利。总之，转换层位置越高，这种结构的抗震性能越差。因此，底部大空间部分框支剪力墙高层建筑结构在地面以上的大空间层数，设防烈度为7度和8度时分别不宜超过5层和3层，6度时其层数可适当增加。另外，对于底部带转换层的框架-核心筒结构和外筒为密柱框架的筒中筒结构，由于其转换层上、下刚度突变不明显，上、下构件内力的突变程度也小于部分框支剪力墙结构，转换层设置高度对这两种结构的影响较部分框支剪力墙结构小，所以对这两种结构，其转换层位置可比上述规定适当提高。当底部带转换层的筒中筒结构的外筒为由剪力墙组成的壁式框架时，其转换层上、下部的刚度和内力突变程度与部分框支剪力墙结构较接近，所以其转换层设置高度的限值宜与部分框支剪力墙结构相同。

2. 转换层上部结构与下部结构的侧向刚度控制

转换层下部结构的侧向刚度一般小于其上部结构的侧向刚度，但如果两者相差悬殊，则会使转换层下部形成柔软层，对结构抗震不利，因此设计时应控制转换层上、下部结构的侧向刚度比，使其位于合理的范围内。

（1）当转换层设置在 1、2 层时，可近似采用转换层与其相邻上层结构的等效剪切刚度比 γ_{e1} 表示转换层上、下层结构刚度的变化，γ_{e1} 宜接近 1，非抗震设计时 γ_{e1} 不应小于 0.4，抗震设计时 γ_{e1} 不应小于 0.5。γ_{e1} 可计算为

$$\gamma_{e1} = \frac{G_1 A_1 / h_1}{G_2 A_2 / h_2} = \frac{G_1 A_1}{G_2 A_2} \frac{h_2}{h_1} \tag{9.1.1}$$

$$A_i = A_{w,i} + \sum_j C_{i,j} A_{ci,j} \quad (i = 1, 2) \tag{9.1.2}$$

$$C_{i,j} = 2.5 \left(\frac{h_{ci,j}}{h_i} \right)^2 \quad (i = 1, 2) \tag{9.1.3}$$

式中：G_1、G_2 分别为转换层和转换层上层的混凝土剪变模量；A_1、A_2 分别为转换层和转换层上层的折算抗剪截面面积，可按式（9.1.2）计算；$A_{w,i}$ 为第 i 层全部剪力墙在计算方向的有效截面面积（不包括翼缘面积）；$A_{ci,j}$ 表示第 i 层第 j 柱的截面面积；h_i、$h_{ci,j}$ 分别表示第 i 层的层高和第 j 柱沿计算方向的截面高度；$C_{i,j}$ 表示第 i 层第 j 柱截面面积折算系数，当计算值大于 1 时取 1。

（2）当转换层设置在第 2 层以上时，按式（9.1.4）计算的转换层与其相邻上层的侧向刚度比 γ_1 不应小于 0.6，即

$$\gamma_1 = \frac{V_i / \Delta_i}{V_{i+1} / \Delta_{i+1}} = \frac{V_i \Delta_{i+1}}{V_{i+1} \Delta_i} \tag{9.1.4}$$

式中：V_i、V_{i+1} 分别表示第 i 层和第 $i+1$ 层的地震剪力标准值；Δ_i、Δ_{i+1} 分别表示第 i 层和第 $i+1$ 层的层间位移。

（3）当转换层设置在第 2 层以上时，其转换层下部结构与上部结构的等效侧向刚度比 γ_{e2} 尚宜采用图 9.1.3 所示的计算模型，按式（9.1.5）计算。γ_{e2} 宜接近 1，非抗震设计时 γ_{e2} 不应小于 0.5，抗震设计时 γ_{e2} 不应小于 0.8。

$$\gamma_{e2} = \frac{\Delta_2 / H_2}{\Delta_1 / H_1} = \frac{\Delta_2 H_1}{\Delta_1 H_2} \tag{9.1.5}$$

式中：γ_{e2} 表示转换层下部结构与上部结构的等效侧向刚度比；H_1 表示转换层及其下部结构 [图 9.1.3 （a）] 的高度；H_2 表示转换层上部若干层结构 [图 9.1.3 （b）] 的高度，其值应等于或接近于高度 H_1，且不大于 H_1；Δ_1 表示转换层及其下部结构 [图 9.1.3 （a）] 的顶部在单位水平力作用下的侧向位移；Δ_2 表示转换层上部若干层结构 [图 9.1.3 （b）] 的顶部在单位水平力作用下的侧向位移。

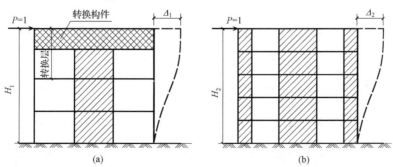

图 9.1.3　转换层上、下等效侧向刚度计算模型

3. 转换构件的布置

在高层建筑结构的底部，当上部楼层部分竖向构件（剪力墙、框架柱）不能直接连续贯通落地时，应设置结构转换层，并在结构转换层布置转换结构构件。转换结构构件可采用梁、桁架、空腹桁架、箱形结构、斜撑等。由于厚板转换层的板厚很大，质量相对集中，引起结构沿竖向质量和刚度严重不均匀，对结构抗震不利，因此非抗震设计和 6 度抗震设计时，转换构件可采用厚板；对于大空间地下室，因周围有约束作用，地震反应不明显，故 7、8 度抗震设计的地下室的转换构件可采用厚板。

转换层上部的竖向抗侧力构件（剪力墙、柱）宜直接落在转换层的主构件上。但实际工程中会遇到转换层上部剪力墙平面布置复杂的情况，这时一般采用由框支主梁承托剪力墙并承托转换次梁及次梁上的剪力墙，其传力途径多次转换，受力复杂。试验结果表明，框支主梁除承受其上部剪力墙的作用外，还承受次梁传来的剪力、扭矩等作用，使框支主梁容易产生剪切破坏，因此 B 级高度框支剪力墙高层建筑的结构转换层不宜采用框支主、次梁方案；A 级高度框支剪力墙结构可以采用框支主、次梁方案，但设计中应对框支梁进行应力分析，按应力校核配筋，并加强配筋构造措施。工程设计中，如条件许可，也可考虑采用箱形转换层。

4. 剪力墙（筒体）和框支柱的布置

为了防止转换层下部结构在地震中严重破坏甚至倒塌，应按下述原则布置落地剪力墙（筒体）和框支柱。

（1）框支剪力墙结构要有足够数量且上、下贯通落地的剪力墙，并按刚度比要求增加墙厚；带转换层的筒体结构的内筒应全部上、下贯通落地并按刚度比要求增加筒壁厚度。

（2）长矩形平面建筑中落地剪力墙的间距宜符合以下规定：非抗震设计，$l\leqslant 3B$ 且 $l\leqslant 36m$；抗震设计，底部为 1～2 层框支层时，$l\leqslant 2B$ 且 $l\leqslant 24m$；底部为 3 层及 3 层以上框支层时，$l\leqslant 1.5B$ 且 $l\leqslant 20m$。其中 B 为落地墙之间楼盖的平均宽度。

（3）落地剪力墙与相邻框支柱的距离，底部为 1～2 层框支层时不宜大于 12m，3 层及 3 层以上框支层时不宜大于 10m。

（4）框支层楼板不应错层布置，以防止框支柱产生剪切破坏。

（5）框支剪力墙转换梁上一层墙体内不宜设边门洞，不宜在中柱上方设门洞。试验研究和计算分析结果表明，这些门洞使框支梁的剪力大幅度增加，边门洞小墙肢应力集中，很容易破坏。

（6）落地剪力墙和筒体的洞口宜布置在墙体的中部，以便使落地剪力墙各墙肢受力（剪力、弯矩、轴力）比较均匀。

9.1.3　梁式转换层结构设计

1. 转换梁的受力机理

框支剪力墙转换层应力分布如图 9.1.4 所示。梁式转换层结构是通过转换梁将上部墙（柱）承受的力传至下部框支柱 [图 9.1.4 (a)]。图 9.1.4 (b)、(c) 和 (d) 分别为竖向荷载作用下转换层（包括转换梁和其上部分墙体）的竖向压应力 σ_y、水平应力 σ_x 和剪应力 τ 的分布图。在转换梁与上部墙体的界面上，竖向压应力在支座处最大，在跨中截面处最小；转换梁中的水平应力为拉应力 σ_x。形成这种受力状态的主要原因有两点：①拱的传力作用，即上部墙体上的大部分竖向荷载沿拱轴线直接传至支座，转换梁为拱的拉杆；②上部墙体与转换梁作为一个整体共同受力，转换梁处于整体弯曲的受拉区，由于上部剪力墙参与受力而使转换梁承受的弯矩大大减小。因此，转换梁一般为偏心受力构件。

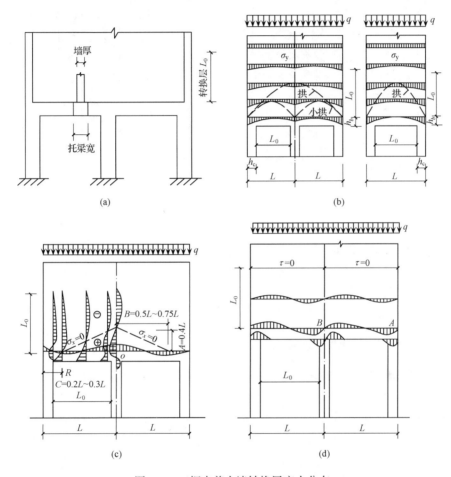

图 9.1.4 框支剪力墙转换层应力分布

2. 结构分析

梁式转换层结构有两种形式，即托墙形和托柱形。这里仅简要介绍托墙形梁式转换层结构的内力计算方法。

1）整体结构分析方法

对带梁式转换层高层建筑结构，可直接用三维空间结构分析软件（如 TBSA、SDTB、TAT 等）进行整体结构内力分析。转换梁的杆系计算模型如图 9.1.5 所示。当采用杆系模型分析时，剪力墙墙肢作为柱单元考虑，转换梁按梁模型处理，在上部剪力墙和下部柱之间设置转换梁，墙肢与转换梁连接，如图 9.1.5（b）所示。

图 9.1.5（b）所示的杆系模型没有考虑转换梁与上部墙体的共同工作，按此模型分

析得到的转换梁内力与按高精度平面有限元模型计算结果相差较大。为了合理地反映转换梁上部墙肢的传力途径，可采用图 9.1.5（c）所示的计算模型，即在图 9.1.5（b）所示杆系模型的基础上，增加"虚柱"单元，虚柱的截面宽度取转换梁上部墙体厚度，虚柱的截面高度取转换梁下部支承柱的截面高度，与虚柱相连接的梁为"刚性梁"（弯曲刚度为无限大）。这样，转换梁上部结构各楼层竖向荷载通过"刚性梁"按墙肢及虚柱刚度分配给各墙肢及虚柱，再向下部框支柱上传递。

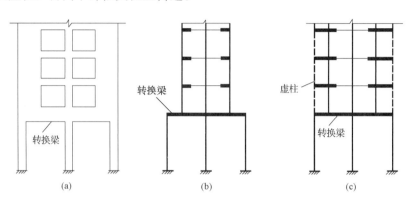

图 9.1.5　转换梁的杆系计算模型

　　2）转换层结构局部应力分析

　　在上述整体空间分析基础上，考虑转换梁与上部墙体的共同工作，将转换梁以及上部 3～4 层墙体和下部 1～2 层框支柱取出，合理确定其荷载和边界条件，进行有限元分析。这时可采用下列平面有限元法：①全部采用高精度平面有限元法；②上部墙体和转换梁采用高精度平面有限元法，下部结构采用杆系有限元法；③采用分区混合有限元法。

　　3. 底部加强部位结构内力的调整

　　试验结果表明，对底部带转换层的高层建筑结构，当转换层位置较高时，落地剪力墙往往从其墙底部到转换层以上 1～2 层范围内出现裂缝，同时转换构件上部 1～2 层剪力墙也出现裂缝或局部破坏。因此，对这种结构其剪力墙底部加强部位的高度，应从地下室顶板算起，宜取框支层以上两层且不宜小于房屋高度的 1/10。

　　高位转换对结构抗震不利。因此，对部分框支剪力墙结构，当转换层的位置设置在 3 层及 3 层以上时，其框支柱、剪力墙底部加强部位的抗震等级尚宜按表 4.3.9 和表 4.3.10 的规定提高一级采用，已经为特一级时可不再提高。而对底部带转换层的框架-核心筒结构和外围为密柱框架的筒中筒结构，因其受力情况和抗震性能比部分框支剪力墙结构有利，故其抗震等级不必提高。

　　带转换层的高层建筑结构属竖向不规则结构，其薄弱层的地震剪力应乘以 1.15 的增大系数。对抗震等级为特一、一、二级的转换结构的构件，其水平地震内力应分别乘以增大系数 1.9、1.6 和 1.3；同时 8 度抗震设计时除考虑竖向荷载、风荷载或水平地震作用外，还应考虑竖向地震作用的影响。转换构件的竖向地震作用，可采用反应谱法或动力时程分析方法计算，也可近似地将转换构件在重力荷载标准值作用下的内力乘以增大系数 1.1。

　　在转换层以下，落地剪力墙的侧向刚度一般远远大于框支柱的侧向刚度，所以按计算结果，落地剪力墙几乎承受全部地震剪力，框支柱分配到的剪力非常小，考虑到实际工程中转换层楼面会有显著的平面内变形,框支柱实际承受的剪力可能会比计算结果大很多。此外,地震时落地剪力墙出现裂缝甚至屈服后刚度下降,也会使框支柱的剪力增加。因此,对带转换层的高层建筑结构,其框支柱承受的地震剪力标准值应按下列规定采用。

(1) 每层框支柱的数目不多于 10 根时,当底部框支层为 1~2 层时,每根柱所承受的剪力应至少取结构基底剪力的 2%;当底部框支层为 3 层及 3 层以上时,每根柱所承受的剪力应至少取结构基底剪力的 3%。

(2) 每层框支柱的数目不多于 10 根时,当底部框支层为 1~2 层时,每层框支柱所承受的剪力之和应取结构基底剪力的 20%;当框支层为 3 层及 3 层以上时,每层框支柱承受的剪力之和应取结构基底剪力的 30%。

框支柱剪力调整后,应相应地调整框支柱的弯矩及与框支柱相交的梁端(不包括转换梁)的剪力和弯矩,但框支梁的剪力、弯矩、框支柱的轴力可不调整。

4. 转换梁截面设计和构造要求

1) 截面设计方法

当转换梁承托上部剪力墙且满跨不开洞或仅在各跨墙体中部开洞时,转换梁与上部墙体共同工作,其受力特征和破坏形态表现为深梁,可采用深梁截面设计方法进行配筋计算,并采取相应的构造措施。

当转换梁承托上部普通框架柱或承托的上部墙体为小墙肢时,在转换梁的常用尺寸范围内,其受力性能与普通梁相同,可按普通梁截面设计方法进行配筋计算。当转换梁承托上部斜杆框架时,转换梁产生轴向拉力,此时应按偏心受拉构件进行截面设计。

2) 框支梁截面尺寸

框支梁截面宽度不宜大于框支柱相应方向的截面宽度,不宜小于其上墙体截面厚度的 2 倍,且不宜小于 400mm;当梁上托柱时,尚不应小于梁宽方向的柱截面宽度。梁截面高度不应小于计算跨度的 1/8;框支梁可采用加腋梁。

框支梁与框支柱截面中线宜重合。

为避免梁产生脆性破坏和具有合适的含箍率,框支梁截面组合的最大剪力设计值 V 应符合下列要求,即

持久、短暂设计状况 $\qquad\qquad V \leqslant 0.20\beta_c f_c bh_0$ $\qquad\qquad$ (9.1.6)

地震设计状况 $\qquad\qquad V \leqslant (0.15\beta_c f_c bh_0)/\gamma_{RE}$ $\qquad\qquad$ (9.1.7)

式中:b、h_0 分别表示梁截面宽度和有效高度;f_c 为混凝土轴心抗压强度设计值;β_c 为混凝土强度影响系数;γ_{RE} 为承载力抗震调整系数。

3) 框支梁构造要求

梁上、下部纵向钢筋的最小配筋率,非抗震设计时分别不应小于 0.30%,抗震设计时对特一、一和二级抗震等级分别不应小于 0.60%、0.50% 和 0.40%。

偏心受拉的框支梁,其支座上部纵向钢筋至少应有 50% 沿梁全长贯通,下部纵向钢筋应全部直通到柱内;沿梁高应配置间距不大于 200mm、直径不小于 16mm 的腰筋。

框支梁支座处(离柱边 1.5 倍梁截面高度范围内)箍筋应加密,加密区箍筋直径不应小于 10mm,间距不应大于 100mm。加密区箍筋最小面积含箍率非抗震设计时不应小于 $0.9f_t/f_{yv}$,抗震设计时对特一、一和二级抗震等级,分别不应小于 $1.3f_t/f_{yv}$、$1.2f_t/f_{yv}$

和 $1.1f_t/f_{yv}$，其中 f_t、f_{yv} 分别表示混凝土抗拉强度设计值和箍筋抗拉强度设计值。当框支梁上部的墙体开有门洞或梁上托柱时，该部位框支梁的箍筋亦应满足上述规定。当洞口靠近框支梁端部且梁的受剪承载力不满足要求时，可采取框支梁加腋或增大框支墙洞口连梁刚度等措施。

框支梁不宜开洞。若需开洞时，洞口位置宜远离框支柱边，洞口顶部和底部的弦杆应加强抗剪配筋，开洞部位应配置加强钢筋或用型钢加强，被洞口削弱的截面应进行承载力计算。

梁纵向钢筋宜采用机械连接，同一截面内接头钢筋截面面积不应超过全部纵筋截面面积的 50%，接头部位应避开上部墙体开洞部位、梁上托柱部位及受力较大部位。

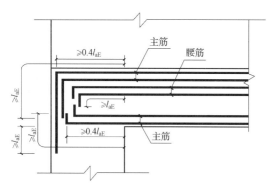

图 9.1.6　框支梁主筋和腰筋的锚固

梁上、下纵向钢筋和腰筋的锚固宜符合图 9.1.6 的要求；当梁上部配置多排纵向钢筋时，其内排钢筋锚入柱内的长度可适当减小，但不应小于钢筋锚固长度 l_a（非抗震设计）或 l_{aE}（抗震设计）。

5. 框支柱截面设计和构造要求

1）框支柱截面尺寸

框支柱的截面尺寸主要由轴压比控制并应满足剪压比要求。柱截面宽度非抗震设计时不宜小于 400mm，抗震设计时不应小于 450mm；柱截面高度，非抗震设计时不宜小于框支梁跨度的 1/15，抗震设计时不宜小于框支梁跨度的 1/12。

框支柱的轴压比不宜超过表 5.6.3 规定的限值。框支柱截面组合的最大剪力设计值应符合式（9.1.6）和式（9.1.7）的要求，但其中 b、h_0 应取框支柱的截面宽度和截面有效高度。

2）框支柱截面设计

框支柱应按偏心受力构件计算其纵向受力钢筋和箍筋数量。由于框支柱为重要受力构件，为提高其抗震可靠性，其截面组合的内力设计值除应按框架柱的要求进行调整外，对一、二级抗震等级的框支柱，由地震作用引起的轴力值应分别乘以增大系数 1.5、1.2，但计算柱轴压比时不宜考虑该增大系数；同时为推迟框支柱的屈服，提高结构整体变形能力，一、二级框支柱与转换构件相连的柱上端和底层柱下端截面的弯矩组合值应分别乘以增大系数 1.5、1.3，剪力设计值也应按相应的规定调整，框支角柱的弯矩设计值和剪力设计值应在上述调整的基础上乘以增大系数 1.1。

3）框支柱构造要求

框支柱内全部纵向钢筋配筋率，非抗震设计时不应小于 0.7%，抗震设计时一、二级抗震等级分别不应小于 1.1% 和 0.9%。纵向钢筋间距，抗震设计时不宜大于 200mm，非抗震设计时不宜大于 250mm，且均不应小于 80mm。抗震设计时柱内全部纵向钢筋配筋率不宜大于 4.0%。

抗震设计时，框支柱箍筋应采用复合螺旋箍或井字复合箍，箍筋直径不应小于 10mm，间距不应大于 100mm 和 6 倍纵向钢筋直径的较小值，并应沿柱全高加密；一、二级框支柱加密区的配箍特征值应比表 5.6.6 规定的数值增加 0.02，且体积配筋率不应小于 1.5%。非抗震设计时，框支柱宜采用复合螺旋箍或井字复合箍，其体积配筋率不应小于

0.8%，箍筋直径不宜小于 10mm，间距不宜大于 150mm。

框支柱在上部墙体厚度范围内的纵向钢筋应伸入上部墙体内不少于一层，其余柱筋应锚入梁内或板内。锚入梁内的钢筋长度从柱边算起不应小于 l_{aE}（抗震设计时）或 l_a（非抗震设计）。

6. 转换层上、下部剪力墙的构造要求

1）框支梁上部墙体的构造要求

试验研究及有限元分析结果表明，在竖向及水平荷载作用下，框支边柱上墙体的端部、中间柱上 $0.2l_n$（l_n 为框支梁净跨）宽度及 $0.2l_n$ 高度范围内有大的应力集中，因此这些部位的墙体和配筋应予以加强，且应满足下列要求。

（1）当框支梁上部的墙体开有边门洞时，洞边墙体宜设置翼缘墙、端柱或加厚，并应按约束边缘构件的要求进行配筋计算。当洞口靠近梁端部且梁的受剪承载力不满足要求时，可采用框支梁加腋或增大框支墙洞口连梁刚度等措施。

（2）框支梁上墙体竖向钢筋在转换梁内的锚固长度，抗震设计时不应小于 l_{aE}，非抗震设计时不应小于 l_a。

（3）框支梁上一层墙体的配筋宜按下列公式计算：

柱上墙体的端部竖向钢筋面积 A_s：

$$A_s = h_c b_w (\sigma_{01} - f_c) / f_y \tag{9.1.8}$$

柱边 $0.2l_n$ 宽度范围内竖向分布钢筋面积 A_{sw}：

$$A_{sw} = 0.2 l_n b_w (\sigma_{02} - f_c) / f_{yw} \tag{9.1.9}$$

框支梁上的 $0.2l_n$ 高度范围内水平分布钢筋面积 A_{sh}：

$$A_{sh} = 0.2 l_n b_w \sigma_{xmax} / f_{yh} \tag{9.1.10}$$

式中：l_n 为框支梁净跨；h_c 为框支柱截面高度；b_w 为墙截面厚度；σ_{01} 为柱上墙体 h_c 范围内考虑风荷载、地震组合的平均压应力设计值；σ_{02} 为柱边墙体 $0.2l_n$ 范围内考虑风荷载、地震组合的平均压应力设计值；σ_{xmax} 为框支梁与墙体交接面上考虑风荷载、地震组合的平均拉应力设计值。

地震组合时，式（9.1.8）、式（9.1.9）和式（9.1.10）中 σ_{01}、σ_{02}、σ_{xmax} 均应乘以 γ_{RE}，γ_{RE} 取 0.85。

（4）转换梁与其上部墙体的水平施工缝处宜按式（6.9.23）的规定验算抗滑移能力。

2）剪力墙底部加强部位的构造要求

落地剪力墙几乎承受全部地震剪力，为了保证其抗震承载力和延性，截面设计时，特一、一、二、三级落地剪力墙底部加强部位的弯矩设计值应分别按墙底截面有地震作用效应组合的弯矩值乘以增大系数 1.8、1.5、1.3 和 1.1 后采用；其剪力值应按式（6.9.1）和式（6.9.2）的规定进行调整，特一级的剪力增大系数应取 1.9。落地剪力墙的墙肢不宜出现偏心受拉。

对部分框支剪力墙结构，剪力墙底部加强部位墙体的水平和竖向分布钢筋最小配筋率，抗震设计时不应小于 0.3%，非抗震设计时不应小于 0.25%；抗震设计时钢筋间距不应大于 200mm，钢筋直径不应小于 8mm。

在框支剪力墙结构剪力墙底部加强部位，墙体两端宜设置翼墙或端柱，抗震设计时尚应设置约束边缘构件。

落地剪力墙的基础应有良好的整体性和抗转动能力。

9.1.4　厚板转换层结构设计

1.　结构内力分析

1）结构整体计算方法

带厚板转换层的高层建筑可采用三维空间结构分析软件（如 TBSA、SDTB、ETS4、TAT 等）进行整体结构内力分析。由于在杆系分析模型中不能直接考虑板厚的作用，故可将实体厚板转化为等效交叉梁系。转换厚板的计算简图如图 9.1.7 所示。图 9.1.7（a）为厚板的实际结构平面，其计算简图如图 9.1.7（c），梁截面高度可取转换板厚度，梁截面宽度可取为支承柱的柱网间距，即每一侧的宽度取其间距之半 ［图 9.1.7（b）］，但不应超过板厚的 6 倍。

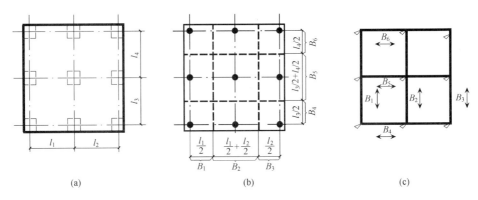

图 9.1.7　转换厚板的计算简图

带厚板转换层的高层建筑也可采用组合有限元法进行结构整体内力分析，即梁、柱构件划分为杆系单元，剪力墙划分为墙单元，厚板可划分为实体单元或厚板单元。此法可一次求得结构整体内力和厚板局部应力，但单元数目很大，计算工作量也很大。

2）厚板局部应力计算方法

当采用三维空间结构分析软件进行整体结构内力分析时，实体厚板被转化为等效交叉梁系，由整体分析可得到交叉梁系的弯矩和剪力，此时尚应采用实体三维单元对厚板进行局部应力的补充计算。对厚板来讲，剪切变形不宜忽略，故应采用厚板理论进行分析，一般采用八节点等参单元。

2.　截面设计及构造要求

（1）转换厚板的厚度可由受弯、受剪、受冲切承载力计算确定。实际工程中转换厚板的厚度可达 2.0～2.8m，约为柱距的 1/5～1/3。转换厚板可局部做成薄板，薄板与厚板交界处可加腋；转换厚板也可局部做成夹心板。

（2）转换厚板宜按整体计算时所划分的等效交叉梁系的剪力和弯矩设计值进行截面设计，并按有限元法分析结果进行配筋校核。受弯纵向钢筋可沿转换板上、下部双层双向配置，每一方向总配筋率不宜小于 0.6%。转换板内暗梁抗剪箍筋的面积配筋率不宜小于 0.45%。

（3）为防止转换厚板的板端沿厚度方向产生层状水平裂缝，宜在厚板外周边配置钢筋骨架网进行加强。

（4）与转换厚板相邻的上一层及下一层的楼板应适当加强，楼板厚度不宜小于 150mm。

（5）与转换厚板连接的上、下部剪力墙、柱的纵向钢筋均应在转换厚板内可靠锚固。

9.1.5　桁架转换层结构设计

1. 桁架转换层的主要结构形式

桁架转换层可采用单层空腹桁架［图 9.1.8（a）］、单层混合空腹桁架［图 9.1.8（b）］、叠层空腹桁架［图 9.1.8（c）］和叠层混合空腹桁架［图 9.1.8（d）］。空腹桁架设置一定数量斜杆后，相当一部分竖向荷载改变传力路径，起到类似拱的传力机构。因此，采用单层或叠层混合空腹桁架作为转换层结构，是一种较为合理的结构方案。

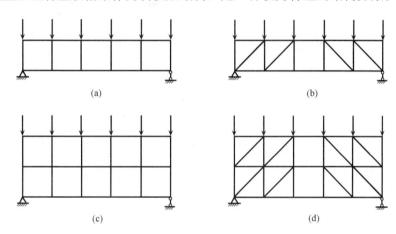

图 9.1.8　桁架转换层形式

转换桁架的选型应由下部建筑所需要的空间大小和其承托的上部结构层数综合确定。当下部建筑所需要的空间不是很大，且承托的上部结构层数不多时，可采用单层桁架转换层；反之，可采用叠层桁架转换层。

2. 结构内力分析

目前，工程设计中应用的高层建筑结构分析程序大多采用楼盖在自身平面内刚度为无穷大的假定，因而采用这种程序无法直接计算位于楼盖平面内杆件（梁单元）的轴力和轴向变形。在带斜腹杆的桁架转换结构中，不仅斜腹杆内有较大的轴力和轴向变形，而且与之相连的上、下弦杆（位于楼盖平面内的梁单元）也存在较大的轴力和轴向变形。因此，对于上、下弦杆计算其截面配筋时，不仅应考虑弯矩、剪力和扭矩的作用，而且应计及轴力的影响。实际工程设计中，可采用下述简化方法计算。

（1）将转换桁架置于整体空间结构中进行整体分析，这样腹杆作为柱单元，上、下弦杆作为梁单元，按空间协同工作或三维空间结构分析程序计算其内力和位移。计算时，转换桁架按杆件的实际布置参与整体分析，其中上、下弦杆的轴向刚度和弯曲刚度中应计入楼板的作用（上、下弦杆每侧有效翼缘宽度可取 6 倍楼板厚度，且不大于相邻弦杆间距的 1/2），由此可求得上、下弦杆的弯矩、剪力和扭矩以及腹杆内力。

（2）将整体分析得到的转换桁架上部柱下端截面内力（M_c^b、V_c^b 和 N_c^b）和下部柱上端截面内力（M_c^t、V_c^t 和 N_c^t）作为转换桁架的外荷载（图 9.1.9），采用考虑杆件轴向变形的杆系有限元程序计算各种工况下转换桁架上、下弦杆的轴力，对各种工况进行组合，得上、下弦杆的轴力设计值。

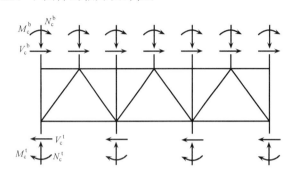

图 9.1.9　转换桁架局部计算简图

3. 截面设计与构造要求

（1）采用整体空间分析所得的梁单元的弯矩、剪力和扭矩值作为转换桁架上、下弦杆的弯矩、剪力和扭矩，将局部分析所得到的轴力作为上、下弦杆的轴力，按偏心受力构件计算上、下弦杆的配筋。

（2）筒中筒结构的上部密柱转换为下部稀柱时，可采用转换梁或转换桁架。转换桁架宜满层设置，其斜杆的交点宜作为上部密柱的支点。转换桁架的节点应加强配筋及构造措施，防止应力集中产生的不利影响。

（3）采用空腹桁架转换层时，空腹桁架宜满层设置，应有足够的刚度保证其整体受力作用。空腹桁架的上、下弦杆宜考虑楼板的作用，竖杆应按强剪弱弯进行配筋设计，加强箍筋配置，并加强上、下弦杆的连接构造。空腹桁架应加强上、下弦杆与框架柱的锚固连接构造。

9.2　带加强层高层建筑结构

9.2.1　加强层的主要结构形式

当高层建筑结构的高度较大、高宽比较大或侧向刚度不足时，可采用加强层予以加强。加强层构件有三种：伸臂、腰桁架和帽桁架和环向构件。

1. 伸臂

如 2.1.6 小节所述，当框架-核心筒结构的侧向刚度不能满足设计要求时，可沿竖向利用建筑避难层、设备层空间，设置适当刚度的水平伸臂构件，构成带加强层的高层建筑结构。

2. 腰桁架和帽桁架

在筒中筒结构或框架-筒体结构中，由于内筒（实腹筒）与周边柱的竖向应力不同、徐变差别、温度差别等引起内、外构件竖向变形不同，内、外构件的竖向变形差会使楼盖构件产生变形和相应的应力。如果结构高度较大，内、外构件的竖向变形差会较大，会使楼盖构件产生较大的附加应力，从而将减少楼盖构件承受使用荷载和地震作用的能力。为了减少内、外构件竖向变形差带来的不利影响，可以在内筒与外柱间设置刚度很大的桁架或大梁，通过它来调整内、外构件的竖向变形。如果仅为了减小重力荷载、徐变形和温度变形产生的竖向变形差，在 30～40 层的高层建筑结构中，一般在顶层设置一道桁架

（称其为帽桁架）即可显著减少竖向变形差；当结构高度很大时，除设置帽桁架外，可同时在中间某层设置一道或几道桁架，这称其为腰桁架。

伸臂与腰桁架、帽桁架可采用相同的结构形式，但两者的作用不同。在较高的高层建筑结构中，如果将减小侧移的伸臂结构与减少竖向变形差的帽桁架或腰桁架结合使用，则可在顶部及 $0.5H\sim0.6H$（H 为结构总高度）处设置两道伸臂，综合效果较好。

3. 环向构件

环向构件是指沿结构周边布置一层楼或两层楼高的桁架，其作用是：①加强结构周边竖向构件的联系，提高结构的整体性，类似于砌体结构中的圈梁；②协同周边竖向构件的变形，减小竖向变形差，使竖向构件受力均匀。在框筒结构中，刚度很大的环向构件加强了深梁作用，可减小剪力滞后；在框架-筒体结构中，环向构件加强了周边框架柱的协同工作，并可将与伸臂相连接的柱轴力分散到其他柱子上，使相邻柱子受力均匀。

环向构件可采用实腹环梁、斜杆桁架或空腹桁架。由于采光通风等要求，实际工程中很少采用实腹环梁，多采用斜杆桁架或空腹桁架。

伸臂、腰桁架和帽桁架、环向构件三者如同时设置，宜设置在同一层。

本节仅介绍带伸臂加强层高层建筑结构的设计方法。

9.2.2　伸臂加强层的作用及布置

1. 伸臂加强层的作用及对整体结构受力性能的影响

在框架-核心筒结构中，采用刚度很大的斜腹杆桁架、实体梁、整层或跨若干层高的箱形梁、空腹桁架等水平伸臂构件，在平面内将内筒和外柱连接（图 2.1.18），沿建筑高度可根据控制结构整体侧移的需要设置一道、二道或几道水平伸臂构件（或称水平加强层，图 2.1.19）。由于水平伸臂构件的刚度很大，在结构产生侧移时，将使外柱拉伸或压缩，从而承受较大的轴力，增大了外柱抵抗的倾覆力矩，同时使内筒反弯，减小侧移。由图 2.1.21 可见，沿结构高度设置一个加强层，相当于在内筒结构上施加了一个反向力矩，可以减小内筒的弯矩。

由于伸臂加强层的刚度（包括平面内刚度和侧向刚度）比其他楼层的刚度大很多，所以带加强层高层建筑结构属竖向不规则结构。在水平地震作用下，这种结构的变形和破坏容易集中在加强层附近，即形成薄弱层；伸臂加强层的上、下相邻层的柱弯矩和剪力均发生突变，使这些柱子容易出现塑性铰或产生脆性剪切破坏。加强层的上、下相邻层柱子内力突变的大小与伸臂刚度有关，伸臂刚度越大，内力突变越大；加强层与其相邻上、下层的侧向刚度相差越大，则柱子越容易出现塑性铰或剪切破坏，形成薄弱层。因此，设计时应尽可能采用桁架、空腹桁架等整体刚度大而杆件刚度不大的伸臂构件，桁架上、下弦杆（截面小、刚度也小）与柱相连，可以减小不利影响。另外，加强层的整体刚度应适当，以减小对结构抗震的不利影响。

2. 伸臂加强层的布置

1）沿平面上的布置

水平伸臂构件的刚度比较大，是连接内筒和外围框架的重要构件，设计中应尽量使其贯通核心筒，以保证其与核心筒的可靠连接。伸臂构件在平面上宜置于核心筒的转角（图 2.1.18）或 T 字节点处，避免核心筒墙体因承受很大的平面外弯矩和局部应力集中而破坏。

水平伸臂构件与周边框架的连接宜采用铰接或半刚接。

2）沿竖向的布置

高层建筑设置伸臂加强层的主要目的在于增大整体结构刚度、减小侧移，因此，有关加强层的合理位置和数量的研究，一般都是以减小侧移为目标函数进行分析和优化。经过大量的研究分析，得到如下的结论：①当设置一个加强层时，其最佳位置在底部固定端以上 $0.60H \sim 0.67H$（H 为结构总高度）之间，即大约在结构的 2/3 高度处；②当设置两个加强层时，如果其中一个设在 $0.7H$ 以上（也可在顶层），则另一个设置在 $0.5H$ 处，可以获得较好的效果；③设置多个加强层时结构侧移会进一步减小，但侧移减小量并不与加强层数量成正比；当设置的加强层数量多于 4 个时，进一步减小侧移的效果就不明显。因此，加强层不宜多于 4 个。设置多个加强层时，一般可沿高度均匀布置。

根据上述研究结果和《高层规程》的规定：带加强层高层建筑结构设计应符合下列规定：应合理设计加强层的数量、刚度和设置位置；当布置 1 个加强层时，位置可在 0.6 房屋高度附近；当布置 2 个加强层时，位置可在顶层和 0.5 房屋高度附近；当布置多个加强层时，宜沿竖向从顶层向下均匀布置。

9.2.3 结构分析

1. 精细分析方法

带加强层高层建筑结构应按三维空间结构分析方法进行整体内力和位移计算，其水平伸臂构件作为整体结构中的构件参与整体结构计算。计算时，对设置水平伸臂桁架的楼层，宜考虑楼板平面内变形，以便得到伸臂桁架上、下弦杆的轴力和腹杆的轴力。在结构整体分析后，应取整体分析中的内力和变形作为边界条件，对伸臂加强层再做一次单独分析。

采用振型分解反应谱法计算带加强层高层建筑结构的地震作用时，应取 9 个以上的振型，并应进行弹性和弹塑性时程分析的补充计算和校核，其中场地地震动参数应由当地地震部门进行专门研究后确定。

在重力荷载作用下，应进行较精确的施工模拟计算，并应计入竖向温度变形的影响。加强层构件一端连接内筒，另一端连接外框柱。外框柱的轴向压缩变形和竖向温度变形均大于核心筒的相应变形，分析时如果按一次加载的图式计算，则会得到内外竖向构件产生很大的竖向变形差，从而使伸臂构件在内筒墙端部产生很大的负弯矩，使截面设计和配筋构造变得困难。因此，应考虑竖向荷载在实际施工过程中的分层施加情况，按分层加载、考虑施工过程的方法计算。另外，应注意在施工程序（设施工后浇带等）和连接构造上采取措施，减小外框柱和核心筒的竖向变形差。

2. 近似分析方法

在初步设计阶段，为了确定加强层的数量和位置，可采用近似分析方法。该法采用下列假定：①结构为线弹性；②外框柱仅承受轴力；③伸臂与筒体、筒体与基础均为刚性连接；④筒体、柱以及伸臂的截面特性沿高度为常数。

根据上述假定，对于带两个伸臂加强层高层建筑结构的简化计算简图及核心筒弯矩图如图 9.2.1 所示。图 9.2.1 (a) 为计算简图，其中坐标原点取在结构顶点。如取静定的内筒为基本体系，则该结构为两次超静定。在每一个伸臂加强层位置，其变形协调方程表示筒体的转角等于相应伸臂的转角。筒体的转角以其弯曲变形描述，而伸臂的转角则以柱的轴向变形和伸臂的弯曲变形描述。

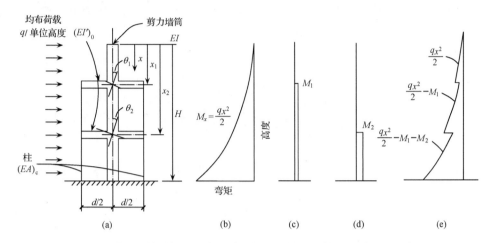

图 9.2.1　带两个伸臂加强层高层建筑结构的简化计算简图及核心筒弯矩图

按上述方法可得结构的内力和位移。

1) 内力

伸臂加强层对内筒的约束弯矩

$$M_1 = \frac{q}{6EI} \cdot \frac{s_1(H^3 - x_1^3) + s(H - x_2)(x_2^3 - x_1^3)}{s_1^2 + s_1 s(2H - x_1 - x_2) + s^2(H - x_2)(x_2 - x_1)} \tag{9.2.1}$$

$$M_2 = \frac{q}{6EI} \cdot \frac{s_1(H^3 - x_2^3) + s\left[(H - x_1)(H^3 - x_2^3) - (H - x_2)(H^3 - x_1^3)\right]}{s_1^2 + s_1 s(2H - x_1 - x_2) + s^2(H - x_2)(x_2 - x_1)}$$
$$\tag{9.2.2}$$

式中

$$s = \frac{1}{EI} + \frac{2}{d^2(EA)_c}, \quad s_1 = \frac{d}{12(EI)_0}$$

在求得伸臂的约束弯矩 M_1 和 M_2 后，内筒任意截面 x 处的弯矩 $M(x)$ [图 9.2.1 (e)] 可写为

$$M(x) = \frac{qx^2}{2} - M_1 - M_2 \tag{9.2.3}$$

式中：M_1 仅对 $x \geqslant x_1$ 区段有效，M_2 仅对 $x \geqslant x_2$ 区段有效。

由于伸臂作用产生的柱轴力

在 $x_1 < x < x_2$ 区段　　　　　$N = \pm M_1/d$ 　　　　　　　　　(9.2.4)

在 $x \geqslant x_2$ 区段　　　　　　$N = \pm (M_1 + M_2)/d$ 　　　　　(9.2.5)

伸臂中的最大弯矩

在加强层 1 处　　　　　　$M_{max} = M_1 b/d$ 　　　　　　　　(9.2.6)

在加强层 2 处　　　　　　$M_{max} = M_2 b/d$ 　　　　　　　　(9.2.7)

在式 (9.2.1) ~ (9.2.7) 中：EI、H 分别表示筒体的抗弯刚度及高度；q 表示水平均布荷载集度；x_1、x_2 分别表示自筒体顶部向下至伸臂加强层 1、2 的距离；M_1、M_2 表示两个伸臂作用于筒体的约束弯矩；$(EA)_c$ 为外框柱的轴向刚度（其中 A_c 取一侧外柱的横截面面积之和）；$(EI)_0$ 表示伸臂的有效抗弯刚度，设伸臂加强层的实际抗弯刚度为 $(EI')_0$（图 9.2.2），考虑筒体的宽柱效应，则有效抗弯刚度为

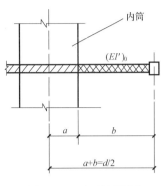

图 9.2.2　加强层简图

$$(EI)_0 = \left(1 + \frac{a}{b}\right)^3 (EI')_0 \qquad (9.2.8)$$

2）结构顶点位移

$$u_t = \frac{qH^4}{8EI} - \frac{1}{2EI}\left[M_1(H^2 - x_1^2) + M_2(H^2 - x_2^2)\right] \qquad (9.2.9)$$

式中：等号右侧第一项为筒体单独承受全部水平荷载作用时的顶点位移；第二项表示伸臂约束弯矩 M_1 和 M_2 所减少的顶点位移。

另外由式（9.2.9）还可得到使结构顶点位移最小时伸臂加强层的最佳位置，这可将式（9.2.9）右侧第二项分别对 x_1 及 x_2 求导得其最大值。

9.2.4　构造要求

（1）对带加强层的高层建筑结构，为避免在加强层附近形成薄弱层，使结构在罕遇地震作用下能呈现强柱弱梁、强剪弱弯的延性机制，加强层及其相邻的框架柱和核心筒剪力墙的抗震等级应提高一级，一级提高至特一级，若原抗震等级为特一级则不再提高；对加强层及其上、下相邻一层的框架柱，箍筋应全柱段加密，轴压比限值应按其他楼层框架柱的数值减小 0.05 采用。

柱纵向钢筋总配筋率，抗震等级为一级时不应小于 1.6%，二级时不应小于 1.4%，三、四级及非抗震设计时不应小于 1.2%；总配筋率不宜大于 5%。

（2）加强层及其相邻楼层核心筒的配筋应加强，其竖向分布钢筋和水平分布钢筋的最小配筋率，抗震等级为一级时不应小于 0.5%，二级时不应小于 0.45%，三、四级和非抗震设计时不应小于 0.4%，且钢筋直径不宜小于 12mm，间距不宜大于 100mm。加强层及其相邻楼层核心筒剪力墙应设置约束边缘构件。

（3）加强层及其相邻层楼盖刚度和配筋应加强，楼板应采用双层双向配筋，每层每方向钢筋均应拉通，且配筋率不宜小于 0.35%；混凝土强度等级不宜低于 C30。

9.3　错层结构

9.3.1　错层结构的应用及适用范围

近年来，错层结构时有出现，多数出现在高层商品住宅楼。开发商为了获得多样变化的住宅室内空间，常将同一套单元内的几个房间设在不同高度的几个层面上，形成错层结构，图 9.3.1 所示为错层剪力墙结构房屋的平面图和剖面图。

错层住宅结构是从低层别墅和多层住宅结构演变而来的，它让人们在高层住宅建筑内

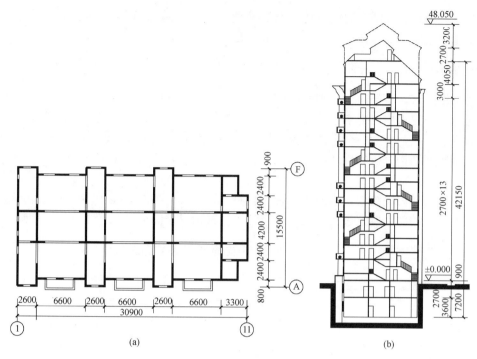

图 9.3.1　错层剪力墙结构房屋的平面图和剖面图（尺寸单位：mm）

享受着别墅式住宅的生活感受和待遇，从使用功能和人们的观念上来分析，这是一种进步。同时，从结构受力和抗震性能来看，错层结构属竖向不规则结构，对结构抗震不利。首先，由于楼板分成数块，且相互错置，削弱了楼板协同结构整体受力的能力；其次，由于楼板错层，在一些部位形成短柱，使应力集中，对结构抗震不利。剪力墙结构错层后，会使部分剪力墙的洞口布置不规则，形成错洞剪力墙或叠合错洞剪力墙；框架结构错层则更为不利，可能形成许多短柱与长柱混合的不规则体系。因此，高层建筑应尽量不采用错层结构，特别是位于地震区的高层建筑应尽量避免采用错层结构，9 度抗震设计时不应采用错层结构。设计中如遇到错层结构，除应采取必要的计算和构造措施外，其最大适用高度应符合下列要求：7 度和 8 度抗震设计时，错层剪力墙结构的房屋高度分别不宜大于 80m 和 60m；错层框架-剪力墙结构的房屋高度分别不应大于 80m 和 60m。

9.3.2　结构布置

国内有关单位做了两个错层剪力墙结构住宅房屋模型振动台试验，其中一个模型模拟 32 层 98m 高的剪力墙住宅，该工程除错层外，平面布置也不规则；另一个模型模拟 35 层 98m 高的剪力墙住宅，其平面布置规则。试验结果表明，平面布置不规则、扭转效应显著的错层剪力墙结构破坏严重；而平面布置规则的错层剪力墙结构，其破坏程度相对较轻。计算分析表明，错层框架结构或错层框架-剪力墙结构，其抗震性能比错层剪力墙结构更差。因此，抗震设计时，高层建筑沿竖向宜避免错层布置。当房屋不同部位因功能不同而使楼层错层（图 9.3.2）时，宜用防震缝划分为独立的结构单元。另外，错层结构房屋其

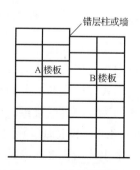

图 9.3.2　错层结构简图

平面布置宜简单、规则，避免扭转；错层两侧宜采用结构布置和侧向刚度相近的结构体系，以减小错层处墙、柱的内力，避免错层处形成薄弱部位。

9.3.3　结构分析

楼层错层后，沿竖向结构刚度不规则，难以用简化方法进行结构分析。因此，对错层高层建筑结构宜采用三维空间结构分析软件，按结构的实际错层情况建立计算模型，相邻错开的楼层不应归并为一个刚性楼板，计算分析模型应能反映错层的影响。目前，国内开发的三维空间结构分析软件 TBSA、TBWE、TAT 、SATWE、TBSAP 等可用于分析错层结构。

对于错层剪力墙结构，当因楼层错层使剪力墙洞口不规则时，在结构整体分析之后，对洞口不规则的剪力墙宜进行有限元补充计算，其边界条件可根据整体分析结果确定。

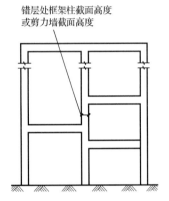

错层处框架柱截面高度或剪力墙截面高度

图 9.3.3　错层结构加强部位示意图

9.3.4　截面设计和构造措施

错层结构加强部位示意图如图 9.3.3 所示。在错层结构的错层处，其墙、柱等构件易产生应力集中，受力较为不利，其截面设计和构造措施除应符合一般墙、柱的要求外，尚应符合下列要求。

（1）在设防烈度地震作用下，错层处框架柱的截面承载力宜符合抗震性能设计的有关要求。

（2）错层处框架柱的截面高度不应小于 600mm，混凝土强度等级不应低于 C30，抗震等级应提高一级采用，箍筋应全柱段加密。

（3）对错层处平面外受力的剪力墙，其截面厚度，非抗震设计时不应小于 200mm，抗震设计时不应小于 250mm，并均应设置与之垂直的墙肢或扶壁柱；抗震等级应提高一级。错层处剪力墙的混凝土强度等级不应低于 C30，水平和竖向分布钢筋的配筋率，非抗震设计时不应小于 0.3%，抗震设计时不应小于 0.5%。

如果错层处混凝土构件不能满足设计要求，则需采取有效措施改善其抗震性能。如框架柱可采用型钢混凝土柱或钢管混凝土柱，剪力墙内可设置型钢等。

9.4　连 体 结 构

9.4.1　连体结构的形式及适用范围

在高层建筑设计中，为建筑美观和方便两塔楼之间的联系，常在两塔楼上部用连廊或天桥相连，形成连体高层建筑。目前连体高层建筑结构主要有两种形式：第一种形式称为凯旋门式，即在两个主体结构（塔楼）的顶部若干层连成整体楼层，连接体的宽度与主体结构的宽度相等或接近，两个主体结构一般采用对称的平面形式，如北京西客站主站房（图 9.4.1）和上海凯旋门大厦（图 9.4.2）即采用这种形式。第二种形式称为连廊式，即在两个主体结构之间的某些部位设一个或多个连廊，连廊的跨度可达几米到几十米，连廊的宽度一般在 10m 以内。

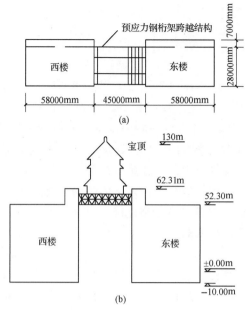

图 9.4.1　北京西客站主站房

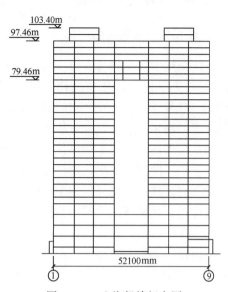

图 9.4.2　上海凯旋门大厦

震害经验表明，地震区的连体高层建筑破坏严重，主要表现为连廊塌落，主体结构与连接体的连接部位破坏严重。两个主体结构之间设多个连廊的，高处的连廊首先破坏并塌落，底部的连廊也有部分塌落；两个主体结构高度不相等或体型、面积和刚度不同时，连体破坏尤为严重。因此，连体高层建筑是一种抗震性能较差的复杂结构形式。抗震设计时，B 级高度高层建筑不宜采用连体结构，7 度、8 度抗震设计时，层数和刚度相差悬殊的建筑不宜采用连体结构。另外，为提高整体结构的抗震性能，连体结构各独立部分宜有相同或相近的体型、平面布置和刚度分布，特别是对于第一种形式的连体结构，其两个主体结构宜采用双轴对称的平面形式。

9.4.2　结构分析

试验研究和理论分析表明，连体高层建筑的自振振型较为复杂，其前几个振型与单体建筑明显不同，除顺向振型（两个塔楼振动方向相同）外，还出现反向振型（两个塔楼振动方向相反）。因此，连体高层建筑应采用三维空间结构分析方法进行整体计算，主体结构与连接体均应参与整体分析。不应切断连接部分，分别进行各主体部分的计算。

架空的连接体对竖向地震的反应比较敏感，尤其是跨度较大、自重较大的连接体的竖向地震反应更为明显。因此，7 度（0.15g）和 8 度抗震设计时，连体结构的连接体应考虑竖向地震作用的影响；6 度和 7 度（0.10g）抗震设计时，连体结构的连接体宜考虑竖向地震作用的影响。连接体的竖向地震作用可按振型分解法或时程分析法计算。近似考虑时，连接体的竖向地震作用标准值，6 度、7 度（0.10g）、7 度（0.15g）和 8 度时，可分别取连接体重力荷载代表值的 3%、5%、8% 和 10%，并按各构件所分担的重力荷载值的比例进行分配。

9.4.3　概念设计及构造措施

1. 连接体与主体结构的连接

连体结构中连接体与主体结构的连接如采用刚性连接（类似于现浇框架结构中梁与柱的连接），则结构设计和构造比较容易实现，结构的整体性亦较好；如采用非刚性连接（类似于单层厂房中屋面梁与柱顶的连接），则结构设计及构造相当困难，要使若干层高、体量颇大的连接体具有安全可靠的支座，并能满足两个方向（即沿跨度方向和垂直于跨度方向）在罕遇地震作用下的位移要求，是很难实现的。因此，连接体结构与主体结构宜采用刚性连接。刚性连接时，连接体结构的主要结构构件应至少伸入主体结构一跨并可靠连接，必要时连接体结构可延伸至主体部分的内筒，并与内筒可靠连接。对刚性连接的连接体楼板应进行受剪截面承载力验算，当连接体楼板较薄弱时，宜补充分塔楼模型，进行计算分析。

当连接体结构与主体结构采用滑动连接时，其支座滑移量应能满足两个方向在罕遇地震作用下的位移要求，并应采取防坠落和撞击措施。罕遇地震作用下的位移要求，应采用时程分析方法进行计算复核。

2. 连接体结构及相邻结构构件的抗震等级

为防止地震时连接体结构以及主体结构与连接体结构的连接部位严重破坏，保证整体结构安全可靠，抗震设计时连接体及与连接体相邻的结构构件在连接体高度范围内及上、下层，抗震等级均应提高一级采用，一级提高至特一级；若原抗震等级为特一级则不再提高。

3. 连接体结构的加强措施

连接体结构应加强构造措施。与连接体相连的框架柱在连接体高度范围内及上、下层，箍筋应全柱段加密配置，轴压比限值应按其他楼层框架柱的数值减小 0.05 采用。与连接体相连的剪力墙在连接体高度范围内及上、下层应设置约束边缘构件。连接体结构的边梁截面宜加大，楼板厚度不宜小于 150mm，宜采用双层双向钢筋网，每层每方向钢筋的配筋率不宜小于 0.25%。

连接体结构可采用钢梁、钢桁架或型钢混凝土梁，型钢应伸入主体结构并加强锚固。

当连接体结构含有多个楼层时，应特别加强其最下面一至两个楼层的设计及构造措施。

9.5　竖向体型收进和悬挑结构

体型收进是高层建筑中常见的现象，主要表现为结构上部的收进 [图 2.2.11（a）和（b）] 和带裙房的结构在裙房顶的收进（图 9.5.1）。其中大底盘多塔楼结构（即底部几层布置为大底盘，上部采用两个或两个以上的塔楼作为主体结构）是典型代表。这种多塔楼结构的主要特点是在多个塔楼的底部有一个连成整体的大裙房，形成大底盘。对于多个塔楼仅通过地下室连为一体，地上无裙房或有局部小裙房且不连为一体的情况，一般不属于大底盘多塔楼结构。

与体型收进结构相反，悬挑结构是结构的上部体型大于下部体型［图 2.2.11（c）和（d）］。

多塔楼结构、竖向体型收进和悬挑结构，其共同特点是结构侧向刚度沿竖向发生剧烈变化，故均属于竖向不规则结构。

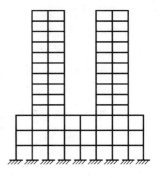

图 9.5.1　大底盘多塔楼
结构示例

9.5.1　多塔楼结构

1. 结构布置

大底盘多塔楼高层建筑结构在大底盘上一层突然收进，使其侧向刚度和质量突然变化，故这种结构属竖向不规则结构。另外，由于大底盘上有两个或多个塔楼，结构振型复杂，且会产生复杂的扭转振动，引起结构局部应力集中，对结构抗震不利。如果结构布置不当，则竖向刚度突变、扭转振动反应及高振型的影响将会加剧。因此，多塔楼结构的结构布置应满足下列要求。

（1）多塔楼建筑结构各塔楼的层数、平面和刚度宜接近。

多塔楼结构模型振动台试验和数值计算分析结果表明，当各塔楼的质量和侧向刚度不同、分布不均匀时，结构的扭转振动反应大，高振型对内力的影响更为突出。所以，为了减轻扭转振动反应和高振型反应对结构的不利影响，位于同一裙房上各塔楼的层数、平面形状和侧向刚度宜接近；如果各塔楼的层数、刚度相差较大时，宜用防震缝将裙房分开。

（2）塔楼对底盘宜对称布置，塔楼结构的综合质心与底盘结构质心距离不宜大于底盘相应边长的 20%。

试验研究和计算分析结果表明，当塔楼结构与底盘结构质心偏心较大时，会加剧结构的扭转振动反应。所以，结构布置时应注意尽量减小塔楼与底盘的偏心。此处，塔楼结构的综合质心是指将各塔楼平面看作一组合平面而求得的质量中心。

（3）抗震设计时，转换层不宜设置在底盘屋面的上层塔楼内；否则，应采取有效的抗震措施。

若多塔楼结构中采用带转换层结构，则结构的侧向刚度沿竖向突变与结构内力传递途径改变同时出现，会使结构受力更加复杂，不利于结构抗震。如再把转换层设置在大底盘屋面的上层塔楼内，则转换层与大底盘屋面之间的楼层更容易形成薄弱部位，加剧了结构破坏。因此，设计中应尽量避免将转换层设置在大底盘屋面的上层塔楼内；否则，应采取有效的抗震措施，包括提高该楼层的抗震等级、增大构件内力等。震害及计算分析表明，转换层宜设置在底盘楼层范围内，不宜设置在底盘以上的塔楼内（图 9.5.2）。

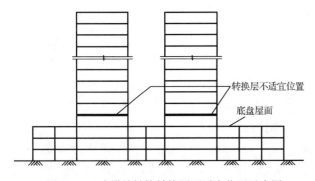

图 9.5.2　多塔楼结构转换层不适宜位置示意图

转换层不适宜位置

底盘屋面

2. 结构分析

1）精细分析方法

对大底盘多塔楼高层建筑结构，应采用三维空间结构分析方法进行整体计算。由于多塔楼结构振动形态复杂，整体模型计算有时不容易判断计算结果的合理性，辅以分塔楼模型计算分析，取两者的不利结果进行设计较为妥当。因此，对多塔楼结构宜按整体模型和各塔楼分开的模型分别计算，并采用较不利的结果进行结构设计。当塔楼周边的裙楼超过两跨时，楼模型宜至少附带两跨的裙楼结构。

2）简化分析方法

用三维空间结构分析软件对这种结构进行计算时，计算工作量较大。为减小计算工作量，可采用下述简化方法。该法将结构沿高度方向分段连续化，建立一个分段连续化的串联组模型，如图 9.5.3 所示，图中下部子结构 1 与上部各子结构串联在一起。其基本假定为：①将大底盘及上部结构划分为子结构，楼板平面内刚度在每个子结构内视为无限刚性，楼板平面外刚度忽略不计；②各子结构内结构的物理、几何参数沿高度为常数，如结构构件的截面尺寸、层高等沿高度方向均不变；③各子结构的质量在每个子结构范围内沿高度方向均匀分布。

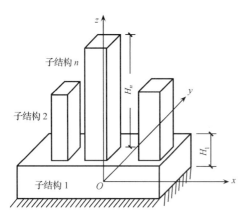

图 9.5.3 多塔楼结构简化计算模型

根据上述假定，可建立每个单体子结构的平衡微分方程，得到一组弯扭耦联的微分方程组。其边界条件和连接条件为：①大底盘子结构 1 底部固定，其侧移和转角等于零；②上部塔楼各子结构顶部的弯矩为零；③当各子结构仅承受分布侧向力时，其顶部总剪力和扭矩分别等于零；当承受顶部集中力或集中力矩时，其顶部总剪力或总扭矩等于相应的集中力或集中力矩；④大底盘顶部与上部塔楼底部的连接条件为侧移和转角分别相等。

平衡微分方程与边界条件和连接条件形成一常微分方程组边值问题，对其求解可得结构的位移和内力。由于取每一子结构的侧向位移 (u, v, θ) 为未知函数，所以每个子结构只有三个未知函数，整个结构的未知函数数量仅为 $3m$（m 为子结构数）个，且不会因层数的增多而增加计算工作量。又因为该法是解析解法，故便于改变结构参数分析其受力特性。

3. 加强措施

大底盘多塔楼结构是通过下部裙房将上部各塔楼连接在一起的，与无裙房的单塔楼结构相比，其受力最不利部位是各塔楼之间的裙房连接体。这些部位除应满足一般结构的有关规定外，尚应采用下列加强措施。

（1）为保证多塔楼高层建筑结构底盘与塔楼的整体作用，底盘屋面楼板应予以加强，其厚度不宜小于 150mm，宜双层双向配筋，每层每方向钢筋网的配筋率不宜小于 0.25%。体型突变部位上、下层结构的楼板也应加强构造措施。

当塔楼结构与底盘结构偏心收进时，应加强底盘周边竖向构件的配筋构造措施。

（2）为保证多塔楼高层建筑中塔楼与底盘的整体工作，抗震设计时，对其底部薄弱部位应予以特别加强，图 9.5.4 所示为加强部位示意。多塔楼之间裙房连接体的屋面梁应加强；塔楼中与裙房连接体相连的外围柱、剪力墙，从固定端至裙房屋面上一层的高度范围内，柱纵向钢筋的最小配筋率宜适当提高，柱箍筋宜在裙房屋面上、下层的范围内全高加密，剪力墙宜按抗震规范规定设置约束边缘构件。

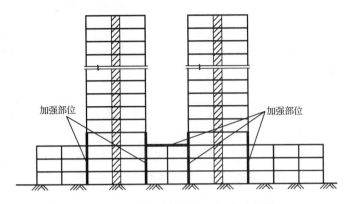

图 9.5.4　多塔楼结构加强部位示意图

9.5.2　竖向体型收进结构

体型收进结构的试验研究和分析表明，结构体型收进较多或收进位置较高时，因上部结构刚度突然降低，其收进部位形成薄弱部位，因此体型收进高层建筑结构、底盘高度超过房屋高度 20% 的多塔楼结构的设计应符合下列要求。

（1）收进程度过大、上部结构刚度过小时，结构的层间位移角增加较多，收进处成为薄弱部位，对结构抗震不利。因此，体型收进处宜采取减小结构刚度变化的措施，上部收进结构的底层层间位移角不宜大于相邻下部区段最大层间位移角的 1.15 倍。

（2）当结构偏心收进时，受结构整体扭转效应的影响，下部结构的周边竖向构件内力增加较多。因此，结构偏心收进时，应加强收进部位以下 2 层结构周边竖向构件的配筋构造措施。

（3）抗震设计时，体型收进部位上、下各 2 层塔楼周边竖向结构构件的抗震等级宜提高一级采用，当收进部位的高度超过房屋高度的 50% 时，应提高一级采用，一级应提高至特一级，抗震等级已经为特一级时，允许不再提高。

9.5.3　悬挑结构

当结构上部楼层相对于下部楼层外挑时，上部楼层的水平尺寸 B_1 大于下部楼层水平尺寸 B 的 1.1 倍，且水平外挑尺寸 a 大于 4m ［图 2.2.11（c）和（d）］时，应符合下述规定。

（1）悬挑结构的竖向刚度一般较差，结构的冗余度不高，因此需要采取措施降低结构自重，增加结构冗余度。

（2）悬挑结构中悬挑部位的楼板承受较大的面内作用，因此结构内力和位移计算中，悬挑部位的楼层应考虑楼板平面内的变形，结构分析模型应能反映水平地震对悬挑部位可能产生的竖向振动效应。

（3）悬挑部位受竖向地震作用的影响较大，因此，7 度（0.15g）和 8 度、9 度抗震设计时，悬挑结构应考虑竖向地震的影响；6 度、7 度抗震设计时，悬挑结构宜考虑竖向地震的影响。竖向地震应采用时程分析法或竖向反应谱法进行分析，并应考虑竖向地震为主的荷载组合。

（4）悬挑部分的根部是悬挑结构的关键部位，且其冗余度很低，没有多道防线，悬挑根部一旦破坏，就会倒塌。因此，抗震设计时，悬挑结构的关键构件以及与之相邻的主体结构关键构件的抗震等级应提高一级采用，一级应提高至特一级，抗震等级已经为特一级时，允许不再提高；在预估的罕遇地震作用下，悬挑结构关键构件的承载力宜符合抗震性能设计的有关要求。

小　　结

（1）复杂高层建筑结构一般为竖向不规则或平面不规则结构，或两者兼而有之，其受力复杂，抗震性能较差，工程设计中应尽量避免采用复杂结构。当由于建筑功能需要而必须采用复杂结构时，应对其进行精细的结构分析、采用必要的加强措施，以减小因结构复杂而产生的不利影响。

（2）设置转换层的结构称为带转换层结构，其主要问题是：①竖向力的传递途径改变，应使传力直接、受力明确；②结构沿高度方向的刚度和质量分布不均匀，属竖向不规则结构；应通过合理的结构布置减小薄弱部位的不利影响；③转换构件的选型、设计计算和构造，一般采用桁架形式的转换构件比实腹梁形式好，箱形板形式比厚板形式好。

（3）在高层建筑结构中设置伸臂加强层的主要目的，在于增加结构的整体侧向刚度从而减小侧移，以及减小内筒弯矩；但它不会增加结构的抗剪能力，剪力必须主要由筒体部分承担。这种结构的突出问题是：①伸臂的设置位置及数量，一般以控制侧移为目标而确定；②伸臂结构的选型、设计和构造，伸臂结构宜采用桁架或空腹桁架，其中钢桁架是较为理想的结构形式；③与加强层相邻的上、下层刚度和内力突变，应尽量采用桁架、空腹桁架等整体刚度大而杆件刚度不大的伸臂构件来减小这种不利影响。

（4）错层结构属竖向不规则结构，错层附近的竖向抗侧力结构受力复杂，会形成众多的应力集中部位；错层结构的楼板有时会受到较大的削弱。剪力墙结构错层后，会使部分剪力墙洞口布置不规则，形成错洞剪力墙或叠合错洞剪力墙；框架结构错层后，会形成许多短柱与长柱混合的不规则体系。这种结构设计中的关键问题是：①结构布置，错层两侧的结构侧向刚度和结构布置应尽量接近，避免产生较大的扭转反应；②错层结构的计算模型，一般应采用三维空间结构分析模型；③错层处的构件应采取加强措施。

（5）连体结构和大底盘多塔楼结构均为竖向不规则结构，其共同特点是：①连接体（连体结构中的连廊或天桥、多塔楼结构中的裙房连接体）是这种结构的关键构件，其受力复杂，地震时破坏较重；②沿高度方向结构的刚度和质量分布不均匀，连接体附近容易产生应力集中，形成薄弱部位；③对扭转地震反应比较敏感。因此，设计时应尽量将这种结构布置为平面规则结构，加强连接体的构造措施。另外，8度抗震设计时，连体结构的连接体应考虑竖向地震作用的影响。

思考与练习题

（1）试分析本章所述的五种复杂高层建筑结构各自的受力特点。

（2）转换层有几种主要结构形式？试述其受力特点及优缺点。

（3）带转换层高层建筑的结构布置应考虑哪些问题？结构分析模型如何选取？框支梁和框支柱各应满足哪些构造要求？

（4）加强层有哪几种主要结构形式？试述其作用和设置原则。

（5）伸臂加强层的设置部位和数量如何确定？伸臂在结构平面上如何布置？带加强层结构应满足哪些构造要求？

（6）结构错层后会带来哪些不利影响？应采取哪些构造措施来消除相应的不利影响？结构布置时应注意哪些问题？

（7）对连体结构进行内力和位移分析时应考虑哪些因素？连接体与主体结构应如何连接？应采取哪些加强措施？

（8）对多塔楼结构，结构布置时应考虑哪些问题？应采取哪些加强措施？

第10章　高层建筑钢结构和混合结构设计

10.1　高层建筑钢结构设计概要

钢材具有强度高、材质均匀、延性好等优点，是建造高层建筑结构的理想材料。高层建筑钢结构在发达国家应用较多，近40年来，我国也建造了较多的高层钢结构房屋。随着国民经济的发展和综合国力的增强，我国的高层建筑会越来越多地采用钢结构。

高层建筑钢结构与混凝土结构的设计方法有其共性，也有其特殊性，本节简要介绍高层建筑钢结构设计的特殊性，重点是其抗震设计方法。

10.1.1　高层建筑钢结构体系及其适用高度

1. 结构体系

目前应用较多的高层建筑钢结构体系有：框架体系；双重抗侧力体系，包括钢框架-支撑（剪力墙板）体系、钢框架-混凝土剪力墙体系和钢框架-混凝土核心筒体系；筒体体系，包括框筒体系、桁架筒体系、筒中筒体系和束筒体系。本节突出钢结构的特点，仅简要介绍其中的三种体系。

1）框架体系

框架结构体系由于在柱子之间不设置支撑或墙板之类的构件，故其建筑平面布置灵活。这种结构体系的抗侧能力依赖于梁柱构件及其节点的刚度与强度，故梁柱节点必须做成可靠的刚接。地震区的钢框架结构房屋一般不超过12层。

2）钢框架-支撑（剪力墙板）体系

在框架的一部分开间中设置支撑，支撑与梁、柱组成一竖向支撑桁架体系（图10.1.1），并通过楼盖与无支撑框架共同抵抗侧力，这种体系称为钢框架-支撑体系；若用钢板剪力墙代替钢支撑，嵌入钢框架，即为钢框架-剪力墙板体系。在这种结构体系中，钢框架的刚度小，承担的水平剪力小；竖向支撑桁架（剪力墙板）的刚度大，承担的水平剪力大。与混凝土框架-剪力墙结构相似，钢框架-支撑（剪力墙板）体系为双重抗侧力体系，其整体侧移曲线一般呈弯剪型。

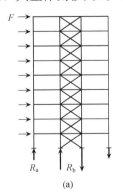
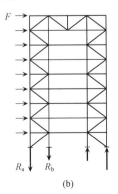
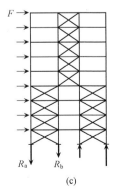

图10.1.1　几种支撑布置形式

　　框架-支撑体系中的竖向支撑，通常是在框架的同一跨度内沿竖向连续布置，如图 10.1.1（a）所示。在水平荷载作用下，此种支撑部分由于其宽度较小，整体弯曲变形所引起的顶部侧移较大，且柱脚受到很大的轴向拉（压）力，设计中难以处理。如将竖向支撑布置在两个边跨 [图 10.1.1（b）]，或根据结构侧向刚度上小下大的实际需要，上面几层布置在中跨，下面几层布置在两边跨 [图 10.1.1（c）]，则其侧向刚度均比常规的沿中跨布置 [图 10.1.1（a）] 大得多，而且柱脚处的轴向拉（压）力也相应减小。

　　支撑桁架腹杆的基本形式有单向斜杆支撑 [图 10.1.2（a）]、十字交叉支撑 [图 10.1.2（b）]、人字形支撑 [图 10.1.2（c）]、V 形支撑 [图 10.1.2（d）] 和 K 形支撑 [图 10.1.2（e）] 等。根据支撑斜杆的轴线与框架梁柱节点交会还是偏离梁柱节点，可分为中心支撑框架（图 10.1.2）和偏心支撑框架（图 10.1.3）两类。

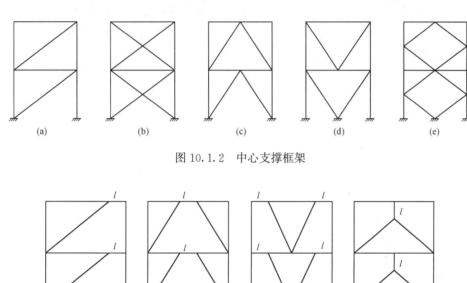

(a)　　　　　(b)　　　　　(c)　　　　　(d)　　　　　(e)

图 10.1.2　中心支撑框架

(a)　　　　　(b)　　　　　(c)　　　　　(d)

图 10.1.3　偏心支撑框架

　　中心支撑框架中的支撑斜杆，在强烈地震的反复作用下，受压时容易发生屈曲，反向荷载作用下受压屈曲的支撑斜杆不能完全拉直，而另一方向的斜杆又可能受压屈曲，如此多次压屈，致使支撑框架的刚度和承载力降低。因此，中心支撑框架一般用于抗风结构，抗震设计时对于不超过 12 层的钢结构房屋才可采用。另外，因为 K 形支撑斜杆的尖点与柱相交，受拉杆屈服和受压杆屈曲会使柱产生较大的侧向变形，可能引起柱的压屈甚至整个结构倒塌，所以抗震设计时不宜采用 K 形支撑。

　　偏心支撑框架是在梁上设置一较薄弱部位，如图 10.1.3 中的梁段 l，称为消能梁段。在强震作用下，消能梁段在支撑失稳之前就进入弹塑性阶段，从而避免支撑杆件在地震作用下反复屈服而引起承载力下降和刚度退化。试验研究表明，消能梁段腹板剪切屈服，通过腹板耗散地震能量，具有塑性变形大、屈服后承载力继续提高、滞回耗能稳定等特点。因此，偏心支撑框架比中心支撑框架具有更好的抗震性能，更适宜于抗震结构，抗震设计时超过 12 层的钢结构房屋宜采用偏心支撑框架。

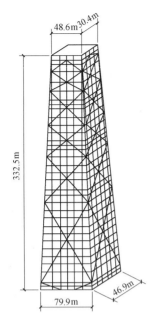

图 10.1.4　桁架筒体系
示意图

用钢板剪力墙代替钢支撑，墙板与框架梁焊接和（或）螺栓连接，镶嵌在框架内，构成钢框架-剪力墙板体系。与现浇混凝土剪力墙相比，钢墙板的刚度较小，与钢框架的刚度比较匹配；钢墙板不考虑其承担竖向荷载，仅考虑其承担水平剪力。

3）桁架筒体系

用稀柱、浅梁和支撑斜杆组成桁架布置在建筑物的周边，即构成桁架筒体系，图 10.1.4 为桁架筒体系示意图。

钢桁架筒体系的柱距大，支撑斜杆跨越建筑物一个立面的边长，沿竖向跨越数个楼层，形成平面巨型桁架，四片平面巨型桁架围成空间桁架筒，形成整体空间悬臂结构。钢桁架筒体系的侧向刚度大，比框筒结构更能充分利用材料，适合于建造更高的建筑。

2. 适用高度及高宽比限值

《建筑抗震设计规范》（GB 50011—2010）（2016 年版）规定：钢结构民用房屋的结构类型和最大高度应符合表 10.1.1 的规定。平面和竖向均不规则或建造于Ⅳ类场地的钢结构，适用的最大高度应适当降低。

表 10.1.1　钢结构房屋适用的最大高度（m）

结构类型	6、7 度 (0.10g)	7 度 (0.15g)	8 度		9 度 (0.40g)
			(0.20g)	(0.30g)	
框架	110	90	90	70	50
框架-中心支撑	220	200	180	150	120
框架-偏心支撑（延性墙板）	240	220	200	180	160
筒体（框筒，筒中筒，桁架筒，束筒）和巨型框架	300	280	260	240	180

注：① 房屋高度指室外地面到主要屋面板板顶的高度（不包括局部突出屋顶部分）；

② 超过表内高度的房屋，应进行专门研究和论证，采取有效的加强措施；

③ 表内的筒体不包括混凝土筒。

钢结构民用房屋的最大高宽比不宜超过表 10.1.2 的规定。

表 10.1.2　钢结构民用房屋适用的最大高宽比

烈度	最大高宽比	烈度	最大高宽比
6 度、7 度	6.5	9 度	5.5
8 度	6.0		

注：① 计算高宽比的高度从室外地面算起。

② 塔形建筑的底部有大底盘时，高宽比可按从大底盘以上算起。

3. 钢结构房屋的抗震等级

钢结构房屋应根据设防分类、烈度和房屋高度采用不同的抗震等级，并应符合相应的计算和构造措施要求。丙类建筑的抗震等级应按表 10.1.3 确定。

表 10.1.3　丙类钢结构房屋的抗震等级

房屋高度	抗震等级			
	6 度	7 度	8 度	9 度
≤50m	—	四	三	二
>50m	四	三	二	一

注：① 高度接近或等于高度分界时，应允许结合房屋不规则程度和场地、地基条件确定抗震等级；

　　② 一般情况，构件的抗震等级应与结构相同；当某个部位各构件的承载力均满足 2 倍地震作用组合下的内力要求时，7～9 度的构件抗震等级应允许按降低一度确定。

10.1.2　结构布置

钢结构高层建筑的结构总体布置原则和抗震概念设计与混凝土高层建筑相同，详见 2.2 节。高层钢结构房屋的结构布置还应注意以下几点。

（1）当采用框架-支撑结构时，支撑框架在建筑物两个方向的布置均宜基本对称，支撑框架之间楼盖的长宽比不宜大于 3，以保证所有抗侧力结构的协同工作。

（2）支撑斜杆及剪力墙板应沿竖向连续布置，以使结构的刚度、承载力连续均匀。超过 12 层的钢结构房屋应设置地下室，此时框架-支撑（剪力墙板）体系中竖向连续布置的支撑（剪力墙板）应延伸至基础；框架柱应至少延伸至地下一层。

（3）钢结构的楼盖宜采用压型钢板现浇钢筋混凝土组合楼板或非组合楼板，楼板应与钢梁可靠连接。对不超过 12 层的钢结构，尚可采用装配整体式钢筋混凝土楼板，亦可采用装配式楼板或其他轻型楼盖，应将楼板预埋件与钢梁焊接，或采取其他保证楼盖整体性的措施。对超过 12 层的钢结构房屋，必要时可设置水平支撑。

10.1.3　高层建筑钢结构抗震设计

1. 地震作用计算

高层建筑钢结构的地震作用可采用底部剪力法、振型分解反应谱法和时程分析法计算。计算结构自振周期时，考虑非结构构件影响的修正系数宜取 0.9。

在初步设计时，结构的基本自振周期 T_1（s）可按经验公式估算，即

$$T_1 = 0.1n \tag{10.1.1}$$

式中：n 表示建筑物层数（不包括地下部分及屋顶小塔楼）。

计算多遇地震作用时，高度不大于 50m 时阻尼比可取 0.04；高度大于 50m 且小于 200m 时，阻尼比可取 0.03；高度不小于 200m 时，阻尼比宜取 0.02；在罕遇地震下的分析，阻尼比可采用 0.05。

2. 结构分析

高层建筑钢结构在水平地震作用下的计算模型和分析方法与其他结构类似或相同，不再赘述，但下列问题应予以注意。

（1）结构内力和位移计算中，应计算梁、柱的弯曲变形和柱的轴向变形，尚宜计算

梁、柱的剪切变形。通常不考虑梁的轴向变形，但当梁同时作为腰桁架或帽桁架的弦杆时，应计入轴力的影响。

（2）工字形截面柱节点域的板件（柱腹板）比较薄时，节点域的变形会增大框架的侧移，故对工字形截面柱，宜计入梁柱节点域剪切变形对结构侧移的影响；中心支撑框架和不超过 12 层的钢结构，节点域的变形对框架侧移的影响较小，其层间侧移计算可不计入梁柱节点域剪切变形的影响。

（3）钢框架-支撑结构的斜杆两端与梁柱的连接应为刚接，但结构计算时可处理为两端铰接。中心支撑框架的斜杆轴线偏离梁柱轴线交点不超过支撑杆件的截面宽度时，仍可按中心支撑框架分析，但应计及由此产生的附加弯矩。偏心支撑中的消能梁段应取为单独单元。

（4）预制钢筋混凝土墙板嵌入钢框架内，其在水平荷载作用下的变形主要为剪切变形。结构分析时，可按侧移相等的原则，将其折算成等效支撑或等效剪切板。对于带竖缝钢筋混凝土墙板，可仅考虑其承受水平荷载产生的剪力，不承受竖向荷载产生的压力。

（5）当进行结构弹性分析时，宜考虑压型钢板混凝土组合楼盖或现浇钢筋混凝土楼板与钢梁的共同工作，压型钢板组合楼盖中梁的截面惯性矩，对两侧有楼板的梁宜取 $1.5I_b$，对仅一侧有楼板的梁宜取 $1.2I_b$，I_b 为钢梁的截面惯性矩。当进行结构弹塑性分析时，可不考虑楼板与钢梁的共同工作。

（6）高层建筑钢结构的侧向刚度比较小，重力二阶效应的影响比较明显。因此，当结构在地震作用下的重力附加弯矩（指任一楼层以上全部重力荷载与该楼层层间位移的乘积）大于初始弯矩（指该楼层地震剪力与楼层层高的乘积）的10%时，应计入重力二阶效应对结构内力和侧移的影响。

（7）钢结构构件由结构内力分析所得到的地震内力，在下列情况下应予以调整：①对于钢框架-支撑结构，框架部分按计算得到的地震剪力应乘以调整系数，调整后的框架地震剪力应不小于结构底部总剪力的 25% 和框架部分地震剪力最大值 1.8 倍二者的较小者；②钢结构转换层下的钢框架柱，按计算得到的地震内力应乘以增大系数，其值可采用1.5。

3. 侧移控制

对高层建筑钢结构，应控制其在多遇地震作用下的弹性层间位移和罕遇地震作用下的弹塑性层间位移，其中弹性层间位移角限值取 1/300，弹塑性层间位移角限值取 1/50。

对于钢框架结构，当其侧移不满足要求时，可采取下列措施。①增大框架梁的刚度，因为结构侧移通常与梁的线刚度成反比，增大梁的刚度比增大柱的刚度经济；但应当注意，增大梁的刚度，其强度相应增加，塑性铰可能由梁上转移到柱上，对整个结构抗震不利。②减小梁柱节点区的变形，可改用腹板较厚的重型柱或局部加固节点区来达到。③增加柱子数量，这不仅增大了层间侧移刚度，而且也使梁的跨度减小从而使其线刚度增加，但这可能影响使用功能或建筑效果。当上述措施不能显著地减小结构侧移时，可在部分钢框架中设置竖向支撑或剪力墙板，将框架体系改为钢框架-支撑（剪力墙板）体系。

4. 作用效应组合及调整

高层建筑钢结构构件的作用效应组合方法与高层建筑混凝土结构相同。抗震设计时，构件截面组合的内力设计值应按下述要求进行调整。

（1）采用人字形和 V 形支撑的中心支撑框架，其支撑杆件组合的内力设计值应乘以增大系数 1.5。

（2）偏心支撑框架构件的内力设计值，应按下述要求进行调整：①支撑斜杆的轴力设计值，应取与支撑斜杆相连接的消能梁段达到受剪承载力时支撑斜杆轴力与增大系数的乘积，其增大系数，一、二、三级分别不应小于 1.4、1.3、1.2；②位于消能梁段同一跨的框架梁内力设计值，应取消能梁段达到受剪承载力时框架梁内力与增大系数的乘积，其增大系数，一、二、三级分别不应小于 1.3、1.2、1.1；③框架柱的内力设计值，应取消能梁段达到受剪承载力时柱内力与增大系数的乘积，其增大系数，一、二、三级分别不应小于 1.3、1.2、1.1。

（3）钢结构转换构件以下的钢框架柱，地震内力应乘以增大系数，其值可取 1.5。

5. 钢构件与连接设计

钢构件的长细比较大，除了应进行梁、柱构件的强度验算外，还应进行稳定验算。验算时采用组合的内力设计值，框架梁可以取梁端内力而不是柱轴线处的内力。抗震设计时，构件的承载力设计值应除以承载力抗震调整系数。

在罕遇地震作用下，钢框架的梁和柱可能弯曲屈服，节点域可能剪切屈服。试验研究表明，在反复水平荷载作用下，节点域板件即使多次剪切屈服，仍具有很好的耗能能力并仍保持其承载力，不会脆性破坏。钢框架的屈服耗能机制是以节点域板件和梁屈服耗能为主，允许部分柱屈服，是混合塑性铰机制。钢框架各部分屈服的理想顺序是，节点域首先屈服，然后是梁端截面屈服，最后是部分柱端截面屈服。这与钢筋混凝土框架的强节点要求不同。因此，对抗震设计的钢框架，应进行节点域的抗剪强度验算，应保证满足强柱弱梁要求。

10.2　钢构件与连接的抗震设计

10.2.1　钢框架构件抗震设计

1. 钢框架梁

钢梁在反复荷载作用下的极限荷载比静力单向荷载时小，但由于与钢梁整体连接的楼板的约束作用，框架结构中梁的实际承载力仍不低于其静承载力。因此，钢梁抗震承载力计算与静荷载作用下的相同，计算时取截面塑性发展系数 $\gamma_x = 1$，承载力抗震调整系数 $\gamma_{RE} = 0.75$。

按多遇地震作用效应与相应的重力荷载效应的组合设计值设计的钢梁，在罕遇地震作用下将出现塑性铰，而在整个结构未形成破坏机构之前要求塑性铰能不断转动。为使钢梁在转动过程中始终保持其受弯承载力，既要防止板件的局部失稳，又必须防止梁的侧向扭转失稳。为了防止板件的局部失稳，对钢框架梁可能出现塑性铰的区段，应限制板件的宽厚比。为了防止梁的侧向扭转失稳，除按一般要求设置侧向支撑外，在梁出现塑性铰的区段内，其上、下翼缘均应设置侧向支撑。关于板件的宽厚比限值和侧向支撑杆件的容许长细比可按有关规范的规定采用。

2. 钢框架柱

为了实现强柱弱梁的设计原则，使梁端屈服先于柱端屈服，节点左、右梁端和上、下柱端的全塑性承载力应符合

$$\sum W_{pc}(f_{yc} - N/A_c) \geqslant \eta \sum W_{pb} f_{yb} \qquad (10.2.1)$$

式中：W_{pc}、W_{pb} 分别为柱和梁的塑性截面模量；N 为柱的轴向压力设计值；A_c 为柱截面面积；f_{yc}、f_{yb} 分别为柱和梁的钢材屈服强度；η 为强柱系数，一级取 1.15，二级取 1.10，三级取 1.05。

钢柱按式（10.2.1）验算时，会使其截面过大，很不经济，故当出现下列情况之一时，可不按式（10.2.1）验算。

（1）$N \leqslant 0.4 f A_c$（其中 f 为钢材抗拉强度设计值），此时柱承受的轴向压力较小，其屈服后的变形能力大。

（2）柱所在楼层的受剪承载力比上一层的受剪承载力高出 25%，此情况下该层柱不容易屈服。

（3）作为轴心受压构件，在 2 倍的地震力作用下稳定性得到保证，即应满足 $N_1 \leqslant \varphi f A_c$，其中 N_1 为地震作用加大一倍后柱组合的轴向压力设计值，φ 为轴心受压构件的稳定系数。

与钢梁的设计相似，为了保证柱中塑性铰的转动能力得到充分利用，在柱可能出现塑性铰的区域内，板件的宽厚比及侧向支撑的间距应加以限制。

长细比和轴压比均较大的柱，其延性较小。因此，钢框架柱的长细比，一级不应大于 $60\sqrt{235/f_{ay}}$，二级不应大于 $80\sqrt{235/f_{ay}}$，三级不应大于 $100\sqrt{235/f_{ay}}$，四级不应大于 $120\sqrt{235/f_{ay}}$，其中 f_{ay} 为钢材屈服强度。

3. 梁柱节点域验算

1）节点域的抗剪强度验算

在水平地震作用和相应的重力荷载作用下，梁柱节点域的受力状态如图 10.2.1 所示。由于节点域两侧的梁端弯矩方向相同，故节点域的柱腹板将受到剪力作用。取上部水平加劲肋的柱腹板为脱离体 [图 10.2.1（b）]，其中 V_c 为上柱传来的剪力，T_1、T_2 为梁翼缘的作用力，近似地取 $T_1 = M_{b1}/h_b$，$T_2 = M_{b2}/h_b$。设工字形柱腹板厚度为 t_w，截面高度为 h_c，则柱腹板中的平均剪应力为

$$\tau = \left(\frac{M_{b1} + M_{b2}}{h_b} - V_c \right) / (h_c t_w) \qquad (10.2.2)$$

在多遇地震作用下，节点域的剪应力 τ 应小于钢材的抗剪强度设计值 f_v，即

$$\tau \leqslant f_v / \gamma_{RE} \qquad (10.2.3)$$

式中：γ_{RE} 为节点域承载力抗震调整系数，取 0.75。

试验表明，节点域腹板具有极高的超屈服强度，当节点域的剪应力为 $(4/3)f_v$ 时，节点域仍保持稳定，故可将屈服剪应力提高到 $(4/3)f_v$；又因为在节点域的设计中，弯矩的影响最大，所以在式（10.2.2）中可偏于安全地略去 V_c 一项，于是式（10.2.3）可写成

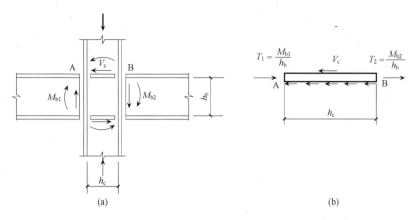

图 10.2.1　梁柱节点域的受力状态

$$(M_{b1} + M_{b2})/V_p \leqslant (4/3)f_v/\gamma_{RE} \qquad (10.2.4)$$

式中：V_p 为节点域的体积，对工字形截面柱，可得

$$V_p = h_b h_c t_w$$

对箱形截面柱

$$V_p = 1.8 h_b h_c t_w$$

2）节点域屈服承载力控制

在罕遇地震作用下，为了较好地发挥节点域的耗能作用，节点域应首先屈服，其次是梁端屈服，故应限制节点域的屈服承载力。为此，节点域的屈服承载力即节点域腹板厚度尚应符合

$$\psi(M_{pb1} + M_{pb2})/V_p \leqslant (4/3)f_v \qquad (10.2.5)$$

式中：M_{pb1}、M_{pb2} 分别为节点域两侧梁的全塑性受弯承载力；ψ 为折减系数，一、二级取 0.7；三、四级取 0.6。

3）节点域的稳定验算

为防止节点域板件局部失稳，其板件厚度应符合

$$t_w \geqslant (h_b + h_c)/90 \qquad (10.2.6)$$

10.2.2　中心支撑框架的支撑杆件抗震设计

1. 支撑杆件的强度和稳定验算

中心支撑框架和偏心支撑框架中的支撑杆件为轴心受压或轴心受拉构件，其强度和稳定性可按《钢结构设计标准》（GB 50017—2017）的有关规定验算。抗震设计时，钢材的抗拉、抗压强度设计值应除以 γ_{RE}，γ_{RE} 取 0.80。

2. 支撑杆件的抗震承载力验算

（1）支撑斜杆的受压承载力按下式验算，即

$$N/(\varphi A_{br}) \leqslant \psi f/\gamma_{RE} \qquad (10.2.7)$$

$$\psi = 1/(1 + 0.35\lambda_n) \qquad (10.2.8)$$

$$\lambda_n = (\lambda/\pi)\sqrt{f_{ay}/E} \qquad (10.2.9)$$

式中：N 为支撑斜杆的轴力设计值，人字形和 V 形支撑组合的内力设计值应乘以增大系数 1.5；A_{br} 为支撑斜杆的截面面积；φ 为轴心受压构件的稳定系数；ψ 为受循环荷载时的强度降低系数；λ、λ_n 分别为支撑斜杆的长细比和正则化长细比；E 为支撑斜杆材料的弹性模量；f、f_{ay} 分别为支撑斜杆钢材的抗拉强度设计值和屈服强度；γ_{RE} 为支撑稳定破坏承载力抗震调整系数，取 0.80。

在水平地震反复作用下，当支撑杆件受压失稳后，其承载力降低、刚度退化，长细比越大，退化现象越严重。因此，验算其受压承载力时应考虑强度降低系数 ψ，ψ 与长细比成反比，即长细比越大，ψ 越小，受压承载力降低越多。

在强震作用下，如果人字形或 V 形支撑受压斜杆受压屈曲，则受拉斜杆内力将大于受压屈曲斜杆内力，这两个力在横梁交会点的合力的竖向分量使横梁产生较大的竖向变形，人字形支撑使梁下陷，V 形支撑使梁上鼓。这可能引起横梁破坏，并在节点两侧的梁端产生塑性铰，同时体系的抗剪能力发生较大的退化，为了防止支撑斜杆受压屈曲，其组合的内力设计值应乘以增大系数 1.5。同时为了防止横梁破坏，应按下述（2）验算横梁的承载力。

（2）支撑横梁承载力验算。人字形支撑和 V 形支撑的横梁在支撑连接处应保持连续，该横梁应承受支撑斜杆传来的内力，并应按不计入支撑支点作用的简支梁验算重力荷载和受压支撑屈曲后产生的不平衡力作用下的承载力，其中不平衡力值可取受拉支撑的竖向分量减去受压支撑屈曲压力竖向分量的 30%。

抗震设计时，中心支撑杆件的长细比、板件宽厚比以及节点构造要求应符合抗震规范的有关规定。

10.2.3 偏心支撑框架的构件抗震设计

偏心支撑框架除了钢框架梁、柱构件和支撑杆件外，还有消能梁段。其设计原则是：在强震作用下应使消能梁段进入塑性状态，其他杆件仍处于弹性状态。

1. 消能梁段设计

1) 消能梁段的长度

消能梁段是偏心支撑钢框架塑性变形耗散能量的唯一构件，消能梁段的耗能能力与梁段的长度和构造有关。消能梁段较短时，其非弹性变形为腹板剪切屈服产生的剪切变形；较长时为翼缘拉压屈服产生的弯曲变形。腹板剪切屈服的滞回耗能稳定，滞回曲线饱满，其耗能能力明显地优于翼缘弯曲屈服，因此设计中宜使腹板发生剪切屈服时，梁受剪段两端所受的弯矩尚未达到受屈服时的弯矩。当 $N > 0.16Af$ 时，如果消能梁段的长度 a 符合下列要求，则可达到这一目的。

当 $\rho(A_w/A) < 0.3$ 时

$$a < 1.6M_{lp}/V_l \qquad (10.2.10)$$

当 $\rho(A_w/A) \geqslant 0.3$ 时

$$a \leqslant [1.15 - 0.5\rho(A_w/A)] \cdot 1.6M_{lp}/V_l \qquad (10.2.11)$$

式中：a 为消能梁段的长度；M_{lp}、V_l 分别为消能梁段的全塑性受弯承载力和屈服受剪承载力，可分别按式（10.2.15）和式（10.2.13）计算；ρ 为消能梁段轴力设计值 N 与剪力设计值 V 之比，即 $\rho = N/V$；A、A_w 分别为消能梁段的截面面积和腹板截面面积。

在式（10.2.11）中，$\rho\,(A_w/A)$ 表示消能梁段的轴向应力与剪应力之比，即 $(N/A)\,/\,(V/A_w)$。轴力较大时，将降低消能梁段的塑性变形能力，故所需 a 值应减小；当 $\rho\,(A_w/A)=0.3$ 时，式（10.2.11）与式（10.2.10）相同，即不考虑轴力的影响。

2）消能梁段受剪承载力验算

当 $N \leqslant 0.15Af$ 时，可不考虑轴力的影响，其受剪承载力应按下式验算，即

$$V \leqslant \varphi V_l / \gamma_{RE} \tag{10.2.12}$$

$$V_l = 0.58A_w f_{ay} \tag{10.2.13a}$$

$$V_l = 2M_{lp}/a \tag{10.2.13b}$$

$$A_w = (h - 2t_f)t_w \tag{10.2.14}$$

$$M_{lp} = W_p f \tag{10.2.15}$$

式中：φ 为系数，可取 0.9；V_l 为消能梁段的受剪承载力，取腹板屈服时的剪力值［式（10.2.13a）］与消能梁段两端受弯屈服对应的剪力值［式（10.2.13b）］两者的较小值；W_p 为消能梁段的塑性截面模量；A_w 为消能梁段的腹板截面面积；h、t_f、t_w 分别为消能梁段的截面高度、翼缘厚度和腹板厚度；γ_{RE} 为消能梁段承载力抗震调整系数，取 0.75。

当 $N > 0.15Af$ 时，应考虑轴力的影响，其受剪承载力为

$$V \leqslant \varphi V_{lc} / \gamma_{RE} \tag{10.2.16}$$

根据轴力 N 与剪力 V 的相关公式

$$\left(\frac{N}{Af}\right)^2 + \left(\frac{V_{lc}}{0.58A_w f_{ay}}\right) = 1$$

可得消能梁段计入轴力影响的受剪承载力

$$V_{lc} = 0.58A_w f_{ay}\sqrt{1-(N/Af)^2} \tag{10.2.17a}$$

根据轴力与弯矩的相关公式

$$\frac{N}{Af} + \frac{M}{1.18M_{lp}} = 1$$

可得梁两端受弯屈服时的受剪承载力

$$V_{lc} = 2.4M_{lp}(1-N/Af)/a \tag{10.2.17b}$$

计算时，式（10.2.16）中 V_{lc} 应取式（10.2.17a）与式（10.2.17b）两者的较小值。

2. 钢框架梁、柱及支撑斜杆设计

为了使偏心支撑框架在地震时仅消能梁段屈服，非消能梁段、柱及支撑构件仍保持弹性受力状态，非消能梁段、柱及支撑构件的内力设计值应按 10.1.3 节的规定乘以增大系数。这些构件的强度和稳定性可按《钢结构设计标准》（GB 50017—2017）的有关规定进行验算，但钢材的强度设计值应除以承载力抗震调整系数。

3. 支撑斜杆与消能梁段的连接设计

根据强连接的设计原则，设计时应保证支撑斜杆与消能梁段连接承载力不小于支撑的承载力。另外，为使支撑斜杆能承受消能梁段的梁段弯矩，支撑与梁段的连接应设计成刚接，并按抗压弯的连接要求进行设计。

偏心支撑框架中的消能梁段及与消能梁段位于同一跨内的非消能梁段，其板件的宽厚比应满足抗震规范的有关规定；支撑杆件的长细比以及板件宽厚比应符合《钢结构设计标

准》（GB 50017—2017）的有关规定。

10.2.4　构件连接的抗震设计

钢结构构件连接主要包括：梁与柱的连接，支撑与梁、柱的连接，梁、柱、支撑拼接和柱脚。下面仅介绍抗震设计的连接和拼接。

对连接应作二阶段设计。在第一阶段，钢结构抗侧力体系构件连接的承载力设计值，不应小于相邻构件的承载力设计值；高强度螺栓连接不得滑移。在第二阶段，连接的极限承载力应大于构件的屈服承载力。

1. 梁与柱的连接

梁与柱连接弹性设计时，梁上下翼缘的端截面应满足连接的弹性设计要求，梁腹板应计入剪力和弯矩。

梁与柱的连接应能使梁充分发挥其强度与延性。为此，当确定梁的受弯及受剪承载力时，应考虑钢材的实际屈服强度可能超过强度标准值以及应变硬化的影响。梁与柱连接的极限受弯、受剪承载力应符合下列要求：

$$M_u^j \geqslant \eta_j M_p \tag{10.2.18}$$

$$V_u^j \geqslant 1.2(2M_p/l_n) + V_{Gb} \tag{10.2.19}$$

式中：M_u^j 为梁上、下翼缘全熔透坡口焊缝的极限受弯承载力；V_u^j 为梁腹板连接的极限受剪承载力，垂直于角焊缝受剪时，可提高 1.22 倍；M_p 为梁（梁贯通时为柱）的全塑性受弯承载力；l_n 为梁的净跨（梁贯通时取该层柱的净高）；V_{Gb} 为重力荷载代表值（9 度尚应包括地震作用标准值）作用下，按简支梁分析的梁端截面剪力设计值；η_j 为连接系数，可按表 10.2.1 取值。

表 10.2.1　钢结构抗震设计的连接系数

母材牌号	连接系数				柱脚	
	梁柱连接时		支撑连接，构件拼接			
	焊接	螺栓连接	焊接	螺栓连接		
Q235	1.40	1.45	1.25	1.30	埋入式	1.2
Q355	1.30	1.35	1.20	1.25	外包式	1.2
Q355GJ	1.25	1.30	1.15	1.20	外露式	1.1

注：① 屈服强度高于 Q355 的钢材，按 Q355 的规定采用。
　　② 屈服强度高于 Q355GJ 的 GJ 钢材，按 Q355GJ 的规定采用。
　　③ 翼缘焊接腹板栓接时，连接系数分别按表中连接形式取用。

式（10.2.19）中右侧第一项为梁两端截面受弯屈服且增大 20% 后的受剪承载力，体现了强剪弱弯的设计原则。

2. 支撑与框架的连接及支撑拼接

支撑与框架连接和梁、柱、支撑的拼接承载力，应按下列公式验算：
支撑连接和拼接

$$N_{ubr}^j \geqslant \eta_j A_{br} f_v \tag{10.2.20}$$

梁的拼接

$$M_{\mathrm{ub,sp}}^{j} \geqslant \eta_{j} M_{\mathrm{p}} \qquad (10.2.21)$$

柱的拼接

$$M_{\mathrm{uc,sp}}^{j} \geqslant \eta_{j} M_{\mathrm{pc}} \qquad (10.2.22)$$

式中：N_{ubr}^{j}、$M_{\mathrm{ub,sp}}^{j}$、$M_{\mathrm{uc,sp}}^{j}$分别为支撑、梁、柱拼接的极限受拉（压）、受弯承载力；A_{br}为支撑杆件的截面面积；M_{pc}为考虑轴力影响时柱的塑性受弯承载力；f_{v}为钢材的抗剪强度设计值。

　　梁的拼接位置，应在内力较小的截面处，且应在梁端塑性铰区段以外。翼缘采用全熔透坡口焊缝连接、腹板可采用摩擦型高强螺栓连接，或翼缘和腹板均采用高强螺栓连接，如图 10.2.2 所示。柱的拼接位置，宜在框架梁上方 1.3m 附近，其拼接采用全熔透焊缝。梁、柱拼接的极限受弯承载力由翼缘全熔透焊缝提供，极限受剪承载力由腹板连接提供。

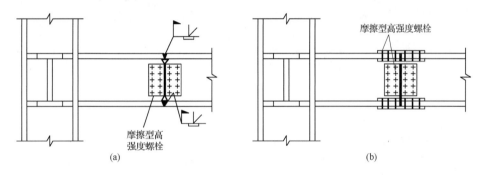

图 10.2.2　梁拼接示意图

3. 柱脚与基础的连接承载力

柱脚与基础的连接承载力，应按下列公式验算：

$$M_{\mathrm{u,base}}^{j} \geqslant \eta_{j} M_{\mathrm{pc}} \qquad (10.2.23)$$

式中：$M_{\mathrm{u,base}}^{j}$为柱脚的极限受弯承载力。

　　抗震设计时，关于焊缝的极限承载力、高强度螺栓连接的极限受剪承载力计算以及连接的构造要求，可参见相关规范，不再赘述。

10.3　高层建筑混合结构设计概要

　　近 70 年来，我国建造的高层建筑中多数采用钢筋混凝土结构。但随着高层建筑高度的增加，高层建筑钢筋混凝土结构的构件截面尺寸显得过大，占据了较多的使用面积，已影响到建筑使用功能的充分发挥。近 50 年来，我国一些城市兴建的高层建筑，已较多地采用型钢混凝土结构和钢管混凝土结构。这种结构融合了钢结构和钢筋混凝土结构的优点，承载力高，延性好，具有较强的抗风和抗震能力。从发展趋势看，型钢混凝土和钢管混凝土高层建筑结构必将成为高层建筑的主要结构形式之一。

　　由钢框架或型钢混凝土框架、钢管混凝土框架与钢筋混凝土筒体（或剪力墙）所组成的共同承受竖向和水平作用的高层建筑结构，称为混合结构（mixed structure, hybrid structure）。本节简要介绍高层建筑混合结构体系及设计要点。

10.3.1 混合结构构件类型

1. 型钢混凝土构件

型钢混凝土构件是指在型钢周围配置钢筋并浇筑混凝土的结构构件，又称钢骨混凝土构件（steel reinforced concrete，SRC）。

1）型钢混凝土梁

型钢混凝土梁截面如图 10.3.1（a）所示，其中型钢骨架一般采用实腹轧制工字钢或由钢板拼焊成工字形截面。对于大跨度梁，其型钢骨架多采用 Warren（华伦式）钢桁架 [图 10.3.1（b）]。

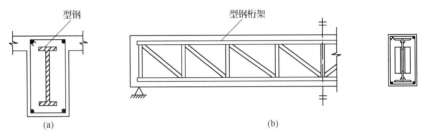

图 10.3.1 型钢混凝土梁类型

2）型钢混凝土柱

目前工程中常用的型钢混凝土柱截面形式如图 10.3.2 所示，柱内埋设的型钢芯柱有以下几种类型：①轧制 H 型钢或由钢板拼焊成的 H 形截面 [图 10.3.2（a）]；②由一个 H 型钢和两个剖分 T 型钢拼焊成的带翼缘十字形截面 [图 10.3.2（b）]；③方钢管 [图 10.3.2（c）]；④圆钢管 [图 10.3.2（d）]；⑤由一个工字型钢或窄翼缘 H 型钢及一个剖分 T 型钢拼焊成的带翼缘 T 形截面 [图 10.3.2（e）]。

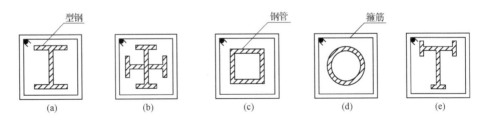

图 10.3.2 型钢混凝土柱截面形式

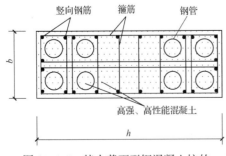

图 10.3.3 特大截面型钢混凝土柱的截面形式

对于特大截面型钢混凝土柱，为了防止柱在剪压状态下的脆性破坏，可在柱内埋设多根较小直径的圆形钢管（图 10.3.3）取代常用的 H 形、十字形型钢芯柱，以增强型钢对混凝土的约束作用，提高混凝土的抗压强度和构件延性，使柱的力学性能接近于钢管混凝土柱。

3）型钢混凝土剪力墙和筒体

型钢混凝土剪力墙截面如图 10.3.4 所示，通常是在墙的两端、纵横墙交接处、洞口两侧以及沿实体墙长度方向每隔不大于 6m 处设置型钢暗柱 ［图 10.3.4 （a）］或在端柱内设置型钢芯柱 ［图 10.3.4 （b）］。在钢框架-混凝土核心筒结构中，为了提高钢筋混凝土核心筒的承载力和变形能力以及便于与钢梁连接，通常在核心筒的转角和洞边设置型钢芯柱，形成型钢混凝土筒体。

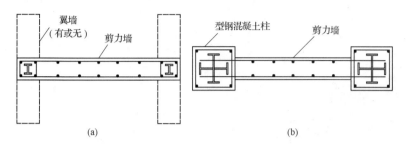

图 10.3.4　型钢混凝土剪力墙

2. 钢管混凝土构件

钢管混凝土构件（concrete filled steel tube，CFST）是在钢管内部充填浇筑混凝土的结构构件，钢管内部一般不再配置钢筋。早期的钢管混凝土构件多采用圆钢管 ［图 10.3.5 （a）］，钢管内的混凝土受到钢管的有效约束，可显著提高其抗压强度和极限压应变，而混凝土可增强钢管的稳定性，使钢材的强度得以充分发挥。因此，钢管混凝土柱是一种比较理想的受压构件形式，具有良好的抗震性能。

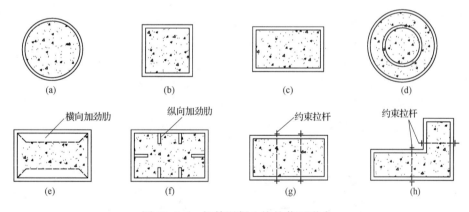

图 10.3.5　钢管混凝土柱的截面形式

此外，对于承受特大荷载的较大截面圆钢管混凝土柱，为了避免钢管壁过厚，可在柱截面内增设一个较小直径钢管，即二重钢管柱 ［图 10.3.5 （d）］，内钢管的直径一般取外钢管直径的 3/4。

由于高层建筑的平面、体形和使用功能日趋多样化，单一的圆钢管混凝土柱已不能满足要求，所以方形、矩形、L 形截面 ［图 10.3.5 （b）、（c）和（h）］等异形钢管混凝土柱已在高层建筑中应用。对于较大截面方形、矩形、T 形和 L 形等钢管混凝土柱，为强化钢管对内部混凝土的约束作用，并延缓管壁钢板的局部屈曲，宜加焊横向或纵向加劲肋 ［图10.3.5 （e）和（f）］，或按一定间距设置约束拉杆 ［图 10.3.5 （g）和（h）］。

3. 钢-混凝土组合梁板

钢-混凝土组合梁板（steel-concrete composite beam and slab）是利用钢材（钢梁和压型钢板）承受构件截面上的拉力、混凝土承受压力，使钢材的抗拉强度和混凝土的抗压强度均得到充分利用。组合梁板中的钢梁可以承担施工荷载，而压型钢板可直接作为楼板混凝土的模板，加快施工进度，减轻楼板自重，因而在高层建筑楼盖结构中应用较多。图 10.3.6 为钢-混凝土组合梁板构造示意图。

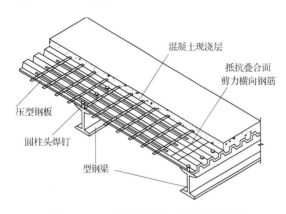

图 10.3.6　钢-混凝土组合梁板示意图

10.3.2　混合结构体系

混合结构主要是以钢梁（或型钢混凝土梁）、钢柱（或型钢混凝土柱、钢管混凝土柱）代替混凝土梁、柱的一种结构体系，因此第 2 章所介绍的结构体系原则上都可以设计成混合结构体系，但考虑到这种结构体系主要用于高度较大的高层建筑，所以下面结合工程实例简要介绍其中的几种。

1. 筒中筒体系

1）上海环球金融中心

该建筑地下 3 层，地面以上 95 层，高 460m，总建筑面积为 $33.5 \times 10^4 \, m^2$，采用筒中筒结构体系，上段和下段部分楼层结构平面分别如图 10.3.7（a）和（b）所示。其中外框筒由型钢混凝土梁和型钢混凝土柱构成，内筒为钢筋混凝土实腹筒；内、外筒之间的楼盖采用钢梁及压型钢板-混凝土组合板。另外，由于内筒的高宽比值（约为 14）较大，为减小其弯曲变形所引起的侧移，并使外筒翼缘框架中央各柱更充分地参与抵抗倾覆力矩，沿建筑高度设置两道纵、横向刚性伸臂桁架和沿外框筒周边的环向桁架。

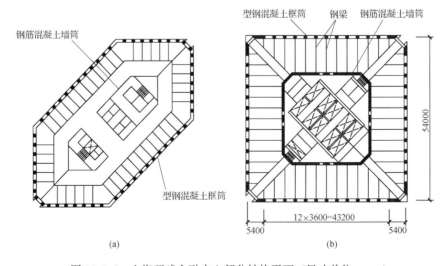

图 10.3.7　上海环球金融中心部分结构平面（尺寸单位：mm）

2）陕西信息大厦

该建筑地下 3 层，地面以上 52 层，高 189m，总建筑面积为 $7.5 \times 10^4 \text{m}^2$，办公楼层平面如图 10.3.8 所示。采用筒中筒结构体系，其中内筒平面的长轴和短轴长度分别为 24.6m 和 18.9m，为钢筋混凝土实腹筒；外框筒的长轴和短轴长度分别为 41.0m 和 38.8m，采用型钢混凝土。为了降低层高，楼盖采用厚度为 220mm 无黏结预应力混凝土平板（无梁楼盖）。该工程位于抗震设防烈度 8 度地区，场地类别为 III 类，是在高烈度地震区建造的混合结构体系。

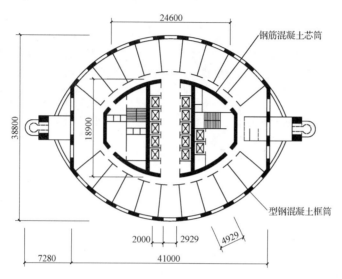

图 10.3.8　陕西信息大厦办公楼层平面（尺寸单位：mm）

2. 框架-核心筒结构体系

1）上海世界金融大厦

该建筑平面呈梭形，长轴为 56.15m，短轴为 31.5m，结构平面及剖面如图 10.3.9 所示。地下 3 层，地面以上 43 层，典型楼层的层高为 3.55m，总高度 174m。核心筒采用钢筋混凝土实腹筒，周边框架由钢梁与型钢混凝土柱刚性连接构成。为增大结构的横向侧移刚度，于第 15 层和第 30 层（均为避难层）沿横向设置四道伸臂桁架 ［图 10.3.9（b）］，以加强核心筒与外框架柱的联系，使外柱更多地参与整体抗弯。

2）广州南航大厦

该建筑于 1999 年建成，地下 3 层，地面以上 61 层，高 189m，突出屋顶的小塔楼 5 层，屋面标高为 204m，平面为带凸角的正方形，如图 10.3.10 所示。采用框架-核心筒结构体系，核心筒由纵、横向钢筋混凝土墙体组成，周边框架由两种构件组成：①4 根巨型角柱，采用平面尺寸为 5m×5m 的钢筋混凝土墙筒；②8 根边柱，地下 3 层至地上 6 层采用直径为 1.2m 的钢管混凝土柱；第 7～20 层采用钢管混凝土芯柱，钢管直径为 350mm；20 层以上改为钢筋混凝土柱。核心筒与周边框架之间的楼盖，采用后张有黏结部分预应力混凝土平板，板厚 200mm。核心筒与角筒之间采用截面尺寸为 1600mm×400mm 的后张有黏结部分预应力混凝土扁梁加强连接。另外，为使角筒和边柱参与核心筒整体抵抗倾覆力矩，在第 23、40 层两个避难层各设置 4.5m 高（即整层楼高）的伸臂钢桁架，同时将

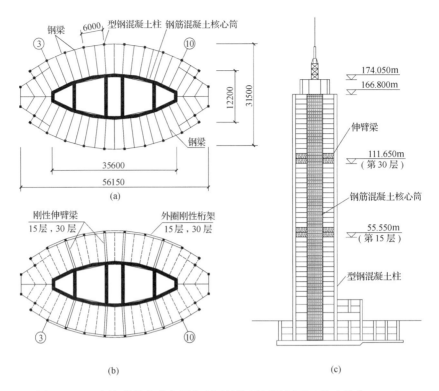

图 10.3.9　上海世界金融大厦典型层结构平面及剖面（尺寸单位：mm）

这两层的周边框架梁设计成 500mm×2000mm 的钢筋混凝土刚性梁；还将第 56 层屋盖的周边梁和伸臂设计成 800mm×2700mm 的钢筋混凝土大梁。

3. 核心筒-翼柱体系

1）结构体系的组成

核心筒-翼柱体系是指由钢筋混凝土或型钢混凝土核心筒与建筑周边型钢混凝土巨型翼柱所组成的结构体系，如图 10.3.11（a）和（b）所示。核心筒通过各层楼盖大梁以及每隔若干楼层由核心筒外伸的伸

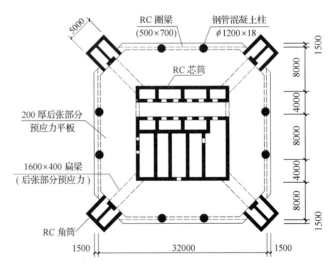

图 10.3.10　广州南航大厦典型层结构平面
（尺寸单位：mm）

臂桁架（或大梁）与周边巨型翼柱相连，形成一个整体抗侧力结构体系。建筑每边的两个巨型翼柱，通过各层楼盖边梁相互连接，形成一个空腹桁架结构。某些情况下，为使平行于水平荷载方向的每一侧巨型柱参与抵抗倾覆力矩，可在每一侧的两根巨型柱之间增设竖向支撑。

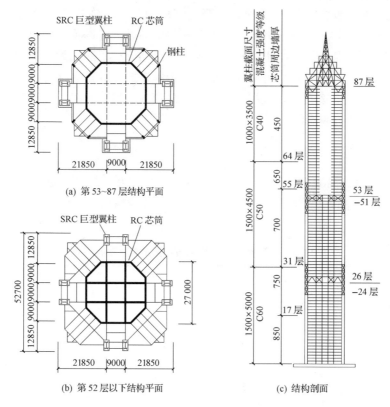

图 10.3.11　金茂大厦塔楼结构简图（尺寸单位：mm）

2）工程实例

金茂大厦位于上海浦东新区陆家嘴金融贸易区，由塔楼和裙房组成。塔楼地下 3 层，地面以上 88 层，结构顶部高度为 383m，建筑总高度为 421m。塔楼平面呈八边形，立面呈宝塔形，第 53～87 层结构平面、52 层以下结构平面和剖面示意图分别如图 10.3.11 所示。

塔楼主体结构采用核心筒-翼柱体系，主要由以下几部分组成：①钢筋混凝土核心筒、筒内纵、横向墙体按井字形布置；②8 根型钢混凝土巨型翼柱，布置在建筑物四边且位于核心筒内墙轴线上；③8 根型钢巨型柱，布置在建筑物的四角；④伸臂钢桁架，沿建筑物高度设置在第 24～26 层、第 51～53 层、第 85～88 层，沿平面布置在核心筒内墙轴线上并与周边的巨型翼柱相连。

10.3.3　高层建筑混合结构的结构布置和概念设计

1. 结构总体布置

高层混合结构房屋的总体布置原则与高层建筑混凝土结构相同，详见 2.2 节。由于混合结构中的梁、柱为钢结构或型钢混凝土结构，故而应遵循钢结构布置的一些基本要求，特别是对平面及竖向规则性要求。

（1）混合结构房屋平面的外形宜简单规则，宜采用方形、矩形等规则对称的平面，并尽量使结构的抗侧力中心与水平合力中心重合，建筑的开间、进深宜统一。

（2）混合结构的侧向刚度和承载力沿竖向宜均匀变化，构件截面宜由下至上逐渐减少，无突变。当框架柱的上部与下部的类型和材料不同时，应设置过渡层。对于刚度突变的楼层，如转换层、加强层、空旷的顶层、顶部突出部分、型钢混凝土框架与钢框架的交接层及邻近楼层，应采取可靠的过渡加强措施。钢框架部分设置支撑时，宜采用偏心支撑和耗能支撑，支撑宜连续布置，且在相互垂直的两个方向均宜布置，并相互交接；支撑框架在地下部分宜延伸至基础。

2. 适用的最大高度和高宽比限值

我国《高层建筑混凝土结构技术规程》（JGJ 3—2010）中规定的混合结构房屋建筑适用的最大高度见表 10.3.1，平面和竖向均不规则的结构，表中最大适用高度应适当降低。

表 10.3.1　混合结构房屋建筑适用的最大高度（m）

结构体系		非抗震设计	抗震设防烈度				
			6 度	7 度	8 度		9 度
					0.2g	0.3g	
框架-核心筒	钢框架-钢筋混凝土核心筒	210	200	160	120	100	70
	型钢（钢管）混凝土框架-钢筋混凝土核心筒	240	220	190	150	130	70
筒中筒	钢外筒-钢筋混凝土核心筒	280	260	210	160	140	80
	型钢（钢管）混凝土外筒-钢筋混凝土核心筒	300	280	230	170	150	90

高层建筑的高宽比是对结构刚度、整体稳定、承载能力和经济合理性的宏观控制。钢（型钢混凝土）框架-钢筋混凝土筒体混合结构高层建筑，其主要抗侧力体系仍然是钢筋混凝土筒体，因此其高宽比的限值和层间位移限值均取钢筋混凝土结构体系的同一数值，而筒中筒体系混合结构，外围筒体抗侧刚度较大，承担水平力也较多，钢筋混凝土内筒分担的水平力相应减小，且外筒体延性相对较好，故高宽比要求适当放宽。我国《高层建筑混凝土结构技术规程》（JGJ 3—2010）规定的混合结构房屋建筑适用的最大高宽比见表 10.3.2。

表 10.3.2　混合结构房屋适用的最大高宽比

结构体系	非抗震设计	抗震设防烈度		
		6 度、7 度	8 度	9 度
框架-核心筒	8	7	6	4
筒中筒	8	8	7	5

3. 概念设计

1）保证钢筋混凝土筒体的承载力及延性

高层建筑混合结构随地震作用的增大，损伤加剧，结构破坏主要集中于混凝土筒体，表现为混凝土筒体底部混凝土受压破坏以及暗柱和角柱的纵筋压屈，而钢框架没有明显破坏现象，结构整体为弯曲型破坏，因此，抗震设计时应采取有效措施确保混凝土筒体的承载力和延性。

（1）试验研究结果表明，钢梁与混凝土筒体的交接处，由于存在一部分弯矩和轴力，而筒体剪力墙的平面外刚度又较小，所以很容易出现裂缝。而配置了型钢柱的混凝土筒体墙在弯曲时，能避免发生平面外的错断，同时也能减小钢柱与混凝土筒体之间竖向变形差异产生的影响。因此混合结构体系的高层建筑，7 度抗震设防且房屋高度不超过 130m 时，宜在楼面钢梁或型钢混凝土梁与钢筋混凝土筒体交接处及筒体四角设置型钢柱；7 度抗震设防且房屋高度大于 130m 及 8、9 度抗震设防时，应在楼面钢梁或型钢混凝土梁与钢筋混凝土筒体交接处及筒体四角设置型钢柱。

（2）为了保证钢筋混凝土筒体的延性，可采取下列措施：①保证钢筋混凝土筒体角部的完整性，并加强角部的配筋；②通过增加墙厚控制筒体剪力墙的剪应力水平；③剪力墙的端部设置型钢柱，四角配以纵向钢筋及箍筋形成暗柱；④筒体剪力墙配置多层钢筋，必要时在楼层标高处设置钢筋混凝土暗梁；⑤采用型钢混凝土剪力墙或带竖缝剪力墙；⑥筒体剪力墙的开洞位置应尽量对称均匀；⑦剪力墙洞口处的连梁采用交叉配筋方式或在连梁中设置水平缝。

2）增强外围框架的刚度及承载力

混合结构高层建筑中，外围框架平面内梁与柱应采用刚性连接，以增强外围框架的侧向刚度及水平承载力。钢框架-钢筋混凝土筒体结构中当采用 H 形截面钢柱时，为增强框架平面内刚度并减少剪力滞后，宜将柱截面强轴方向布置在外围框架平面内。另外，角柱为双向受力构件，故宜采用方形、十字形或圆形等对称截面。

3）设置外伸桁架加强层

采用外伸桁架加强层可以将筒体剪力墙的部分弯曲变形转换成框架柱的轴向变形，以减小水平荷载作用下的侧移，所以外伸桁架应与筒体剪力墙刚接且宜伸入并贯通抗侧力墙体，同时应布置周边桁架以保证各柱受力均匀。一般外伸桁架的高度不宜低于一个层高，外柱相对于桁架杆件来说，截面尺寸较小，而轴力又较大，故不宜承受很大的弯矩，因而外伸桁架与外围框架柱的连接宜采用铰接或半刚接。外柱承受的轴力要传至基础，故外柱必须上、下连接，不得中断。

由于外柱与混凝土内筒的轴向变形不一致，两者的竖向变形差异会使外伸桁架产生很大的附加内力，因而外伸桁架宜分段拼装。在设置多道外伸桁架时，下面外伸桁架可在施工上面一个外伸桁架时予以封闭；仅设置一道外伸桁架时，可在主体结构完成后再安装封闭，形成整体。

关于伸臂加强层的设置位置及其加强层邻近楼层构件内力的调整等问题，可参看 9.2 节，不再赘述。

4）钢框架柱地震剪力调整

在钢框架-钢筋混凝土筒体结构体系中，由于钢筋混凝土筒体的侧向刚度较钢框架大很多，因而在地震作用下混凝土筒体承担了绝大部分楼层地震剪力。但钢筋混凝土剪力墙的弹性极限变形值很小（约为 1/3000），在达到规范规定的变形时剪力墙已经开裂，而此时钢框架尚处于弹性阶段，楼层地震剪力会在混凝土筒体墙与钢框架之间重分配，钢框架承受的地震剪力比按弹性分析的结果大。而且钢框架是重要的承重构件，它的破坏和竖向承载力降低将危及整个结构的安全，因此抗震设计时钢框架-钢筋混凝土筒体结构各层框架柱所承担的地震剪力不应小于结构底部总剪力的 25% 和框架部分地震剪力最大值的 1.8 倍二者的较小者；型钢混凝土框架-钢筋混凝土筒体各层框架柱所承担的地震剪力，应符合钢筋混凝土框架-剪力墙结构中框架柱的相应规定，详见 7.5 节。

10.3.4　高层建筑混合结构的计算分析

在弹性阶段，混合结构的内力和位移分析方法与混凝土结构相同，但在计算模型、结构参数的选取等方面，尚有一些不同之处。

（1）在进行弹性阶段结构整体内力和位移计算时，对钢梁及钢柱可采用钢材的截面计算；对型钢混凝土构件，其截面的弯曲刚度 EI、轴向刚度 EA 和剪切刚度 GA 可采用下列各式计算，即

$$EI = E_c I_c + E_a I_a \tag{10.3.1}$$

$$EA = E_c A_c + E_a A_a \tag{10.3.2}$$

$$GA = G_c A_c + G_a A_a \tag{10.3.3}$$

式中：$E_c I_c$、$E_c A_c$、$G_c A_c$ 分别为组合构件截面上钢筋混凝土部分的截面弯曲刚度、轴向刚度和剪切刚度；$E_a I_a$、$E_a A_a$、$G_a A_a$ 分别为组合构件截面上型钢部分的截面弯曲刚度、轴向刚度和剪切刚度。

（2）在进行混合结构弹性分析时，宜考虑钢梁与混凝土楼面的共同作用，梁的刚度可取钢梁刚度的 1.5～2.0 倍，但必须保证钢梁与混凝土楼面的可靠连接。

（3）对设有外伸桁架加强层的混合结构，在结构内力和位移计算中，应视加强层楼板为有限刚度，考虑楼板在平面内的变形，以得到外伸桁架的弦杆内力和轴向变形。

（4）混合结构中，柱的截面尺寸较小，应力水平较高，其轴向变形会较混凝土筒体大很多，故计算结构在竖向荷载作用下的内力时宜考虑柱、墙在施工过程中轴向变形差异的影响，并宜考虑在长期荷载作用下由于钢筋混凝土筒体的徐变和收缩对钢梁及柱产生的不利影响。

（5）混合结构房屋施工时一般是混凝土筒体先于外围钢框架，以加快施工进度。为此，设计时必须考虑施工阶段未形成框架-筒体结构前钢筋混凝土筒体在风荷载及其他荷载作用下的不利受力状态。型钢混凝土结构应验算在浇筑混凝土之前钢框架在施工荷载及可能的风荷载作用下的承载力、稳定及位移，并据此确定钢框架安装与浇筑混凝土楼层的间隔数。

（6）柱间钢支撑两端与柱或钢筋混凝土筒体的连接可作为铰接计算。

（7）混凝土结构的阻尼比约为 0.05，钢结构的阻尼比约为 0.02，故混合结构的阻尼比应介于 0.02～0.05。从实际建筑物的实测资料及国内外相关文献资料来看，混合结构在多遇地震下的阻尼比可取 0.04。

10.4　型钢混凝土构件设计

10.4.1　型钢混凝土构件的受力性能

常用实腹式型钢混凝土梁、柱截面形式如图 10.3.1 和图 10.3.2 所示。试验研究表

明，当型钢翼缘位于截面受压区且配置一定数量的纵向钢筋和箍筋时，型钢与外包混凝土能较好地协调变形，共同承受荷载作用，截面应变分布基本上符合平截面假定，其破坏形态与钢筋混凝土梁、柱构件类似，为截面受压区混凝土的压碎。构件达到最大承载力后，受压区混凝土保护层的剥落范围和程度比钢筋混凝土构件要大一些，但混凝土剥落深度仅发展到型钢受压翼缘。由于型钢骨架本身的作用以及型钢内侧混凝土受到型钢的约束，这种构件的 P-Δ 曲线上荷载峰值之后的负斜率较小，荷载峰值后的持荷能力较强，并且表现出相当大的变形能力，这是钢筋混凝土构件所不能及的。

试验研究表明，型钢混凝土构件的剪切破坏形态，主要有剪切斜压破坏、剪切黏结破坏和剪压破坏。由于型钢与混凝土的黏结性能比钢筋与混凝土黏结性能差得多，因此在剪跨比不很小的情况下，就会产生沿型钢翼缘的剪切黏结破坏。在型钢混凝土构件中配置一定数量的箍筋，增加对型钢外围混凝土的约束，或在型钢翼缘外侧设置栓钉，提高二者之间的黏结强度，可以避免出现剪切黏结破坏。

与钢筋混凝土构件中箍筋的配置方式不同，实腹式型钢混凝土构件中的型钢腹板在构件中是连续配置的，其受剪承载力和抗剪刚度比仅配箍筋构件要大得多，因此，这种构件的剪力主要由型钢腹板承担。随着荷载的增加，型钢腹板首先发生剪切屈服，构件最后因剪压区混凝土达到剪压复合受力强度而破坏。由于型钢腹板的剪切屈服具有很大的耗能能力并能保持其承载力，型钢混凝土构件的受剪承载力和变形能力比一般钢筋混凝土构件要大得多。

10.4.2　型钢混凝土构件正截面承载力计算

目前，世界各国对型钢混凝土构件正截面承载力计算可归纳为如下三种方法：①考虑外包混凝土对型钢刚度的提高作用，按钢结构稳定理论计算；②假定构件内的型钢与外包混凝土协同工作，采用钢筋混凝土构件正截面承载力计算方法，我国《组合结构设计规范》（JGJ 138—2016）采用此法；③叠加法，即型钢混凝土构件的正截面承载力等于型钢与外包混凝土的正截面承载力之和，我国《钢骨混凝土结构设计规程》（YB 9082—2006）采用此法。

根据《高层规程》的规定，型钢混凝土构件可按现行《组合结构设计规范》（JGJ 138—2016）进行截面设计，故下面仅简要介绍该规程的设计方法。

1. 型钢混凝土梁

对采用充满型、实腹型的型钢混凝土框架梁，把型钢翼缘作为纵向受力钢筋的一部分，并在平衡方程中考虑型钢腹板的轴向承载力 N_{aw} 和受弯承载力 M_{aw}，则平衡方程为（图 10.4.1）

$$\alpha_1 f_c bx + f'_y A'_s + f'_a A'_{af} - f_y A_s - f_a A_{af} + N_{aw} = 0 \tag{10.4.1}$$

$$M \leqslant \alpha_1 f_c bx(h_0 - x/2) + f'_y A'_s(h_0 - a'_s) + f'_a A'_{af}(h_0 - a'_a) + M_{aw} \tag{10.4.2}$$

型钢混凝土梁内型钢腹板的轴向承载力 N_{aw} 和受弯承载力 M_{aw} 分别按下列公式计算：

当 $\delta_1 h_0 < 1.25x$，$\delta_2 h_0 > 1.25x$ 时

$$N_{aw} = \left[2.5 \frac{x}{h_0} - (\delta_1 + \delta_2) \right] t_w h_0 f_a \tag{10.4.3}$$

$$M_{\mathrm{aw}} = \left[0.5(\delta_1^2 + \delta_2^2) - (\delta_1 + \delta_2) + 2.5\frac{x}{h_0} - \left(1.25\frac{x}{h_0}\right)^2 \right] t_{\mathrm{w}} h_0^2 f_{\mathrm{a}} \qquad (10.4.4)$$

混凝土等效受压区高度应符合下列规定：

$$x \leqslant \xi_{\mathrm{b}} h_0 \qquad (10.4.5\mathrm{a})$$

$$x \geqslant a_{\mathrm{a}}' + t_{\mathrm{f}}' \qquad (10.4.5\mathrm{b})$$

式中：t_{f}'、t_{w}、h_0 分别为型钢受压翼缘厚度、型钢腹板厚度和截面高度；f_{a}、f_{a}' 分别为型钢的抗拉、抗压强度设计值；A_{af}、A_{af}' 分别为型钢受拉翼缘和受压翼缘的截面面积。

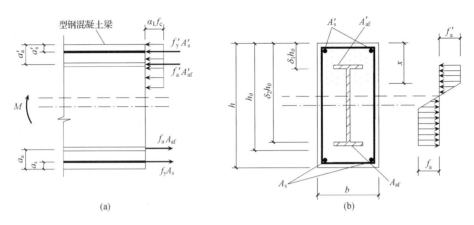

图 10.4.1　型钢混凝土梁正截面应力图形

2. 型钢混凝土柱

对于配置充满型、实腹型的型钢混凝土框架柱（图 10.4.2），其正截面受压承载力计算与型钢混凝土梁类似，可按下列公式计算：

$$N \leqslant \alpha_1 f_{\mathrm{c}} bx + f_{\mathrm{y}}' A_{\mathrm{s}}' + f_{\mathrm{a}}' A_{\mathrm{af}}' - \sigma_{\mathrm{s}} A_{\mathrm{s}} - \sigma_{\mathrm{a}} A_{\mathrm{af}} + N_{\mathrm{aw}} \qquad (10.4.6)$$

$$Ne \leqslant \alpha_1 f_{\mathrm{c}} bx(h_0 - x/2) + f_{\mathrm{y}}' A_{\mathrm{s}}'(h_0 - a_{\mathrm{s}}') + f_{\mathrm{a}}' A_{\mathrm{af}}'(h_0 - a_{\mathrm{a}}') + M_{\mathrm{aw}} \qquad (10.4.7)$$

框架柱内型钢腹板的轴向承载力 N_{aw} 和受弯承载力 M_{aw} 可按下列公式计算：

（1）大偏心受压柱。当 $\delta_1 h_0 < \dfrac{x}{\beta_1}$，$\delta_2 h_0 > \dfrac{x}{\beta_1}$ 时

$$N_{\mathrm{aw}} = \left[\frac{2x}{\beta_1 h_0} - (\delta_1 + \delta_2) \right] t_{\mathrm{w}} h_0 f_{\mathrm{a}} \qquad (10.4.8)$$

$$M_{\mathrm{aw}} = \left[0.5(\delta_1^2 + \delta_2^2) - (\delta_1 + \delta_2) + \frac{2x}{\beta_1 h_0} - \left(\frac{x}{\beta_1 h_0}\right)^2 \right] t_{\mathrm{w}} h_0^2 f_{\mathrm{a}} \qquad (10.4.9)$$

（2）小偏心受压柱。当 $\delta_1 h_0 < \dfrac{x}{\beta_1}$，$\delta_2 h_0 < \dfrac{x}{\beta_1}$ 时

$$N_{\mathrm{aw}} = (\delta_2 - \delta_1) t_{\mathrm{w}} h_0 f_{\mathrm{a}} \qquad (10.4.10)$$

$$M_{\mathrm{aw}} = \left[0.5(\delta_1^2 - \delta_2^2) + (\delta_2 - \delta_1) \right] t_{\mathrm{w}} h_0^2 f_{\mathrm{a}} \qquad (10.4.11)$$

受拉或受压较小边的钢筋应力 σ_{s} 和型钢翼缘应力 σ_{a} 可按下列规定计算：

当 $x \leqslant \xi_{\mathrm{b}} h_0$ 时　　　　　　$\sigma_{\mathrm{s}} = f_{\mathrm{y}}$，$\sigma_{\mathrm{a}} = f_{\mathrm{a}}$

当 $x > \xi_{\mathrm{b}} h_0$ 时　　　　　　$\sigma_{\mathrm{s}} = \dfrac{f_{\mathrm{y}}}{\xi_{\mathrm{b}} - \beta_1} \left(\dfrac{x}{h_0} - \beta_1 \right)$　　　(10.4.12a)

$$\sigma_{a} = \frac{f_{a}}{\xi_{b} - \beta_{1}}\left(\frac{x}{h_{0}} - \beta_{1}\right) \tag{10.4.12b}$$

ξ_{b} 可计算为

$$\xi_{b} = \frac{\beta_{1}}{1 + \dfrac{f_{y} + f_{a}}{2 \times 0.003 E_{s}}} \tag{10.4.13}$$

上述各式中的符号意义与式（10.4.1）～式（10.4.5）相同，未说明的符号意义如图 10.4.2 所示。

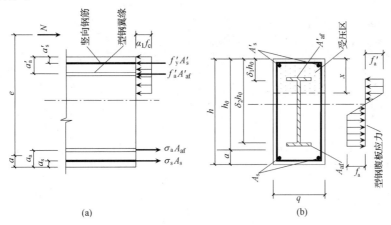

图 10.4.2　型钢混凝土偏心受压柱截面应力图形

3. 型钢混凝土剪力墙

两端配置型钢暗柱的型钢混凝土偏心受压剪力墙（图 10.4.3），其正截面承载力可采用下列公式计算：

$$N \leqslant \alpha_{1} f_{c} b_{w} x + f_{y}' A_{s}' + f_{a}' A_{a}' - \sigma_{s} A_{s} - \sigma_{a} A_{a} + N_{sw} \tag{10.4.14}$$

$$Ne \leqslant \alpha_{1} f_{c} b_{w} x (h_{w0} - x/2) + f_{y}' A_{s}' (h_{w0} - a_{s}') + f_{a}' A_{a}' (h_{w0} - a_{a}') + M_{sw} \tag{10.4.15}$$

当 $x = \beta_{1} h_{w0}$ 时

$$N_{sw} = \left(1 + \frac{x - \beta_{1} h_{w0}}{0.5 \beta_{1} h_{sw}}\right) f_{yw} A_{sw} \tag{10.4.16}$$

$$M_{sw} = \left[0.5 - \left(\frac{x - \beta_{1} h_{w0}}{\beta_{1} h_{sw}}\right)^{2}\right] f_{yw} A_{sw} h_{sw} \tag{10.4.17}$$

当 $x > \beta_{1} h_{w0}$ 时

$$N_{sw} = f_{yw} A_{sw} \tag{10.4.18}$$

$$M_{sw} = 0.5 f_{yw} A_{sw} h_{sw} \tag{10.4.19}$$

式中：A_{a}、A_{a}' 分别表示剪力墙受拉端、受压端所配置型钢的截面面积；A_{sw} 为剪力墙竖向分布钢筋的总截面面积；N_{sw}、M_{sw} 分别表示剪力墙竖向分布钢筋所承担的轴力和竖向分布钢筋的合力对型钢截面重心的力矩；h_{sw} 表示配置竖向分布钢筋的截面高度，$h_{sw} = h_{w0} - a_{s}'$；其余符号意义如图 10.4.3 所示。

型钢混凝土偏心受拉剪力墙，其正截面受拉承载力为

$$N \leqslant \frac{1}{\dfrac{1}{N_{ou}} + \dfrac{e_{0}}{M_{wu}}} \tag{10.4.20}$$

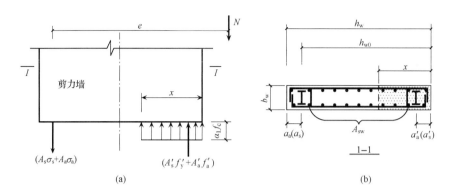

图 10.4.3　型钢混凝土剪力墙偏心受压正截面应力图形

$$N_{\mathrm{ou}} = f_{\mathrm{y}}(A_{\mathrm{s}} + A_{\mathrm{s}}') + f_{\mathrm{a}}(A_{\mathrm{a}} + A_{\mathrm{a}}') + f_{\mathrm{yw}}A_{\mathrm{sw}} \tag{10.4.21}$$

$$M_{\mathrm{wu}} = f_{\mathrm{y}}A_{\mathrm{s}}(h_{\mathrm{w0}} - a_{\mathrm{s}}') + f_{\mathrm{a}}A_{\mathrm{a}}(h_{\mathrm{w0}} - a_{\mathrm{s}}') + f_{\mathrm{yw}}A_{\mathrm{sw}}\left(\frac{h_{\mathrm{w0}} - a_{\mathrm{s}}'}{2}\right) \tag{10.4.22}$$

式中：N 为型钢混凝土剪力墙轴向拉力设计值；e_0 为轴向拉力对截面重心的偏心矩；N_{ou} 为型钢混凝土剪力墙轴向受拉承载力；M_{wu} 为型钢混凝土剪力墙受弯承载力。

　　式（10.4.1）、式（10.4.2）、式（10.4.6）、式（10.4.7）、式（10.4.14）、式（10.4.15）和式（10.4.20）是持久、短暂设计状况的设计表达式，对于地震设计状况，上述公式的右端项应除以承载力抗震调整系数 γ_{RE}。

10.4.3　型钢混凝土构件斜截面承载力计算

1. 型钢混凝土梁

1) 截面尺寸限制条件

　　试验研究表明，型钢混凝土梁的受剪承载力上限值为 $0.45f_{\mathrm{c}}bh_0$，比钢筋混凝土梁高得多，这主要是因为型钢对梁的受剪承载力贡献很大。因此对型钢混凝土梁，为防止其发生斜压破坏，除应限制其剪压比外，还应限制其型钢比，即型钢混凝土梁的受剪截面应符合下列条件：

　　型钢比

$$f_{\mathrm{a}}t_{\mathrm{w}}h_{\mathrm{w}} \geqslant 0.1\beta_{\mathrm{c}}f_{\mathrm{c}}bh_0 \tag{10.4.23}$$

　　剪压比

　　　持久、短暂设计状况

$$V_{\mathrm{b}} \leqslant 0.45\beta_{\mathrm{c}}f_{\mathrm{c}}bh_0 \tag{10.4.24}$$

　　　地震设计状况

$$V_{\mathrm{b}} \leqslant 0.36\beta_{\mathrm{c}}f_{\mathrm{c}}bh_0/\gamma_{\mathrm{RE}} \tag{10.4.25}$$

式中：V_{b} 为型钢混凝土梁的剪力设计值；β_{c} 为混凝土强度影响系数，按《混凝土结构设计规范》取值。

　　2) 受剪承载力计算

　　试验结果表明，型钢混凝土梁的斜截面受剪承载力大致等于型钢腹板和外包混凝土两部分的受剪承载力之和，并可近似地认为型钢腹板处于纯剪状态，即 $\tau_{xy} = (1/\sqrt{3})f_{\mathrm{a}} =$

$0.58f_a$。基于上述考虑，对采用充满型、实腹型的无洞型钢混凝土框架梁，其斜截面受剪承载力可按下列公式计算：

均布荷载作用下，持久、短暂设计状况

$$V_b \leqslant 0.8f_t bh_0 + f_{yv}\frac{A_{sv}}{s}h_0 + 0.58f_a t_w h_w \tag{10.4.26}$$

地震设计状况

$$V_b \leqslant \left(0.5f_t bh_0 + f_{yv}\frac{A_{sv}}{s}h_0 + 0.58f_a t_w h_w\right)\Big/\gamma_{RE} \tag{10.4.27}$$

集中荷载作用下，持久、短暂设计状况

$$V_b \leqslant \frac{1.75}{\lambda+1}f_t bh_0 + f_{yv}\frac{A_{sv}}{s}h_0 + \frac{0.58}{\lambda}f_a t_w h_w \tag{10.4.28}$$

地震设计状况

$$V_b \leqslant \left(\frac{1.05}{\lambda+1}f_t bh_0 + f_{yv}\frac{A_{sv}}{s}h_0 + \frac{0.58}{\lambda}f_a t_w h_w\right)\Big/\gamma_{RE} \tag{10.4.29}$$

式中：A_{sv} 为配置在同一截面内的箍筋各肢的全部截面面积；s 为沿构件长度方向上的箍筋间距；λ 为梁验算截面的剪跨比，$\lambda=a/h$，其中 a 为验算截面（取集中荷载作用点）至支座截面或节点边缘的距离；f_{yv} 为箍筋的抗拉强度设计值。

2. 型钢混凝土柱

1）截面尺寸限制条件

与型钢混凝土梁类似，型钢混凝土柱的受剪截面应符合下列条件：

型钢比

$$f_a t_w h_w \geqslant 0.1\beta_c f_c bh_0 \tag{10.4.30}$$

剪压比

持久、短暂设计状况

$$V_c \leqslant 0.45\beta_c f_c bh_0 \tag{10.4.31}$$

地震设计状况

$$V_c = (0.36\beta_c f_c bh_0)/\gamma_{RE} \tag{10.4.32}$$

式中：V_c 为柱的剪力设计值。

2）受剪承载力计算

与型钢混凝土梁不同，型钢混凝土偏心受压柱的斜截面受剪承载力应考虑轴力的影响。

持久、短暂设计状况

$$V_c \leqslant \frac{1.75}{\lambda+1}f_t bh_0 + f_{yv}\frac{A_{sv}}{s}h_0 + \frac{0.58}{\lambda}f_a t_w h_w + 0.07N \tag{10.4.33}$$

地震设计状况

$$V_c \leqslant \left(\frac{1.05}{\lambda+1}f_t bh_0 + f_{yv}\frac{A_{sv}}{s}h_0 + \frac{0.58}{\lambda}f_a t_w h_w + 0.056N\right)\Big/\gamma_{RE} \tag{10.4.34}$$

式中：N 为考虑地震作用效应组合的框架柱轴向压力设计值；当 $N>0.3f_c A_c$ 时，取 $N=0.3f_c A_c$，其中 A_c 为柱的截面面积。

对于型钢混凝土偏心受拉柱，其斜截面受剪承载力应符合下列公式的规定：

持久、短暂设计状况

$$V_c \leqslant \frac{1.75}{\lambda+1} f_t b h_0 + f_{yv} \frac{A_{sv}}{s} h_0 + \frac{0.58}{\lambda} f_a t_w h_w - 0.2N \tag{10.4.35}$$

当 $V_c \leqslant f_{yv} \frac{A_{sv}}{s} h_0 + \frac{0.58}{\lambda} f_a t_w h_w$ 时，应取 $V_c = f_{yv} \frac{A_{sv}}{s} h_0 + \frac{0.58}{\lambda} f_a t_w h_w$。

地震设计状况

$$V_c \leqslant \left(\frac{1.05}{\lambda+1} f_t b h_0 + f_{yv} \frac{A_{sv}}{s} h_0 + \frac{0.58}{\lambda} f_a t_w h_w - 0.2N \right) \Big/ \gamma_{RE} \tag{10.4.36}$$

当 $V_c \leqslant \left(f_y \frac{A_{sv}}{s} h_0 + \frac{0.58}{\lambda} f_a t_w h_w \right) \Big/ \gamma_{RE}$ 时，应取 $V_c = \left(f_{yv} \frac{A_{sv}}{s} h_0 + \frac{0.58}{\lambda} f_a t_w h_w \right) \Big/ \gamma_{RE}$。

式中：N 为柱的轴向拉力设计值，其余符号意义同前。

3. 型钢混凝土剪力墙

1) 截面尺寸限制条件

型钢混凝土剪力墙的混凝土腹板，其受剪截面应符合下列条件：

持久、短暂设计状况

$$V_{cw} \leqslant 0.25 \beta_c f_c b_w h_{w0} \tag{10.4.37}$$

$$V_{cw} = V - \frac{0.4}{\lambda} f_a A_{a1} \tag{10.4.38}$$

地震设计状况

剪跨比 $\lambda > 2.5$ 时　　$V_{cw} \leqslant (0.2 \beta_c f_c b_w h_{w0}) / \gamma_{RE} \tag{10.4.39}$

剪跨比 $\lambda \leqslant 2.5$ 时　　$V_{cw} \leqslant (0.15 \beta_c f_c b_w h_{w0}) / \gamma_{RE} \tag{10.4.40}$

$$V_{cw} = V - \frac{0.32}{\lambda} f_a A_{a1} \tag{10.4.41}$$

式中：λ 为剪力墙计算截面处的剪跨比，$\lambda = M/(V h_{w0})$；M、V 分别为相应的弯矩和剪力设计值；其余符号意义同前。

2) 受剪承载力计算

试验研究表明，由于剪力墙端部型钢的销栓抗剪作用和对混凝土墙体的约束作用，型钢混凝土剪力墙的受剪承载力大于钢筋混凝土剪力墙，但当墙肢宽度较大时，这两种作用将减弱，故计算其受剪承载力时，对于无边框剪力墙 [图 10.3.4 （a）]，仅宜适当考虑型钢的销栓作用，而对于带边框剪力墙 [图 10.3.4 （b）]，可适当考虑型钢的销栓抗剪作用和对混凝土墙体的作用。基于上述考虑，型钢混凝土剪力墙偏心受压时的受剪承载力可按下列公式计算：

持久、短暂设计状况

$$V_w \leqslant \frac{1}{\lambda-0.5} \left(0.5 f_t b_w h_{w0} + 0.13N \frac{A_w}{A} \right) + f_{yv} \frac{A_{sh}}{s} h_{w0} + \frac{0.4}{\lambda} f_a A_{a1} \tag{10.4.42}$$

地震设计状况

$$V_w \leqslant \frac{1}{\gamma_{RE}} \left[\frac{1}{\lambda-0.5} \left(0.4 f_t b_w h_{w0} + 0.1N \frac{A_w}{A} \right) + 0.8 f_{yv} \frac{A_{sh}}{s} h_{w0} + \frac{0.32}{\lambda} f_a A_{a1} \right]$$

$$\tag{10.4.43}$$

式中：λ 为剪力墙计算截面处的剪跨比，$\lambda = M/(V h_{w0})$，M、V 分别为相应的弯矩和剪力设计值，当 $\lambda < 1.5$ 时取 $\lambda = 1.5$，当 $\lambda > 2.2$ 时取 $\lambda = 2.2$；V_{cw} 为仅考虑墙肢截面钢筋混凝土部分承受的剪力设计值；A_{a1} 为剪力墙一端所配型钢的截面面积，当两端所配型钢截面面积不同时，取较小一端的面积；N 为考虑地震作用组合的剪力墙轴向压力设计值，当 $N > 0.2 f_c b_w h_{w0}$ 时取 $N = 0.2 f_c b_w h_{w0}$；A 为剪力墙的横截面面积；A_w 为工字形、T 形截面剪力墙的腹板截面面积，对矩形截面剪力墙，取 $A_w = A$；A_{sh} 为配置在同一水平截面内的水平分布钢筋总截面面积；s、f_{yv} 为水平分布钢筋的竖向间距和抗拉强度设计值；其余符号意义同前。

型钢混凝土偏心受拉剪力墙，其斜截面受剪承载力可按下列公式计算：

持久、短暂设计状况

$$V \leqslant \frac{1}{\lambda - 0.5}\left(0.5 f_t b_w h_{w0} - 0.13 N \frac{A_w}{A}\right) + f_{yh}\frac{A_{sh}}{s}h_{w0} + \frac{0.4}{\lambda}f_a A_{a1} \qquad (10.4.44)$$

当式（10.4.44）右端的计算值小于 $f_{yh}\dfrac{A_{sh}}{s}h_{w0} + \dfrac{0.4}{\lambda}f_a A_{a1}$ 时，应取等于 $f_{yh}\dfrac{A_{sh}}{s}h_{w0} + \dfrac{0.4}{\lambda}f_a A_{a1}$。

地震设计状况

$$V \leqslant \frac{1}{\gamma_{RE}}\left[\frac{1}{\lambda - 0.5}\left(0.4 f_t b_w h_{w0} - 0.1 N \frac{A_w}{A}\right) + 0.8 f_{yh}\frac{A_{sh}}{s}h_{w0} + \frac{0.32}{\lambda}f_a A_{a1}\right]$$

$$(10.4.45)$$

当式（10.4.45）右端的计算值小于 $\dfrac{1}{\gamma_{RE}}\left[0.8 f_{yh}\dfrac{A_{sh}}{s}h_{w0} + \dfrac{0.32}{\lambda}f_a A_{a1}\right]$ 时，应取等于 $\dfrac{1}{\gamma_{RE}}\left[0.8 f_{yh}\dfrac{A_{sh}}{s}h_{w0} + \dfrac{0.32}{\lambda}f_a A_{a1}\right]$。

式中：N 为剪力墙的轴向拉力设计值。

10.4.4 型钢混凝土构件的构造要求

1. 型钢混凝土梁的构造要求

为了保证外包混凝土与型钢的黏结性能以及构件的耐久性，同时也为了便于浇筑混凝土，梁的混凝土强度等级不宜低于 C30，混凝土粗骨料最大直径不宜小于 25mm；梁中型钢的保护层厚度不宜小于 100mm，梁纵筋骨架的最小净距不应小于 30mm，且不小于梁纵筋直径的 1.5 倍；型钢采用 Q235 和 Q355 级钢材。

梁纵向钢筋配筋率不宜小于 0.30%，直径宜取 16～25mm。纵向受力钢筋不宜超过二排，且第二排只宜在最外侧设置，以便于钢筋绑扎及混凝土浇筑。

梁中纵向受力钢筋宜采用机械连接。如纵向钢筋需贯穿型钢柱腹板并以 90°弯折固定在柱截面内时，抗震设计时弯折前直段长度不应小于 0.4 倍钢筋抗震锚固长度 l_{aE}，弯折直段长度不应小于 15 倍纵向钢筋直径；非抗震设计时弯折前直段长度不应小于 0.4 倍钢筋锚固长度 l_a，弯折直段长度不应小于 12 倍纵向钢筋直径。

试验研究表明，钢梁上的洞口高度超过 0.7 倍钢梁高度时，其抗剪能力会急剧下降。因此，对型钢混凝土梁上开洞高度应按梁截面高度和型钢尺寸进行双重控制，即梁上开洞高度不宜大于梁截面高度的 0.4 倍，且不宜大于内含型钢高度的 0.7 倍，并应位于梁高及型钢高度的中间区域。

型钢混凝土悬臂梁自由端无约束，而且挠度也较大，为保证混凝土与型钢的共同变形，悬臂梁自由端的纵向受力钢筋应设置专门的锚固件，型钢梁的自由端上宜设置栓钉以抵抗混凝土与型钢间的纵向剪力。

为增强型钢混凝土梁中钢筋混凝土部分的抗剪能力，以及加强对箍筋内部混凝土的约束，防止型钢的局部失稳和主筋压曲，型钢混凝土梁沿梁全长箍筋的配置应满足下列要求：①箍筋的最小面积配筋率 ρ_{sv}，一、二级抗震等级应分别大于 $0.30 f_t / f_{yv}$ 和 $0.28 f_t / f_{yv}$，三、四级抗震等级应大于 $0.26 f_t / f_{yv}$；非抗震设计当梁的剪力设计值大于 $0.7 f_t b h_0$ 时，应大于 $0.24 f_t / f_{yv}$；抗震与非抗震设计均不应小于 0.15%。其中 f_t 表示混凝土抗拉强度设计值，f_{yv} 表示箍筋抗拉强度设计值。②梁箍筋的直径和间距应符合表 10.4.1 的要求，且箍筋间距不应大于梁截面高度的 1/2。抗震设计时，梁端箍筋应加密，箍筋加密区范围，一级时取梁截面高度的 2.0 倍，二、三级时取梁截面高度的 1.5 倍；当梁净跨小于梁截面高度的 4 倍时，梁全跨箍筋应加密设置。

表 10.4.1　型钢混凝土梁箍筋直径和间距

抗震等级	箍筋直径/mm	非加密区箍筋间距/mm	加密区箍筋间距/mm
一	≥12	≤180	≤120
二	≥10	≤200	≤150
三	≥10	≤250	≤180
四	≥8	250	200

注：非抗震设计时，箍筋直径不应小于 8mm，箍筋间距不应大于 250mm。

2. 型钢混凝土柱的构造要求

1）轴压比要求

型钢混凝土柱的轴压比 μ_N 可计算为

$$\mu_N = N/(f_c A_c + f_a A_a) \tag{10.4.46}$$

式中：N 为考虑地震作用效应组合的柱轴向压力设计值；A_a、A_c 分别为型钢的截面面积和扣除型钢后的混凝土截面面积；f_a、f_c 分别为型钢的抗拉强度设计值和混凝土轴心抗压强度设计值。为了保证型钢混凝土柱的延性，当考虑地震作用效应组合时，按式 (10.4.42) 所确定的轴压比不应大于表 10.4.2 规定的限值。

表 10.4.2　型钢混凝土柱轴压比限值

抗震等级	轴压比限值	抗震等级	轴压比限值
一	0.70	三	0.90
二	0.80		

注：框支柱的轴压比限值应比表中数值减少 0.1 采用；剪跨比不大于 2 的柱，其轴压比限值应比表中数值减少 0.05 采用；当混凝土强度等级大于 C60 时，表中数值宜减少 0.05。

2）基本构造要求

为了保证型钢混凝土柱的耐久性、耐火性、黏结性能以及便于浇筑混凝土，柱的混凝土强度等级不宜低于 C30，混凝土粗骨料的最大直径不宜大于 25mm；型钢柱中型钢的保护层厚度不宜小于 150mm，柱纵筋与型钢的最小净距不应小于 30mm。同时柱中纵向受力钢筋的间距不宜大于 300mm，间距大于 300mm 时，宜设置直径不小于 14mm 的纵向构造钢筋，以使混凝土受到充分的约束。柱纵向钢筋百分率不宜小于 0.8%。

当型钢混凝土柱的型钢含钢率太小时，就无必要采用型钢混凝土柱。所以，柱内型钢含钢率当轴压比大于 0.4 时，不宜小于 4%，当轴压比小于 0.4 时，不宜小于 3%。一般型钢混凝土柱比较合适的含钢率为 5%～8%，比较常用的含钢率为 4% 左右。另外，为充分利用型钢混凝土柱的受压承载力，柱的长细比不宜大于 80。

　　3）柱箍筋的构造要求

为了增强混凝土部分的抗剪能力和加强对箍筋内部混凝土的约束，防止型钢失稳和主筋压曲，避免构件过早出现沿纵筋劈裂和混凝土保护层剥落，柱内应设置足够的箍筋。箍筋宜采用 HRB400 级热轧钢筋，箍筋应做成 135° 的弯钩，非抗震设计时弯钩直段长度不应小于 5 倍箍筋直径，抗震设计时弯钩直段长度不应小于 10 倍箍筋直径。此外，在结构受力较大的部位，如底部加强部位、房屋顶层以及型钢混凝土与钢筋混凝土交接层，除需设置足够的箍筋外，型钢混凝土柱的型钢上宜设置栓钉，型钢截面为箱形的柱子也宜设置栓钉，竖向及水平栓钉间距均不宜大于 250mm，以防止型钢与混凝土之间产生相对滑移。

型钢混凝土柱箍筋的直径和间距应符合表 10.4.3 的规定。抗震设计时，柱端箍筋应加密，加密区范围取柱矩形截面长边尺寸（或圆形截面直径）、柱净高的 1/6 和 500mm 三者的最大值，加密区箍筋最小体积配箍率应符合表 10.4.4 的规定；二级且剪跨比不大于 2 的柱，加密区箍筋最小体积配箍率尚不小于 0.8%；框支柱、一级角柱和剪跨比不大于 2 的柱，箍筋均应全高加密，箍筋间距均不应大于 100mm。

表 10.4.3　型钢混凝土柱箍筋直径和间距

抗震等级	箍筋直径/mm	非加密区箍筋间距/mm	加密区箍筋间距/mm
一	≥12	≤150	≤100
二	≥10	≤200	≤100
三、四	≥8	≤200	≤150

注：箍筋直径除应符合表中要求外，尚不应小于纵向钢筋直径的 1/4；非抗震设计时，箍筋直径不应小于 8mm，箍筋间距不应大于 200mm。

表 10.4.4　型钢混凝土柱箍筋加密区箍筋最小体积配箍率

抗震等级	最小体积配箍率		
	轴压比<0.4	0.4≤轴压比≤0.5	轴压比>0.5
一	0.8	1.0	1.2
二	0.7	0.9	1.1
三	0.5	0.7	0.9

注：当型钢柱配置螺旋箍筋时，表中数值可减少 0.2，但不应小于 0.4。

　　3. 节点及连接的构造要求

型钢混凝土梁柱节点区的箍筋间距不宜大于柱端加密区箍筋间距的 1.5 倍。

由于在柱中型钢翼缘上开梁的纵筋贯通孔，对柱的抗弯十分不利，所以当梁中钢筋穿过梁柱节点时，宜避免穿过型钢翼缘；如必须穿过型钢翼缘时，应考虑型钢柱翼缘的损失。一般情况下可在柱中型钢腹板上开梁的纵筋贯通孔，但应控制孔洞的数量及尺寸，使型钢腹板截面损失率不宜大于 25％，当超过 25％时，应进行补强。

在型钢混凝土结构中，钢梁或型钢混凝土梁内型钢与型钢混凝土墙内型钢暗柱的连接，宜采用刚性连接［图 10.4.4（a）］，此时梁纵向受力钢筋伸入墙内的长度应满足受拉钢筋的锚固要求，亦可采用铰接［10.4.4（b）］。在这两种连接方式中，钢梁通过预埋件与混凝土筒体的型钢暗柱连接，此时预埋件在墙内应有足够的锚固长度。钢梁或型钢混凝土梁内型钢与钢筋混凝土筒体墙的连接，一般宜做成铰接。此时应在钢筋混凝土墙的相应部位设置预埋件，并用高强螺栓将钢梁或型钢混凝土梁内型钢的腹板与焊在预埋件上的竖向钢板相连接，如图 10.4.4（c）所示。

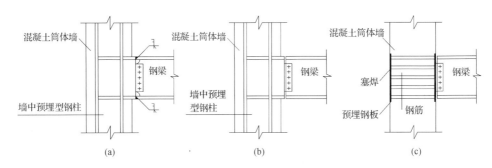

图 10.4.4　钢梁和型钢混凝土梁与钢筋混凝土筒体的连接构造示意图

震害经验表明，非埋入式柱脚特别是在地面以上的非埋入式柱脚，在地震时容易产生震害。因此，抗震设计时，混合结构中的钢柱应采用埋入式柱脚，型钢混凝土柱宜采用埋入式柱脚，埋入式柱脚的埋入深度不宜小于型钢柱截面高度的 2.5 倍。采用埋入式柱脚时，在柱脚部位和柱脚向上延伸一层的范围内宜设置栓钉。

小　　结

（1）高层建筑钢结构和混合结构的结构体系与高层建筑混凝土结构类似。其中钢框架-支撑体系与混凝土框架-剪力墙结构体系具有相同的受力特点，竖向支撑起了剪力墙的作用，因而竖向支撑的布置原则也与剪力墙布置原则相同。

混合结构主要是以钢梁（或型钢混凝土梁）、钢柱（或型钢混凝土柱、钢管混凝土柱）代替混凝土梁、柱，因而所有的高层建筑混凝土结构体系均可设计成混合结构。但在实际工程中混合结构大多为 B 级高度高层建筑（或超限高层建筑），因而这种结构体系一般为核心筒体系、筒中筒体系或其他抗侧能力很强的体系。

（2）与钢筋混凝土框架结构不同，钢框架在强震作用下的屈服耗能机制是以节点域板件和梁端屈服耗能为主，允许部分柱端屈服，是混合塑性铰机制。钢框架各部分屈服的理想顺序是：节点域板件首先剪切屈服，然后是梁端截面弯曲屈服，最后是部分柱端截面屈服。

（3）钢构件与连接的设计，包括钢框架梁、柱和节点域的设计、支撑杆件的设计、消能梁段的设计以及各种连接的设计等内容。抗震设计时，需考虑结构在罕遇地震作用下的屈服机制，进行强柱弱梁和节点域等方面的验算。

（4）高层混合结构一般均设置钢筋混凝土筒体，它是这种结构体系中最重要的抗侧力构件，应采取各种措施保证其承载力和延性，其中在楼面钢梁或型钢混凝土梁与钢筋混凝土筒体交接处及筒体四角设置型钢柱是最重要的措施。

（5）高层混合结构在弹性阶段的分析方法与一般匀质弹性材料结构的相同。由于型钢混凝土梁、柱等构件是由型钢与钢筋混凝土组成，因而构件截面刚度参数（EI、EA、GA）应考虑两种材料的影响。我国规范采用刚度叠加法，其优点是可同时得到构件截面的弯曲刚度、轴向刚度和剪切刚度，而换算截面法只能得到构件截面的弯曲刚度和轴向刚度。此外，混合结构在多遇地震作用下的阻尼比可取 0.04。

（6）型钢混凝土构件设计方法与钢筋混凝土构件相似。对构件正截面承载力计算，可采用平截面假定，按与混凝土构件相同的原理计算，仅需考虑型钢的作用，即本章所介绍的方法；也可采用叠加法，即型钢混凝土构件截面承载力等于型钢部分的承载力与钢筋混凝土部分的承载力之和。型钢混凝土构件斜截面受剪承载力由三部分组成，即混凝土、箍筋和型钢的受剪承载力，其中前两部分与钢筋混凝土构件的相似，而型钢对构件受剪承载力的贡献仅考虑腹板的作用。

思考与练习题

（1）高层建筑钢结构和混合结构各有哪些结构体系？在混合结构体系中，如何合理地选用不同的结构构件？不同结构构件之间的连接和转换应考虑哪些问题？

（2）试比较高层建筑钢结构、混合结构与高层建筑混凝土结构的设计概念和设计原则的异同点。

（3）在水平荷载作用下结构内力和位移的弹性计算方面，高层建筑钢结构、混合结构与高层建筑混凝土结构各有何不同？

（4）中心支撑钢框架和偏心支撑钢框架的支撑斜杆应如何布置？为什么偏心支撑钢框架的抗震性能比中心支撑钢框架好？偏心支撑钢框架中的哪个构件是耗能构件？

（5）钢框架的屈服耗能机制与钢筋混凝土框架的有何不同？钢框架梁柱节点域的抗震验算包括哪些内容？

（6）型钢混凝土梁、柱和剪力墙的截面形式各有哪些？型钢混凝土构件截面承载力计算方法与钢筋混凝土构件的有何异同？

（7）钢结构和混合结构中，构件之间可采用哪些连接方式？简述其适用范围。

（8）简述钢结构和混合结构的抗震构造措施。

第11章　高层建筑结构计算机分析方法和设计软件

11.1　概　　述

目前，高层建筑结构日趋复杂，简化分析方法（包括手算）已不能很好地完成复杂结构的计算。另外，计算机技术迅速发展，结构计算和设计软件不断改进，为高层建筑结构计算和设计提供了强大的技术条件。因此，采用计算机方法进行高层建筑结构计算和设计已成为当前的主要手段。

高层建筑结构的计算机分析方法，从原理上可分为三种：①将高层建筑结构离散为杆单元，再将杆单元集合成结构体系，采用矩阵位移法计算（或称为杆件有限元法）；②将高层建筑结构离散为杆单元、平面或空间的墙、板单元，然后将这些单元集合成结构体系进行分析，称为组合结构法（或称为组合有限元法）；③将高层建筑结构离散为平面或空间的连续条元，并将这些条元集合成结构体系进行分析，称为有限条法。在上述三种方法中，杆件矩阵位移法应用得最为广泛，组合有限元法近年来应用较多，此法被认为是对高层建筑结构进行较精确计算的通用方法。

本章简要介绍前两种计算机方法的基本原理。

11.2　杆件有限元法

11.2.1　基本假定

高层建筑是复杂的空间结构，对不同结构或要求不同的计算精度时，可采用不同的计算假定。

1）空间结构或平面结构假定

将高层建筑结构视为空间结构时，其杆件是空间杆件，在平面内和平面外均具有刚度。对于一般梁、柱等空间杆件，每个杆端结点有 6 个自由度，即沿 3 个轴的位移 u、v、w 和绕 3 个轴的转角 θ_x、θ_y、θ_z，如图 11.2.1（a）所示。

对于剪力墙，如将其简化为带刚域杆件，则每个结点仍为 6 个自由度［类似于图 11.2.1（a）］；如将其简化为空间薄壁杆件，则每个结点除上述的 6 个自由度外，还要增加一个翘曲自由度（即扭转角 θ_ω），总共有 7 个自由度，即 u、v、w、θ_x、θ_y、θ_z、θ_ω，如图 11.2.2（a）所示。截面翘曲自由度对应着截面上的第七个内力——双力矩，如图 11.2.2（b)所示，当剪力墙这样截面尺寸较大的薄壁杆件受扭时，截面总弯矩为零，总轴力也为零，但由于截面大，截面翘曲在翼缘上产生正应力——翘曲正应力，这些正应力总合力为零，总合力矩也为零，但在截面许多部位其应力都不为零。为考虑薄壁杆件受扭时的这一特点，引入截面翘曲自由度及其对应的内力——双力矩 $B_\omega = Ml$（kN·m²），其中双力矩以力矩 M 乘以其距离 l 来表示。

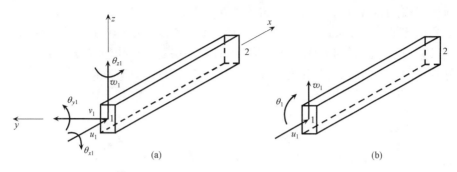

图 11.2.1　空间杆件和平面杆件

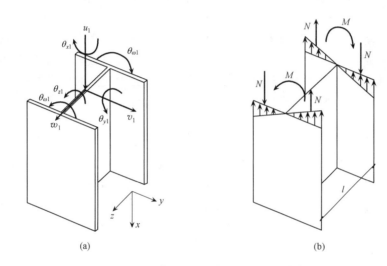

图 11.2.2　薄壁空间杆件及双力矩示意图

　　高层建筑结构按空间结构计算比较符合实际情况，但结构的计算自由度和计算工作量均大幅度增加。对某些结构平面和立面布置比较规则的高层建筑结构，为减少计算工作量且计算精度降低不多时，可假定其为平面结构，即假定位于同一平面内的杆件组成的结构为平面结构，结构只在平面内具有刚度，平面外的刚度为零，结构是二维的，杆件的每个结点有 3 个独立的位移 u、w、θ［图 11.2.1（b）］。

　　2）弹性楼板或刚性楼板假定

　　在高层建筑的各层楼盖处，楼板把各个抗侧力构件联系在一起，共同受力。在水平荷载作用下，楼板相当于水平支撑在各抗侧力构件上的水平梁，它在自身平面内具有一定刚度，因而会产生水平方向的变形，即楼板一般为弹性楼板。如按弹性楼板考虑，则同一楼板平面内的杆件两端有相对位移，结点的计算自由度都是独立的，整个结构体系的自由度数目和计算工作量均很大。

　　如假定楼板在自身平面内为无限刚性，则在水平荷载作用下楼板不会产生平面内变形，此即刚性楼板假定。在刚性楼板假定下，同一楼板平面内的杆件两端没有相对位移，即平移自由度不独立，可大大减少计算自由度数目。当建筑物的楼盖面积较大且楼板上无洞口或洞口（包括凹槽）面积较小时，楼板在自身平面内的实际变形很小，刚性楼板假定是符合实际的。因而在实际工程计算中，大多数采用刚性楼板假定。

3）杆件具有轴向、弯曲、剪切和扭转刚度

对于高层建筑结构，构件轴向和弯曲变形一般应予以考虑；对剪力墙等截面高度较大的构件，其剪切变形的影响不宜忽略，因此，计算高层建筑结构的内力和位移时，一般应考虑杆件的轴向、弯曲、剪切和扭转变形。相应地，杆件应具有轴向、弯曲、剪切和扭转刚度。当采用平面结构的计算假定时，杆件仅具有轴向、弯曲和剪切刚度。

11.2.2 计算模型

1. 平面协同计算模型

建筑结构都是由来自不同方向的杆件组成的空间结构，能抵抗来自任意方向的荷载和作用。对于一般的框架、剪力墙和框架-剪力墙结构，为简化计算，其在水平荷载作用下的内力和位移计算可采用下列两条假定：①楼板在自身平面内为绝对刚性，在平面外的刚度为零。按此假定，在水平荷载作用下整个楼面在自身平面内做刚体移动和转动，各轴线上的抗侧力结构在同一楼层处具有相同的位移参数。②各轴线上的抗侧力结构在自身平面内的刚度远大于平面外刚度，即假定各抗侧力平面结构只在其平面内具有刚度，不考虑其平面外刚度。按此假定，整个结构体系可划分为若干个正交或斜交的平面抗侧力结构进行计算。

如果结构的平面布置有两个对称轴，且水平荷载也对称分布，则各方向水平荷载的合力 F_x 和 F_y 均作用在对称平面内，如图 11.2.3 所示。此时，楼面在 F_x 作用下只产生沿 x 方向的位移，在 F_y 作用下只产生沿 y 方向的平移，亦即在水平荷载作用方向每个楼层只有一个位移未知量，结构不产生扭转。因此，结构体系有 n 个楼层，就有 n 个基本未知量，两个方向的平面结构各自独立，可分别计算。由于此法假定与荷载作用方向正交的构件不受力，所以亦称为平面协同计算。

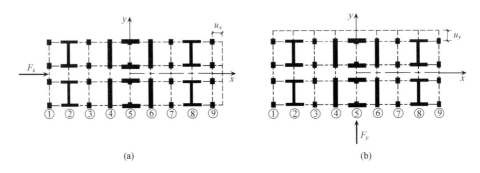

(a)   (b)

图 11.2.3　楼层无扭转时的位移

这种计算方法与近似的手算方法类似，与荷载作用方向相垂直的杆件不受力。虽然这种方法比手算方法略为精确一些，但由于不能考虑结构的扭转，不能用于平面复杂的结构计算。

2. 空间协同计算模型

采用平面协同计算模型中的两条假定，即楼板平面内无限刚性假定和各抗侧力平面结构只在其平面内具有刚度，不考虑其平面外刚度的假定。如果结构的平面布置不对称，或每个方向水平荷载的合力 F_x 和 F_y 不作用在对称平面内,则各层楼面不仅将产生刚体位移,而且将产生在自身平面内的刚体转动。此时每个楼层有 3 个自由度,即沿两个主轴方向的平移 u、v 和绕结构刚度中心的转角 θ;各平面抗侧力结构在同一楼层处的侧移一般都不相等,但仍具有相同的位移参数 u、v、θ。如对于图 11.2.4 所示的平面不对称结构,当第 j 楼层有刚体位移 u_j、v_j、θ_j(图中的 u_j、v_j、θ_j 均为刚体位移的正方向)时,该结构由坐标原点 O 点移至 O' 点,则由几何关系可以得到各抗侧力结构的侧移与楼层刚体位移的关系,即

$$\left.\begin{array}{l} u_j^s = u_j - y_s\theta_j \\ v_j^s = v_j + x_s\theta_j \end{array}\right\} \tag{11.2.1}$$

式中:u_j^s 为沿 x 轴方向抗侧力结构 s 在 j 楼层的侧移;v_j^s 为沿 y 轴方向抗侧力结构 s 在 j 楼层的侧移;x_s 为 y 向抗侧力结构 s 与坐标原点之间的距离;y_s 为 x 向抗侧力结构 s 与坐标原点之间的距离。

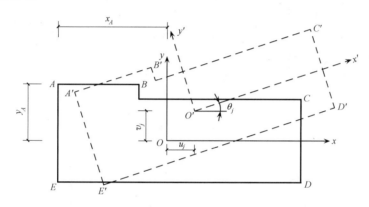

图 11.2.4　楼层有扭转时的位移

此法假定与水平荷载作用方向正交的平面结构只参与抗扭,故称为空间协同计算,详见第 7 章 7.6 节。

空间协同工作计算方法的优点是基本未知量均为楼层的位移 u、v 和 θ,对于 n 个楼层,共有 $3n$ 个基本未知量;不考虑结构扭转时,仅有 $2n$ 个未知量,计算简单,适合于采用中小型计算机计算。其主要缺点是仅考虑了各个抗侧力结构在楼层处水平位移和转角的协调,未考虑各抗侧力结构在竖直方向的位移协调。因此,协同工作计算方法可用于计算平面布置不对称的框架、剪力墙和框架-剪力墙结构在水平荷载作用下的内力和位移,比平面协同计算方法适用面广。但由于采用了抗侧力平面结构假定,因此该方法只适用于结构必须能分解为许多榀抗侧力平面结构的情况,不能用于空间作用很强的框筒结构(竖向位移协调必须考虑)、曲边和多边形结构以及体型复杂的结构等的计算。

3. 空间杆-薄壁杆系计算模型

将高层建筑结构视为空间结构体系,梁、柱、支撑等一般均采用空间杆件单元,剪力墙可以采用薄壁空间杆件单元。如在对筒中筒结构和框架-核心筒结构计算分析时,框筒和框架部分可离散为一般的空间杆件单元,内筒和核心筒则可离散为薄壁空间杆件单元。一般空间杆件单元的每个结点有 6 个位移分量(即 3 个线位移和 3 个角位移),薄壁空间杆件的每个结点有 7 个位移分量,即除了上述的 6 个位移分量外,还有 1 个扭转角分量,

如图 11.2.2 所示。由于每个结点有 6 个（或 7 个）独立的位移，计算自由度及未知量很多，需要求解大型的线性方程组。为减小结构求解的自由度数目，采用楼板在自身平面内无限刚性假定，则每个楼层只有三个公共自由度（ u、v 和 θ），根据结点处的变形协调条件（杆端位移等于结点位移）和平衡条件，可建立每个结点位移与楼层位移之间的关系，则梁、柱、薄壁等空间构件的独立自由度数目都减小，大大减小了结构计算的自由度和未知量。

空间杆-薄壁杆系计算方法虽然也采用了楼板在自身平面内为绝对刚性的假定，但它不同于空间协同计算方法，因为它满足了空间的变形协调条件，即结构中相交的各构件都是相互关联，相交于同一结点的杆件在结点处的变形必须相同，杆端的竖向位移也必然相同。但是，因为假定楼板在自身平面内为绝对刚性，在楼板平面内的杆件两端没有相对位移，所以无法计算这些杆件的轴向变形和内力。对实际工程中的大多数建筑结构，采用楼板平面内无限刚性假定与实际比较符合，计算结果的误差很小，楼板平面内杆件的轴力也很小，可以忽略，因此这是目前实际工程中应用较广泛的一种计算模型，适用于各种结构平面布置，既可得到梁、柱、剪力墙等构件的全部变形和内力，又可以考虑结构扭转，是一种比较精细的计算方法。特别是对于高度较大、结构布置（尤其是剪力墙布置）比较规则的结构，是较理想的模型，但对高度较低的多层结构或结构布置复杂的结构，空间杆-薄壁杆系计算模型则不再理想。当楼板狭长、楼面开有较大的洞口或结构中有转换层、伸臂结构时，应考虑楼板变形的影响，按下述方法进行结构计算。

4. 空间组合结构计算模型

随着我国高层建筑功能的不断增多，结构的平面布置和竖向体型更趋复杂，对结构分析提出了更高的要求。如部分高层建筑的楼板开有大孔洞，从而使楼板在平面内无限刚性的假定不适用，应考虑楼板变形的影响；部分高层建筑具有复杂的空间剪力墙，如开有不规则的洞口、平面复杂的芯筒等；不少高层建筑使用了转换结构，包括转换大梁、转换桁架和转换厚板等。对于这些高层建筑，可采用空间组合结构计算模型，梁和柱均采用空间杆单元，剪力墙采用可开门洞和进行单元内部细分的空间墙元，为了考虑楼板的变形，用空间板壳单元来模拟楼板。这种计算模型在每个结点上均有六个自由度，可以对高层建筑进行更细致、更精确的结构分析，可以考虑空间扭转变形，也可以考虑楼板变形。但该法涉及更大量的未知量，需求解大量的方程组，对计算条件也有更高的要求。这种计算模型几乎不受结构体型的限制，它为复杂体型结构的分析提供了强有力手段。空间组合结构计算模型实际上是一种三维有限元计算模型，由于有限元模型具有丰富并且正在不断完善的单元库，因而可以针对不同的结构，选择合适的单元，较为精确地描述结构的实际情况，从而可以更精确地进行高层建筑结构内力的计算。

高层建筑结构是复杂的三维空间受力体系，在选择计算模型和方法时，应结合结构的实际情况，根据需要和可能，选择能较准确反映结构中各构件实际受力状况的力学模型。特别是在各类计算模型中，剪力墙和楼板模型的选取是关键，应针对不同的结构形式选择相应的计算模型。如能满足楼板平面内无限刚性假定的高层建筑结构，就可以选择空间杆-薄壁杆系计算模型，而不必为过分地追求计算精度选择空间组合结构计算模型。目前，在高层建筑结构计算中，除了一些简单规则的多层建筑结构仍采用平面或空间协同计算方法外，大多都采用空间计算模型的结构计算方法。

11.2.3　计算要点

采用杆件有限元法计算高层建筑结构的内力和位移时，以结点为分界点将结构体系划分为若干杆件。一般把每一杆件取为一个单元，建立局部坐标系中的单元刚度方程，并集合为整体坐标系中的结构整体刚度方程，求解方程可得结点位移，从而求得各杆件内力。计算要点如下：

(1) 将高层建筑结构离散为杆件单元（包括一般的梁、柱单元、带刚域杆件单元和薄壁杆件单元），在局部坐标系中建立单元刚度方程，即杆端力与杆端位移之间的关系

$$\overline{\boldsymbol{F}}^{\mathrm{e}} = \overline{\boldsymbol{k}}^{\mathrm{e}} \, \overline{\boldsymbol{\delta}}^{\mathrm{e}} \tag{11.2.2}$$

式中：$\overline{\boldsymbol{F}}^{\mathrm{e}}$、$\overline{\boldsymbol{\delta}}^{\mathrm{e}}$ 分别表示单元 e 在局部坐标系中的杆端力列阵和杆端位移列阵；$\overline{\boldsymbol{k}}^{\mathrm{e}}$ 表示单元 e 的刚度矩阵。

(2) 将各杆件单元集合成整体结构体系，取结点位移为基本未知量，使结点处满足位移连续条件（使杆端位移等于结点位移）和平衡条件，建立整体坐标系中结构的整体刚度方程，即结构内力与外力的平衡方程

$$\boldsymbol{K\Delta} = \boldsymbol{F} \tag{11.2.3}$$

式中：$\boldsymbol{\Delta}$、$\boldsymbol{F}$ 分别为整体坐标系中结构的结点位移列阵和结点荷载列阵；$\boldsymbol{K}$ 表示结构的整体刚度矩阵。

(3) 引入支承条件或其他位移约束条件对方程 (11.2.3) 进行简化。

(4) 解方程 (11.2.3) 得结点位移 $\boldsymbol{\Delta}$，再将结点位移转化为杆端位移，最后由式 (11.2.2) 计算各杆杆端力。

11.3　空间组合结构计算方法

11.3.1　关于剪力墙计算模型

剪力墙是高层建筑结构中的一种主要抗侧力构件，同时也是一种基本计算单元。在各种大型通用结构分析软件和高层建筑结构分析专用软件中，对剪力墙计算模型的选取不尽相同，计算结果也存在较大差异。

从理论上讲，剪力墙是一种平面单元，比较合理的计算方法是采用平面有限元法。但是，对于体量很大的高层建筑结构体系，将剪力墙划分为平面单元后，结点数目及未知量太多，而且输出结果为单元应力和应变，对设计来讲也不方便，所以对剪力墙采用经典的平面有限元法计算是不合适的。

在上一节所述的杆系有限元法中，将剪力墙处理为带刚域杆件或薄壁杆件。对于开洞规则的联肢剪力墙，将其简化为带刚域杆件的壁式框架，计算简单，计算精度也较高。但如果剪力墙中的洞口错位或为无规律排列，则壁式框架的轴线和刚域长度很难确定。另外，当剪力墙平面布置规则且洞口沿竖向对齐时，可根据具体情况，将剪力墙视为 L、Z、I、口字形等形式的薄壁杆件，杆件上、下与楼板相连，取剪切中心为轴线与其他杆件构成空间结构，这可使整个结构体系的杆件数量减少，大大减少了总自由度数量。但实际上

由于建筑功能要求，剪力墙平面布置复杂，竖向布置也变化较大，所以用薄壁杆件来模拟复杂多变的剪力墙，有时会产生较大误差，甚至会得出错误的结果。

基于上述原因，需要寻求更精确的剪力墙计算模型。

11.3.2　墙板和墙元模型

近年来用于模拟剪力墙受力性能的模型很多，下面仅介绍其中的两种。

1. 墙板模型

将剪力墙简化为平面单元，单元平面内有轴向、弯曲和剪切刚度，平面外刚度为零，这样的墙称为墙板。工程中常用的主要有以下两种模型：

（1）平面应力单元。在高层建筑结构中应用平面单元时，一般先把剪力墙按层分割为若干独立的板，每块板可根据精度要求再细分为更小的单元，单元分割越细，精度越高。如对于图 11.3.1（a）所示的三层剪力墙，首先按层将其分割为 3 块板，每块板再细分为 12 个单元，如图 11.3.1（b）所示。图 11.3.1（c）为其中的一个单元，单元与单元之间用铰连接。在结点（铰）处，相连接的单元有相同的水平位移和竖向位移，保证位移协调。这实际上是一种比较粗糙的平面有限元法。

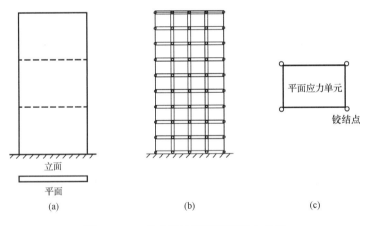

图 11.3.1　剪力墙计算的平面应力单元

（2）新型高精度剪力墙单元。对于图 11.3.2（a）所示的三层剪力墙，首先按层将其分割为 3 块板，然后将每块板沿水平方向划分为 2 个柱单元和 1 个墙单元（在无边框剪力墙中可设虚柱），最后用特殊的虚拟刚性梁将上、下层的墙、柱以刚性结点连接起来，如图 11.3.2（b）所示。刚性梁在墙平面内的抗弯刚度、抗剪刚度为无穷大，轴向无变形，平面外刚度为零，它与墙单元的力学特性相协调，在力学性能上如同位于墙平面内的平面刚体。因此，这是一种考虑剪力墙受力特性的平面应力单元。

每层的 2 个柱单元具有一般柱的力学特性，墙单元仅有轴向刚度以及墙平面内的抗弯、抗剪刚度，这与刚性梁的力学特性是相匹配的。由于特殊刚性梁的力学特性及用刚性结点来连接分割后的柱和墙，因而在各层交界处剪力墙整体仍保持平面变形，即柱 1、墙和柱 2 各水平边上全部点的水平位移、竖向位移和转角位移均满足位移协调，其位移协调情况比经典的有限元法好得多，因而其计算精度也高。

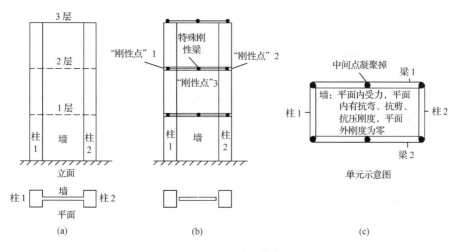

图 11.3.2　新型高精度剪力墙单元

2. 墙元模型

由于壳元既具有平面内刚度，又具有平面外刚度，所以用壳元模拟剪力墙可以较好地反映其实际受力状态。基于壳元理论的剪力墙分析模型，称为墙元模型，这是一种更为精确的剪力墙分析模型。中国建筑科学研究院 PKPMCAD 工程部编制的 SATWE 软件，其中的剪力墙就采用墙元模型。

SATWE 软件选用四结点等参薄壳单元。这种壳元为平面应力膜与板的叠加，每个结点有 6 个自由度，其中 3 个为膜自由度，另外 3 个为板自由度，可以方便地与空间杆单元连接，而不需要任何附加约束条件。

SATWE 软件用在壳元基础上凝聚而成的墙元模拟剪力墙。对于尺寸较大的剪力墙或带洞口的剪力墙，按照子结构的基本思路，由软件自动对其进行划分，形成若干小壳元（图 11.3.3），然后计算每个小壳元的刚度矩阵并叠加，最后用静力凝聚方法将由于墙元细分而增加的内部自由度消去，只在墙的四角与梁、柱相连，从而保证墙元的精度和有限的出口自由度。按上述原则定义的墙元对剪力墙的洞口（仅考虑矩形洞口）尺寸及空间位置无限制，具有较好的适应性。

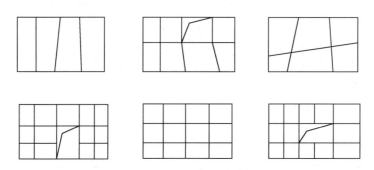

图 11.3.3　墙元及其细分示意图

11.3.3 空间组合结构计算方法

空间组合结构计算法的计算要点与杆件有限元法的相同，详见 11.2.3 节。此法与杆件有限元法的主要区别是：将结构离散为有限单元时，对于一般的梁、柱单元仍采用空间杆单元模型；对于剪力墙，视具体结构和计算要求，可采用墙板模型或墙元模型；对于楼板，采用壳元。

11.4 高层建筑结构分析和设计软件

现代高层建筑向着体型复杂、功能多样的综合性发展，其结构复杂，体量很大，因此其结构分析和设计一般须通过软件由计算机完成。目前现有的结构分析和设计软件很多，其计算模型和分析方法不尽相同，计算结果的表达方法也各异。所以，在进行结构分析和设计时，首先要了解现有结构分析和设计软件各自的特点，结合所设计结构的具体情况，选用合适的设计软件。

本节根据我国当前建筑工程结构分析和设计软件的应用情况，介绍几种实用的结构分析和设计软件。

11.4.1 结构分析通用软件

目前，我国使用的结构分析软件很多，下面仅介绍几种应用较普遍的软件：SAP2000软件、ABAQUS 软件、PERFORM‐3D 软件和 ANSYS 软件。这类软件的特点是单元种类多、适应能力强、功能齐全等，一般可用来对高层建筑结构进行静力和动力分析。但由于这类软件没有考虑高层建筑结构的专业特点，而且未纳入我国现行规范和标准，所以一般仅用于结构分析。

1. SAP2000 软件

大型有限元结构分析软件 SAP2000 是由 Wilson 等编制、美国 CSI 公司（Computers and Structures，Inc.）开发的 SAP 系列结构分析软件的最新版本，是目前我国结构工程界应用较多的结构分析软件之一。该软件有较强的结构分析功能，可以模拟众多的工程结构，包括房屋建筑、桥梁、水坝、油罐、地下结构等。应用 SAP2000 软件可以对上述结构进行线性及非线性静力分析、动力反应谱分析、线性及非线性动力时程分析，特别是地震作用及其效应分析，分析结果可被组合后用于结构设计。

SAP2000 软件对各种荷载采用下述方式输入：静力荷载除了在结点上指定的力和位移外，还有重力、压力、温度和预应力荷载；动力荷载可以用地面运动加速度反应谱的形式给出，也可以用时变荷载形式和地面运动加速度形式给出；对桥梁结构可作用车辆动荷载。

SAP2000 软件中有丰富的单元库。其主要的单元类型有杆元、板元、壳元、实体元及线性（或非线性）连接单元，有绘图模块及各种辅助模块（交互建模器、设计后处理模块、热传导分析模块、桥梁分析模块等）。

2. ABAQUS 软件

ABAQUS 是一套功能强大的有限元软件，是由 Hibbitt，Karlsson & Sorensen公司（HKS）开发的通用有限元软件系统，其解决问题的范围从相对简单的线性分析到许多复杂的非线性问题。ABAQUS 拥有各种类型的材料模型库，可以模拟典型工程材料的性能，其中包括金属、橡胶、高分子材料、复合材料、钢筋混凝土、可压缩超弹性泡沫材料以及土壤和岩石等。ABAQUS 除能解决大量结构（应力/位移）问题外，还可以模拟其他工程领域的许多问题，如热传导、质量扩散、热电耦合分析、声学分析、岩土力学分析（流体渗透/应力耦合分析）及压电介质分析等。

ABAQUS 提供了丰富的、可模拟任意实际形状的单元库，单元可分为 8 个大类，单元种类达 562 种，包括：实体单元、壳单元、薄膜单元、梁单元、杆单元、刚体元、连接元和无限元等。还包括针对特殊问题构建的特种单元，如针对钢筋混凝土结构的钢筋单元（* Rebar）、针对海洋工程结构的土壤/管柱连接单元（* Pipe-Soil）和锚链单元（* Drag Chain）等；此外，用户还可以通过用户子程序自定义单元种类。

ABAQUS 有两个主求解器模块 ABAQUS/Standard 和 ABAQUS/Explicit；前者可用于线性与非线性静力和动力问题的求解，采用隐式算法，在每一个计算步中均需要隐式地求解方程组，即需要进行刚度矩阵的求逆运算；后者主要用于求解动力问题，特别是持续时间非常短的瞬态问题，如冲击和爆炸等，采用显式求解，递推过程中不用求解方程组，甚至不用组装整体刚度矩阵，由于显式计算不进行收敛性检查，故对于高度非线性问题非常有效，但也存在误差不可知和误差累计问题。ABAQUS 还包含一个全面支持求解器的图形用户界面，即人机交互前后处理模块 ABAQUS/CAE。此外，ABAQUS 对某些特殊问题还提供了专用模块来加以解决。

ABAQUS 为用户提供了广泛的功能，且使用起来又比较简单。大量的复杂问题可通过选项块的不同组合很容易的模拟出来，如对复杂多构件问题的模拟是通过把定义每一构件几何尺寸的选项块与相应的材料性质选项块结合起来。在大部分模拟中，甚至高度非线性问题，用户只需提供一些工程数据，如结构几何形状、材料性质、边界条件及载荷工况。在一个非线性分析中，ABAQUS 能自动选择相应载荷增量和收敛限度，不仅能够选择合适参数，而且能连续调节参数以保证在分析过程中有效地得到精确解。ABAQUS 被广泛地认为是功能最强的有限元软件之一，可以分析复杂的固体力学、结构力学系统，特别是能够驾驭非常庞大复杂的问题和模拟高度非线性问题。ABAQUS 优秀的分析能力和模拟复杂系统的可靠性使得其在工程实际和研究中被广泛采用。

3. PERFORM - 3D 软件

PERFORM - 3D 是由美国加州大学 Powell 教授开发的三维结构非线性分析与性能评估软件，该软件拥有丰富的单元模型、高效的非线性分析算法和完善的结构性能评估系统，是一款同时适用于科研和工程的结构非线性分析软件，目前已广泛应用于我国结构抗震研究领域及实际工程实践。

PERFORM - 3D 软件具有完善的模型库，相对于其他有限元分析软件，稳定可靠的算法和强大的非线性求解器是它的优点。软件提供基于位移的设计方法，允许用户使用强度设计原则，可对高层建筑结构进行反应谱分析、静力推覆分析和动力时程分析等；除此之外还提供了多种非线性性能指标，有利于对结构进行性能评估，评估时可采用不同的非线性分析方法，包括静力弹塑性和动力弹塑性分析方法，分析过程中荷载可以按任意顺序施加。PERFORM-3D 根据美国现行规范（如 ATC-40、ASCE-41、FEMA356 等）进行基于性能的抗震分析与评估，其可定义整体结构、构件及材料等层次上的目标性能水准，通过比较目标性能的抗震"能力"与地震反应的抗震"需求"，来判定结构是否满足预期的抗震性能要求，这种思想是对基于性能抗震设计方法的直观表现，与试验数据或理论知识比较符合，也易于理解和使用。因此，目前 PERFORM-3D 软件被广泛应用于（超）高层建筑结构设计分析与校核领域，并得到普遍认可。

4. ANSYS 软件

ANSYS 软件是融结构、流体、电场、磁场、声场分析于一体的大型有限元分析软件，由美国 ANSYS 公司开发。它能与多数 CAD 软件接口，实现数据的共享和交换，是现代产品设计中的高级 CAD 工具之一。软件主要包括三部分：前处理模块、分析计算模块和后处理模块。前处理模块提供了一个强大的实体建模和网络划分工具，用户可以方便地构造有限元模型；分析计算模块包括结构分析（可进行线性分析、非线性分析和高度非线性分析）、流体动力学分析、电磁场分析、声场分析、压电分析以及多物理场的耦合分析，可模拟多种介质的相互作用，具有灵敏度分析和优化分析能力；后处理模块可以将计算结果以彩色等值线显示、梯度显示、矢量显示、立体切片显示、透明及半透明显示（可以看到结构内部）等方式显示出来，也可将计算结果以图表、曲线形式显示或输出。

ANSYS 软件提供了 100 多种单元类型，用来模拟工程中的各种结构和材料，如四边形壳单元、三角形壳单元、膜单元、三维实体单元、六面体厚壳单元、梁单元、杆单元、弹簧阻尼单元和质量单元等。每种单元类型又有多种算法供用户选择。

该软件目前有 100 余种金属和非金属材料模型可供选择，如弹性、弹塑性、超弹性、泡沫、玻璃、土壤、混凝土、流体、复合材料、炸药及起爆燃烧以及用户自定义材料，并可考虑材料失效、损伤、黏性、蠕变、与温度相关、与应变相关等性质。

11.4.2 高层建筑结构分析与设计专用软件

1. PKPM 软件

PKPM 结构设计软件是中国建筑科学研究院建筑工程软件研究所研发的工程管理软件，其不仅具有快捷的建模功能，还具有强大的计算分析能力，自动化程度高，操作简单，结果读取方便。基于此优点，该软件受到广大结构设计人员的青睐，辅助设计人员完成了大量的工程，目前已成为国内应用最为广泛的结构计算软件之一。

PKPM 软件具有先进的结构分析软件包，可对不同类型的结构和构件进行计算分析，包括平面杆系、矩形及异形楼板、墙、板的三维壳元及薄壁杆系、梁板楼梯及异形楼梯、各类基础、砌体及底框抗震、钢结构、预应力混凝土结构的分析设计，以及建筑抗震鉴定加固设计等，设计过程符合现行规范中荷载效应组合、设计表达式、抗震设计概念等各项要求。该软件还具有丰富和成熟的结构施工图辅助设计功能，接力结构计算结果，可完成框架、排架、连梁、结构平面、楼板配筋、节点大样、各类基础、楼梯、剪力墙等的施工图绘制，自动选配钢筋，按全楼或层、跨剖面归并，布置图纸版面。

PKPM 软件提供单机版和网络版，能实现多人在各自计算机上共同参与一个工程项目的设计，互提技术条件，直接交换数据，各计算机共享打印机、绘图机，充分发挥整个系统运行效率。

2. YJK 软件

YJK（盈建科）是一款为多、高层建筑结构计算分析而研制的结构有限元分析与设计软件，适用于各种规则或复杂体型的多、高层钢筋混凝土框架、框剪、剪力墙、筒体结构以及钢 - 混凝土混合结构和高层钢结构等。该软件包含盈建科建筑结构计算软件（YJK - A）、盈建科基础设计软件（YJK - F）、盈建科砌体结构设计软件（YJK - M）和盈建科结构施工图辅助设计软件（YJK - D）等组件，功能涵盖结构建模、上部结构计算、基础设计、砌体结构设计、施工图设计和接口软件六大方面。YJK 包含丰富的模块，操作简单，界面美观清晰，能够较完善地解决常规结构设计中遇到的超筋超限问题，在优化设计方面具有良好的经济效果，可满足不同工程师对项目进行计算的需要。

YJK 软件既有中国规范版，也有欧洲规范版，其在模型建立与荷载输入方面突出三维特点，既可在单层模型上操作，又可在多层组装的模型上操作。在计算参数方面，YJK 独有的可控参数包括：按构件挡风面积计算风荷载；按内力投影方式统计层剪力；准确考虑梁板相对位置；考虑有限元导荷方式，弹性板参与整体模型计算；地震作用按 Ritz 向量法计算；考虑水土压力对整体的影响；弹性时程分析提供振型叠加法及直接积分法。

在钢筋优化方面，YJK 软件支持：①钢板 - 混凝土连梁计算设计；②转换梁、错层梁以及边框柱等设置实体单元计算；③剪力墙边缘构件按其轮廓计算配筋；④按组合墙方式配筋；⑤壳元梁功能；⑥地震内力分层放大；⑦叠合柱计算；⑧设置各种复杂支座及连接关系；⑨楼板按有限元方式配筋；⑩楼板采用有限元方式计算时，对于消防车荷载及人防荷载按塑性算法计算。

3. GSSAP 软件

广厦建筑结构通用分析与设计软件 GSSAP（简称广厦通用计算 GSSAP），由广东省建筑设计研究院和深圳市广厦软件有限公司开发。该软件是一个力学计算部分采用通用有限元构架、同时与结构设计规范紧密结合的建筑结构分析与设计软件。GGSAP 是广厦建筑结构 CAD 系统的计算核心，与广厦建筑结构 CAD 其他系列软件一起，可完成从三维建模、通用有限元分析、基础设计到施工图生成的一体化结构设计。

GSSAP 满足《建筑抗震设计规范》（GB 50011—2010）（2016 年版）、《混凝土结构设计规范》（GB 50010—2012）（2015 年版）和《高层建筑混凝土结构技术规程》（JGJ 3—2010）等设计规范的要求，是当前主流的建筑结构专业通用计算软件，适用于各种结构形式，包括多高层混凝土结构、多高层钢结构、钢 - 混凝土混合结构、混凝土 - 砖混合结构、空间钢构架、网架、网壳、无梁楼盖、加固结构、厂房、体育馆、多塔、错层、连体、转换层、厚板转换、斜撑、坡屋面、弹性楼板和局部刚性楼板等结构。GSNAP 是在 GSSAP 基础上扩展的广厦建筑结构弹塑性静力和动力分析软件，其可接力 GSSAP 完成结构弹塑性静力推覆和动力时程分析，确定结构的弹塑性抗震性能和薄弱层情况。

GSSAP 软件可用于两个设计阶段，即总体设计和构件设计。总体设计中输出的结构整体计算结果包括：结构计算参数、结构位移、特征周期和地震作用、结构水平力效应验算和内外力平衡验算；构件设计中输出的墙、柱、梁和板计算结果包括：构件超筋超限警告、墙、柱、梁和板的内力及配筋。GSNAP 软件自动读取 GSSAP 计算的配筋结果，进行弹塑性静力推覆和动力时程分析，在图形方式中查看分析结果。

4. ETABS 软件和 ETABS 中文版

ETABS 软件是由 Wilson 等编制、美国 CSI 公司开发的高层建筑结构空间分析与设计专用软件。该软件将框架和剪力墙都作为子结构来处理，采用刚性楼盖假定，梁考虑弯曲和剪切变形，柱考虑轴向、弯曲和剪切变形，剪力墙用带刚域杆件和墙板单元计算，可以对结构进行静力和动力分析，能计算结构的振型和频率，并按反应谱振型组合方法和时程分析方法计算结构的地震反应。在静力和动力分析中，考虑了 $P\text{-}\Delta$ 效应，在地震反应谱分析中采用了改进的振型组合方法（CQC 法）。

中国建筑标准设计研究院与美国 CSI 公司合作，推出了符合我国规范的 ETABS 中文版软件。该软件纳入的中国规范或规程有《建筑结构荷载规范》（GB 50009—2012）、《建筑抗震设计规范》（GB 50011—2010）（2016 年版）、《混凝土结构设计规范》（GB 50010—2010）（2015 年版）、《钢结构设计标准》（GB 50017—2017）、《高层建筑混凝土结构技术规程》（JGJ 3—2010）和《高层民用建筑钢结构技术规程》（JGJ 99—2015）等。

ETABS 中文版软件提供了混凝土和钢的材料特性、中国等几个国家的型钢库（工字钢、角钢、H 型钢等），用户可以定义任意形状的截面以及梁端有端板、带牛腿柱等变截面构件，可以定义恒荷载、活荷载、风荷载、雪荷载、地震作用等工况，可以施加温度荷载、支座移动等荷载，可按规范要求生成荷载组合；提供了线性、Maxwell 型黏弹性阻尼器、双向弹塑性阻尼器、橡胶支座隔震装置、摩擦型隔震装置等连接单元，针对建筑结构的特点，考虑了节点偏移、节点区、刚域、刚性楼板等特殊问题，该软件设置了钢框架结构、钢结构交错桁架、混凝土无梁楼盖、混凝土肋梁楼盖、混凝土井字梁楼盖等内置模块系统，只要输入简单的数据，就可快速建立计算模型。

ETABS 中文版软件的结构分析功能主要有：①反应谱分析，提供特征值、特征向量分析和 Ritz 向量分析求解振型，根据我国的地震反应谱进行地震反应分析，可以选择 SRSS 法、CQC 法进行振型组合，可以计算双向地震作用和偶然偏心以及竖向地震作用；②静力非线性分析，根据用户设定的塑性铰特性对结构进行非线性 Pushover 分析，输出从弹性阶段到破坏为止的各个阶段的变形图和塑性铰开展情况以及各个阶段的内力，从而使设计人员可以了解结构的薄弱部位，便于进行合理的结构设计；③时程分析，可以对结构进行线性及非线性时程分析，可以同时考虑两个水平方向和一个竖直方向的三个方向的地震波输入，分析结果可以动画显示；④施工顺序加载分析，设计人员可以定义多个不同施工顺序工况以及施工顺序工况的荷载模式，并且可以考虑非线性 $P\text{-}\Delta$ 效应及大位移效应，使分析结果更接近实际情况，分析结果根据需要通过指定分阶段显示。

5. MIDAS/Gen 软件

由韩国 MIDAS IT 公司开发的大型结构有限元分析专业软件 MIDAS/Gen，是以 Windows 为开发平台的结构分析和优化设计系统，MIDAS/Gen 是 MIDAS 系列软件中专门针对建筑结构分析与设计的软件，具有强大的计算分析功能，界面直观，既能满足钢筋混凝土结构、钢结构、型钢混凝土结构的分析计算和设计要求，也能完成对钢-混凝土组合结构及特种结构的分析设计。

MIDAS/Gen 软件的分析功能非常强大，主要包括特征值分析、反应谱分析、重力二阶效应分析、屈曲分析、预应力分析、静力弹塑性分析、动力弹塑性分析、施工阶段分析、大位移分析等。MIDAS/Gen 软件的单元库非常丰富，包括梁单元、变截面梁单元、桁架单元、墙单元、索单元、板单元、实体单元、平面应力单元、平面应变单元等。

MIDAS/Gen 软件 2000 年进入国际市场（中国、美国、加拿大、英国、日本、印度等），2002 年完全中文化，该软件含有中国设计规范和一些国外设计规范，在进行有限元分析后，可根据中国规范自动生成荷载组合及包络组合等，可进行结构设计及验算，包括钢筋混凝土梁、柱、剪力墙等构件的设计及验算，钢构件的强度验算及优化设计等。

11.4.3　软件计算结果的分析与判别

高层建筑结构一般比较复杂，而且体量较大，所以用软件计算时，数据输入量很大，有时会出现错误。为了尽可能地减少错误，除了应确保结构计算简图接近实际情况、输入数据无误外，尚应对计算结果进行分析和判别。

对于体型和结构布置复杂的高层建筑结构，以及 B 级高度和第 9 章所述的复杂高层建筑结构，应至少采用两个不同力学模型的三维空间结构分析软件（且由不同编制组编制）进行整体内力和位移计算，以便相互校核比较。

对各单项荷载作用下的内力计算结果，如恒荷载、某一活荷载、某一振型的地震作用，可校核某些结点是否满足平衡条件；注意，不能用组合内力进行校核，因为组合内力是由各单项内力乘以不同值的荷载分项系数而得，故破坏了原来的结点平衡条件。

对结构的基本周期，可用经验公式的计算结果与其进行比较，二者的计算结果不应相差太大。否则，有两种可能，一是计算结果不正确，需要校对结构计算简图或输入数据；二是原定的结构刚度不合适，需要修改原设计。

在对软件计算结果进行概念分析的基础上，可根据设计经验，对计算结果进行一些修正，如将某些部位的内力增大，而另一些部位的内力适当减小。

总之，在高层建筑结构分析和设计主要依靠计算机和软件的情况下，结构工程师必须学会对软件计算结果的分析和判别，不能盲目地使用软件计算结果。

小　　结

（1）高层建筑结构是复杂的空间结构，比较合理的分析方法是采用三维空间结构计算模型，楼板按弹性考虑。但这样会增加计算工作量和设计费用，所以一般情况下可采用楼板在自身平面内为无限刚性的假定；如结构平面和立面简单、规则，可采用协同工作方法计算。

（2）目前，高层建筑结构按三维空间结构计算，主要有两种计算模型：空间杆-薄壁杆件模型、空间杆-墙元模型。相对而言，空间杆-墙元模型比空间杆-薄壁杆件模型更符合实际结构，计算结果也更精确一些，建模时对各种剪力墙更容易处理一些，但计算速度较慢。

（3）对于复杂高层建筑结构，应至少采用两个不同力学模型的三维空间结构分析软件进行整体内力和位移计算，以保证分析结果符合实际情况。对软件计算结果应进行分析和判别，不能盲目地使用软件计算结果。

思考与练习题

（1）什么是结构静力分析和动力分析？通常在恒荷载、楼面活荷载、风荷载、地震作用下的内力和位移分析是静力分析还是动力分析？

（2）高层建筑结构可采用下列计算模型：平面协同计算；空间协同计算；空间计算，楼板为刚性；空间计算，楼板为弹性。试分析这几种计算模型的差异及各自的适用范围。

（3）在将空间结构简化为平面结构时，各榀平面结构"竖向位移不协调"是什么意思？为什么空间结构计算模型不存在这个问题？在什么情况下可将空间结构简化为平面结构计算？

（4）构件的轴向、弯曲和剪切变形对结构的内力分布、侧向位移有何影响？如果忽略柱或剪力墙的轴向变形和剪切变形，结构侧向位移计算值比实际值偏大还是偏小？

（5）假定楼板在自身平面内的刚度为无限刚性，对楼板平面内杆件的内力和变形有哪些影响？

（6）在用有限元法对高层建筑结构进行分析时，剪力墙可处理为带刚域杆件、空间薄壁杆件、墙板单元、墙元等模型。试分析这几种计算模型各自的适用范围。

（7）试分析空间杆-薄壁杆件模型与空间杆-墙元模型各自的特点及适用范围。

（8）为什么要重视软件计算结果的分析和验证？

第12章 高层建筑地下室和基础设计

12.1 概　述

基础是房屋结构的重要组成部分,房屋所受的各种荷载都要经过基础传至地基。由于高层建筑层数多、上部结构荷载很大,导致其基础具有埋置深度大,材料用量多,施工周期长,工程造价高等特点。同时,高层建筑往往由于建筑功能要求常设置地下室,有地下室既有利于抗震和结构抗倾覆,又可提高地基的承载力。

高层建筑的基础设计,应综合考虑建筑场地的工程地质和水文地质状况、上部结构类型、房屋高度、施工技术和经济条件等因素,须满足以下几方面的要求:①基础的总沉降量和差异沉降量满足规范规定的允许值;②满足天然地基或复合地基承载力及桩基承载力的要求;③地下结构满足建筑防水的要求;④预先估计在基础施工过程中对毗邻房屋及各项地下设施的影响,采取避免影响邻近建筑物、构筑物、地下设施等安全和正常使用的有效措施;同时还应注意施工降水的时间要求,避免停止降水后水位过早上升而引起建筑物上浮等问题;⑤应考虑综合经济效益,不仅考虑基础本身的用料和造价,还应考虑土方、降水、施工条件和工期等因素。

地震区的高层建筑宜选择对抗震有利的地段,避开不利地段,当条件不允许避开不利地段时,应采取可靠措施,使建筑物在地震时不致由于地基失稳而破坏,或者产生过量下沉或倾斜。高层建筑的基础设计宜采用当地成熟可靠的技术,还应根据上部结构和地质状况,从概念设计上考虑地基基础与上部结构相互影响。

由以上可知,高层建筑基础的设计对房屋的正常使用和安全至关重要,应根据岩土工程勘探资料,综合考虑上部结构类型、材料情况、施工条件和使用功能等因素,因地制宜,做到安全合理、技术先进、经济适用、确保质量。

12.2　基础设计的有关规定

12.2.1　基础类型的选择

高层建筑基础的选型应根据上部结构情况、工程地质、抗震设防要求、施工条件、周围建筑物和环境条件等因素综合考虑确定。采用天然地基上的筏形基础比较经济;目前国内在高层建筑中采用复合地基已经有比较成熟的经验,可根据需要把地基承载力特征值提高到 $300\sim500kPa$,可满足一般高层建筑的需要;多数高层建筑的地下室,多用作汽车库、机电用房等大空间,采用整体性好和刚度大的筏形基础比较方便,在没有特殊要求时,不必要强调采用箱形基础;由于地下室外墙一般均为钢筋混凝土,交叉梁基础具有较好的整体性和刚度;当地质条件好、荷载小且能满足地基承载力和变形要求时,高层建筑也可采用交叉梁基础、独立柱基。因此,《高层规程》规定,高层建筑应采用整体性好、能满足地基承载力和建筑物容许变形要求并能调节不均匀沉降的基础形式；宜采用筏形基础或带桩基的筏形基础，必要时可采用箱形基础。当地质条件好且能满足地基承载力和变形要求时，也可采用交叉梁式基础或其他形式基础；当地基承载力或变形不满足设计要求时，可采用桩基或复合地基。

12.2.2 基础的埋置深度

高层建筑基础必须有足够的埋置深度，这主要是考虑了以下几方面的因素。

（1）增大基础埋深可保证高层建筑在水平荷载（风和地震作用）作用下的地基稳定性，减少建筑的整体倾斜，防止倾覆和滑移，利用土的侧限形成嵌固条件，保证高层建筑的稳定。

（2）增大基础埋深可使地基的附加压力减小，且地基承载力的深度修正也加大，可以提高地基的承载力，减少基础的沉降量。

（3）增大基础埋深，可使地下室外墙与土体之间的摩擦力和被动土压力增大，从而限制了基础在水平荷载作用下的摆动，使基础底面上反力分布趋于平缓。

（4）地震作用下结构的动力效应与基础埋置深度关系较大，增大埋深可使阻尼增大，结构的地震反应减小，而且土质越软时埋置深度越大，地震反应减小得越多。因此增大埋深有利于建筑物抗震。实测表明，有地下室的建筑地震反应可降低 20%～30%。

基础的埋置深度对房屋造价、施工技术措施、工期以及保证房屋正常使用等都有很大的影响。基础埋置太深还会增加房屋的造价，而埋置太浅通常又不能保证房屋的稳定性。因此，基础设计时应根据实际情况选择一个合理的埋置深度。当基础直接搁置在基岩上时，可以不考虑埋深的要求，但一定要做好地锚，保证基础不发生滑移。当抗震设防烈度高、场地差时，可用较大埋置深度，以抵抗倾覆和滑移，确保建筑物的安全。

基础的埋置深度指有效埋深，一般指从室外地坪起算，天然地基算至基础底面的下皮标高，桩基础算至承台的下皮标高；当室外地面不等高时，应按较低的一侧起算，如图 12.2.1 所示；当地下室周围无可靠侧限时，应从具有侧限的地面起算。《高层规程》规定，高层建筑的基础应有一定的埋置深度；在确定埋置深度时，应综合考虑建筑物的高度、体型、地基土质、抗震设防烈度等因素；天然地基或复合地基，可取房屋高度的 1/15；桩基础，不计桩长，可取房屋高度的 1/18。当建筑物采用岩石地基或采取有效措施时，在满足地基承载力、稳定性要求及当有可靠依据时，基础埋置深度可适当减小。当地基位于岩石地基上可能产生滑移时，应验算地基的滑移及采取有效的抗滑移措施。

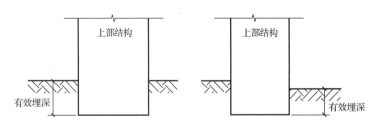

图 12.2.1 基础的有效埋深

当高层建筑的地下室周边需要设置连续的采光井时，土体与采光井的挡土墙接触，不能对基础形成有效的侧限，此时应每隔一段距离在基础与采光井外壁之间设置连接短墙（图 12.2.2），以利用周围土体对基础产生侧限，保证水平力的传递。

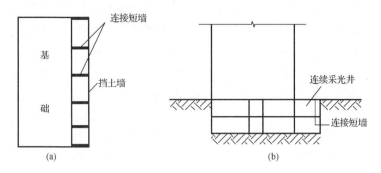

图 12.2.2　增大有效埋深的措施

高层建筑一般带有裙房，当主楼与裙房用沉降缝分开时，主楼的有效埋置深度应从有侧限的地坪起算，如图 12.2.3 所示。若主楼与裙房基础的埋置深度相同，则主楼的有效埋置深度为零 ［图 12.2.4 (a)］，此时基础埋置深度没有受到侧向限制，宜将主楼基础的埋置深度增大，则主楼与裙房

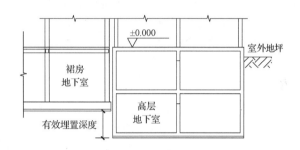

图 12.2.3　基础有效埋置深度

两基础埋置深度的差值为主楼基础的有效埋深 ［图 12.2.4 (b)］。在不得已情况下，亦可在主楼与裙房基础之间的沉降缝内填充松散、坚硬的材料（如粗砂），使两者之间可以传递水平力，同时又不妨碍沉降缝两侧基础发生相对沉降。

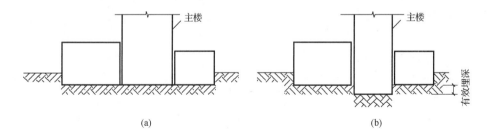

图 12.2.4　沉降缝对有效埋深的影响

12.2.3　高层建筑基础与裙房基础的关系

高层建筑常常附有层数不多且用作门厅、商店、餐厅等的裙房，裙房一般柱距较大，比较空旷，高层部分与裙房两者之间上部的刚度和荷载相差悬殊，基础附加压力差别极大，导致基础沉降量不同，理应设置沉降缝将二者基础分开，以避免差异沉降量对上部结构的影响（图 12.2.3）。实际上，高层部分与裙房之间基础是否需要断开，应根据地基土质、基础形式、建筑平面体形等情况区别对待。

当采用天然地基而地基承载力较小、预计主楼与裙房基础的绝对沉降量及差异沉降量均较大时，应在主楼与裙房之间设置沉降缝将二者断开，使彼此可以自由沉降。

当地基土质较好，或采用桩基础，高层部分和裙房基础各自的沉降量及二者差异沉降量都比较小，且计算比较可靠时，主楼与裙房之间的基础及上部结构可以连成整体，不需设置沉降缝。从房屋的建筑使用功能及防水要求考虑，亦不希望设置沉降缝。目前，国内高层建筑的主楼与裙房之间多数不设永久缝，实测表明，当主楼地基下沉时，由于土的剪切传递，主楼以外的地基也随之下沉，其影响范围随土质而异，即地基沉降曲线在主楼与裙房的连接处是连续的，不会发生突变的差异沉降，而是在裙房若干跨内产生连续性的差异沉降。因此，高层建筑主楼基础与其相连的裙房基础，当采取有效措施，或经过计算差异沉降引起的内力满足承载力要求时，裙房与主楼连接处可以不设沉降缝。《高层规程》规定，高层建筑的基础和与其相连的裙房的基础，设置沉降缝时，应考虑高层主楼基础有可靠的侧向约束及有效埋深；不设沉降缝时，应采取有效措施减少差异沉降及其影响。

当高层建筑主楼与裙房之间不设置沉降缝时，为了减小差异沉降引起的结构内力，可采用施工后浇带的措施。施工后浇带设置在裙房一侧，宽度不应小于 800mm，其位置宜设在距主楼边的第二跨内、从基础到裙房屋顶所有的构件上。后浇带中的钢筋最好是先断开（若以后采用搭接，要求钢筋留出锚固长度；若以后采用焊接，钢筋可以切断），也允许钢筋不切断而直接连通起来。在施工期间，后浇带混凝土先不浇筑，这样主楼与裙房可以自由沉降，到施工后期，沉降基本稳定后再浇筑混凝土连为整体。当采用天然地基时，后浇带混凝土通常待主楼结构施工完毕后浇筑；如果采用以端承桩为主的桩基础，由于桩基础沉降差较小，可根据施工期间的沉降观测结果，随时浇筑后浇带混凝土。后浇带浇筑用的混凝土，宜采用浇筑水泥或硫酸铝盐等早强、快硬、无收缩的水泥。同时，基础底板及地下室外墙在施工后浇带处要做好防水处理。

北京西苑饭店新楼，主楼地下 3 层，地上 23 层，加塔楼总高度 93.51m；裙房地下 2 层，地上 2～3 层；主楼采用箱形基础，底面标高为−12m，支承在砂卵石层上，裙房采用交叉梁基础，底面标高为−9.5～−7.55m，支承在粉砂层上。由于基底土质较好，绝对沉降量小，该结构采用了主楼与裙房之间不设沉降缝而连为整体的方案；为减小主楼与裙房之间的差异沉降量，在施工期间，从基础到裙房屋顶留有后浇带，如图 12.2.5 所示，待主楼施工至 23 层时浇筑后浇带连为整体。图 12.2.6 所示为某高层建筑平面，主楼均为矩形平面框筒结构，Ⅰ、Ⅱ 栋分别为 14 层和 18 层，Ⅲ、Ⅳ 栋分别为 28 层和 23 层，由防震缝分为两段；裙房 5 层，与主楼共用一个基础，施工时在主楼与裙房之间留有后浇带。

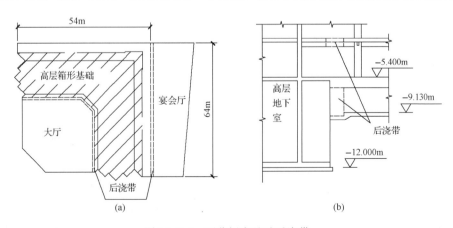

图 12.2.5　西苑饭店基础后浇带

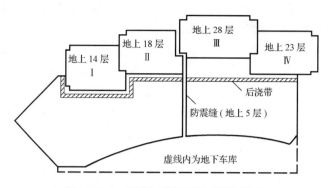

图 12.2.6　某高层建筑后浇带平面位置

12.2.4　基础设计的基本要求

无论选用哪种地基基础，基础设计都要满足安全性、经济性和合理性的要求。基础的安全性，一方面是指基础与地基相互之间的作用是稳定的，二是指基础自身的结构有足够的承载力。为了保证基础在设计荷载作用下有足够的承载力，同时保证基础不产生过大的变形，《高层规程》规定，高层建筑按地基承载力确定基础底面积及埋深或按桩基承载力确定桩数时，传至基础或承台底面的荷载效应采用正常使用状态下荷载效应的标准组合，相应的抗力采用地基承载力特征值或桩基承载力特征值；风荷载组合效应下，最大基底反力不应大于承载力特征值的 1.2 倍，平均基底反力不应大于承载力特征值；地震作用组合效应下，地基承载力验算应按现行国家标准《建筑抗震设计规范》（GB 50011—2010）（2016 年版）的规定执行。

为使高层建筑结构在水平荷载和竖向荷载作用下，其基底压应力不致过于集中，可通过限制基础底面压应力较小一端的应力状态来实现。《高层规程》规定，在重力荷载与水平荷载标准值或重力荷载代表值与多遇水平地震标准值共同作用下，高宽比大于 4 的高层建筑，基础底面不宜出现零应力区；高宽比不大于 4 的高层建筑，基础底面与地基之间零应力区面积不应超过基础底面面积的 15%。当满足上述要求时，高层建筑结构的抗倾覆能力具有足够的安全储备，不需再验算结构的整体倾覆问题。对裙房和主楼质量偏心较大的高层建筑，裙楼与主楼可分别进行基底应力计算。

由于风荷载和水平地震作用主要引起高层建筑边角竖向结构较大轴力，若将此短期效应与永久效应同等对待，势必加大边角竖向结构的基础，而相应重力荷载长期作用下中部竖向结构基础未得以增强，可能会导致高层建筑出现地下室底部横向墙体八字裂缝、典型盆式差异沉降等现象。因此，高层建筑基础设计应以减小长期重力荷载作用下地基变形、差异变形为主。计算地基变形时，传至基础底面的荷载效应采用正常使用极限状态下荷载效应的准永久组合，不计入风荷载和水平地震作用。

基础是否发生倾斜是高层建筑是否安全的关键因素。高层建筑由于质心高、荷载大，对基础底面一般难免有偏心，故建筑物在沉降过程中，其总重量对基础底面形心将产生新的倾覆力矩增量，而此倾覆力矩增量又产生新的倾斜增量，倾斜可能随之增长，直至地基变形稳定为止。因此，为减少基础产生倾斜，应尽量使结构竖向荷载重心与基础平面形心相重合，当偏心难以避免时，应对其偏心距加以限制。《高层规程》规定，高层建筑主体结构基础底面形心宜与永久作用重力荷载重心重合；当采用桩基础时，桩基的竖向刚度中心宜与高层建筑主体结构永久重力荷载重心重合。

12.3　地基、基础和上部结构的共同作用分析

地基、基础和上部结构三者是一个整体，要正确地求得基础的真实受力情况，必须考虑三者的共同作用，就是把地基、基础和上部结构看作一个彼此相互协调工作的整体，在连接点和接触点处满足变形协调条件以求得整个系统的变形和内力。由于这种计算分析方法十分复杂，目前实际工程中，一般是将上部结构与基础分离开，并假定上部结构固定于基础顶面［图 12.3.1 (a)］，然后按结构力学方法求得支座反力［图 12.3.1 (b)］，并反作用于基础作为基础承受的荷载［图 12.3.1 (c)］。当考虑地基与基础的共同作用时，将基础看作（弹性）地基上的梁或板，按照不同的地基模型根据静力平衡条件和接触点处的变形协调条件计算基底反力及基础的内力。当不需要考虑地基与基础的共同作用时，假定基底反力为直线分布，将柱视为支座，基础看成倒置的连续梁或板，在基底净反力作用下按结构力学方法计算基础内力。由此可知，目前对上部结构的分析，一般不考虑与地基、基础的共同作用；基础的分析有时虽考虑了与地基的共同作用，但通常也不计入上部结构的影响。尽管如此，掌握地基、基础、上部结构相互作用的基本概念将有助于了解各类基础的性能、正确选择地基基础方案、评价常规分析与实际之间的可能差异、理解影响地基变形允许值的因素等有关问题。因此，高层建筑基础应根据上部结构和地质状况进行设计，宜从概念设计上考虑地基、基础与上部结构相互作用的影响。

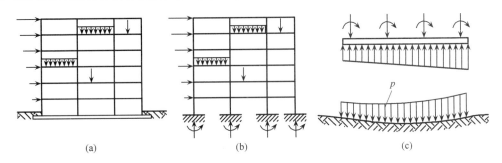

图 12.3.1　上部结构及其基础分析简图

1. 上部结构刚度对基础内力的影响

从与地基变形相互作用的观点出发，上部结构可分为刚性结构、柔性结构和半刚性结构。当上部结构为绝对刚性时，地基变形只使各柱均匀下沉［图 12.3.2 (a)］；若忽略柱端的转动约束作用，则柱端可视为基础梁的不动铰支座，亦即基础犹如倒置的连续梁，不产生整体弯曲，在基底反力作用下只产生局部弯曲。当上部结构为绝对柔性时，上部结构对基础的变形毫无制约作用［图 12.3.2 (b)］，基础梁在产生局部弯曲的同时，还产生很大的整体弯曲。由上可见，两种情况下基础梁的挠曲形式及相应的内力图有很大的差别。

实际结构常介于上述两者之间，属于半刚性结构。一般根据工程经验定性地判断比较接近哪一种情况，了解可能出现的地基变形特征并判定结构出现破坏的部位，以便采取有

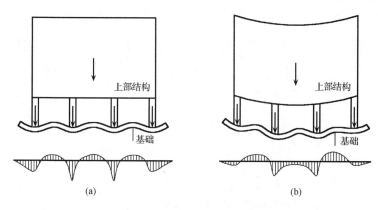

图 12.3.2　上部结构刚度对基础受力的影响

效措施。如上部结构为剪力墙结构房屋，则接近于绝对刚性结构；框架结构房屋接近于柔性结构。但是刚度较大的上部结构在抵抗和调整地基变形的同时，结构内部将产生很大的附加应力；反之，上部结构刚度越小，产生的附加应力也越小。

2. 基础刚度对基底反力的影响

绝对柔性基础且当忽略上部结构刚度时，其抗弯刚度为零，对荷载传递无扩散作用，如同荷载直接作用在地基上，基底反力分布与它受到的荷载分布完全一致（图 12.3.3），因此基础中不产生弯矩和剪力。在均匀分布荷载作用下，基础的沉降是中间大而两边小，呈盆形 [图 12.3.3 （a）]；为了使基础的沉降趋于均匀，荷载分布应是中间小两边大，呈不均匀状 [图 12.3.3 （b）]。

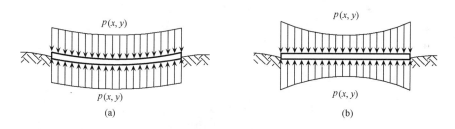

图 12.3.3　绝对柔性基础基底反力分布

当基础为绝对刚性时，其抗弯刚度为无限大，不论上部结构的刚度大小和荷载分布，基础受力沉降后仍保持为平面。若上部结构荷载的合力作用点通过基底的形心，则基础产生均匀沉降，基底反力分布为边缘大而中间小的曲线 [图 12.3.4 （a）中的实线]；当荷载偏心作用时，基础沉降后为一倾斜的平面，基底反力分布也为不对称的曲线 [图 12.3.4 （b）中的实线]。由此可知，刚性基础在调整基础沉降使之均匀的同时，还使基底反力分布由中间向两边转移；刚性基础这种能跨越基础中间，将承受的荷载向两边转移的现象称为基础的"架越作用"。显然，基础的刚性越大，这种"架越作用"也越大，因而基础中部受到的弯矩也越大。当基底边缘处的压应力超过了地基土的线弹性阶段时，随着塑性区的发展，基底反力产生重分布，塑性区最先出现在边缘处，使反力减小，并向中部转移，形成马鞍形分布，如图 12.3.4 中的虚线所示。

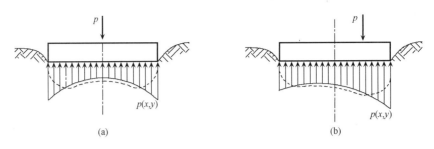

图 12.3.4 刚性基础基底反力分布

实际上，基础的刚度是有限的，因而其基底反力分布介于上述两种情况之间。研究表明，基底反力不仅与基础刚度有关，还涉及土的类别与其变形特性、荷载大小与分布、土的固结与蠕变特性以及基础的埋置深度与形状等多种因素。如果基础底面积足够大，有一定埋置深度，荷载不大，地基尚处于线性变形阶段，则基底反力分布为马鞍形 ［图 12.3.5 (a)］。砂土地基上的小型基础，埋置深度较浅或荷载较大时，基础边缘塑性区的扩大导致这部分地基土所卸除的荷载必然转移给基底中部的土体，使中部基底反力增大，呈抛物线形 ［图 12.3.5 (b)］。当荷载非常大，以致地基接近整体破坏时，基底反力更加向中部集中而呈钟形 ［图 12.3.5 (c)］。

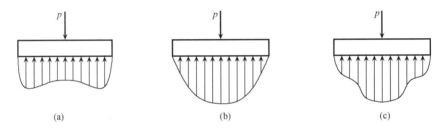

图 12.3.5 基底反力分布的几种典型情况

3. 地基条件对基础受力的影响

基础的受力状况还取决于地基土的压缩性及其分布的均匀性。当地基土不可压缩时，基础不仅不会产生整体弯曲，局部弯曲也很小，同时上部结构因沉降产生的附加应力亦很小。实际工程中，常遇到的地基土均有一定（有时较大）的压缩性，且其分布有时也不均匀。如图 12.3.6 所示的两种情况，基础弯矩图截然不同。

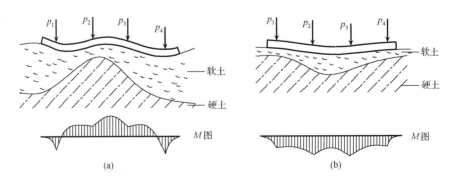

图 12.3.6 地基条件对基础受力的影响

12.4　高层建筑地下室结构设计

　　高层建筑设置地下室可减小地震作用对上部结构的影响，还可提高地基土的承载力。就高层建筑设计而言，地下室设计是其不可分割的一部分，也是较为复杂而重要的一部分，其设计是否合理将直接影响工程造价乃至正常使用。高层建筑地下室的结构设计主要包括以下内容。

　　1. 高层建筑的嵌固位置

　　高层建筑在结构分析前须首先确定结构嵌固位置，这直接关系到计算模型与实际受力状态的符合程度。高层建筑由于地下室侧墙外回填土的约束，使得建筑物在地下室顶部产生刚度突变，结构的嵌固部位是计算模型中的一个重要假设，是指结构预期塑性铰出现的位置，而不是力学意义上的嵌固（即嵌固点以下刚度无穷大，嵌固点无平动和转动，实现了完全约束）。高层建筑的嵌固部位应能限制构件在两个水平方向的平动和绕竖轴的转动，并能传递上部结构的地震作用。

　　当地下室顶板作为上部结构的嵌固部位时，地下室顶板及其下层竖向结构构件的设计应适当加强，以符合作为嵌固部位的要求。《高层规程》规定，当高层建筑地下室顶板作为上部结构的嵌固部位时，地下室顶板应避免开设大洞口，其混凝土强度等级不宜低于C30，应采用现浇楼盖梁板结构，楼板厚度不宜小于 180mm，采用双层双向配筋，且每层每个方向的配筋率不宜小于 0.25%；地下一层与相邻上层的侧向刚度比不宜小于 2。

　　当高层建筑不能满足嵌固在地下室顶板的要求时，可按嵌固在基础顶部设计。B 级高度高层建筑不宜嵌固在基础顶部。

　　2. 地下室结构的抗震设计

　　当高层建筑嵌固在地下室顶板时，可采用底部剪力法计算地下室结构水平地震作用。作用在主体结构地下室底部的总水平地震作用标准值可按下式计算：

$$F_{Bk} = F_{Ek} + F_B \tag{12.4.1}$$

$$F_B = \beta \alpha_1 G_{B,eq} \tag{12.4.2}$$

$$F_{B,i} = \frac{G_{B,i} H_{B,i}}{\sum\limits_{j=1}^{n} G_{B,j} H_{B,j}} F_B \tag{12.4.3}$$

式中：F_{Ek} 为上部结构在地下室顶部的总水平地震作用标准值；F_B 为地下室结构引起的总水平地震作用标准值；β 为地下室结构水平地震作用降低系数，可取 0.8～0.9；α_1 为上部结构基本自振周期的水平地震影响系数；$G_{B,eq}$ 为地下室结构等效总重力荷载，可取地下室结构总重力荷载代表值的 85%；$F_{B,i}$ 为第 i 层地下室的水平地震作用标准值（层号由上向下计）；$G_{B,i}$、$G_{B,j}$ 分别为集中于地下室第 i、j 层的重力荷载代表值；$H_{B,i}$、$H_{B,j}$ 分别为地下室第 i、j 层至基础顶面的计算高度，n 为地下室总层数。

　　地下室结构第 j 层的地震剪力标准值为

$$V_{B,j} = F_{Ek} + \sum_{i=1}^{n} F_{B,i} \tag{12.4.4}$$

水平地震作用下地下室结构构件的内力标准值根据地下室结构的地震剪力标准值计算；地下室竖向构件的内力标准值应包括上部结构重力荷载代表值产生的效应。

当地下室顶板作为高层建筑的嵌固部位时，地震作用下结构的屈服部位将发生在地上楼层，同时将影响到地下一层，地面以下结构的地震响应逐渐减小。因此，地下一层的抗震等级不能降低，而地下一层以下不要求计算地震作用，其抗震构造措施的抗震等级可逐层降低。因此，抗震设计的高层建筑，当地下室顶层作为上部结构的嵌固端时，地下一层相关范围的抗震等级应按上部结构采用，地下一层以下抗震构造措施的抗震等级可逐层降低一级，但不应低于四级；地下室中超出上部主楼相关范围且无上部结构的部分，其抗震等级可根据具体情况采用三级或四级。

当地下室顶板作为高层建筑的嵌固部位时，地下室结构构件的混凝土强度等级不低于上部结构相应构件的混凝土强度等级。《高层规程》规定，地下室顶板对应于地上框架柱的梁柱节点设计应符合下列要求之一：①地下一层柱截面每侧的纵向钢筋面积除应符合计算要求外，不应少于地上一层对应柱每侧纵向钢筋面积的 1.1 倍，地下一层梁端顶面和底面的纵向钢筋应比计算值增大 10% 采用；②地下一层柱每侧的纵向钢筋面积不小于地上一层对应柱每侧纵向钢筋面积的 1.1 倍且地下室顶板梁柱节点左右梁端截面与下柱上端同一方向实配的受弯承载力之和不小于地上一层对应柱下端实配的受弯承载力的 1.3 倍。

地下室至少一层与上部对应的剪力墙墙肢端部边缘构件的纵向钢筋截面面积不应小于地上一层对应的剪力墙墙肢边缘构件的纵向钢筋截面面积。

3. 地下室外墙的设计

地下室外墙的厚度和混凝土强度等级，应根据荷载情况、防水抗渗和有关规范的构造要求确定。考虑到混凝土强度等级过高时，水泥用量大而容易产生收缩裂缝，一般采用的混凝土强度等级宜低不宜高，常采用 C30~C40。

地下室外墙承受的荷载有竖向荷载和水平荷载两类，竖向荷载包括上部结构及地下室结构楼盖传来的荷载及自重；水平荷载包括地面活荷载、侧向土压力、地下水压力、人防等效静荷载等。风荷载或水平地震作用对地下室外墙平面内产生的内力较小，在地下室外墙截面设计中，一般不起控制作用。墙体配筋主要由垂直于墙面的水平荷载产生的弯矩确定，通常不考虑与竖向荷载组合的压弯作用，仅按墙板弯曲计算配筋。

地下室外墙的水平荷载主要考虑地面活荷载和侧向土压力组合，或地面活荷载、地下水位以上侧向土压力、地下水位以下侧向土压力和水压力组合。当考虑人防设计时，还需要将以上两种组合再与人防等效静荷载进行组合。

地下室外墙可根据支承情况按双向板或单向板计算水平荷载作用下的弯矩，也可按考虑塑性内力重分布的方法进行弯矩计算。由于地下室内墙间距不等，工程设计中一般把楼板和基础底板作为外墙板的支点按单向板（单跨、两跨或多跨）计算，在基础底板处按固端，顶板处按铰支座。在与外墙相垂直的内墙处，由于外墙的水平分布钢筋配置一般较多，不再另加负弯矩构造钢筋。地下室外墙还应按偏心受压构件验算裂缝宽度。

地下室外墙的竖向和水平分布钢筋应双层双向布置，间距不宜大于 150mm，配筋率不宜小于 0.3%。对有窗井的地下室，应设外挡土墙，为地下室外墙一部分，其设计应计入侧向土压和水压影响；挡土墙与地下室外墙之间应有可靠连接、支撑，以保证结构的有效埋深。

4. 其他要求

为了使地下室设计满足抗浮及防腐蚀的要求，高层建筑地下室设计，应综合考虑上部荷载、岩土侧压力及地下水的不利作用影响。地下室应满足整体抗浮要求，可采取排水、加配重或设置抗拔锚桩（杆）等措施；当地下水具有腐蚀性时，地下室外墙及底板应采取相应的防腐蚀措施。

为了满足地下室周边嵌固以及使用功能要求，高层建筑地下室不宜设置变形缝；当地下室长度超过伸缩缝最大间距时，可考虑利用混凝土后期强度，降低水泥用量；也可每隔30～40m 设置贯通顶板、底部及墙板的施工后浇带；后浇带可设置在柱距三等分的中间范围内以及剪力墙附近，其方向宜与梁正交，沿竖向应在结构同跨内；底板及外墙的后浇带宜增设附加防水层；后浇带封闭时间宜滞后 45d 以上，其混凝土强度等级宜提高一级，并宜采用无收缩混凝土，低温入模。

严格控制和提高高层建筑地下室周边回填土质量，对室外地面建筑工程质量及地下室嵌固、结构抗震和抗倾覆均较为有利。高层建筑地下室外周回填土应采用级配砂石、砂土或灰土，并应分层夯实。

高层建筑主体结构地下室底板与扩大地下室薄底板交界处，应力较为集中，该过渡区的截面厚度和配筋应予以适当加强。

12.5　筏形基础设计

筏形基础也称为片筏基础或筏式基础，是高层建筑中常用的一种基础形式，它适用于高层建筑地下部分用作商场、停车场、机房等大空间房屋。筏形基础具有整体刚度大，能有效地调整基底压力和不均匀沉降，并有较好的防渗性能；天然地基上的筏形基础以整个房屋下大面积的筏片与地基相接触，可使地基承载力随着基础埋深和宽度的增加而增大，因而它具有减小基底压力和调整不均匀沉降的能力。筏形基础可分为平板式筏形基础和梁板式筏形基础，如图 12.5.1 所示。平板式筏形基础［图 12.5.1（a）］是一块厚度相等的钢筋混凝土平板，其厚度通常为 1～2.5m，故混凝土用量大，但施工方便，建造速度快。梁板式筏形基础［图 12.5.1（b）和（c）］的底板厚度较小，在两个方向上沿柱列布置有肋梁，以加强底板的刚度，改善底板的受力。这种基础实质上是一个倒置的钢筋混凝土肋梁楼盖，其优点是节省混凝土用量，但模板及施工较复杂。平板式筏形基础适用于柱荷载不大、柱距较小且等柱距的情况，当荷载较大时，可以加大柱下的板厚［图 12.5.1（d）］；当荷载较大，柱距不均匀且又较大时，可采用梁板式筏形基础。

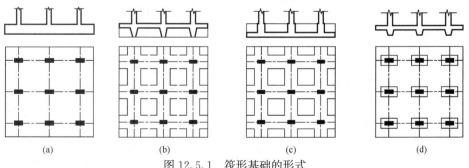

（a）　　　　　　　　（b）　　　　　　　　（c）　　　　　　　　（d）

图 12.5.1　筏形基础的形式

12.5.1 筏形基础尺寸的确定

筏形基础的平面尺寸应根据地基土的承载力、上部结构的布置及其荷载的分布等因素确定。在确定基础平面尺寸时，为避免基础发生过大的倾斜和改善基础受力状况，应尽量使基础平面形心与永久作用重力荷载重心重合；否则，可通过改变基础底板在四边的外伸长度来调整基底的形心位置，或采取减小柱荷载差的措施，调整上部结构竖向荷载的重心。当满足地基承载力时，筏形基础的周边不宜向外有较大的伸挑扩大。当需要外挑时，有肋梁的筏基宜将梁一同挑出，其外挑长度一般不宜大于同一方向边跨柱距的 1/4～1/3，同时宜将肋梁伸至筏板边缘；周边有墙的筏形基础，当基础底面已满足地基承载力要求，筏板可不外伸，有利减小盆式差异沉降，有利于外包防水施工；当需要外伸扩大时，应注意满足其刚度和承载力要求。

平板式筏形基础的板厚可根据受冲切承载力计算确定，板厚不宜小于 400mm。冲切计算时，应考虑作用在冲切临界截面重心上的不平衡弯矩所产生的附加剪力。当柱荷载较大、等厚度筏板的受冲切力不能满足要求时，可在筏板上面增设柱墩或在筏板下局部增加板厚或配置抗冲切钢筋来提高受冲切承载力。对墙下筏式基础，宜采用等厚度的平板式筏板，设计时可根据上部结构开间及荷载大小由经验确定，也可根据楼层按每层 50mm 估算，并进行受冲切承载力计算。

梁板式筏基的梁高取值应包括底板厚度在内，梁高不宜小于平均柱距的 1/6；确定梁高时，应综合考虑荷载大小、柱距、地质条件等因素，并应满足承载力要求。当梁板式筏基的肋梁宽度小于柱宽时，肋梁可在柱边加腋 [图 12.5.2（a）、（b）]，并应满足相应的构造要求。当周边或内部有钢筋混凝土墙时，墙下可不再设肋梁，墙一般按深梁进行截面设计。梁板式筏形基础的底板除计算正截面受弯承载力外，其厚度尚应满足受冲切承载力和受剪承载力的要求；对 12 层以上建筑的梁板式筏形基础，其底板厚度与最大双向板格的短边净跨之比不应小于 1/14，且不得小于 400mm。柱、墙与梁板式筏形基础的肋梁连接应满足图 12.5.2 所示的构造要求。

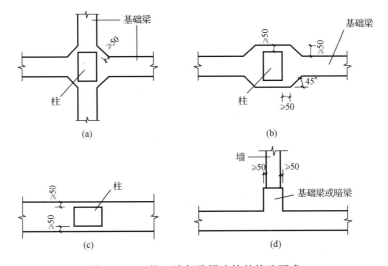

图 12.5.2 柱、墙与肋梁连接的构造要求

12.5.2　筏形基础的基底反力及内力计算

筏形基础的设计方法根据采用的假定不同可分为刚性板方法和弹性板方法两大类。弹性板方法又可分为经典解析法、数值分析法（如有限差分法、有限单元法和样条函数法）和等代交叉弹性地基梁法等；弹性板方法虽未考虑上部结构的作用，但考虑了地基与基础的相互作用，与实际情况较为符合。刚性板方法也称为倒楼盖法，常用的有板带法和双向板法，该方法既不考虑上部结构刚度，也不考虑地基、基础的相互作用，即假定基础为绝对刚性，地基反力呈直线分布。由于刚性板方法较为简单，且在多数情况下也能满足工程计算的需要。因此，当地基比较均匀、上部结构刚度较好、上部结构柱间距及柱荷载的变化不超过 20% 时，高层建筑的筏形基础可仅考虑局部弯曲作用，按倒楼盖法计算。当不符合上述条件时，宜按弹性地基板计算。本节仅介绍筏形基础的倒楼盖法。

按倒楼盖法计算时，假定基础底板相对于地基而言是绝对刚性的，则筏形基础的基底反力为直线分布。当受轴心荷载时，在荷载效应标准组合作用下，基础底面处的压力值可按下式计算

$$p_k = \frac{F_k + G_k}{A} \tag{12.5.1}$$

式中：F_k 为相应于荷载效应标准组合时，上部结构传至基础顶面的竖向力值（kN）；G_k 为基础自重和基础上的土重之和，在稳定的地下水位以下的部分，应扣除水的浮力（kN）；A 为基础底面面积（m^2）。

当受偏心荷载作用时，基础的底面压力为

$$\frac{p_{kmax}}{p_{kmin}} = \frac{F_k + G_k}{A} \pm \frac{M_k}{W} \tag{12.5.2}$$

式中：M_k 为相应于荷载效应标准组合时，作用于基础底面的力矩值（kN·m）；W 为基础底面边缘抵抗矩（m^3）。

由式（12.5.1）和式（12.5.2）求得基础底面的压力后，可进行地基承载力验算。

基础内力计算时采用基底净反力，即按式（12.5.1）和式（12.5.2）计算时应扣除底板自重及其上填土自重，将基底净反力视为荷载，按倒楼盖法进行筏形基础内力的计算。计算基础内力时，荷载及反力应取设计值。

1）平板式筏形基础内力计算

对平板式筏形基础，当相邻柱荷载和柱距变化不大时（不超过 20%），可视地基反力为均匀分布，将筏板在纵、横两个方向划分为相互垂直的板带，板带的分界线为相邻柱列间的中线，如图 12.5.3 所示，取出每一条板带按独立的条形基础进行内力计算。

由于独立的板带没有考虑板带相互间的剪力影响，致使每一条板带柱荷载总和与基底净反力总和不平衡，因此，

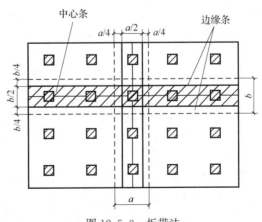

图 12.5.3　板带法

在计算板带内力之前应进行必要的调整。另外，由于筏板实际存在的空间作用，各板带上的弯矩并非沿横截面均匀分布，而是集中于柱下中心区域，因而常将计算板带宽度 b（或 a）范围内弯矩按宽度分为三部分（图12.5.3），把整个宽度 b 上的 2/3 弯矩值作用在中间 $b/2$ 部分，边缘 $b/4$ 部分各承担 1/6 弯矩。

2）梁板式筏形基础内力计算

当框架的柱网在纵横两个方向上尺寸的比值小于 2，且在柱网单元内不再布置次肋梁时，可将筏形基础近似地视为一倒置的楼盖，地基净反力作为荷载，筏板按双向多跨连续板计算，肋梁按多跨连续梁计算，如图12.5.4所示。由于基础与上部结构的共同作用，致使基础端部处的基底反力增加，因此边跨跨中弯矩以及第一内支座的弯矩值宜乘以 1.2

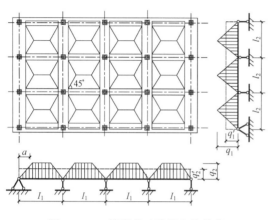

图 12.5.4   筏形基础肋梁上的荷载

的系数。作用于筏形基础底板上的地基净反力可按 45°线所划分的范围，分别传到纵向肋梁和横向肋梁上去，在进行肋梁内力计算时，可将肋梁上的三角形和梯形分布荷载近似地简化为等效均布荷载。为了减小基础底板的厚度，可在柱网间增设次肋梁。当底板区格边长之比大于 2 时，基础底板按连续单向板计算，肋梁仍按连续梁计算。按上述方法计算的连续梁支座反力一般不等于柱荷载，如果二者差值较大，应做必要的修正，修正方法同条形基础计算的倒梁法。

12.5.3   配筋计算及构造

筏形基础的混凝土强度等级不宜低于 C30，垫层厚度通常取 100mm。当有防水要求时，混凝土的抗渗等级按规范要求确定。当采用刚性防水方案时，同一建筑的基础应避免设置变形缝，可沿基础长度每隔 30～40m 留一道贯通顶板、底板及墙板的施工后浇带，带宽不宜小于 800mm，且宜设置在柱距三等分的中间范围内，后浇带处底板及外墙宜采用附加防水层，后浇带混凝土宜在其两侧混凝土浇筑完毕两个月后再进行浇灌，其强度等级应提高一级，且宜采用早强、补偿收缩的混凝土。

筏形基础的底板一般仅进行正截面承载力计算，肋梁应进行正截面受弯承载力和斜截面受剪承载力计算。对平板式筏基，按柱上板带的正弯矩配置板内底部钢筋，按跨中板带的负弯矩配置板内上部钢筋。筏形基础应采用双向钢筋网片分别配置在板的顶面和底面，受力钢筋直径不宜小于 12mm，钢筋间距不宜小于 150mm，也不宜大于 300mm。筏形基础的配筋除满足计算要求外，平板式筏形基础的底部及梁板式筏形基础的底板和肋梁，其纵横方向的底部钢筋尚应有 1/3～1/2 贯通全跨，其配筋率不应小于 0.15%，顶部钢筋按计算配筋全部贯通。

采用筏形基础的地下室，其混凝土外墙厚度不应小于 250mm，内墙厚度不应小于 200mm。墙的截面除满足承载力要求外，尚应考虑变形、抗裂及防渗等要求。墙体内应设置双面钢筋，竖向和水平钢筋直径不应小于 12mm，间距不应大于 300mm。

12.6　箱形基础设计

箱形基础是由钢筋混凝土顶板、底板、外墙和内墙组成的空间整体结构，是高层建筑中广泛采用的一种基础形式（图 12.6.1）。它具有很大的刚度和整体性，能有效地调节基础的不均匀沉降，常用于上部结构荷载大、地基软弱且分布不均匀的情况；由于箱形基础的埋置深度较大，周围土体对其具有嵌固作用，因而可以增加建筑物的整体稳定性，并对结构抗震有较好的效果；同时，因挖除了相当厚度的土层，减少了基础底板的附加压力，形成所谓补偿性基础，从而取得较好的经济效果。但另一方面，由于形成箱形基础的纵横墙较多，而且墙上开洞面积也受到限制，当地下室要求有较大空间或建筑功能上要求较灵活布置时（如地下室作为商场、停车场等），就难以采用箱形基础。

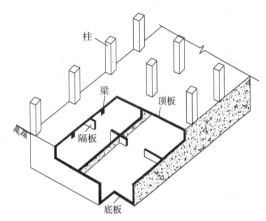

图 12.6.1　箱形基础示意图

12.6.1　箱形基础的补偿性及其利用

箱形基础的埋置深度一般较大，基础底面处的土自重应力 p_D 和水压力 p_w（图 12.6.2）在很大程度上补偿了由于建筑物自重和荷载产生的基底压力。如果箱形基础有足够的埋置深度，使得基底土自重应力和水压力之和恰好等于基底压力 p，即

$$p = p_D + p_w$$

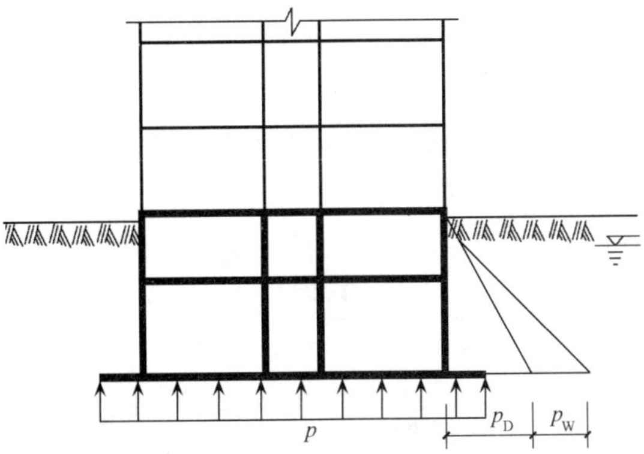

图 12.6.2　箱形基础的补偿性

这说明施加于箱形基础底面上的压力等于开挖基坑时挖去土的重量，建筑物的重量全部由挖除土的重量所补偿。从理论上讲，基底附加压力等于零，在地基土中就不会产生附加应力，因而也就不会产生地基沉降，也不存在地基承载力问题，按照这种概念进行地基基础设计称为补偿性设计。但是，由于在施工过程中，基坑开挖解除了土自重，使基坑发生回弹，当建造上部结构和基础时，土体会再度受荷而发生沉降，在这一过程中，地基中的应力发生了一系列的变化，因此实际上不存在那种完全不引起沉降和承载力问题的理想情况；但如果能精心设计、合理施工，就能有效地发挥箱形基础的补偿作用。

当 $p < p_D + p_w$ 时，基坑挖除的土和水的重量超过了应补偿的建筑物的全部重量，这类

基础称为超补偿性基础；反之，当 $p > p_D + p_W$ 时，则称为欠补偿性基础。埋置深度越大，箱形基础的补偿作用越大，但同时也带来土方量大，施工困难等问题，需要综合考虑。

12.6.2 箱形基础的一般规定

箱形基础的平面尺寸应根据地基土承载力和上部结构布置以及荷载等因素确定。外墙宜沿建筑物周边布置，内墙沿上部结构的柱网或剪力墙位置纵横均匀布置，墙体水平截面总面积不宜小于箱形基础外墙外包尺寸的水平投影面积的 1/10。对基础平面长宽比大于 4 的箱形基础，其纵墙水平截面面积不应小于箱形基础外墙外包尺寸水平投影面积的 1/18。对与高层主楼相连的裙房基础，若采用外挑箱基墙或外挑基础梁的方法，则外挑部分的基底应采取有效措施，使其具有适应差异沉降变形的能力。

箱形基础的高度应满足结构的承载力和刚度要求，并根据建筑使用要求确定，为了使箱形基础具有一定的刚度，能适应地基的不均匀沉降，满足使用功能上的要求，减少不均匀沉降引起的上部结构附加应力，一般不宜小于箱基长度（不计墙外悬挑板部分）的 1/20，且不宜小于 3m。当建筑物有多层地下室时，可以仅将最下面一层或两层地下室设计为箱形基础，也可将全部多层地下室设计成箱形基础。

顶板、底板及墙体的厚度，应根据受力情况、整体刚度和防水要求确定，无人防设计要求的箱基，基础底板不应小于 300mm，外墙厚度不应小于 250mm，内墙的厚度不应小于 200mm，顶板厚度不应小于 200mm。

墙体是保证箱形基础整体刚度和纵、横向受剪承载力的重要构件。外墙沿建筑物四周布置，内墙一般沿上部结构柱网和剪力墙纵、横向均匀布置。要求墙体数量应满足：每平方米基础面积上墙体长度不少于 400mm，墙体水平截面面积不小于基础总面积的 10%，在长矩形平面箱形基础中，纵墙数量不少于墙体总量的 60%。这些规定中，墙体均为毛长度和毛截面面积（不扣除洞口），基础面积也不包含底板外挑部分。

箱形基础的墙体应尽量不开洞、少开洞或开小洞，洞口宜设在柱间居中部位，应避免开偏洞和边洞。

12.6.3 箱形基础基底反力计算

确定基底反力是箱形基础设计的关键问题，由于影响基底反力的因素较多，如土质、上部结构的刚度、荷载分布和大小、基础埋深、尺寸和形状等，精确地确定箱形基础基底反力是一非常复杂的问题，可以按照弹性地基上的梁板理论计算，但工作量大，且计算结果与实测值差别较大，因此至今尚没有一种可靠而实用的计算方法。

实测结果表明，在软土地区，纵向基底反力一般呈马鞍形，反力最大值离基础端部的距离约为基础长边的 1/9~1/8，最大值为平均值的 1.06~1.34 倍[图 12.6.3 (a)]；在第四纪黏性土地区，纵向基底反力分布曲线一般呈抛物线形，最大反力值约为平均值的 1.25~1.37 倍 [图 12.6.3 (b)]。我国《高层建筑筏形与箱形基础技术规范》（JGJ 6—2011）在大量实测资料的基础上，提出了箱形基础基底反力实用计算方法，可称为"实测反力系数法"。该法将基础底面划分为若干个区格（如纵向 8 格、横向 5 格或 8 格），第 i 区格的基底反力可按下式确定，即

$$p_i = \frac{\sum P}{BL} \alpha_i \tag{12.6.1}$$

式中：$\sum P$ 为上部结构竖向荷载和箱形基础的自重之和（kN）；B、L 分别为箱形基础的宽度和长度(m)；α_i 为相应于第 i 区格的基底反力系数，可根据不同的土质查表 12.6.1 确定，由于底板区格内的基底反力系数均为对称（图 12.6.4），表 12.6.1 中仅给出了 1/4 底板区格内的反力系数。

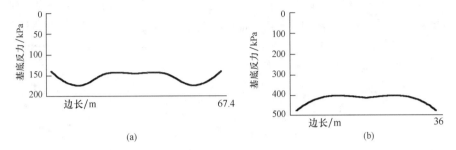

图 12.6.3　箱形基础纵向基底反力实测分布曲线

　　表 12.6.1 适用于上部结构与荷载比较匀称的框架结构，且地基土比较均匀、底板悬挑部分不超过 0.8m、不考虑相邻建筑的影响以及符合规范构造要求的单栋建筑物的箱形基础。当纵横方向荷载不匀称时，应分别求出由荷载偏心产生的纵横向力矩引起的不均匀基底反力（按直线变化计算），然后将该不均匀反力与反力系数表计算的反力进行叠加。对不符上述条件的情况，如刚度不对称或变刚度结构、地基土层分布不均匀等，应采用其他有效的基底反力计算方法。

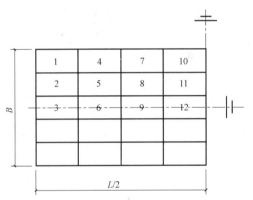

图 12.6.4　基础底面区格划分

表 12.6.1　箱形基础基底反力系数

土质	L/B	反力系数				土质	L/B	反力系数			
黏性土	1	1.381	1.179	1.128	1.108	砂土	1	1.5875	1.2582	1.1875	1.1611
		1.179	0.952	0.898	0.879			1.2582	0.9096	0.8410	0.8168
		1.128	0.898	0.841	0.821			1.1875	0.8410	0.7690	0.7436
		1.108	0.879	0.821	0.800			1.1611	0.8168	0.7436	0.7175
	2～3	1.265	1.115	1.075	1.061		2～3	1.409	1.166	1.109	1.088
		1.073	0.904	0.865	0.853			1.108	0.847	0.798	0.781
		1.046	0.875	0.835	0.822			1.069	0.812	0.762	0.745
	4～5	1.229	1.042	1.014	1.003		4～5	1.395	1.212	1.166	1.149
		1.096	0.929	0.904	0.895			0.992	0.828	0.794	0.783
		1.081	0.918	0.893	0.884			0.989	0.818	0.783	0.772
	6～8	1.214	1.053	1.013	1.008	软土		0.906	0.966	0.814	0.738
		1.083	0.939	0.903	0.899			1.124	1.197	1.009	0.914
		1.069	0.927	0.892	0.888			1.235	1.314	1.109	1.006

12.6.4 箱形基础内力分析

箱形基础顶板和底板在地基反力和水压力及上部结构传下来的荷载作用下，整个箱形基础将发生弯曲（称为整体弯曲），其承担的弯矩按基础刚度占整体结构总刚度的比例分配；同时，顶板和底板在楼面荷载和基底反力作用下，也将产生弯曲（称为局部弯曲）。因此，顶板和底板的弯曲应力应按整体弯曲和局部弯曲的组合进行分析。实测和计算分析表明，上部结构刚度对基础内力有较大影响，由于上部结构参与共同作用，分担了整个体系的整体弯曲应力，基础内力将随上部结构刚度的增加而减小，但这种考虑共同作用的分析方法计算上比较复杂，距实际应用还有一定的距离。当地基压缩层深度范围内的土层在竖向和水平力方向皆较均匀，且上部结构为平立面布置较规则的框架、剪力墙、框架-剪力墙结构时，箱形基础的顶、底板可仅考虑局部弯曲进行计算；计算时，底板反力应扣除板的自重及其上面层和填土的自重。整体弯曲的影响可在构造上加以考虑。

当箱形基础按局部弯曲计算时，其顶板和底板钢筋配置除符合计算要求外，考虑到整体弯曲的影响，纵横方向支座钢筋尚应有 1/3~1/2 贯通配置，跨中钢筋应按实际计算的配筋全部贯通。钢筋宜采用机械连接；采用搭接时，搭接长度应按受拉钢筋考虑。

当箱形基础需要考虑整体弯曲计算时，首先根据上部结构荷载和地基反力系数求出箱形基础的基底反力，再根据上部结构的折算刚度和箱形基础的刚度按刚度分配法求出箱形基础应承担的整体弯矩，然后计算在使用荷载作用下顶板的局部弯矩、底板在基底反力作用下的局部弯矩。底板局部弯曲产生的弯矩应乘以 0.8 折减系数。最后，顶板、底板按整体弯矩计算的钢筋与按局部弯矩计算的钢筋叠加。对框架结构，箱形基础的自重应按均布荷载处理。

箱形基础承受的整体弯矩 M_F 可按其刚度计算（图 12.6.5），即

$$M_F = M \frac{E_F I_F}{E_F I_F + E_B I_B} \tag{12.6.2}$$

$$E_B I_B = \sum_{i=1}^{n} \left[E_b I_{bi} \left(1 + \frac{K_{ui} + K_{li}}{2K_{bi} + K_{ui} + K_{li}} m^2 \right) \right] + E_w I_w \tag{12.6.3}$$

式中：M_F 为箱形基础承受的整体弯矩；M 为建筑物整体弯曲产生的弯矩，可按静定梁分析或采用其他有效方法计算；$E_F I_F$ 为箱形基础的刚度，其中 E_F 为箱形基础的混凝土弹性模量，I_F 为按工形截面计算的箱基截面的惯性矩，工形截面的上翼缘宽度分别为箱基顶、底板的全宽，腹板厚度为在弯曲方向的墙体厚度的总和；$E_B I_B$ 为上部结构的总折算刚度；E_b 为梁、柱的混凝土弹性模量；K_{ui}、K_{li}、K_{bi} 分别为第 i 层上柱、下柱和梁的线刚度；E_w、I_w 分别为在弯曲方向上与箱基相连的连续混凝土墙的混

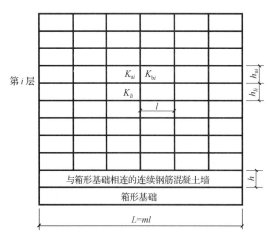

图 12.6.5　箱形基础整体弯曲计算

凝土弹性模量和截面惯性矩；m 为弯曲方向的节间数；n 为建筑物层数，不大于 5 层时取实际楼层数，大于 5 层时取 5。

式（12.6.2）适用于等柱距和柱距相差不超过 20% 的框架结构。在箱形基础顶、底板配筋时，应综合考虑承受整体弯曲的钢筋与局部弯曲的钢筋配置部位，以充分发挥各截面钢筋的作用。

在计算箱形基础内力时，荷载中可不计风荷载及设防烈度小于或等于 8 度时的地震作用，即在一般情况下，只考虑竖向荷载，不考虑水平荷载。

12.6.5　箱形基础配筋和构造

箱形基础的混凝土强度等级不宜低于 C30，宜采用密实混凝土防水；垫层厚度通常取 100mm。当有防水要求时，混凝土的抗渗等级须按规范的要求确定。

箱形基础的顶板、底板、墙体及洞口过梁均应根据内力分析结果进行配筋。顶板、底板及墙体均应采用双层双向配筋。墙体的竖向和水平分布钢筋直径均不应小于 10mm，间距均不应大于 200mm。除上部为剪力墙外，内、外墙的墙顶处宜配置两根直径不小于 20mm 的通长构造钢筋。钢筋接头宜采用机械连接；采用搭接接头时，搭接长度应按受拉钢筋考虑。上部结构底层柱纵向钢筋伸入箱形基础墙体的长度，对柱下三面或四面有箱形基础墙的内柱，除柱四角纵向钢筋直通到基底外，其余钢筋可伸入顶板底面以下 40 倍纵向钢筋直径，对外柱、与剪力墙相连的柱及其他内柱的纵向钢筋应直通到基底。

12.7　桩基础设计

桩基础是高层建筑中广泛采用的一种基础形式，适用于上部结构荷载较大，地基在较深范围内为软弱土且采用人工地基不具备条件或不经济的情况下。桩基础由承台和桩身两部分组成（图 12.7.1），承台承受上部结构传来的荷载，并把它分布到各根桩，再通过桩传到深层土上。桩承受的竖向外荷载由桩侧摩阻力和桩端阻力共同承受，摩阻力和端阻力的大小及占外荷载的比例主要由桩侧和桩端地基土的性质、桩的几何尺寸、桩与土的刚度比以及施工工艺等决定。桩顶的竖向极限荷载全部或主要由桩侧摩阻力承受时称为摩擦型桩 [图 12.7.2（a）]，它适用于软弱土层较厚、下部有中等压缩性的土层而坚硬土层距地表很深的情况；桩顶的竖向极限荷载全部或主要由桩端阻力承受时称为端承型桩 [图 12.7.2（b）]，它又分为摩擦端承桩和端承桩两种，适用于表层软弱土层不太厚，而下部为坚硬土层的情况。因此，在承受竖向荷载时，桩基础的作用是将上部结构的荷载通过桩尖传到深层较坚硬的土层，或通过桩身传给桩身周围的土层；对于水平荷载，主要是依靠承台侧面以及桩上段周围土体的挤压力来抵抗。

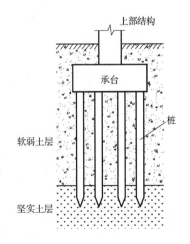

图 12.7.1　桩基础示意图

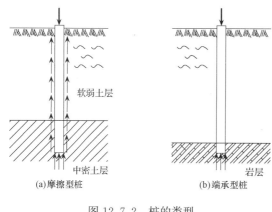

软弱土层

中密土层
(a)摩擦型桩

岩层
(b)端承型桩

图 12.7.2　桩的类型

12.7.1　桩基的选型和设计计算

　　高层建筑常用的桩型主要有钢筋混凝土桩、钢桩和组合材料桩。

　　混凝土桩按施工方法又可分为灌注桩和预制桩两类。在现场采用人工或机械成孔、就地灌注混凝土的桩，称为灌注桩，按成孔方法可分为沉管灌注桩、钻孔灌注桩、挖孔灌注桩、冲孔灌注桩等；灌注桩可在桩内设置钢筋，也可不配钢筋。预制桩是在工厂或现场预制成型的混凝土桩，它借助外力将其沉入土中，有实心方桩、管桩之分；为提高其抗裂性和节约钢材可做成预应力桩；为减小沉桩挤土效应可做成敞口预应力管桩。

　　钢桩主要有 H 型截面、管状和板状等几种，具有承载力高，质量易保证，长度可随意调整，适应性广等优点，但钢桩价格高，需做防锈处理等。钢桩的分段长度不宜超过15m，焊接结构应采用等强连接；钢桩防腐处理可采用增加腐蚀余量措施；当钢管桩内壁同外界隔绝时，可不采用内壁防腐。钢桩的防腐速率无实测资料时，如桩顶在地下水位以下且地下水无腐蚀性，可取每年 0.03mm，且腐蚀预留量不应小于 2mm。

　　组合材料桩是指采用两种材料而成的桩，如钢管内填充混凝土形式的组合桩，上部为钢管桩，下部为混凝土等形式的组合桩。

　　《高层规程》规定，桩基可采用钢筋混凝土预制桩、灌注桩或钢桩。桩基承台可采用柱下单独承台、双向交叉梁、筏形承台、箱形承台。桩基选择和承台设计应根据上部结构类型、荷载大小、桩穿越的土层、桩端持力层土质、地下水位、施工条件和经验、制桩材料供应条件等因素综合考虑。

　　桩基的竖向承载力、水平承载力和抗拔承载力设计，应符合《建筑桩基技术规范》（JGJ 94—2008）的有关规定。对沉降有严格要求的建筑的桩基础以及采用摩擦型桩的桩基础，应进行沉降计算。受较大永久水平作用或对水平变位要求严格的建筑桩基，应验算其水平变位。按正常使用极限状态验算桩基沉降时，荷载效应应采用准永久组合；验算桩基的横向变位、抗裂、裂缝宽度时，根据使用要求和裂缝控制等级分别采用荷载的标准组合、准永久组合，并考虑长期作用影响。

12.7.2　桩的布置和承台构造

　　桩的布置应符合下列要求。

　　(1) 摩擦型桩的中心距不宜小于桩身直径的 3 倍；扩底灌注桩的中心距不宜小于扩底直径的 1.5 倍，当扩底直径大于 2m 时，桩端净距不宜小于 1m。

　　(2) 布桩时，宜使各桩承台承载力合力点与相应竖向永久荷载合力作用点重合，并使桩基在水平力产生的力矩较大方向有较大的抵抗矩。

　　(3) 平板式桩筏基础，桩宜布置在柱下或墙下，必要时可满堂布置，核心筒下可适当加密布桩；梁板式桩筏基础，桩宜布置在基础梁下或柱下；对桩箱基础，宜将桩布置在墙下。直径不小于 800mm 的大直径桩可采用一柱一桩，并宜设置双向连系梁连接各桩。

（4）应选择较硬土层作为桩端持力层。桩径为 d 的桩端全截面进入持力层的深度，对于黏性土、粉土不宜小于 $2d$；砂土不宜小于 $1.5d$；碎石类土不宜小于 $1d$。当存在软弱下卧层时，桩端以下硬持力层厚度不宜小于 $3d$。抗震设计时，桩进入液化土层以下稳定土层的深度（不包括桩尖部分）应按计算确定；对于碎石土，砾、粗、中砂，密实粉土，坚硬黏性土尚不应小于 $(2\sim3)d$，对其他非岩石土尚不宜小于 $(4\sim5)d$。

（5）桩顶嵌入承台的长度，对大直径桩不宜小于 100mm，对中小直径的桩不宜小于 50mm；混凝土桩的桩顶纵筋应伸入承台内，其锚固长度应符合现行国家标准。

桩基承台是上部结构与桩之间相联系的结构部分，可选用柱下单独承台、双向交叉梁、筏形承台、箱形承台。其平面形状有三角形、矩形、多边形和圆形等。桩基承台的构造，除满足抗冲切、抗剪切、抗弯承载力和上部结构的要求外，柱下独立桩基承台的最小宽度不应小于 500mm。边桩中心至承台边缘的距离不宜小于桩的直径或边长，且桩的外边缘至承台边缘的距离不应小于 150mm；对于墙下条形承台梁，桩的外边缘至承台梁边缘的距离不应小于 75mm，承台的最小厚度不应小于 300mm。承台的配筋，柱下独立桩基承台钢筋应通长配置 [图 12.7.3（a）]，对四桩以上（含四桩）承台宜按双向均匀布置，对于三桩承台，钢筋应按三向板带均匀布置，且最里面的三根钢筋围成的三角形应在柱截面范围内 [图 12.7.3（b）]。承台纵向受力钢筋的直径不应小于 12mm，间距不应大于 200mm。柱下独立桩基承台的最小配筋率不应小于 0.15%。承台梁的主筋除满足计算要求外，尚应符合《混凝土结构设计规范》（GB 50010—2010）（2015 年版）关于最小配筋率的规定，主筋直径不应小于 12mm，架立筋直径不应小于 10mm，箍筋直径不应小于 6mm [图 12.7.3（c）]。承台混凝土强度等级不应低于 C25，纵向钢筋的混凝土保护层厚度不应小于 70mm，当有混凝土垫层时不应小于 50mm；此外尚不应小于桩头嵌入承台内的长度。

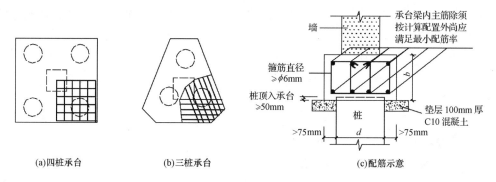

(a)四桩承台　　(b)三桩承台　　(c)配筋示意

图 12.7.3　承台配筋示意

小　结

（1）高层建筑常用的基础形式有交叉梁基础、筏形基础、箱形基础、桩基础等。对箱形基础及筏形基础，基础平面形心宜与上部结构竖向永久荷载重心重合；当不能重合时，其偏心距 e 也应满足规范的要求；对高宽比大于 4 的高层建筑，要求基础底面不宜出现零应力区；对高宽比不大于 4 的高层建筑，要求基础底面与地基之间零应力区面积不应超过基础底面面积的 15%。

（2）高层建筑基础应根据实际情况选择一个合理的埋置深度，对天然地基或复合地基，埋置深度不小于房屋高度的 1/15；对桩基础，不小于房屋高度的 1/18（桩长不计在内）。

（3）高层部分与裙房之间基础是否需要断开，应根据地基土质、基础形式、建筑平面体形等情况区别对待；当地基土质较好或采用桩基础，高层部分和裙房基础可不设置沉降缝，此时为了减小差异沉降引起的结构内力，可采用施工后浇带的措施。

（4）地基、基础和上部结构三者是一个整体，高层建筑基础应根据上部结构和地质状况进行设计，宜考虑地基、基础与上部结构相互作用的影响，即须考虑上部结构刚度、基础刚度和地基条件等对基础内力的影响。

（5）地下室设计是高层建筑较为复杂和重要的一部分，其设计合理与否对工程造价影响较大。高层建筑地下室结构设计主要包括确定地下室顶板能否作为上部结构的嵌固部位、计算地下室结构的地震作用并进行相应的抗震设计、根据外墙承受的竖向荷载和水平荷载进行地下室外墙设计以及地下室的抗浮和防腐蚀设计等内容。

（6）筏形基础可分为平板式筏形基础和梁板式筏形基础，其设计方法可分为刚性板方法和弹性板方法两大类。刚性板方法也称为倒楼盖法，常用的有板带法和双向板法，该方法不考虑上部结构、地基和基础的相互作用。当地基土比较均匀、上部结构刚度较好、平板式筏形基础的厚跨比或梁板式筏形基础的肋梁高跨比不小于 1/6、柱间距及柱荷载的变化不超过 20% 时，高层建筑的筏形基础可仅考虑局部弯曲作用，按倒楼盖法（即刚性板方法）进行计算。

（7）箱形基础因埋置深度较大，具有很大的补偿作用，要精确地确定其基底反力非常复杂和困难，目前一般采用实测反力系数法计算，基础内力的计算可根据上部结构体系采用仅考虑局部弯曲的计算方法或同时考虑局部弯曲和整体弯曲的计算方法。

（8）桩的类型较多，分类方法也较多；按桩的传力方式分类可分为摩擦型桩和端承型桩。桩的布置和承台构造要满足规范的要求。

思考与练习题

（1）高层建筑基础设计中应考虑哪些主要因素？
（2）高层建筑基础主要有哪些类型？如何选择？
（3）高层建筑基础的埋置深度如何确定？为什么？
（4）高层建筑与裙房二者的基础之间是否要分开？为什么？
（5）对箱形基础和筏形基础，为什么要求基础平面形心与上部结构竖向荷载重心重合？
（6）什么是地基、基础和上部结构的共同作用？上部结构刚度、基础刚度和地基条件等对基础内力有什么影响？
（7）简述高层建筑地下室结构设计要点。
（8）筏形基础有哪些特点和构造要求？说明筏形基础内力计算的倒楼盖法，其适用条件是什么？
（9）箱形基础有哪些特点和构造要求？

（10）说明箱形基础的补偿性。如何利用箱形基础的补偿性？

（11）如何利用实测反力系数法计算箱形基础的基底反力？

（12）什么是箱形基础的整体弯曲和局部弯曲？其内力计算时如何考虑整体弯曲和局部弯曲？

（13）桩的类型主要有哪些？桩的布置有什么要求？

参 考 文 献

包世华，2013. 新编高层建筑结构［M］.3 版. 北京：中国水利水电出版社.

方鄂华，钱稼茹，叶列平，2003. 高层建筑结构设计［M］. 北京：中国建筑工业出版社.

方鄂华，2014. 高层建筑钢筋混凝土结构概念设计［M］.2 版. 北京：机械工业出版社.

江晓峰，陈以一，2008. 建筑结构连续性倒塌及其控制设计的研究现状［J］. 土木工程学报，41（6）：1-8.

梁兴文，史庆轩，童岳生，1999. 钢筋混凝土结构设计［M］. 北京：科学技术文献出版社.

梁兴文，史庆轩，2019. 混凝土结构设计［M］.4 版. 北京：中国建筑工业出版社.

梁兴文，史庆轩，2019. 混凝土结构设计原理［M］.4 版. 北京：中国建筑工业出版社.

刘大海，杨翠如，钟锡根，1992. 高楼结构方案优选［M］. 西安：陕西科学技术出版社.

刘大海，杨翠如，2003. 型钢、钢管混凝土高楼计算和构造［M］. 北京：中国建筑工业出版社.

吕西林，2009. 超限高层建筑工程抗震设计指南［M］.2 版. 上海：同济大学出版社.

吕西林，2011. 高层建筑结构［M］.3 版. 武汉：武汉理工大学出版社.

徐培福，黄小坤，2003. 高层建筑混凝土结构技术规程理解与应用［M］. 北京：中国建筑工业出版社.

叶列平，陆新征，李易，等，2010. 混凝土框架结构的抗连续性倒塌设计方法［J］. 建筑结构，40（2）：1-7.

中国建筑科学研究院 PKPMCAD 工程部，2010. 高层建筑结构空间有限元分析与设计软件 SATWE（墙元模型）［Z］.
    北京：中国建筑科学研究院.

中国建筑科学研究院建筑结构研究所，1985. 高层建筑结构设计［M］. 北京：科学出版社.

中华人民共和国住房和城乡建设部，2010. 高层建筑混凝土结构技术规程：JGJ 3—2010［S］. 北京：中国建筑工业出
    版社.

中华人民共和国住房和城乡建设部，2011. 建筑地基基础设计规范：GB 50007—2011［S］. 北京：中国建筑工业出版社.

中华人民共和国住房和城乡建设部，2012. 建筑结构荷载规范：GB 50009—2012［S］. 北京：中国建筑工业出版社.

中华人民共和国住房和城乡建设部，2015. 高层民用建筑钢结构技术规程：JGJ 99—2015［S］. 北京：中国建筑工业
    出版社.

中华人民共和国住房和城乡建设部，2015. 混凝土结构设计规范（2015 年版）：GB 50010—2010［S］. 北京：中国建
    筑工业出版社.

中华人民共和国住房和城乡建设部，2017. 钢结构设计标准：GB 50017—2017［S］. 北京：中国建筑工业出版社.

中华人民共和国住房和城乡建设部，2018. 建筑结构可靠性设计统一标准：GB 50068—2018［S］. 北京：中国建筑工
    业出版社.

中华人民共和国住房和城乡建设部，2021. 建筑与市政工程抗震通用规范：GB 55002—2021［S/OL］.［2021-08-20］.
    http：//www.mohurd.gov.cn/wjfb/202107/t20210713_250791.html.

中华人民共和国住房和城乡建设部，2016. 建筑抗震设计规范（2016 年版）：GB 50011—2010［S］. 北京：中国建筑
    工业出版社.

中冶集团建筑研究总院，2011. 高层建筑箱形与筏形基础技术规范：JGJ 6—2011［S］. 北京：中国建筑工业出版社.

中冶集团建筑研究总院，2008. 建筑桩基技术规范：JGJ 94—2008［S］. 北京：中国建筑工业出版社.

中冶集团建筑研究总院，2016. 组合结构设计规范：JGJ 138—2016［S］. 北京：中国建筑工业出版社.

中冶集团建筑研究总院，2006. 钢骨混凝土结构技术规程：YB 9082—2006［S］. 北京：冶金工业出版社.

SMITH B S，COULL A，1991. Tall Building Structures：Analysis and Design［M］. New Jersey：John Wiley and
    Sons.

附录 1 风荷载体型系数

风荷载体型系数应根据建筑物平面形状按下列规定采用。

1) 矩形平面

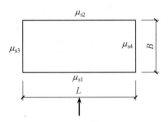

μ_{s1}	μ_{s2}	μ_{s3}	μ_{s4}
0.80	$-(0.48+0.03H/L)$	-0.60	-0.60

注：H 为房屋高度。

2) L 形平面

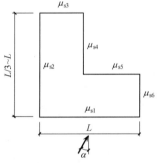

α	μ_s					
	μ_{s1}	μ_{s2}	μ_{s3}	μ_{s4}	μ_{s5}	μ_{s6}
0°	0.80	-0.70	-0.60	-0.50	-0.50	-0.60
45°	0.50	0.50	-0.80	-0.70	-0.70	-0.80
225°	-0.60	-0.60	0.30	0.90	0.90	0.30

3) 槽形平面

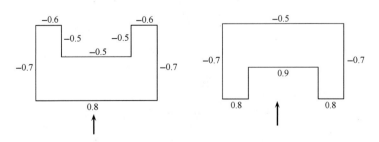

4）正多边形平面、圆形平面

① $\mu_s = 0.8 + \dfrac{1.2}{\sqrt{n}}$（$n$ 为边数）；

② 当圆形高层建筑表面较粗糙时，$\mu_s = 0.80$。

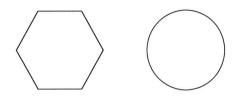

5）扇形平面

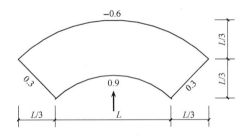

6）梭形平面

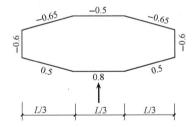

7）十字形平面

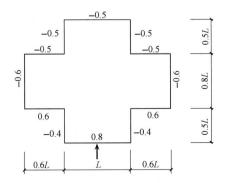

8）井字形平面

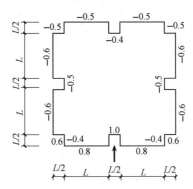

9）X 形平面

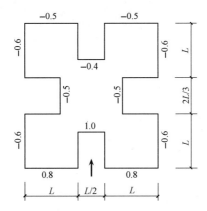

10）"廾"形平面

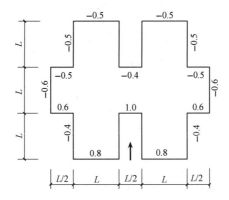

11）六角形平面

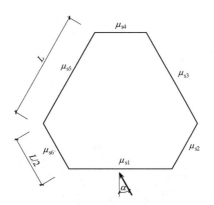

α	μ_s					
	μ_{s1}	μ_{s2}	μ_{s3}	μ_{s4}	μ_{s5}	μ_{s6}
0°	0.80	−0.45	−0.50	−0.60	−0.50	−0.45
30°	0.70	0.40	−0.55	−0.50	−0.55	−0.55

12）Y形平面

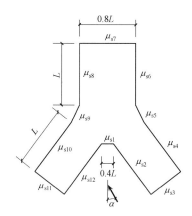

α	μ_s											
	μ_{s1}	μ_{s2}	μ_{s3}	μ_{s4}	μ_{s5}	μ_{s6}	μ_{s7}	μ_{s8}	μ_{s9}	μ_{s10}	μ_{s11}	μ_{s12}
0°	1.05	1.00	−0.70	−0.50	−0.50	−0.55	−0.50	−0.55	−0.50	−0.50	−0.70	1.00
10°	1.05	0.95	−0.10	−0.50	−0.55	−0.55	−0.50	−0.55	−0.50	−0.50	−0.60	0.95
20°	1.00	0.90	0.30	0.55	−0.60	−0.60	−0.50	−0.55	−0.50	−0.50	−0.55	0.90
30°	0.95	0.85	0.50	−0.60	−0.65	−0.70	−0.55	−0.50	−0.50	−0.50	−0.55	0.80
40°	0.90	0.80	0.70	−0.75	−0.75	−0.65	−0.55	−0.50	−0.50	−0.50	−0.55	0.75
50°	0.50	0.40	0.85	−0.40	−0.45	−0.15	−0.55	−0.50	−0.50	−0.50	−0.55	0.65
60°	−0.15	−0.10	0.95	−0.10	−0.15	−0.35	−0.55	−0.50	−0.50	−0.50	−0.55	0.35

附录 2 均匀分布水平荷载作用下
各层柱标准反弯点高度比 y_n

m	n	$\bar{K}$													
		0.1	0.2	0.3	0.4	0.5	0.6	0.7	0.8	0.9	1.0	2.0	3.0	4.0	5.0
1	1	0.80	0.75	0.70	0.65	0.65	0.60	0.60	0.60	0.60	0.55	0.55	0.55	0.55	0.55
2	2	0.45	0.40	0.35	0.35	0.35	0.35	0.40	0.40	0.40	0.40	0.45	0.45	0.45	0.45
	1	0.95	0.80	0.75	0.70	0.65	0.65	0.65	0.60	0.60	0.60	0.55	0.55	0.55	0.50
3	3	0.15	0.20	0.20	0.25	0.30	0.30	0.30	0.35	0.35	0.35	0.40	0.45	0.45	0.45
	2	0.55	0.50	0.45	0.45	0.45	0.45	0.45	0.45	0.45	0.45	0.45	0.50	0.50	0.50
	1	1.00	0.85	0.80	0.75	0.70	0.70	0.65	0.65	0.65	0.60	0.55	0.55	0.55	0.55
4	4	−0.05	0.05	0.15	0.20	0.25	0.30	0.30	0.35	0.35	0.35	0.40	0.45	0.45	0.45
	3	0.25	0.30	0.30	0.35	0.35	0.40	0.40	0.40	0.40	0.45	0.45	0.50	0.50	0.50
	2	0.65	0.55	0.50	0.50	0.45	0.45	0.45	0.45	0.45	0.45	0.50	0.50	0.50	0.50
	1	1.10	0.90	0.80	0.75	0.70	0.70	0.65	0.65	0.65	0.60	0.55	0.55	0.55	0.55
5	5	−0.20	0.00	0.15	0.20	0.25	0.30	0.30	0.30	0.35	0.35	0.40	0.45	0.45	0.45
	4	0.10	0.20	0.25	0.30	0.35	0.35	0.40	0.40	0.40	0.40	0.45	0.45	0.50	0.50
	3	0.40	0.40	0.40	0.40	0.40	0.45	0.45	0.45	0.45	0.45	0.50	0.50	0.50	0.50
	2	0.65	0.55	0.50	0.50	0.50	0.50	0.50	0.50	0.50	0.50	0.50	0.50	0.50	0.50
	1	1.20	0.95	0.80	0.75	0.75	0.70	0.70	0.65	0.65	0.65	0.55	0.55	0.55	0.55
6	6	−0.30	0.00	0.10	0.20	0.25	0.25	0.30	0.30	0.35	0.35	0.40	0.45	0.45	0.45
	5	0.00	0.20	0.25	0.30	0.35	0.35	0.40	0.40	0.40	0.40	0.45	0.45	0.50	0.50
	4	0.20	0.30	0.35	0.35	0.40	0.40	0.40	0.45	0.45	0.45	0.45	0.50	0.50	0.50
	3	0.40	0.40	0.40	0.45	0.45	0.45	0.45	0.45	0.45	0.45	0.50	0.50	0.50	0.50
	2	0.70	0.60	0.55	0.50	0.50	0.50	0.50	0.50	0.50	0.50	0.50	0.50	0.50	0.50
	1	1.20	0.95	0.85	0.80	0.75	0.70	0.70	0.65	0.65	0.65	0.55	0.55	0.55	0.55
7	7	−0.35	−0.05	0.10	0.20	0.20	0.25	0.30	0.30	0.35	0.35	0.40	0.45	0.45	0.45
	6	−0.10	0.15	0.25	0.30	0.35	0.35	0.35	0.40	0.40	0.40	0.45	0.45	0.50	0.50
	5	0.10	0.25	0.30	0.35	0.40	0.40	0.40	0.45	0.45	0.45	0.50	0.50	0.50	0.50
	4	0.30	0.35	0.40	0.40	0.40	0.45	0.45	0.45	0.45	0.45	0.50	0.50	0.50	0.50
	3	0.50	0.45	0.45	0.45	0.45	0.45	0.45	0.45	0.45	0.45	0.50	0.50	0.50	0.50
	2	0.75	0.60	0.55	0.50	0.50	0.50	0.50	0.50	0.50	0.50	0.50	0.50	0.55	0.50
	1	1.20	0.95	0.85	0.80	0.75	0.70	0.70	0.65	0.65	0.65	0.55	0.55	0.50	0.55
8	8	−0.35	−0.15	0.10	0.10	0.25	0.25	0.30	0.30	0.35	0.35	0.40	0.45	0.45	0.45
	7	−0.10	0.15	0.25	0.30	0.35	0.35	0.40	0.40	0.40	0.40	0.45	0.50	0.50	0.50
	6	0.05	0.25	0.30	0.35	0.40	0.40	0.40	0.45	0.45	0.45	0.45	0.50	0.50	0.50
	5	0.20	0.30	0.35	0.40	0.40	0.45	0.45	0.45	0.45	0.45	0.50	0.50	0.50	0.50
	4	0.35	0.40	0.40	0.45	0.45	0.45	0.45	0.45	0.45	0.45	0.50	0.50	0.50	0.50
	3	0.50	0.45	0.45	0.45	0.45	0.45	0.45	0.50	0.50	0.50	0.50	0.50	0.50	0.50
	2	0.75	0.60	0.55	0.55	0.50	0.50	0.50	0.50	0.50	0.50	0.50	0.50	0.50	0.50
	1	1.20	1.00	0.85	0.80	0.75	0.70	0.70	0.65	0.65	0.65	0.55	0.55	0.55	0.55

续表

m	n	$\overline{K}$													
		0.1	0.2	0.3	0.4	0.5	0.6	0.7	0.8	0.9	1.0	2.0	3.0	4.0	5.0
9	9	−0.40	−0.05	0.10	0.20	0.25	0.25	0.30	0.30	0.35	0.35	0.45	0.45	0.45	0.45
	8	−0.15	0.15	0.25	0.30	0.35	0.35	0.35	0.40	0.40	0.40	0.45	0.45	0.50	0.50
	7	0.05	0.25	0.30	0.35	0.40	0.40	0.40	0.45	0.45	0.45	0.45	0.50	0.50	0.50
	6	0.15	0.30	0.35	0.40	0.40	0.45	0.45	0.45	0.45	0.45	0.50	0.50	0.50	0.50
	5	0.25	0.35	0.40	0.40	0.45	0.45	0.45	0.45	0.45	0.45	0.50	0.50	0.50	0.50
	4	0.40	0.40	0.40	0.45	0.45	0.45	0.45	0.45	0.45	0.45	0.50	0.50	0.50	0.50
	3	0.55	0.45	0.45	0.45	0.45	0.45	0.45	0.50	0.50	0.50	0.50	0.50	0.50	0.50
	2	0.80	0.65	0.55	0.55	0.50	0.50	0.50	0.50	0.50	0.50	0.50	0.50	0.50	0.50
	1	1.20	1.00	0.85	0.80	0.75	0.70	0.70	0.65	0.65	0.65	0.55	0.55	0.55	0.55
10	10	−0.40	−0.05	0.10	0.20	0.25	0.30	0.30	0.30	0.30	0.35	0.40	0.45	0.45	0.45
	9	−0.15	0.15	0.25	0.30	0.35	0.35	0.40	0.40	0.40	0.40	0.45	0.45	0.50	0.50
	8	0.00	0.25	0.30	0.35	0.40	0.40	0.40	0.45	0.45	0.45	0.45	0.50	0.50	0.50
	7	−0.10	0.30	0.35	0.40	0.40	0.40	0.45	0.45	0.45	0.45	0.50	0.50	0.50	0.50
	6	0.20	0.35	0.40	0.40	0.45	0.45	0.45	0.45	0.45	0.45	0.50	0.50	0.50	0.50
	5	0.30	0.40	0.40	0.45	0.45	0.45	0.45	0.45	0.45	0.50	0.50	0.50	0.50	0.50
	4	0.40	0.40	0.45	0.45	0.45	0.45	0.45	0.45	0.45	0.50	0.50	0.50	0.50	0.50
	3	0.55	0.50	0.45	0.45	0.45	0.50	0.50	0.50	0.50	0.50	0.50	0.50	0.50	0.50
	2	0.80	0.65	0.55	0.55	0.55	0.50	0.50	0.50	0.50	0.50	0.50	0.50	0.50	0.50
	1	1.30	1.00	0.85	0.80	0.75	0.70	0.70	0.65	0.65	0.65	0.60	0.55	0.55	0.55
11	11	−0.40	0.05	0.10	0.20	0.25	0.30	0.30	0.30	0.35	0.35	0.40	0.45	0.45	0.45
	10	−0.15	0.15	0.25	0.30	0.35	0.35	0.40	0.40	0.40	0.40	0.45	0.45	0.50	0.50
	9	0.00	0.25	0.30	0.35	0.40	0.40	0.40	0.45	0.45	0.45	0.45	0.50	0.50	0.50
	8	0.10	0.30	0.35	0.40	0.40	0.45	0.45	0.45	0.45	0.45	0.50	0.50	0.50	0.50
	7	0.20	0.35	0.40	0.45	0.45	0.45	0.45	0.45	0.45	0.45	0.50	0.50	0.50	0.50
	6	0.25	0.35	0.40	0.45	0.45	0.45	0.45	0.45	0.45	0.45	0.50	0.50	0.50	0.50
	5	0.35	0.40	0.40	0.45	0.45	0.45	0.45	0.45	0.45	0.50	0.50	0.50	0.50	0.50
	4	0.40	0.45	0.45	0.45	0.45	0.45	0.45	0.50	0.50	0.50	0.50	0.50	0.50	0.50
	3	0.55	0.50	0.50	0.50	0.50	0.50	0.50	0.50	0.50	0.50	0.50	0.50	0.50	0.50
	2	0.80	0.65	0.60	0.55	0.55	0.50	0.50	0.50	0.50	0.50	0.50	0.50	0.50	0.50
	1	1.30	1.00	0.85	0.80	0.75	0.70	0.70	0.65	0.65	0.65	0.60	0.55	0.55	0.55
12以上	自上1	−0.40	−0.05	0.10	0.20	0.25	0.30	0.30	0.30	0.35	0.35	0.40	0.45	0.45	0.45
	2	−0.15	0.15	0.25	0.30	0.35	0.35	0.40	0.40	0.40	0.40	0.45	0.45	0.50	0.50
	3	0.00	0.25	0.30	0.35	0.40	0.40	0.40	0.45	0.45	0.45	0.50	0.50	0.50	0.50
	4	0.10	0.30	0.35	0.40	0.40	0.45	0.45	0.45	0.45	0.45	0.50	0.50	0.50	0.50
	5	0.20	0.35	0.40	0.40	0.45	0.45	0.45	0.45	0.45	0.45	0.50	0.50	0.50	0.50
	6	0.25	0.35	0.40	0.45	0.45	0.45	0.45	0.45	0.45	0.45	0.50	0.50	0.50	0.50
	7	0.30	0.40	0.40	0.45	0.45	0.45	0.45	0.45	0.50	0.50	0.50	0.50	0.50	0.50
	8	0.35	0.40	0.45	0.45	0.45	0.45	0.45	0.50	0.50	0.50	0.50	0.50	0.50	0.50
	中间	0.40	0.40	0.45	0.45	0.45	0.45	0.50	0.50	0.50	0.50	0.50	0.50	0.50	0.50
	4	0.45	0.45	0.45	0.45	0.50	0.50	0.50	0.50	0.50	0.50	0.50	0.50	0.50	0.50
	3	0.60	0.50	0.50	0.50	0.50	0.50	0.50	0.50	0.50	0.50	0.50	0.50	0.50	0.50
	2	0.80	0.65	0.60	0.55	0.55	0.50	0.50	0.50	0.50	0.50	0.50	0.50	0.50	0.50
	自下1	1.30	1.00	0.85	0.80	0.75	0.70	0.70	0.65	0.65	0.55	0.55	0.55	0.55	0.55

附录3 倒三角形分布水平荷载作用下各层柱标准反弯点高度比 y_n

m	n	$\bar{K}$													
		0.1	0.2	0.3	0.4	0.5	0.6	0.7	0.8	0.9	1.0	2.0	3.0	4.0	5.0
1	1	0.80	0.75	0.70	0.65	0.65	0.60	0.60	0.60	0.60	0.55	0.55	0.55	0.55	0.55
2	2	0.50	0.45	0.40	0.40	0.40	0.40	0.40	0.40	0.40	0.45	0.45	0.45	0.45	0.50
	1	1.00	0.85	0.75	0.70	0.70	0.65	0.65	0.65	0.60	0.60	0.55	0.55	0.55	0.55
3	3	0.25	0.25	0.25	0.30	0.30	0.35	0.35	0.35	0.40	0.40	0.45	0.45	0.45	0.50
	2	0.60	0.50	0.50	0.50	0.50	0.45	0.45	0.45	0.45	0.45	0.50	0.50	0.50	0.50
	1	1.15	0.90	0.80	0.75	0.75	0.70	0.70	0.65	0.65	0.65	0.60	0.55	0.55	0.55
4	4	0.10	0.15	0.20	0.25	0.30	0.30	0.35	0.35	0.35	0.40	0.45	0.45	0.45	0.45
	3	0.35	0.35	0.35	0.40	0.40	0.40	0.40	0.45	0.45	0.45	0.45	0.50	0.50	0.50
	2	0.70	0.60	0.55	0.50	0.50	0.50	0.50	0.50	0.50	0.50	0.50	0.50	0.50	0.50
	1	1.20	0.95	0.85	0.80	0.75	0.70	0.70	0.70	0.65	0.65	0.55	0.55	0.55	0.50
5	5	−0.05	0.10	0.20	0.25	0.30	0.30	0.35	0.35	0.35	0.35	0.40	0.45	0.45	0.45
	4	0.20	0.25	0.35	0.35	0.40	0.40	0.40	0.40	0.40	0.45	0.45	0.50	0.50	0.50
	3	0.45	0.45	0.45	0.45	0.45	0.45	0.45	0.45	0.45	0.45	0.50	0.50	0.50	0.50
	2	0.75	0.60	0.55	0.55	0.50	0.50	0.50	0.50	0.60	0.50	0.50	0.50	0.50	0.50
	1	1.30	1.00	0.85	0.80	0.75	0.70	0.70	0.65	0.65	0.65	0.65	0.55	0.55	0.55
6	6	−0.15	0.05	0.15	0.20	0.25	0.30	0.30	0.35	0.35	0.35	0.40	0.45	0.45	0.45
	5	0.10	0.25	0.30	0.35	0.35	0.40	0.40	0.40	0.45	0.45	0.45	0.50	0.50	0.50
	4	0.30	0.35	0.40	0.40	0.45	0.45	0.45	0.45	0.45	0.45	0.50	0.50	0.50	0.50
	3	0.50	0.45	0.45	0.45	0.45	0.45	0.45	0.45	0.45	0.50	0.50	0.50	0.50	0.50
	2	0.80	0.65	0.55	0.55	0.55	0.55	0.50	0.50	0.50	0.50	0.50	0.50	0.50	0.50
	1	1.30	1.00	0.85	0.80	0.75	0.70	0.70	0.65	0.65	0.65	0.60	0.55	0.55	0.55
7	7	−0.20	0.05	0.15	0.20	0.25	0.30	0.30	0.35	0.35	0.35	0.45	0.45	0.45	0.45
	6	0.05	0.20	0.30	0.35	0.35	0.40	0.40	0.40	0.45	0.45	0.50	0.50	0.50	0.50
	5	0.20	0.30	0.35	0.40	0.40	0.45	0.45	0.45	0.45	0.45	0.50	0.50	0.50	0.50
	4	0.35	0.40	0.40	0.45	0.45	0.45	0.45	0.45	0.45	0.45	0.50	0.50	0.50	0.50
	3	0.55	0.50	0.50	0.50	0.50	0.50	0.50	0.50	0.50	0.50	0.50	0.50	0.50	0.50
	2	0.80	0.65	0.60	0.55	0.55	0.55	0.50	0.50	0.50	0.50	0.50	0.50	0.50	0.50
	1	1.30	1.00	0.90	0.80	0.75	0.70	0.70	0.70	0.65	0.65	0.60	0.55	0.55	0.55
8	8	−0.20	0.05	0.15	0.20	0.25	0.30	0.30	0.35	0.35	0.35	0.45	0.45	0.45	0.45
	7	0.00	0.20	0.30	0.35	0.35	0.40	0.40	0.40	0.40	0.45	0.45	0.50	0.50	0.50
	6	0.15	0.30	0.35	0.40	0.40	0.45	0.45	0.45	0.45	0.45	0.50	0.50	0.50	0.50
	5	0.30	0.35	0.40	0.45	0.45	0.45	0.45	0.45	0.45	0.45	0.50	0.50	0.50	0.50
	4	0.40	0.45	0.45	0.45	0.45	0.45	0.45	0.50	0.50	0.50	0.50	0.50	0.50	0.50
	3	0.60	0.50	0.50	0.50	0.50	0.50	0.50	0.50	0.50	0.50	0.50	0.50	0.50	0.50
	2	0.85	0.65	0.60	0.55	0.55	0.55	0.50	0.50	0.50	0.50	0.50	0.50	0.50	0.50
	1	1.30	1.00	0.90	0.80	0.75	0.70	0.70	0.70	0.65	0.65	0.60	0.55	0.55	0.55

续表

m	n	$\bar{K}$													
		0.1	0.2	0.3	0.4	0.5	0.6	0.7	0.8	0.9	1.0	2.0	3.0	4.0	5.0
9	9	−0.25	0.00	0.15	0.20	0.25	0.30	0.30	0.35	0.35	0.40	0.45	0.45	0.45	0.45
	8	0.00	0.20	0.30	0.35	0.35	0.40	0.40	0.40	0.40	0.45	0.45	0.50	0.50	0.50
	7	0.15	0.30	0.35	0.40	0.40	0.45	0.45	0.45	0.45	0.45	0.50	0.50	0.50	0.50
	6	0.25	0.35	0.40	0.40	0.45	0.45	0.45	0.45	0.45	0.50	0.50	0.50	0.50	0.50
	5	0.35	0.40	0.45	0.45	0.45	0.45	0.45	0.45	0.50	0.50	0.50	0.50	0.50	0.50
	4	0.45	0.45	0.45	0.45	0.45	0.50	0.50	0.50	0.50	0.50	0.50	0.50	0.50	0.50
	3	0.60	0.50	0.50	0.50	0.50	0.50	0.50	0.50	0.50	0.50	0.50	0.50	0.50	0.50
	2	0.80	0.65	0.65	0.55	0.55	0.55	0.55	0.50	0.50	0.50	0.50	0.50	0.50	0.50
	1	1.35	1.00	0.10	0.80	0.75	0.75	0.70	0.70	0.65	0.65	0.60	0.55	0.55	0.55
10	10	−0.25	0.00	0.15	0.20	0.25	0.30	0.30	0.35	0.35	0.40	0.45	0.45	0.45	0.45
	9	−0.05	0.20	0.30	0.35	0.35	0.40	0.40	0.40	0.40	0.45	0.45	0.50	0.50	0.50
	8	0.10	0.30	0.35	0.40	0.40	0.40	0.45	0.45	0.45	0.45	0.50	0.50	0.50	0.50
	7	0.20	0.35	0.40	0.40	0.45	0.45	0.45	0.45	0.45	0.50	0.50	0.50	0.50	0.50
	6	0.30	0.40	0.40	0.45	0.45	0.45	0.45	0.45	0.45	0.50	0.50	0.50	0.50	0.50
	5	0.40	0.45	0.45	0.45	0.45	0.45	0.45	0.50	0.50	0.50	0.50	0.50	0.50	0.50
	4	0.50	0.45	0.45	0.45	0.50	0.50	0.50	0.50	0.50	0.50	0.50	0.50	0.50	0.50
	3	0.60	0.55	0.50	0.50	0.50	0.50	0.50	0.50	0.50	0.50	0.50	0.50	0.50	0.50
	2	0.85	0.65	0.60	0.55	0.55	0.55	0.55	0.50	0.50	0.50	0.50	0.50	0.50	0.50
	1	1.35	1.00	0.90	0.80	0.75	0.75	0.70	0.70	0.65	0.65	0.60	0.55	0.55	0.55
11	11	−0.25	0.00	0.15	0.20	0.25	0.30	0.30	0.30	0.35	0.35	0.45	0.45	0.45	0.45
	10	−0.05	0.20	0.25	0.30	0.35	0.40	0.40	0.40	0.40	0.45	0.45	0.50	0.50	0.50
	9	0.10	0.30	0.35	0.40	0.40	0.40	0.45	0.45	0.45	0.45	0.50	0.50	0.50	0.50
	8	0.20	0.35	0.40	0.40	0.45	0.45	0.45	0.45	0.45	0.45	0.50	0.50	0.50	0.50
	7	0.25	0.40	0.40	0.45	0.45	0.45	0.45	0.45	0.45	0.50	0.50	0.50	0.50	0.50
	6	0.35	0.40	0.45	0.45	0.45	0.45	0.45	0.50	0.50	0.50	0.50	0.50	0.50	0.50
	5	0.40	0.44	0.45	0.45	0.45	0.50	0.50	0.50	0.50	0.50	0.50	0.50	0.50	0.50
	4	0.50	0.50	0.50	0.50	0.50	0.50	0.50	0.50	0.50	0.50	0.50	0.50	0.50	0.50
	3	0.65	0.55	0.50	0.50	0.50	0.50	0.50	0.50	0.50	0.50	0.50	0.50	0.50	0.50
	2	0.85	0.65	0.60	0.55	0.55	0.55	0.55	0.50	0.50	0.50	0.50	0.50	0.50	0.50
	1	1.35	1.00	0.90	0.80	0.75	0.75	0.70	0.70	0.65	0.65	0.60	0.55	0.55	0.55
12 以 上	自上1	−0.30	0.00	0.15	0.20	0.25	0.30	0.30	0.30	0.35	0.35	0.40	0.45	0.45	0.45
	2	−0.10	0.20	0.25	0.30	0.35	0.40	0.40	0.40	0.40	0.40	0.45	0.45	0.45	0.50
	3	0.05	0.25	0.35	0.40	0.40	0.40	0.45	0.45	0.45	0.45	0.45	0.50	0.50	0.50
	4	0.15	0.30	0.40	0.40	0.45	0.45	0.45	0.45	0.45	0.45	0.50	0.50	0.50	0.50
	5	0.25	0.30	0.40	0.45	0.45	0.45	0.45	0.45	0.45	0.45	0.50	0.50	0.50	0.50
	6	0.30	0.40	0.40	0.45	0.45	0.45	0.45	0.50	0.50	0.50	0.50	0.50	0.50	0.50
	7	0.35	0.40	0.40	0.45	0.45	0.45	0.50	0.50	0.50	0.50	0.50	0.50	0.50	0.50
	8	0.35	0.45	0.45	0.45	0.50	0.50	0.50	0.50	0.50	0.50	0.50	0.50	0.50	0.50
	中间	0.45	0.45	0.45	0.50	0.50	0.50	0.50	0.50	0.50	0.50	0.50	0.50	0.50	0.50
	4	0.55	0.50	0.50	0.50	0.50	0.50	0.50	0.50	0.50	0.50	0.50	0.50	0.50	0.50
	3	0.65	0.55	0.50	0.50	0.50	0.50	0.50	0.50	0.50	0.50	0.50	0.50	0.50	0.50
	2	0.70	0.70	0.60	0.55	0.55	0.55	0.55	0.50	0.50	0.50	0.50	0.50	0.50	0.50
	自下1	1.35	1.05	0.90	0.80	0.75	0.70	0.70	0.70	0.65	0.65	0.60	0.55	0.55	0.55

附录4 顶点集中水平荷载作用下各层柱标准反弯点高度比 y_n

m	n	$\bar{K}$													
		0.1	0.2	0.3	0.4	0.5	0.6	0.7	0.8	0.9	1.0	2.0	3.0	4.0	5.0
1	1	0.80	0.75	0.70	0.65	0.65	0.60	0.60	0.60	0.60	0.55	0.55	0.55	0.55	0.55
2	1	0.55	0.50	0.45	0.45	0.45	0.45	0.45	0.45	0.45	0.45	0.45	0.50	0.50	0.50
	2	1.15	0.95	0.85	0.80	0.75	0.70	0.70	0.65	0.65	0.65	0.60	0.55	0.55	0.55
3	3	0.40	0.40	0.40	0.40	0.40	0.40	0.40	0.45	0.45	0.45	0.45	0.50	0.50	0.50
	2	0.75	0.60	0.55	0.55	0.55	0.50	0.50	0.50	0.50	0.50	0.50	0.50	0.50	0.50
	1	1.30	1.00	0.90	0.80	0.75	0.70	0.70	0.70	0.65	0.65	0.60	0.55	0.55	0.55
4	4	0.35	0.35	0.35	0.40	0.40	0.40	0.40	0.45	0.45	0.45	0.45	0.50	0.50	0.50
	3	0.60	0.50	0.50	0.50	0.50	0.50	0.50	0.50	0.50	0.50	0.50	0.50	0.50	0.50
	2	0.85	0.65	0.60	0.55	0.55	0.55	0.55	0.55	0.50	0.50	0.50	0.50	0.50	0.50
	1	1.35	1.05	0.90	0.80	0.75	0.75	0.70	0.70	0.65	0.65	0.60	0.55	0.55	0.55
5	5	0.30	0.35	0.35	0.40	0.40	0.40	0.40	0.45	0.45	0.45	0.45	0.50	0.50	0.50
	4	0.50	0.45	0.45	0.50	0.50	0.50	0.50	0.50	0.50	0.50	0.50	0.50	0.50	0.50
	3	0.65	0.55	0.50	0.50	0.50	0.50	0.50	0.50	0.50	0.50	0.50	0.50	0.50	0.50
	2	0.90	0.70	0.60	0.55	0.55	0.55	0.55	0.55	0.50	0.50	0.50	0.50	0.50	0.50
	1	1.40	1.05	0.90	0.80	0.75	0.75	0.70	0.70	0.65	0.65	0.60	0.55	0.55	0.55
6	6	0.30	0.35	0.35	0.40	0.40	0.40	0.40	0.45	0.45	0.45	0.45	0.50	0.50	0.50
	5	0.45	0.45	0.45	0.45	0.50	0.50	0.50	0.50	0.50	0.50	0.50	0.50	0.50	0.50
	4	0.55	0.50	0.50	0.50	0.50	0.50	0.50	0.50	0.50	0.50	0.50	0.50	0.50	0.50
	3	0.65	0.55	0.55	0.50	0.50	0.50	0.50	0.50	0.50	0.50	0.50	0.50	0.50	0.50
	2	0.90	0.70	0.60	0.60	0.55	0.55	0.55	0.55	0.50	0.50	0.50	0.50	0.50	0.50
	1	1.40	1.05	0.90	0.80	0.75	0.75	0.70	0.70	0.65	0.65	0.60	0.55	0.55	0.55
7	7	0.30	0.35	0.35	0.40	0.40	0.40	0.40	0.45	0.45	0.45	0.45	0.50	0.50	0.50
	6	0.40	0.45	0.45	0.45	0.50	0.50	0.50	0.50	0.50	0.50	0.50	0.50	0.50	0.50
	5	0.50	0.50	0.50	0.50	0.50	0.50	0.50	0.50	0.50	0.50	0.50	0.50	0.50	0.50
	4	0.55	0.50	0.50	0.50	0.50	0.50	0.50	0.50	0.50	0.50	0.50	0.50	0.50	0.50
	3	0.70	0.55	0.55	0.50	0.50	0.50	0.50	0.50	0.50	0.50	0.50	0.50	0.50	0.50
	2	0.90	0.70	0.60	0.60	0.55	0.55	0.55	0.55	0.50	0.50	0.50	0.50	0.50	0.50
	1	1.40	1.05	0.90	0.80	0.75	0.75	0.70	0.70	0.65	0.65	0.60	0.55	0.55	0.55
8	8	0.30	0.35	0.35	0.40	0.40	0.40	0.40	0.45	0.45	0.45	0.45	0.50	0.50	0.50
	7	0.40	0.40	0.45	0.45	0.50	0.50	0.50	0.50	0.50	0.50	0.50	0.50	0.50	0.50
	6	0.45	0.50	0.50	0.50	0.50	0.50	0.50	0.50	0.50	0.50	0.50	0.50	0.50	0.50
	5	0.50	0.50	0.50	0.50	0.50	0.50	0.50	0.50	0.50	0.50	0.50	0.50	0.50	0.50
	4	0.60	0.50	0.50	0.50	0.50	0.50	0.50	0.50	0.50	0.50	0.50	0.50	0.50	0.50
	3	0.70	0.55	0.55	0.50	0.50	0.50	0.50	0.50	0.50	0.50	0.50	0.50	0.50	0.50
	2	0.90	0.70	0.60	0.60	0.55	0.55	0.55	0.55	0.50	0.50	0.50	0.50	0.50	0.50
	1	1.40	1.05	0.90	0.80	0.75	0.75	0.70	0.70	0.65	0.65	0.60	0.55	0.55	0.55

续表

m	n	$\bar{K}$													
		0.1	0.2	0.3	0.4	0.5	0.6	0.7	0.8	0.9	1.0	2.0	3.0	4.0	5.0
9	9	0.25	0.35	0.35	0.40	0.40	0.40	0.40	0.45	0.45	0.45	0.45	0.50	0.50	0.50
	8	0.40	0.45	0.45	0.45	0.50	0.50	0.50	0.50	0.50	0.50	0.50	0.50	0.50	0.50
	7	0.45	0.50	0.50	0.50	0.50	0.50	0.50	0.50	0.50	0.50	0.50	0.50	0.50	0.50
	6	0.50	0.50	0.50	0.50	0.50	0.50	0.50	0.50	0.50	0.50	0.50	0.50	0.50	0.50
	5	0.55	0.50	0.50	0.50	0.50	0.50	0.50	0.50	0.50	0.50	0.50	0.50	0.50	0.50
	4	0.60	0.50	0.50	0.50	0.50	0.50	0.50	0.50	0.50	0.50	0.50	0.50	0.50	0.50
	3	0.70	0.55	0.50	0.50	0.50	0.50	0.50	0.50	0.50	0.50	0.50	0.50	0.50	0.50
	2	0.90	0.70	0.60	0.60	0.50	0.50	0.50	0.50	0.50	0.50	0.50	0.50	0.50	0.50
	1	1.40	1.05	0.90	0.80	0.75	0.75	0.70	0.70	0.65	0.60	0.60	0.55	0.55	0.55
10	10	0.25	0.35	0.35	0.40	0.40	0.40	0.40	0.45	0.45	0.45	0.45	0.50	0.50	0.50
	9	0.40	0.45	0.45	0.45	0.50	0.50	0.50	0.50	0.50	0.50	0.50	0.50	0.50	0.50
	8	0.45	0.50	0.50	0.50	0.50	0.50	0.50	0.50	0.50	0.50	0.50	0.50	0.50	0.50
	7	0.50	0.50	0.50	0.50	0.50	0.50	0.50	0.50	0.50	0.50	0.50	0.50	0.50	0.50
	6	0.50	0.50	0.50	0.50	0.50	0.50	0.50	0.50	0.50	0.50	0.50	0.50	0.50	0.50
	5	0.55	0.50	0.50	0.50	0.50	0.50	0.50	0.50	0.50	0.50	0.50	0.50	0.50	0.50
	4	0.60	0.50	0.50	0.50	0.50	0.50	0.50	0.50	0.50	0.50	0.50	0.50	0.50	0.50
	3	0.70	0.55	0.50	0.50	0.50	0.50	0.50	0.50	0.50	0.50	0.50	0.50	0.50	0.50
	2	0.90	0.70	0.60	0.60	0.55	0.55	0.55	0.55	0.50	0.50	0.50	0.50	0.50	0.50
	1	1.40	1.05	0.90	0.80	0.75	0.75	0.70	0.70	0.65	0.65	0.60	0.55	0.55	0.50
11	11	0.25	0.35	0.35	0.40	0.40	0.40	0.40	0.45	0.45	0.45	0.45	0.50	0.50	0.50
	10	0.40	0.45	0.45	0.45	0.50	0.50	0.50	0.50	0.50	0.50	0.50	0.50	0.50	0.50
	9	0.45	0.50	0.50	0.50	0.50	0.50	0.50	0.50	0.50	0.50	0.50	0.50	0.50	0.50
	8	0.50	0.50	0.50	0.50	0.50	0.50	0.50	0.50	0.50	0.50	0.50	0.50	0.50	0.50
	7	0.50	0.50	0.50	0.50	0.50	0.50	0.50	0.50	0.50	0.50	0.50	0.50	0.50	0.50
	6	0.50	0.50	0.50	0.50	0.50	0.50	0.50	0.50	0.50	0.50	0.50	0.50	0.50	0.50
	5	0.55	0.50	0.50	0.50	0.50	0.50	0.50	0.50	0.50	0.50	0.50	0.50	0.50	0.50
	4	0.60	0.50	0.50	0.50	0.50	0.50	0.50	0.50	0.50	0.50	0.50	0.50	0.50	0.50
	3	0.70	0.55	0.55	0.50	0.50	0.50	0.50	0.50	0.50	0.50	0.50	0.50	0.50	0.50
	2	0.90	0.70	0.60	0.60	0.55	0.55	0.55	0.55	0.50	0.50	0.50	0.50	0.50	0.50
	1	1.40	1.05	0.90	0.80	0.75	0.75	0.70	0.70	0.65	0.65	0.60	0.55	0.55	0.55
12	12	0.25	0.35	0.35	0.40	0.40	0.40	0.40	0.45	0.45	0.45	0.45	0.50	0.50	0.50
	11	0.40	0.45	0.45	0.45	0.50	0.50	0.50	0.50	0.50	0.50	0.50	0.50	0.50	0.50
	10	0.45	0.50	0.50	0.50	0.50	0.50	0.50	0.50	0.50	0.50	0.50	0.50	0.50	0.50
	9	0.50	0.50	0.50	0.50	0.50	0.50	0.50	0.50	0.50	0.50	0.50	0.50	0.50	0.50
	8	0.50	0.50	0.50	0.50	0.50	0.50	0.50	0.50	0.50	0.50	0.50	0.50	0.50	0.50
	7	0.50	0.50	0.50	0.50	0.50	0.50	0.50	0.50	0.50	0.50	0.50	0.50	0.50	0.50
	6	0.50	0.50	0.50	0.50	0.50	0.50	0.50	0.50	0.50	0.50	0.50	0.50	0.50	0.50
	5	0.55	0.50	0.50	0.50	0.50	0.50	0.50	0.50	0.50	0.50	0.50	0.50	0.50	0.50
	4	0.60	0.50	0.50	0.50	0.50	0.50	0.50	0.50	0.50	0.50	0.50	0.50	0.50	0.50
	3	0.70	0.55	0.50	0.50	0.50	0.50	0.50	0.50	0.50	0.50	0.50	0.50	0.50	0.50
	2	0.90	0.70	0.60	0.60	0.55	0.55	0.50	0.50	0.50	0.50	0.50	0.50	0.50	0.50
	1	1.40	1.05	0.90	0.80	0.75	0.75	0.70	0.65	0.65	0.65	0.60	0.55	0.55	0.55

附录 5　上、下层梁相对刚度变化的修正值 y_1

α_1	$\overline{K}$													
	0.1	0.2	0.3	0.4	0.5	0.6	0.7	0.8	0.9	1.0	2.0	3.0	4.0	5.0
0.4	0.55	0.40	0.30	0.25	0.20	0.20	0.20	0.15	0.15	0.15	0.05	0.05	0.05	0.05
0.5	0.45	0.30	0.20	0.20	0.20	0.15	0.15	0.10	0.10	0.10	0.05	0.05	0.05	0.05
0.6	0.30	0.20	0.15	0.15	0.10	0.10	0.10	0.10	0.05	0.05	0.05	0.05	0.00	0.00
0.7	0.20	0.15	0.10	0.10	0.10	0.05	0.05	0.05	0.05	0.05	0.05	0.00	0.00	0.00
0.8	0.15	0.10	0.05	0.05	0.05	0.05	0.05	0.05	0.05	0.00	0.00	0.00	0.00	0.00
0.9	0.05	0.05	0.05	0.05	0.00	0.00	0.00	0.00	0.00	0.00	0.00	0.00	0.00	0.00

注：当 $i_1+i_2<i_3+i_4$ 时，$\alpha_1=(i_1+i_2)/(i_3+i_4)$，相应的 y_1 正值；当 $i_1+i_2>i_3+i_4$ 时，$\alpha_1=(i_3+i_4)/(i_1+i_2)$，$y_1$ 为负值。对底层柱不考虑 α_1，不作此项修正。

附录 6 上、下层高不同的修正值 y_2 和 y_3

α_2	α_3	$\bar{K}$													
		0.1	0.2	0.3	0.4	0.5	0.6	0.7	0.8	0.9	1.0	2.0	3.0	4.0	5.0
2.0		0.25	0.15	0.15	0.10	0.10	0.10	0.10	0.10	0.05	0.05	0.05	0.05	0.0	0.0
1.8		0.20	0.15	0.10	0.10	0.10	0.05	0.05	0.05	0.05	0.05	0.05	0.0	0.0	0.0
1.6	0.4	0.15	0.10	0.10	0.05	0.05	0.05	0.05	0.05	0.05	0.05	0.0	0.0	0.0	0.0
1.4	0.6	0.10	0.05	0.05	0.05	0.05	0.05	0.05	0.05	0.05	0.0	0.0	0.0	0.0	0.0
1.2	0.8	0.05	0.05	0.05	0.0	0.0	0.0	0.0	0.0	0.0	0.0	0.0	0.0	0.0	0.0
1.0	1.0	0.0	0.0	0.0	0.0	0.0	0.0	0.0	0.0	0.0	0.0	0.0	0.0	0.0	0.0
0.8	1.2	−0.05	−0.05	−0.05	0.0	0.0	0.0	0.0	0.0	0.0	0.0	0.0	0.0	0.0	0.0
0.6	1.4	−0.10	−0.05	−0.05	−0.05	−0.05	−0.05	−0.05	−0.05	−0.05	0.0	0.0	0.0	0.0	0.0
0.4	1.6	−0.15	−0.10	−0.10	−0.05	−0.05	−0.05	−0.05	−0.05	−0.05	−0.05	0.0	0.0	0.0	0.0
	1.8	−0.20	−0.15	−0.10	−0.10	−0.10	−0.05	−0.05	−0.05	−0.05	−0.05	−0.05	0.0	0.0	0.0
	2.0	−0.25	−0.15	−0.15	−0.10	−0.10	−0.10	−0.10	−0.10	−0.05	−0.05	−0.05	−0.05	0.0	0.0

注：y_2 为上层层高变化的修正值，按照 $\alpha_2 = h_u/h$ 求得，上层较高时为正值，但对于最上层 y_2 可不考虑。

y_3 为下层层高变化的修正值，按照 $\alpha_3 = h_l/h$ 求得，对于最下层 y_3 可不考虑。